北京园林绿化年鉴

2022

BEIJING PARKS AND FORESTRY YEARBOOK

北京园林绿化年鉴编纂委员会　编纂

中国林业出版社
China Forestry Publishing House

图书在版编目（CIP）数据

北京园林绿化年鉴. 2022 / 北京园林绿化年鉴编纂
委员会编纂. –– 北京：中国林业出版社, 2022.12
　ISBN 978-7-5219-2104-5

　Ⅰ . ①北… Ⅱ . ①北… Ⅲ . ①园林—北京—2022—年鉴
②绿化规划—北京—2022—年鉴 Ⅳ.①TU986.621–54
②TU985.21–54

　中国国家版本馆CIP数据核字（2023）第003014号

策划编辑：何蕊
责任编辑：杨洋
封面设计：刘临川

出版发行：中国林业出版社
　　　（100009，北京市西城区刘海胡同7号，电话83143580）
电子邮箱：cfphzbs@163.com
网址：www.forestry.gov.cn/lycb.html
印刷：河北京平诚乾印刷有限公司
版次：2022年12月第1版
印次：2022年12月第1次
开本：889mm×1194mm　1/16
印张：25.25
字数：650千字
定价：260.00元

《北京园林绿化年鉴》编纂委员会

主　任　高大伟　北京市园林绿化局（首都绿化办）党组书记

副主任　张　勇　北京市园林绿化局（首都绿化办）党组成员　市公园管理中心主任

　　　　戴明超　北京市园林绿化局（首都绿化办）党组成员　副局长

　　　　廉国钊　北京市园林绿化局（首都绿化办）党组成员　副主任

　　　　林晋文　北京市园林绿化局（首都绿化办）党组成员　副局长

　　　　廖　全　北京市园林绿化局（首都绿化办）党组成员　驻局纪检监察组组长

　　　　沙海江　北京市园林绿化局（首都绿化办）党组成员　副局长

　　　　洪　波　市纪委市监委一级巡视员

　　　　朱国城　北京市园林绿化局（首都绿化办）一级巡视员

　　　　蔡宝军　北京市园林绿化局（首都绿化办）一级巡视员

　　　　贲权民　北京市园林绿化局（首都绿化办）二级巡视员

　　　　周庆生　北京市园林绿化局（首都绿化办）二级巡视员

　　　　王小平　北京市园林绿化局（首都绿化办）二级巡视员

　　　　刘　强　北京市园林绿化局（首都绿化办）二级巡视员

委　员　（按姓氏笔画排序）

于清德	马　红	王　军	王　浩	王金增	王春增	王艳龙	毛　轩
方锡红	孔令水	叶向阳	齐　超	吕红文	朱绍文	向德忠	刘立宏
刘进祖	刘明星	刘春和	米国海	孙　熙	苏卫国	苏振芳	杜连海
杜建军	李　军	李　欣	李延明	李宏伟	杨　博	杨君利	吴立军
吴志勇	吴海红	张　军	张志明	张克军	张香东	陈长武	陈峻崎
武　军	周玉勤	周荣伍	周彩贤	单宏臣	胡　永	胡巧立	胡克诚
段青松	侯　智	侯劲松	律　江	姜英淑	姜国华	姜浩野	姚　飞
贺国鑫	袁士保	徐　强	高春泉	郭小卫	黄三祥	盖立新	彭　强
曾小莉							

《北京园林绿化年鉴》编辑部

编 辑 说 明

一、《北京园林绿化年鉴》（以下简称《年鉴》）是一部全面、准确地记载北京园林绿化行业上一年度工作成果和各方面新进展、新事物、新经验等重要文献信息，逐年编纂，连续出版的资料性工具书和史料文献。

二、《年鉴》坚持以马克思列宁主义、毛泽东思想、邓小平理论、"三个代表"重要思想、科学发展观、习近平新时代中国特色社会主义思想为指导，坚持辩证唯物主义和历史唯物主义的立场、观点、方法、存真求实，全面、科学地反映客观情况。为领导决策提供可资参考的依据；为园林绿化部门和单位提供有价值的资料；为国内外各方面人士认识、了解北京园林绿化事业提供最新、最具权威性的信息资料；同时为续修《北京·园林绿化志》积累丰富的史料。

三、《年鉴》为北京园林绿化行业年鉴，属地方性专业年鉴类型。

四、《年鉴》根据北京园林绿化行业的工作特点和内容采用分类编纂法，设栏目、类目、条目三个层次，以条目为主。

五、《年鉴》的基本内容，设有特辑、文件选编、北京园林绿化大事记、概况、生态环境、全民义务植树、城镇绿化美化、森林资源管理、森林资源保护、公园建设与管理、绿色产业、法制 规划 调研、科技 大数据 宣传、党群组织、市公园管理中心、园林绿化综合执法、直属单位、各区园林绿化、荣誉记载、统计资料、附录等21个基本栏目。

六、编入《年鉴》的文章和条目，均由各级园林绿化部门及局属单位负责撰稿或提供，并经领导审核。

七、《年鉴》采用文章和条目两种体裁，以条目为主，全书采用规范性语文体、记述体，直陈其事，文字力求言简意赅。为精简文字，年鉴中经常提到的机关名称，均用简称。如全国绿化委员会，简称全国绿化委；首都绿化委员会，简称首都绿化委；中共中央直属机关绿化委员会办公室，简称中直机关绿化办；中央国家机关绿化委员会办公室，简称中央国家机关绿化办；全军绿化委员会办公室，简称全军绿化办；中国共产党北京市委员会，简称北京市委；北京市人民政府，简称市政府；北京市园林绿化局、首都绿化委员会办公室，分别简称市园林绿化局、首都绿化办；北京市森林防火办公室，简称市防火办；北京市园林绿化局（首都绿化委员会办公室）党组，简称局（办）党组。新型冠状病毒肺炎，简称新冠肺炎；简政放权、放管结合、优化服务，简称放管服。

八、2022卷年鉴，集中记述2021年1月1日至2021年12月31日期间北京园林绿化的总体情况（部分内容依据实际情况时限略有前后延伸），凡2021年的事情，均直书月、日，不再书写年份。

九、计量单位一般按1984年2月27日《中华人民共和国法定计量单位》执行。

一、庆祝中国共产党成立100周年长安街沿线景观布置

◀东城区东
单东北角庆
"七一"长安街
沿线花坛——
"建军大业"
　（城镇绿化
处 提供）

▶东城区东
单东南角庆
"七一"长安街
沿线花坛——
"建国伟业"
　（城镇绿化
处 提供）

◀东城区东
单西北角庆
"七一"长安街
沿线花坛——
"改革开放"
　（城镇绿化
处 提供）

➡ 东城区东单西南角庆"七一"长安街沿线花坛——"走向世界"（城镇绿化处 提供）

⬅ 东城区建国门庆"七一"长安街沿线花坛——"开天辟地"（城镇绿化处 提供）

➡ 庆祝中国共产党成立100周年人民大会堂前花摆（城镇绿化处 提供）

庆祝中国共产党成立100周年天安门广场U形花带
（城镇绿化处提供）

西城区复兴门庆"七一"长安街沿线花坛——"中国梦新征程"
（城镇绿化处提供）

西城区西单东北角庆"七一"长安街沿线花坛——"以人民为中心"
（城镇绿化处提供）

➡西城区西单东南角庆"七一"长安街沿线花坛——"全面小康"（城镇绿化处提供）

⬅西城区西单西北角庆"七一"长安街沿线花坛——"创新发展"（城镇绿化处提供）

➡西城区西单西南角庆"七一"长安街沿线花坛——"美丽中国"（城镇绿化处提供）

二、领导调研

➡️ 3月31日，中央军委副主席许其亮（右一）赴朝阳区东风乡辛庄植树点参加义务植树活动，北京市委书记蔡奇（左一）陪同
（何建勇 摄影）

⬅️ 3月31日，中央军委副主席张又侠（右一）赴朝阳区东风乡辛庄植树点参加义务植树活动，北京市市长陈吉宁（左一）陪同
（何建勇 摄影）

⬅️ 3月21日，国家林业和草原局（国家公园管理局）局长关志鸥（前排右一）赴北京市大东流苗圃调研查看首都重大义务植树保障苗木，北京市园林绿化局（首都绿化委员会办公室）局长（主任）邓乃平（中）陪同

➡️ 4月14日，北京市副市长、副总林长卢彦（左一）赴昌平区开展市级林长巡林工作

（何建勇 摄影）

⬅️ 5月22日，北京市副市长卢映川（前排左三）赴北京十三陵国家森林公园蟒山景区调研检查防汛及疫情防控工作

（王岗 摄影）

➡️ 12月14日，北京市园林绿化局（首都绿化委员会办公室）局长（主任）邓乃平（前排右二）带队赴北京园博园北京园参观首都全民义务植树40周年展览

（何建勇 摄影）

三、新一轮百万亩造林

◀昌平区"回天地区"公园绿化建设效果
（生态保护修复处 提供）

◀昌平区东小口城市休闲公园景观
（何建勇 摄影）

门头沟区台地造林成效
（生态保护修复处 提供）

平谷区山前平缓地造林效果（生态保护修复处 提供）

房山区顾册村绿色通道景观（生态保护修复处 提供）

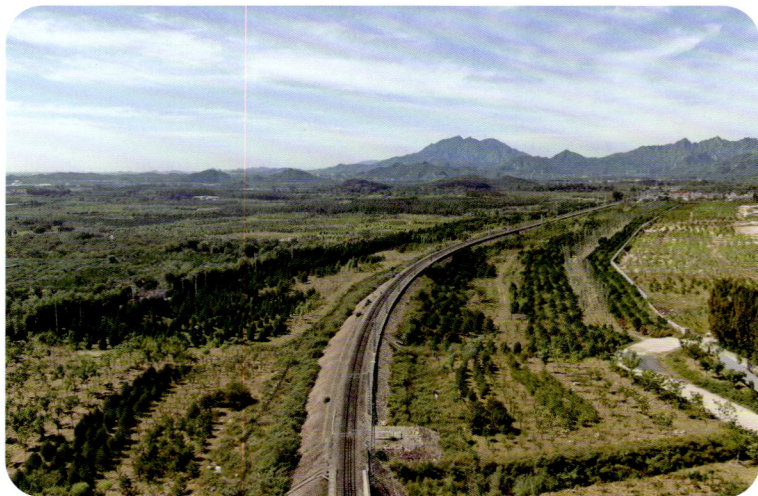

➦ 市郊铁路怀密
线（密云段）景观
提升工程效果
（何建勇 摄影）

➦ 温榆河公园朝
阳示范区效果
（生态保护修复
处 提供）

➦ 西城区西单
"城市森林"建设景
观 （何建勇 摄影）

四、生态环境建设

➡2021年京津风沙源治
理二期工程效果
（北京市林业工作总
站 提供）

⬅大兴五福堂公园园林
绿化废弃物再利用
（生态保护修复处 提供）

➡昌平区未来科技城绿
化景观 （何建勇 摄影）

➔翠湖国家城市
湿地公园湿地景观
（何建勇 摄影）

◉通州区张家湾
镇前街村村头片林
建设效果
（生态保护修复
处 提供)

➔温榆河公园朝
阳示范区效果图
（生态保护修复
处 提供)

五、义务植树

🔵3月8日，以"建设美丽家园 共同庆祝义务植树40周年"为主题的义务植树宣传活动在北京市共青林场举办

（马司杨 摄影）

🔵3月31日，中央军委机关各部门和驻京部队官兵到北京市朝阳区东风乡辛庄植树点参加义务植树活动 （何建勇 摄影）

🔵4月10日，中央直属机关、中央国家机关部级领导在北京市领导的陪同下到北京市大兴区礼贤镇参加义务植树活动 （何建勇 摄影）

➡5月1日，全民义务植树40周年文史资料展在首都绿色文化碑林管理处举办

（高明瑞 摄影）

⬅5月25日，首都全民义务植树40周年纪念林植树活动在昌平区举行

（义务植树处提供）

➡5月27日，朝鲜、埃及、智利等国驻华使团外交官到朝阳区金盏森林公园共植友谊林

（规划监测中心 提供）

六、城镇绿化美化

房山区京周路月季大道绿化景观（房山区园林绿化局 提供）

石景山区老山城市休闲公园景观（何建勇 摄影）

天安门广场"祝福祖国"国庆主题花坛（何建勇 摄影）

➡ 通州区运河东大街冬奥景观布置效果
　（通州区园林绿化局 提供）

⬅ 西城区马连道8号楼屋顶绿化效果
　（西城区园林绿化局 提供）

➡ 西城区平安大街林荫路建设
　（何建勇 摄影）

七、森林资源安全

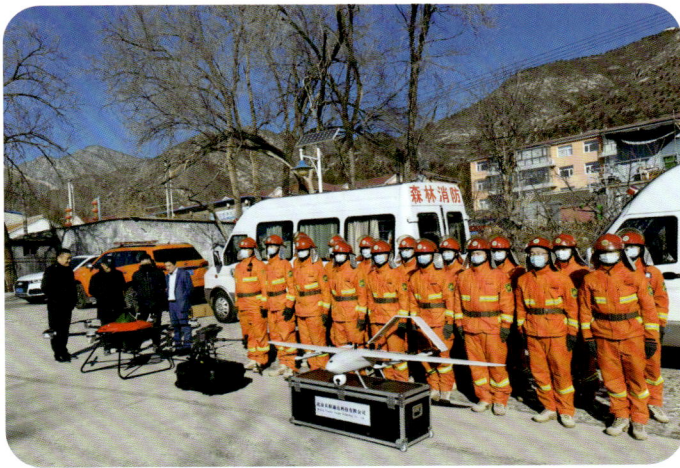

2月16日，北京市园林绿化局直属森林防火队（北京市航空护林站）在延庆区开展无人机航空护林工作
（朱林 摄影）

2月26日，北京市园林绿化执法大队联合朝阳区园林绿化局、属地街道（乡镇）政府，对朝阳区十里河花鸟鱼虫市场开展打击非法猎捕、出售、收购野生动物及其制品的执法行动
（市园林绿化执法大队 提供）

3月3日，以"保护野生动植物 守护公益在行动"为主题的保护野生动植物法制宣传活动在北京动物园举办
（市园林绿化执法大队提供）

➡️ 7月9日，京冀两地在官厅水库国家湿地公园联合开展野生动物保护普法宣传活动

（市园林绿化执法大队 提供）

⬅️ 9月16日，延庆区林长制办公室和区检察院共同签署《关于建立"林长制＋检察"协同工作机制的意见》

（延庆区园林绿化局 提供）

➡️ 12月12日，北京市野生动物救护中心在江西省永修县吴城镇放归斑头雁、斑嘴鸭等野生动物25只

（高峰 摄影）

➊12月22日，国家北方罚没野生动植物制品储藏库接收北京海关罚没象牙制品
（野生动植物和湿地保护处 提供）

➋北京市园林绿化局工作人员检查美国白蛾发生情况
（防治检疫处 提供）

➊密云水库人工针叶林监测站监测塔
（科技处 提供）

➡ 通州区台湖镇拍摄到国家一级重点保护野生动物——大鸨越冬
（王金岭 摄影）

⬅ 延庆区康庄镇刘浩营村设立林长制公示牌
（林大影 摄影）

➡ 野生植物保护——国家二级重点保护野生植物二叶舌唇兰
（野生动植物和湿地保护处 提供）

八、公园建设与管理

4月20日，北京市房山区长阳公园举办2021年郁金香花展
（房山区园林绿化局 提供）

6月18日，大兴区建成全国首个森林城市主题公园
（义务植树处 提供）

6月21日，东城区龙潭中湖公园启动改建工程
（东城区园林绿化局 提供）

➜9月26日，北京市园林绿化局在地坛公园举办公园条例宣贯暨文明游园主题宣传活动

（何建勇 摄影）

➜百望山森林公园绿色文化碑林景区春景

（高源 摄影）

➜百望山森林公园绿色文化碑林景区秋景

（高源 摄影）

◀北京园博园北京园古建筑
修缮
　　（永定河休闲森林公园管理
处 提供）

▶昌平区回天地区森林
城市体验中心揭牌
　　（义务植树处 提供）

◀海淀区翠湖国家
城市湿地公园候鸟迁徙
　　（何建勇 摄影）

↑通州区永乐国学公园景观　　　　　　（何建勇 摄影）

九、绿色产业

5月18日，2021年北京月季文化节在大兴区魏善庄镇世界月季主题园开幕 （何建勇 摄影）

5月20日，华北区"世界蜜蜂日"主题活动在北京市密云区举办（密云区园林绿化局 提供）

9月17日，2021北京花果蜜乐享季活动在大兴区庞各庄镇梨花村举办（何建勇 摄影）

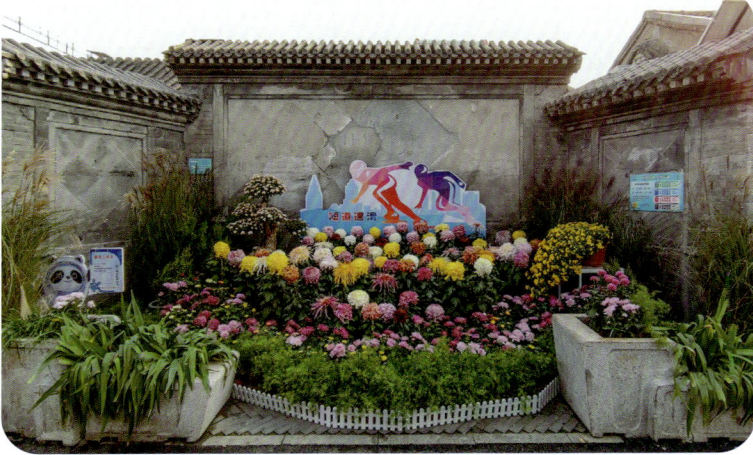

9月18日，北京市菊花文化节在北海公园等地举办
（何建勇 摄影）

10月，河北省第五届园林博览会京津冀三地菊花联展在河北省唐山市展出
（市园林绿化科学研究院 提供）

2021年北京迎春年宵花展
（何建勇 摄影）

➡2021年第十届中国花卉博览会北京室外展园"金夔槐荫"景观
（产业发展处 提供）

➡北京市园林绿化科学研究院自育月季品种'星语'
（北京市园林绿化科学研究院 提供）

➡密云区蔡家洼林下养蜂综合示范基地
（密云区园林绿化局 提供）

大兴区特色梨果展示
（何建勇 摄影）

平谷区峪口镇西营村桃园大桃——燕红（高振 摄影）

秋季果园沟施有机肥
（产业发展处提供）

十、法制 规划 科技

◀4月8日，北京园林绿化新优植物品种推介会在市园林绿化科学研究院举办
（市园林绿化科学研究院 提供）

▶4月9日，北京市园林绿化科学研究院在该院科普馆举办系列科普活动
（市园林绿化科学研究院 提供）

◀4月10日，北京市园林绿化局（首都绿化办）在市园林绿化科学研究院举办以"绿色科技 多彩生活"为主题的科普宣传活动
（科技处 提供）

➡ 4月11日，北京市园林绿化局（首都绿化办）在海淀区五棵松桥召开杨柳飞絮防治现场会，示范高压喷雾措施（科技处 提供）

⬅ 4月26日，北京市园林绿化局（首都绿化办）在城市绿心森林公园举办垃圾分类科普活动（科技处 提供）

➡ 5月25日，2021年全国林业和草原科技活动周开幕式在北京市海淀区西山国家森林公园举办 （科技处 提供）

➡ 5月25日，全国林业和草原科普讲解大赛颁奖仪式在海淀区西山国家森林公园举办
（科技处 提供）

⬅ 6月5日，北京市园林绿化局（首都绿化办）在西山国家森林公园举办森林音乐会
（科技处 提供）

➡ 9月15日，北京市第五届自然解说员培训活动在海淀区百望山举办
（科技处 提供）

9月23日，国家林业和草原局科技司领导在北京市园林绿化科学研究院参观园林废弃物处置车
（科技处 提供）

11月4日，北京市园林绿化资源保护中心开展"林保大讲堂"直播培训　（张宇 摄影）

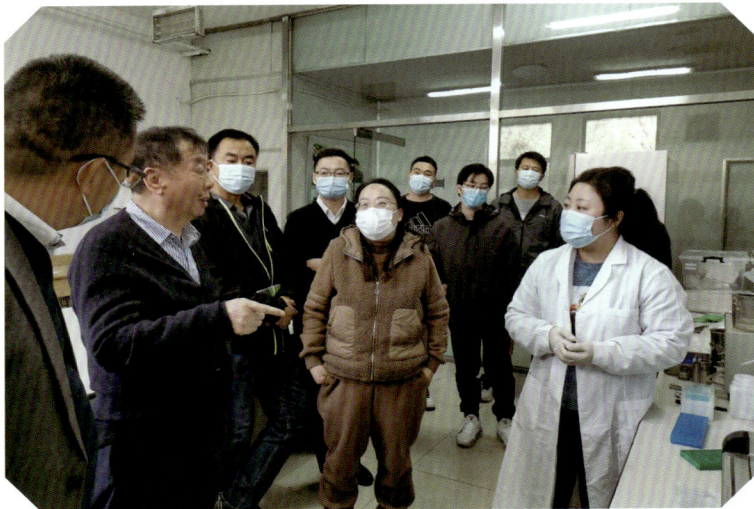

11月12日，林业病虫害防治专家对北京市松材线虫病检测鉴定进行现场指导
（袁菲 摄影）

-35-

十一、调研 大数据 宣传

➡️ 3月3日，"世界野生动植物日"宣传活动在房山区牛口峪湿地公园举办（何建勇 摄影）

⬅️ 3月5日，国家林业和草原局防火督查专员到北京市十三陵林场开展防火调研

（王纯 摄影）

➡️ 4月14日，北京市北海公园开展垃圾分类科普宣传活动

（科技处 提供）

⬅ 5 月 13 日，法国驻华使馆官员到北京市大东流苗圃考察

（郑为军 摄影）

➡ 5 月 14 日，北京市园林绿化局（首都绿化办）工作人员到海淀区西玉河开展湿地保护调研工作

（野生动植物和湿地保护处 提供）

保护生物多样性，助力中国"碳中和"
北京市大东流苗圃"碳中和"主题开放日

⬅ 5 月 23 日，北京市大东流苗圃举办科技周科普宣传活动

（科技处 提供）

◀ 6月5日，北京市园林绿化局（首都绿化办）在朝阳区奥林匹克森林公园开展野生动植物保护宣传活动
（市园林绿化执法大队 提供）

▶ 9月29日，北京市园林绿化局（首都绿化办）领导到石景山区冬奥马拉松大本营参加北京冬奥公园开园仪式
（甄丽丽 摄影）

◀ 11月3日，北京市园林绿化局（首都绿化办）领导到市绿地养护中心调研 （吴文波 摄影）

⬆12月3日，北京市园林绿化工程管理事务中心开展宪法进企业普法宣传活动
（市园林绿化工程管理事务中心 提供）

⬆北京市园林绿化局（首都绿化办）公园统一预约平台提供全市59家公园预约入口
（市园林绿化大数据中心 提供）

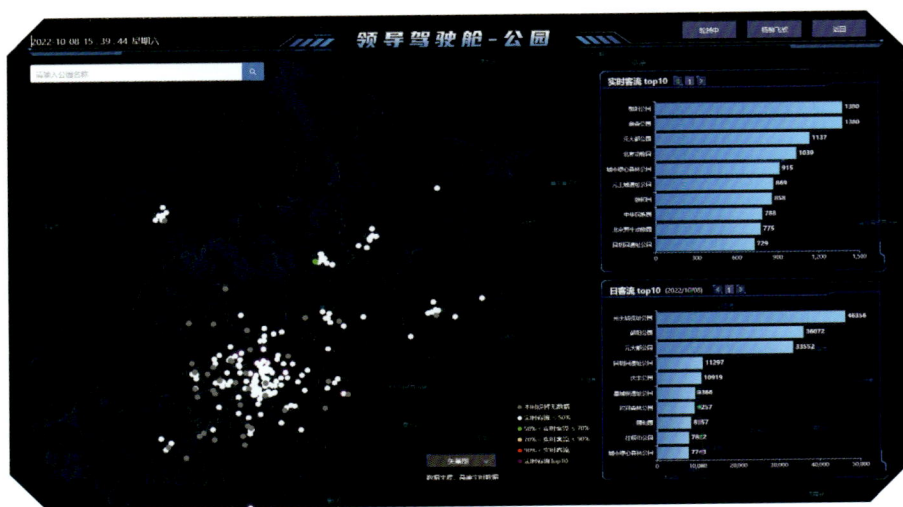

⬆北京市园林绿化局可视化大数据建设——领导驾驶舱示意图
（市园林绿化大数据中心 提供）

十二、党群组织

市园林绿化局党史学习教育动员部署会

➡ 3月15日，北京市园林绿化局（首都绿化办）召开党史学习教育动员部署会（何建勇 摄影）

北京市共青林场党史学习教育系列

⬅ 5月11日，北京市共青林场管理处开展党史学习教育活动（北京市共青林场管理处 提供）

市园林绿化局"两优一先"表彰大会

➡ 6月25日，市园林绿化局党组召开"两优一先"表彰大会
（何建勇 摄影）

◀ 8月3日，北京
市野生动物救护中
心组织干部职工到
中国共产党历史展
览馆参观学习
（吴梦薇 摄影）

◀ 9月14日，北
京市绿地养护管理
事务中心党总支召
开第一次全体党员
大会 （张岳 摄影）

◀ 9月15日，北
京市园林绿化资源
保护中心选举产生
第一届党总支委员
会 （王茹雯 摄影）

➡9月24日，北京市园林绿化局综合事务中心召开党委选举大会
（韩子杰 摄影）

⬅10月14日，北京市园林绿化资源保护中心党总支组织全体党员参观中国共产党历史展览馆 （王茹雯 摄影）

➡12月8日，市园林绿化局党组织党员学习十九届六中全会精神
（何建勇 摄影）

目 录

生态环境

全民义务植树

城镇绿化美化

森林资源管理

森林资源保护

公园建设与管理

绿色产业

各区园林绿化

荣誉记载

统计资料

附 录

索 引

后 记

特　辑

市领导关于园林绿化工作重要讲话

在2021年北京市园林绿化工作会议上的讲话

北京市人民政府副市长　卢彦

（2021年2月3日）

一、围绕落实城市战略定位，"十三五"时期首都园林绿化取得重大突破

"十三五"期间，全市园林绿化工作坚持以习近平生态文明思想为指导，深入贯彻习近平总书记对北京重要讲话精神，紧紧围绕落实新版城市总规，服务首都核心功能，团结奋斗、砥砺前行，创造了突出业绩。主要有以下几个特点。

一是服务首都核心功能，园林绿化书写了浓墨重彩的一笔。"十三五"是全市园林绿化战线极不平凡的五年，党和国家大事多、喜事多、活动多。全市园林绿化系统围绕"四个中心"功能建设，提高"四个服务"水平，高标准完成了新中国成立70周年庆祝活动、"一带一路"国际合作高峰论坛、中非合作论坛北京峰会等一系列重大活动景观环境服务保障任务，充分展示了大国首都形象。成功举办世界园艺博览会，习近平总书记在开幕式上发表重要讲话，彰显了尊重自然、崇尚绿色的中国智慧。精心组织，周密部署，连续五年高质量完成党和国家领导人参加首都义务植树重大活动服务保障任务，受到充分肯定。

二是大幅拓展绿色空间，夯实了大国首都靓丽的生态底色。"十三五"期间，全市持续加大疏解建绿、"留白增绿"，接续实施两轮百万亩造林绿化，新增造林绿化面积7.67万公顷、城市绿地3600公顷，各类公园达到1090个，建成了城市绿心森林公园、千年城市守望林、新中街城市森林

1

公园、常乐坊城市森林公园等为代表的一大批精品公园绿地；平原地区万亩以上森林板块达到30处、千亩以上森林板块达到240处，生态系统完整性、连通性和生物多样性显著提升；全市森林生态服务价值达到7347.8亿元，优质生态产品供给更加充足，全市"一屏、三环、五河、九楔"的大生态格局正在逐渐形成，绿色已成为大国首都靓丽的底色。

三是深化改革激发动力，全面提升了治理能力。"十三五"以来，全市更加注重用制度标准、政策法规、执法监管的手段建绿护绿，更加注重用创新体制、完善机制、社会共治的方式管绿治绿，制定各类标准99项，颁布了野生动物保护管理条例，修改完善了绿化条例、公园管理条例等4部涉林涉绿地方性法规，出台了自然保护地管理、天然林和湿地保护修复、集体林权制度、退耕还林后续政策、战略留白临时绿化等一批重要文件。全市新型集体林场试点扎实推进，国有林场改革任务全面完成，园林绿化重点改革实现了新突破。

四是积极践行"两山"理论，释放了园林绿化的多种功能。"十三五"期间，全市园林绿化系统坚持民有所呼、我有所应，围绕"七有""五性"保障和改善民生，大力推进市民身边增绿，建设了一批城市森林公园、小微绿地和口袋公园460处，公园绿地500米服务半径覆盖率大幅提高了19.6个百分点达到86.8%。大力践行"绿水青山就是金山银山"的发展理念，围绕推动乡村振兴、建设美丽乡村，坚持生态工程带动、绿色产业推动、惠民政策拉动，带动了近百万京郊农民实现绿岗就业、生态增收，越来越多的京郊农民正在转变为新型集体林业工人。全面启动了国家森林城市建设，并以创森为抓手，

实施区、镇、村三级联创，创建了一批首都森林城镇、首都森林村庄、国家森林乡村。大力繁荣发展森林生态文化、都市园林文化、生态科普文化和绿色休闲文化，特别是围绕落实"三条文化带"建设总体规划，统筹实施了一批生态文化项目，以绿色生态为根基的生态文化正在日益成为生态文明新时代的主流文化。

总之，"十三五"时期是全市园林绿化发展史上具有重要里程碑意义的五年，是发展成果最为丰硕、人民群众受益最多的五年。在此，我谨代表市政府向辛勤工作在全市园林绿化战线上的同志们表示亲切的慰问和衷心的感谢！

二、更加突出新发展理念，加快推动"十四五"时期首都园林绿化高质量发展

当今世界正经历百年未有之大变局，中华民族伟大复兴正处于关键时期，我国进入新发展阶段。"十四五"时期是我国全面建成小康社会、实现第一个百年奋斗目标之后，乘势而上开启全面建设社会主义现代化国家新征程、向第二个百年奋斗目标进军的第一个五年，也是北京落实首都城市战略定位、建设国际一流和谐宜居之都的关键时期。党的十九届五中全会坚持新发展理念、着眼推动高质量发展，明确提出要"推动绿色发展，促进人与自然和谐共生"，并对深入实施可持续发展战略，完善生态文明领域统筹协调机制，加快推动绿色低碳发展等作出重要部署。市委十二届十五次全会强调，要牢固树立首都意识，更加突出绿色发展，让青山绿水蓝天成为大国首都底色。园林绿化作为生态环境建设的主体，是绿水青山的守护者、宜居环境的建设者、生态产品的创造者、人民群众绿色福祉的推动者，承担着优化

环境、推动发展、服务民生、促进和谐的光荣使命。

今年是中国共产党成立100周年，也是我国现代化建设进程中具有特殊重要性的一年，更是全市"十四五"发展的开局起步之年。当前及今后一个时期，我们要立足首都城市战略定位，服务"四个中心"功能建设，提高"四个服务"水平，立足新发展阶段，紧抓新理念、高质量这个主题主线，积极进取，奋发有为，为建设天蓝水清、森林环绕的生态城市不懈奋斗。

一是聚焦高质量。要深入贯彻落实习近平生态文明思想，坚持绿水青水就是金山银山、人与自然和谐共生、山水林田湖草是一个生命共同体等新的发展理念，坚持节约优先、保护优先、自然恢复为主的方针，以专业方法、系统思维推进生态建设。特别是在新一轮百万亩造林绿化工程中，要把造林绿化与水系治理、湿地恢复、公园建设、基本农田保护紧密结合起来，一体化修复治理，构建互联互通、良性循环的城市生态系统。要坚持"近自然、低干扰"，牢固树立尊重自然、顺应自然、保护自然的理念，坚持宜林则林、宜湿则湿、宜草则草、适地适树，深化生态手法，减少人工痕迹，打造近自然的森林生态景观。特别是对原有地形、原生植被的保护利用；要采用近自然、低干扰的办法实施生态修复。要落叶缓扫、不拔野草，要严禁采挖野菜、随意截干抹头、拍树惊鸟等生态乱象，多建"野化森林"、"自然北京"。要坚持"大连通、小循环"，通过补植补种等措施，推动原有林与新造林有机连接、互联互通和集中连片，建设大尺度森林板块；对绿化带断档、碎片化的小型地块和林间空地，要尽量实现微循环，提升生态系统的完整性和连通性，构建乔灌

草相结合、林水廊相结合、功能稳定的城市森林生态系统。要坚持"树为本、强生态"，围绕"树怎么种"、"发挥什么价值"，在树种选择上，要坚持"乡土、抗逆、长寿、食源、景观"的原则，多种高大乔木、增加树冠覆盖率，多用全冠、健壮苗木，构建稳定的植物群落，培养千年大树；在种植方式上，要推广复层、异龄、混交的方法，努力形成"乔为主、灌搭配、花点缀、草为被"的种植结构，提升生态质量和效益。要坚持"多物种、多功能"，就是我们在造林绿化和城市园林绿化中，要在食源树种选择、隐蔽栖息地构建、生态廊道、小微湿地等方面下大力气，更多考虑小动物的生存需求，使整个森林充满生机与活力。要加强科技创新，加大集雨节水、增彩延绿、生物多样性保护、土壤污染防治、杨柳飞絮治理等新理念、新技术、新材料、新成果的推广应用。

二是聚焦精细化。习近平总书记视察北京时指出，"城市管理要像绣花一样精细，越是超大城市，管理越要精细。"加强城市精细化管理是总书记对首都工作提出的一项重要任务，更是超大城市治理的内在要求。"精"就是要发扬工匠精神，精心、精治，打造精品；"细"就是要像绣花一样，细心、细巧、细节为王；"化"就是精细要做到标准化、专业化、规范化、常态化。对于园林绿化来说，在新一轮百万亩造杯的带动下，"十四五"的绿化建设虽然在一定程度上要继续增长，不断扩大绿色空间。但随着大规模造林绿化工程的减少，大家主要精力必然要更多地放在精细化管理中。要坚持精明增长、精致建设、精细管理，在园林绿化规划建设管理的各个方面都要坚持"精"字当头、"优"字引领、"活"字发力，更加注重细

节、注重质量、注重成本、注重效益。在规划方面，要严格做好方案审查，以树为本，种好树，种大树，把有限的资金用在提升生态功能上，用在提升生态贡献率上；在建设方面，要严格控制成本，把更多资金用在提高苗木品质上，用在节水节能改造、先进技术推广、生态环保措施集成应用上，用在改良土壤、增加生物多样性上。要同步考虑集雨节水、建筑垃圾消纳、污染地治理、废弃物循环利用等问题，将二氧化碳排放的碳达峰、碳中和国际承诺等落实到工程建设中；在管理方面，要建好绿化养护管理网络平台，强化分级分类管理、细化检查标准、完善考核细则，不断提升全市园林绿化精细化管理水平。要大力推动互联网、大数据、人工智能等现代信息技术与园林绿化深度融合，着力建设"智慧园林"、"数字园林"。特别是要发挥好全国首创的树木医生制度，加强树木医学研究，提升树木健康质量。在经济下行压力不断增大、疫情防控常态化的新形势下，我们要更加重视资源节约型园林、成本控制型园林、风险防范型园林、全龄友好型园林建设，走内涵集约式发展的道路。

三是聚焦严保护。绿水青山是最稀缺的资源，生态环境是最大的民生需求。习近平总书记多次强调"要把生态保护放在重要位置，要像保护眼睛一样保护生态环境"。从近年来全市先后开展的森林执法、自然保护地监督检查、违建别墅占用林地清理、浅山区违建整治、规自领域问题整改、绿地认建认养公园出租配套用房、中央环保督察等专项清理整治行动来看，大都涉及园林绿化。

目前，全市林地面积达到110.62万公顷、城市绿地面积达到8.87万公顷、湿地面积达到5.87万公顷，全市各类公园达到

1090个，再加上各类自然保护地统一交由我们来管理，园林绿化已占到市域总面积近70%，园林绿化已真正成为全市生态建设的主体。在当前生态保护问责日趋从紧从严的大形势下，保护好、管理好生态资源是园林绿化行业承担的首要任务和第一职责。大家要履好职尽好责，真正扛起园林绿化资源保护管理的政治责任，做到守土有责，守土尽责。

要以最严格的制度保护资源。最近中央印发了全面推行林长制的意见，外省市也早就开始了试点。我们要结合首都实际认真贯彻落实，加快建立具有首都特点的"林长制"，构建市区镇村四级森林资源管理体系，压实各级党委和政府保护发展园林绿化资源的目标责任。再一个，自然保护地，虽然我们印发了实施意见，但如何分类管理、分级管控都需要我们进一步加强研究。要加快完善制度配套，强化制度执行，让制度成为"严"字当头的刚性约束和不可触碰的高压线，保护好来之不易的生态资源。

要用最严密的法制保护资源。在野生动物保护方面，虽然我们制定了保护管理条例，但怎么落实，还需要制定相关的配套管理办法。特别是当前，疫情处于常态化，要加强野生动植物栖息地保护修复，做好野生动物救护和疫源疫病监测，严厉打击非法捕杀、交易、食用野生动物行为；在森林资源保护方面，要积极推进森林资源保护管理条例及实施办法的制定。在行政执法方面，对破坏生态的行为，要严肃查处整改，抓住不放，一抓到底。

要用最优化的体制机制保护资源。森林公安虽然转隶了，但中央明确要求，森林公安的职责不变，功能不变，要加强协调配合。森林公安转隶后，各区也要比照

市里，抓紧成立专职防火机构。还有我们的园林绿化执法，市级层面的园林绿化综合执法改革已经完成，各区也要加快落实。

要用最有力的措施保护资源。要加强冬奥会生态安全保障，做好外围森林火灾防控、病虫害生物防治。这里，我要突出强调一下森林防火工作。由于今冬气候干旱少雨，全市森林火险等级居高不下，我们一定要高度戒备，完善应急预案，切实做到人员值守、安全措施、应急处置三到位，确保不发生重大森林火灾事故。

四是聚焦惠民生。绿水青山就是金山银山、良好生态环境是最普惠的民生福祉。在城区，要持续推动疏解整治促提升，统筹利用疏解腾退的空间留白增绿，多建设城市森林、公园绿地，改善人居环境，优化提升首都功能。要大力实施城市更新行动，以街区为单元，深入推进背街小巷环境精细化整治提升行动，打造精品宜居街巷，建设一批市民身边的休闲公园、口袋公园和小微绿地，不断扩公园绿地500米服务半径覆盖率。在乡村，要全面推进乡村振兴。在生态振兴方面，要依托新一轮百万亩造林绿化工程，抓好村委会大院、村文体活动中心和养老、卫生、幼教等公益场所及村庄道路两侧、农民宅院的绿化美化；要大力推进乡村小微湿地建设，积极发展建设乡村湿地公园、湿地小区，大幅扩大乡村绿色生态空间。在产业振兴方面，要加快推动特色林果、花卉苗木、蜂业等传统林业产业优化升级，加快发展生态旅游、森林康养、林下经济等新兴绿色产业。在生态文化振兴方面，要围绕"三条文化带"建设，打造一批充分体现古都文化、京味文化、红色文化、创新文化的生态文化展示区，不断满足人们日益增长的生态文化需求。在惠农政策方面，

要继续支持生态涵养区生态保护与绿色发展，进一步完善山区生态林管护、生态效益补偿和平原生态林补助等政策机制，加快建立湿地生态保护补偿和生态经济林补偿制度，不让保护生态环境的吃亏；要进一步深化集体林权制度改革，继续扩大新型集体林场建设试点，把更多的农民组织起来，经营管理生态资源。要加快制定适应首都发展的林下经济政策意见，科学高效利用森林资源，增加林地的附加值。

三、加强组织领导，统筹推进首都园林绿化工作

（一）要严格落实责任。"十四五"期间的园林绿化建设任务重、标准高、难度大，必须充分发挥政府的主导作用。各区政府要坚定不移贯彻新发展理念，保持加强生态文明建设的战略定力。园林绿化建设主要领导要亲自抓、负总责，分管领导具体抓、负主责，精心组织、周密部署，确保思想认识、组织领导、责任落实、保障措施、资金投入"五到位"。特别是今年的新一轮百万亩造林绿化工程，作为市委市政府重大生态修复工程，不仅是落实新版城市总体规划的刚性要求，更是弥补城市生态短板不断满足人民群众"七有""五性"的重要民生需求，要严格按照确定的时间节点加快推进，依法规范有序流转土地，确保3月底前完成招投标等前期手续办理，土地流转和拆迁腾退要完成9成以上，为春季造林实现开门红打下扎实基础，确保5月底前要完成造林绿化任务60%以上。

同时，各区要加快落实2022年新一轮百万亩造林用地。严格落实国务院办公厅关于坚决制止耕地"非农化"行为的通知要求，对符合造林绿化用途的地块提前梳理，确保按期完成规划任务。

（二）要加强协调配合。园林绿化建设是一项系统工程，涉及面广，情况复杂，政策性强，必须坚持山水林田湖草系统治理，整合资源，形成合力。各级园林绿化主管部门要围绕推进"十四五"发展和抓好今年任务的落实，切实做好组织、协调和指导、服务工作，积极主动加强与各有关部门的协调沟通；发改、财政等部门要在项目安排、资金投入等方面，继续对园林绿化工作给予大力支持；规自、住建、水务、农业等相关部门也要按照各自的职责分工，大力参与、积极支持园林绿化建设，努力形成齐抓共管、协同推进的强大合力。

（三）要全面从严治党。当前园林绿化领域管理的生态资源多、覆盖面积广，实施的重点工程多、资金额度大。各区、各部门要认真贯彻落实蔡奇书记在全市领导干部警示教育大会上的讲话精神，坚决落实中央八项规定和党纪处分条例规定的"六大纪律"，严格廉洁自律。特别是要"以案为鉴、以案促改"，切实强化对权力运行的制约和监督，盯住"关键人""关键事"和"关键环节"，全面加强林地绿地资源审批监管，加强重点项目、大额资金管理，把权力关进制度的笼子，确保"关键少数"依纪依法履职尽责。要坚持问题导向，持续加强政风行风和干部队伍作风建设，坚决克服形式主义、官僚主义。特别是在目前疫情防控正处于"外防输入、内防反弹"的关键期，要全面落实公园景区疫情防控工作方案，严格落实预约、限流、错峰等防控措施，坚决杜绝疫情传播风险。

北京市园林绿化局（首都绿化办）领导重要讲话

在2021年全市园林绿化工作会议上的讲话

北京市园林绿化局局长　首都绿化办主任　邓乃平

（2021年2月3日）

一、关于"十三五"时期首都园林绿化发展回顾

刚刚过去的2020年是我国全面建成小康社会和"十三五"规划收官之年。全系统统筹推进新冠肺炎疫情防控和园林绿化建设，统筹年度任务落实和"十三五"规划收官，圆满完成了新一轮百万亩造林年度重点工程和为民办实事工程，圆满完成相关重大活动服务保障任务，全市新

增造林绿化面积14666.67公顷、城市绿地1158公顷，恢复建设湿地2200余公顷。全年任务的完成，为实现"十三五"规划目标画上了一个圆满的句号。过去一年，面对突如其来的新冠肺炎疫情重大考验，全系统迅速落实中央和市委、市政府决策部署，第一时间成立了疫情防控领导小组和工作专班，多措并举严密防控。针对野生动物引发的敏感突出问题，严格落实全国人大禁食野生动物决定，依法有序开展相关行政许可证件清理注销、审批程序调整等工作，与有关部门联合开展野生动物保护大密度执法检查，有力震慑了违法犯罪行为；针对群众休闲需求，全市90%以上公园景区坚持正常开放，在此基础上，迅速制定出台一系列疫情防控措施，严格落实"预约、限流、错峰"措施，并深入开展不文明游园行为专项治理，成效显著，形成了一套具有北京特色的公园景区防疫经验，受到社会各界广泛好评；针对疫情对重点工程带来的不利影响，一手抓防疫措施落实，一手抓复工复产，积极创新工程推进方式，确保重点工程全面开复工；针对社会面防控，局（办）系统180余名党员干部下沉社区（村）支援疫情防控工作，1000余名在职党员通过"双报到"参加了社区防控，在疫情大考中不断提升了能力素质。

"十三五"时期是北京发展史上具有重要里程碑意义的五年，也是首都园林绿化发展史上浓墨重彩的五年。五年来，在市委、市政府的正确领导下，全系统坚持以习近平生态文明思想为指导，深入贯彻习近平总书记对北京一系列重要讲话精神，紧紧围绕落实新版城市总规、服务首都核心功能、提高市民绿色福祉，接续实施了以两轮百万亩造林为代表的一批重大

生态工程，完成了一系列重大活动的景观服务保障任务，京津冀生态协同实现率先突破，人民群众的绿色获得感、幸福感明显增强。全市新增造林绿化面积76666.67公顷、城市绿地3773公顷、新建和恢复湿地1.1万公顷，森林覆盖率由41.6%提高到44.4%，森林蓄积量由1670万立方米增加到2520万立方米；城市绿化覆盖率由48%提高到48.9%，人均公园绿地面积由16平方米提高到16.5平方米。

总结五年来的发展，主要有以下几个方面的特点：

（一）服务首都核心功能成效显著。一是高标准完成党的十九大、中华人民共和国成立70周年和"一带一路"国际合作论坛、中非合作论坛、亚洲文明对话大会等一系列重大活动、重要节日的景观环境服务保障任务，逐步形成了完善高效的服务保障体系，充分展示了大国首都的良好形象。特别是中华人民共和国成立70周年环境布置恢宏大气、优美壮观，天安门广场"普天同庆"中心花坛布置与庆祝活动无缝衔接、快速转换、惊艳亮相，广受好评；全市国庆游园活动精彩纷呈，充分展示了伟大祖国政通人和、繁荣发展的巨大成就。二是高水平举办和参展了以2019年北京世园会为代表的一批重大展会，世园会"两园一区'广受赞誉、周边绿化景观优美大气，特别是习近平总书记亲临北京世园会开幕式并发表重要讲话，提出了五个"应该追求"的主张，发出了"同筑生态文明之基，同走绿色发展之路"的重要倡议，进一步丰富了习近平生态文明思想。三是高质量完成中央领导、全国人大和全国政协领导、将军和共和国部长、国际森林日等重大植树活动的组织协调和服务保障工作。五年来全市共有2000多万人次以

各种形式参加义务植树，共植树805万株，抚育树木5185万株。积极创新义务植树尽责形式，累计建成国家、市、区、街乡、社村五级"互联网＋义务植树基地"25处。四是全力服务保障重大任务。核心区和长安街沿线、玉泉山周边等重点区域、重要节点的中央政务办公生态环境显著提升，市属公园承担的重大国事接待、服务保障任务安全圆满，特别是圆满完成香山革命纪念地修缮开放的重大政治任务。

（二）大尺度绿色空间不断拓展。党的十九大召开后，为持续提升首都生态文明建设水平，市委、市政府在实施平原百万亩造林的基础上，做出了接续实施新一轮百万亩造林的重大决策。在全市上下共同努力下，五年累计完成平原造林54866.67公顷，平原地区森林覆盖率由25%提高到30.4%，绿色生态空间大幅扩展，新版城市总规确定的生态格局基本形成。一是落实规划建绿，全面对接城市总规确定的"一屏三环五河九楔"绿色空间布局，在广泛征求意见的基础上，编制完成新一轮百万亩造林建设总体规划、行动计划和年度任务总体方案。二是强化政策支撑，建立了全面覆盖的政策体系。鉴于新一轮百万亩造林实施范围广、建设类型多、标准要求高，特别是土地腾退难度大、地块零碎分散等复杂情况，坚持因地施策，通过"留白增绿"政策创新、绿隔地区政策调整、平原造林政策向浅山区延伸等，实现了所有建设类型政策的全覆盖。三是聚焦重点区域，突出平原地区大尺度绿化。通过疏解腾退还绿、填空造林，在新机场、副中心、永定河、冬奥会、世园会周边及沿线等重点区域完成造林24666.67公顷；突出生态涵养区绿色发展，全面启动了浅山区造林绿化三年行动计划，实施生

态修复21333.33公顷。四是突出高质量发展，坚持用"生态的办法解决生态问题"。在规划设计、地块选址、工程建设各个环节，更加注重山水林田湖草系统治理，推动新造林与原有林有机连接、互联互通，平原地区万亩以上绿色板块达到30处、千亩以上达到240处；更加注重生态功能和生物多样性，坚持宜林则林、宜草则草、宜湿则湿，新建和恢复湿地1.1万公顷，落实"乡土、长寿、食源、抗逆、美观"的苗木要求，常绿树与落叶乔木栽植比例达到4：6，优良乡土树种比例达80%以上；更加注重尊重自然、顺应自然和自然恢复为主，大力推行落叶缓扫、不拔野草、枯枝还林等新理念，打造近自然森林生态系统；更加注重绿色低碳、循环发展，在微地形堆筑、作业路和广场垫层铺装中，优先利用拆迁建筑垃圾和资源化处理再生骨料及衍生品2000余万立方米，试点使用达标污泥和厨余垃圾400公顷，利用原生植被、园林废弃物等生态措施实施裸露地治理1333.33公顷；更加注重工程质量管控，建立了21项管理制度，聘请了47名专家，300余人全程参与、严格把关，确保了新植苗木成活率。通过实施新一轮百万亩造林工程，首都生态环境质量明显改善，有"鸟类大熊猫"之称的震旦鸦雀、大鸨、黑鹳等珍稀濒危鸟类频频现身本市，绿头鸭、苍鹭等众多鸟类纷纷落户城市，实现了人与自然和谐共处。

（三）城乡人居环境明显改善。一是持续加大"留白增绿"，着力修补城市生态。结合"疏整促"专项行动，充分利用拆迁腾退地实施"留白增绿"4536公顷，为市民提供了更多绿色休闲空间。同时，会同相关部门制订出台了"战略留白"保地增绿的指导意见，明确了建设重点和相关

补助政策，共完成"战略留白"临时绿化2387公顷。二是全面落实核心区控规，结合背街小巷综合整治、拆除违建、城中村和棚户区改造等，多措并举加大规划建绿和多元增绿。新建城市休闲公园190处、城市森林52处、小微绿地和口袋公园460处，全市各类公园达到1090个，其中注册公园达到403个，公园绿地500米服务半径覆盖率由67.2%提高到86.8%。不断提升绿地功能品质，完成老旧公园和老旧小区绿化改造181处，实施胡同街巷景观提升3000余条，实施屋顶绿化68.5万平方米、垂直绿化264千米；建成城市健康绿道597千米，总里程达到1218千米，显著提升了市民的幸福指数。三是两条绿色"项链"环绕京城。一道绿隔完成绿化1206.67公顷，累计绿化面积达到137.2平方千米，新增各类公园19个，累计达到102个，"一环百园"的城市公园环实现闭合成环；二道绿隔完成绿化5800公顷，累计绿化面积达到443.2平方千米，建成郊野公园40处，形成了环绕城市的绿色生态景观带。四是持续推进京津风沙源治理、三北防护林建设、太行山绿化等国家级重点生态工程建设，完成人工造林14573.33公顷，封山育林66666.67公顷，人工种草5926.67公顷。实施森林抚育226666.67公顷，建成森林经营多功能示范区50处；完成低效林改造216666.67公顷、彩色树种造林5666.67公顷，山区森林覆盖率达到60%，全市森林生态服务价值增加517亿元，达到7455亿元。五是全面落实乡村振兴战略和美丽乡村建设三年行动计划，结合实施新一轮百万亩造林工程，高标准完成乡村绿化美化1613.33公顷，建成40处进得去、有得看、留得住的村头片林，打造了美丽乡村风景线，农村人居环境显著提升。

（四）京津冀协同发展扎实推进。一是全面落实城市副中心园林绿化规划，绿色生态框架基本形成。在规划管理层面，编制了副中心绿地系统专项规划和三年行动实施方案，完成了副中心行政办公区、城市绿心等园林绿化规划设计方案国际征集和一批重点项目设计方案编制工作。同时，参照中心城区标准制定了城市副中心园林绿地养护管理工作规范、投资定额标准等相关制度和政策。在绿化建设方面，高质量实施了102项重点绿化工程，新增绿化建设16733.33公顷，建成各类公园30余处，万亩以上郊野公园和森林湿地达到8处，千亩以上森林组团达到32处，打造了东郊森林公园、台湖公园、千年守望林等一批精品工程，"两带、一环、一心"的绿色生态格局基本形成。特别是占地11.2平方千米的城市绿心森林公园精心规划、精致建设、精彩亮相，向公众免费开放，成为城市副中心的靓丽名片。二是京津冀生态协同取得新突破。三省（市）签订了《京津冀协同发展林业生态率先突破框架协议》，进一步完善了生态建设联席会议制度和生态保护执法、森林防火、林业有害生物防控、野生动物疫源疫病监测等区域联防联控机制。全面启动了永定河综合治理与生态修复工程，编制完成绿化建设实施方案，新增造林绿化面积11333.33公顷，完成森林质量提升20666.67公顷；新建各类滨水森林湿地公园4个，新增湿地627公顷。同时，支持张承地区营造京冀生态水源林26666.67公顷，实现了造林66666.67公顷的建设目标；支持廊坊、保定等毗邻北京的市、县开展重点生态廊道绿化和拒马河上游生态修复2666.67公顷，建设绿色廊道150余千米；全面完成了张家口坝上地区81333.33公顷退化林分改造任务。三是冬奥会生态保障成效明显。围绕景观提升，累计完成京藏、京新、京礼高速两侧绿化改造3246.67公顷，京张高铁沿线绿化600公顷，延庆赛区外围种植苗木34万株，首钢冬奥场馆及周边建设公园绿地656公顷；围绕生态保护，建成松山生态监测站，可实时监测52项生物多样性指标，并持续加大森林防火和林业有害生物防控，保障延庆赛区及周边生态安全；围绕实现碳中和，新造林36000公顷，产生碳汇量约23.12万吨，同时布设160个碳汇监测样地，持续开展动态实测。

（五）资源保护管理更加严格。一是森林灾害防控能力明显提升。制定了森林防火三年行动计划，大力加强预警监测、视频监控、数字通信、无人机智能巡护等基础设施建设，并依托新一代信息技术全面推广使用森林防火码，全市森林防火视频监控覆盖率和通讯覆盖率均达到85%；全市新建专业森林消防队伍23支，总数达到139支3486人，确保未发生重大森林火灾事故。全面加强美国白蛾、松材线虫病等重大林业有害生物防控，无公害防治率、种苗产地检疫率均达到100%，实现了"有虫不成灾"的目标。野生动物救护和疫源疫病监测全面加强。二是涉林涉绿资源监管全面加强。围绕落实最严格生态保护制度，开展了"绿卫"森林执法、"绿盾"自然保护地监督检查、违建别墅占用林地清理、"住宅式墓地专项整治"、浅山区违建整治、规自领域问题整改等一系列专项行动，共排查整治森林督查问题图斑4991个，立案200件，罚款2204.4万元，收回林地2557.7公顷。特别是根据国家监委和市委、市政府要求，在全市开展了绿地认建认养和公园配套用房出租中侵害群众利益问题专项清理行动，共排查问题2228个，

总体完成整改，并针对暴露出的突出问题研究制定6项长效工作机制，受到中央纪委和国家监委的充分肯定。结合中央环保督查发现问题，迅速落实整改，依法对玉盛祥公司非法侵占林地案件进行从严从重处罚，罚款126万元。五年来，累计对市属林场范围内因历史原因形成的109栋违建进行了全部拆除，收回林地5.13公顷，加大生态修复治理。围绕加强资源监管，认真执行林地定额管理制度，严格占用林地、采伐林木审批，减少占用林地1790公顷；建立了资源动态监测体系，加大卫片执法和森林督查力度，实现了"以规管地、以图管林"；开展了第九次全市园林绿化资源专业调查、荒漠化调查、湿地资源和全市公园基本情况普查，完成了全市古树名木资源调查和第二次陆生野生动物资源调查，实现资源监测全覆盖。围绕构建全市自然保护地体系，深入开展了调查摸底和信息核查，基本摸清了交叉重叠和保护管理等情况，编制了保护地整合优化预案。三是行政执法力度不断加大。先后开展了"飓风""春雷""绿剑"等专项执法行动，严厉打击破坏森林和野生动植物资源违法犯罪行为，依法查办各类涉林涉绿案件1600余起。四是资源养护管理水平显著提高。在山区，不断完善生态林管护机制，4.4万生态林管护员实现养山就业、生态增收；在平原，对10万公顷生态林构建了分级分类管护体系，建立了"市—区—乡镇—专业队"四级管护队伍600余支、5.8万人，建成市、区两级养护管理示范区53处、生物多样性保育小区367个，显著提升了生态功能；在城市，建立了以"五化"为目标的城市绿地专项考评监管机制和行道树数字化管理台账，对核心区5.5万棵大树进行了安全评估和健康诊断，

持续开展了园林绿地"灭死角、除盲区"、不文明游园行为专项治理等行动，积极推动市属公园与各区建立了"一对一"对口帮扶机制，精细化管理水平显著提升。

（六）兴绿富民助力全面小康。一是林业产业拉动绿色增长。全市林产品总产值达到145亿元，带动越来越多的农民实现以林为业、生态增收。全市果树种植面积达到135666.67公顷，年产值40.5亿元，果树产业基金累计投资3.8亿元，吸引社会资本1.04亿元，带动发展高效节水果园6613.33公顷；通过实施有机肥替代，减少使用化肥1000吨；全市观光采摘果园达到1394个，年接待游客1000万人次，采摘直接收入5.5亿元，带动果品销售4亿元。北京世园会带动花卉园艺产业蓬勃发展，全市花卉种植面积达到4266.67公顷，实现产值13.1亿元；新建规模化苗圃3100公顷，全市苗圃面积达到16533.33公顷，产值超过70亿元；蜂产业带动精准脱贫作用日益凸显，本市蜜蜂饲养量达28万群，从业人员2.5万余人，实现年总产值2亿元，带动1000余户低收入户脱低增收；林下经济面积达到15400公顷，产值达18.8亿元，带动农民就业5.57万户。食用林产品质量安全监管体系不断完善，试行了食用林产品合格证制度，建立了质量安全追溯平台，抽检产品合格率达到100%。二是惠民政策促进脱低增收。围绕实现全市"脱低"目标，制定了园林绿化行业"五个一批"的生态帮扶措施，提高了山区生态林两个机制的补偿标准，山区生态效益补偿由每年每亩40元提高到70元，山区生态林管护员补贴标准由532元/（人·月）提高到638元/（人·月）。进一步完善了退耕还林后续政策，直接惠及9.5万退耕农户，有力促进了低收入农户脱低增收。三是生态建设带动农民绿岗就业。严格落实园林绿化用工保障本地农民就业政策，在新一轮百万亩造林、平原生态林养护、森林健康经营、规模化苗圃建设等重点工程带动下，共吸纳12.8万本地农民就业增收。特别是通过建立新型集体林场，使6400多农民成为有专业技能、有稳定收入的新型集体林业工人。

（七）生态文化建设成果丰硕。一是创森工作全面推进。编制完成北京森林城市发展规划和创森工作实施方案，确定了各区创森时间表和路线图，平谷、延庆两区荣获"国家森林城市"称号，通州、怀柔、密云三个区达到创森标准，除核心区外14个区全部完成创森工作备案。同时，创建首都森林城镇30个，首都绿色村庄250个，认定国家森林乡村197个。新增首都花园式单位311个、首都花园式社区184个。二是"三条文化带"建设成效明显。编制了西山永定河文化带保护发展规划和五年行动计划，分解落实了"三条文化带"和中轴线申遗涉及园林绿化的重点任务。全面实施了北法海寺二期遗址保护、西山方志书院、香山二十八景等文化遗产保护项目，推进了路县故城考古遗址公园、西海子公园改扩建等重点项目建设，市属公园完成了天坛泰元门、颐和园福荫轩院、景山观德殿等重点文物古建修缮任务。三是品牌生态文化活动丰富多彩。围绕弘扬生态文明，持续开展了"世界野生动植物日""国际森林日""北京湿地日""绿色科技·多彩生活"等生态科普宣传活动，举办了森林音乐会、森林文化节、地景艺术节等500余场系列文化活动，建成首都园艺驿站85家、森林文化示范区10处、森林疗养基地4处，成立了"首都自然教育联盟"。围绕挖掘古树名木历史文化，深入开展了"让古树活起来"、寻找北京"最美十大树王"等古树保护系列文化活动，设立古树名木保护专项基金，完成4000余株古树名木抢救复壮，建成古树名木主题公园3处。围绕繁荣发展园林创意文化，全市公园景区年均开展各类特色文化活动500余项，年接待游客3.6亿人次，特别是市属公园文创产业快速发展，产品种类达到5400种，文创产品销售额达到1.47亿元。围绕传承园林绿化历史文化，编纂出版了《北京志·园林绿化志》《北京园林绿化大事记1949—2018》；以碑林和西山方志书院为主体加大园林绿化文史资源收集利用，先后举办了园林绿化文史展、西山永定河图片展、传统生态文化展等展览展示活动，广受好评。围绕讲好绿色故事，加大对外宣传，在主流媒体和网络平台策划开展了一系列主题鲜明、特色突出的宣传活动，提升了首都园林绿化的影响力。

（八）园林绿化治理能力全面提升。一是资金投入力度持续加大。在新一轮百万亩造林工程的带动下，全行业累计完成固定资产投资1200亿元，创下历史新高，为高质量推进园林绿化事业发展提供了有力支撑。二是深化改革取得重要进展。圆满完成机构改革工作，共划出3项职权，划入15项职权，新增1项职权，增设了自然保护地管理处；全面完成森林公安转隶，成立了森林防火处；市级园林绿化综合执法改革全面完成；局属事业单位分类改革和转企改制基本完成；市属公园纳入全市归口管理，城乡统筹的管理体制不断完善。全面完成国有林场改革任务，全市34个国有林场全部理顺了管理体制，落实了公益一类属性，成立了全市面积最大的市属京西林场。持续推进集体林权制度改革，

全面完成房山区全国集体林业综合改革示范区任务，开展了42个新型集体林场建设试点，772666.67公顷林地纳入森林保险。深化行政审批改革，清理园林绿化非许可审批事项13项、取消许可审批事项4项、下放4项；推行"互联网+政务服务"，实现了98%的公共事务"一网通办"的工作目标；进一步优化审批流程，精简政务服务事项申报材料60%，压缩办理时限55%以上，不断优化了营商环境。三是政策法规体系不断完善。市人大常委会打包修改了4部涉林涉绿法规，并颁布了《北京市野生动物保护管理条例》；完成64部涉林涉绿法规规章配套制度的梳理，不断完善了园林绿化法规体系。市委、市政府制定出台了自然保护地体系、天然林和湿地保护修复、集体林权制度、退耕还林后续政策等一批重要文件。围绕落实新版城市总规，编制完成了全市园林绿化专项规划，以及新一轮百万亩造林工程、湿地保护发展、森林城市建设等一批专项规划；制定了城市副中心园林绿化建设、浅山区扩大绿色生态空间、应对气候变化、森林防火等一批专项行动计划。编制完成全市园林绿化"十四五"发展规划。四是科技支撑力度不断加大。围绕推动高质量发展，制定地方标准99项，实施科技攻关重大课题100余项，推广科技成果150项；持续开展植物新品种知识产权保护行动，新增新品种200个，审定林木良种105个；建立了一批科技创新、增彩延绿示范区和科普教育基地。完成了园林绿化土壤污染防治工作详查，开展了杨柳飞絮综合防治，累计防治杨柳雌株100余万株。林业碳汇工作积极推进，制订了碳汇交易资金使用办法，启动了重点造林营林工程的碳计量。与30多个国家和国际组织开展了多渠道交流合

作，建立了16家在京非政府国际组织合作交流网络。实施"互联网＋园林绿化"行动，搭建了园林绿化大数据管理平台。

（九）全面从严治党深入推进。一是坚持把学习贯彻习近平新时代中国特色社会主义思想作为首要政治任务，按照中央和市委部署，深入开展了"两学一做""不忘初心、牢记使命"等主题教育，使全系统广大党员干部进一步树牢了为中国人民谋幸福、为中华民族谋复兴的初心使命，进一步增强了"四个意识"，坚定了"四个自信"，做到了"两个维护"。在"不忘初心、牢记使命"主题教育期间，局（办）党组派出9个指导组分类指导，各级领导干部深入一线调查研究500余次，解决各类问题372个，建立了26项长效工作机制。特别是为市民身边增绿的经验做法被市委作为典型案例上报中央，取得了明显成效。二是大力加强政风行风建设，落实国家监委要求，在全市园林绿化行业开展了政风行风和干部队伍作风教育整顿，印发了指导意见，召开了全市动员大会，开展了警示教育，集中整治形式主义、官僚主义和不作为、慢作为、乱作为等突出问题。三是强化纪律意识和规矩意识，坚持每年召开全系统警示教育大会，以零容忍的态度严肃查办违规违纪行为。局（办）系统全面建立了巡察制度，对16个单位开展巡察，压实了全面从严治党的主体责任。

总之，过去的五年，是首都园林绿化发展极不平凡的五年。这五年，我们始终坚持党的领导、高位推动、全民参与，不断汇聚了推动园林绿化发展的强大合力；始终坚持围绕中心、服务大局、奋发有为，持续提高了"四个服务"的能力和水平；始终坚持生态优先、城乡一体、系统治理，有力推动了园林绿化高质量发展；始终坚持以人为本、生态为民、绿色惠民，显著增强了市民的绿色福祉；始终坚持改革引领、政策支撑、创新驱动，全面提升了园林绿化治理能力，首都园林绿化实现了新发展、新突破。

这些成绩的取得是党中央、国务院亲切关怀，市委、市政府正确领导的结果；是各区、各部门大力支持，社会力量广泛参与的结果；也是全系统广大干部职工攻坚克难、无私奉献、奋力拼搏的结果。在此，我谨代表市园林绿化局和首都绿化办，向所有关心、支持和参与首都园林绿化事业的各位领导、同志和朋友们表示衷心感谢和崇高的敬意！

二、关于"十四五"时期首都园林绿化目标任务

"十四五"时期是我国全面建成小康社会、实现第一个百年奋斗目标之后，开启全面建设社会主义现代化国家新征程、向第二个百年奋斗目标进军的第一个五年，也是首都园林绿化转方式、调结构、实现更高质量发展的关键时期。

党的十九届五中全会审议通过了中央关于制定"十四五"规划和2035年远景目标的建议，描绘了新发展阶段的宏伟蓝图，提出了贯彻新发展理念、构建新发展格局、推动高质量发展的一系列重大战略任务。市委、市政府高度重视园林绿化"十四五"发展。去年以来，蔡奇书记、陈吉宁市长亲自听取了园林绿化"十四五"规划、园林绿化专项规划汇报，卢彦副市长也提出明确要求。市委十二届十五次全会审议通过的《建议》，全面部署了包括园林绿化在内的生态文明建设中长期发展任务。所有这些，都是指引首都园林绿化

"十四五"发展的根本遵循。

面对"十四五"发展的新形势、新任务，我们要坚持以首都发展为统领，全面聚焦"四个中心"功能建设和"四个服务"能力提升，全面聚焦新版城市总规、核心区和城市副中心控规等规划体系确定的生态布局，努力在贯彻新发展理念、推动高质量发展上迈出更大步伐。更加突出创新驱动发展，大力推动理念创新、制度创新、科技创新，加强对优质生态产品、绿色生产生活方式和公园城市、韧性城市、城市更新、耕地非农化、"五新"措施、高质量发展指标体系等重大问题的研究，着力破解发展难题，以新理念、新措施支撑园林绿化高质量发展。更加突出全面协调发展，持续推动京津冀协同发展，促进生态一体、互联互通；大力推动城乡、区域、镇村之间均衡发展，见缝插绿、精准建绿、身边增绿，着力破解发展不平衡、不充分的矛盾。更加突出绿色低碳发展，把习近平生态文明思想作为行动指南和根本遵循，始终坚持山水林田湖草系统治理，始终坚持尊重自然、顺应自然、保护自然，始终坚持节约优先、保护优先、自然恢复为主，用生态的办法解决生态的问题，着力提升生态系统质量和碳汇能力，为北京率先实现碳达峰、碳中和做出贡献。更加突出人民共享发展，牢固树立"以人民为中心"的发展思想，强化园林绿化的公共产品、公益属性，落实"七有""五性"要求，着力补齐园林绿化服务设施，做大做强绿色产业，繁荣发展生态文化，推动绿水青山源源不断转化为金山银山，让城乡人民公平享有园林绿化成果。更加突出开放合作发展，充分发挥首都的示范引领作用，广泛吸收借鉴先进理念、先进经验，构建多渠道、多层次园林绿化交流合作网络；高水平举办和参展有影响力的国内外重大绿色展会，充分展示大国首都园林绿化良好风貌。更加突出安全稳定发展，牢固树立总体国家安全观，坚决维护首都生态安全和生物安全，落实最严格的生态保护制度，加快构建源头预防、过程控制、责任追究的资源保护管理新机制；坚决维护行业安全、单位内部安全，防范和化解各类重大风险，加快构建韧性城市生态灾害防控和应急处置体系。

"十四五"的指导思想是：以习近平生态文明思想为指导，深入贯彻习近平总书记对北京重要讲话精神，全面落实新版城市总规和首都城市战略定位，坚持新发展理念、推动高质量发展，牢固树立以人民为中心的发展思想，大力推动园林绿化从"绿起来、美起来"向"活起来、优起来、循环起来"转变，向建管并重、多效并举、生态惠民转变，着力破解生态系统不完整、生态建设不平衡、生态功能不充分、生态效益不明显的矛盾，不断满足人民群众对优美生态环境、优质生态产品、优秀生态文化的新需求、新期待。

"十四五"和2035年远景目标是：到2025年，绿色生态格局更加完善，生态功能质量和生物多样性水平显著提升，园林绿化增汇能力和适应气候变化能力不断增强，绿色惠民成效更加显著。全市森林覆盖率达到45%，平原地区森林覆盖率达到32%；城市绿化覆盖率达到49.4%，公园绿地500米服务半径覆盖率达到90%，人均公园绿地面积16.7平方米。

到2035年，全市森林覆盖率稳定在45%以上，平原地区森林覆盖率达33%以上；公园绿地500米服务半径覆盖率达到95%，人均公园绿地面积17平方米，全面实现城市总规确定的规划目标，为建成天蓝、水清、森林环绕的生态城市奠定生态基础。

关于重点任务，由于园林绿化"十四五"规划的主要内容已经统一纳入全市"十四五"时期重大基础设施发展规划，下一步我们将以制定"十四五"发展行动计划的形式印发，在这里我对重点任务简单点点题，请大家以正式颁布的规划和行动计划为准，抓好各项工作。

在重点任务上，总体上抓好五个方面工作：

（一）着力夯实首都绿色生态基底。一是落实核心区控规，突出中央政务服务保障功能，重点优化长安街、中轴线沿线、玉泉山周边绿色景观，提升老城绿色生态品质，持续降低核心区重点公园旅游密度，建设宁静宜居的"花园核心区"。二是结合新一轮疏整促，大力建设休闲公园、口袋公园和小微绿地，完善"两条绿色项链"，努力建设均衡普惠的"公园中心城"。三是加快推进森林城市建设，除核心区外，其他14个区全部创建国家森林城市。四是构建大尺度绿色空间，全面完成新一轮百万亩造林20000公顷任务，新建和恢复湿地5000公顷。五是围绕京津冀协同发展，打造蓝绿交织、水城共融的城市副中心，推动潮白河国家级森林公园、大运河5A级景区、六环路公园、路县故城考古遗址公园、国家植物园等重点绿化建设；支持张家口和承德坝上地区植树造林66666.67公顷、森林精准提升72666.67公顷；推进永定河综合治理和生态修复。

（二）着力提升生态系统功能质量。一是实施城市绿地生态功能提升工程，建立一批城市生物多样性保护示范区，加宽加厚道路、水系周边绿廊，增强城市生态系统韧性。二是实施平原森林提质增效工程。

按照"近自然林"理念，开展平原生态林分级分类经营，实施郁闭林分密度调控，建立一批生态保育小区和平原森林质量提升试验示范区。三是实施山区森林质量精准提升工程，完成森林健康经营林木抚育233333.33公顷，对290666.67公顷天然次生林实施全面保护和科学修复。

（三）着力维护首都生态安全。一是全面加强森林防火、有害生物防治重大基础设施建设，提升森林灾害综合防控能力。二是全面完成自然保护地整合优化、勘界立标和统一确权登记，建立健全保护地管理机构，构建自然保护地体系。三是加强野生动植物栖息地保护和野生动物救护、疫源疫病监测，维护生物多样性。四是完善资源监督管理机制，构建园林绿化生态监测体系。

（四）着力惠及城乡人民绿色福祉。一是全面提升公园服务水平，完善老旧公园基础设施，打造成长型公园；完善绿道系统空间布局，大力推进城市健康绿道和"一十百千"森林步道工程。二是推进乡村振兴，开展千村千园（林）建设工程，大力发展林果花卉、生态旅游、森林康养、自然教育、林下经济等新兴绿色产业，不断促进农民就业增收。三是加强"三山五园"地区园林景观风貌整治和历史名园示范建设，全面完成中轴线申遗三年行动计划和"三条文化带"范围内涉及园林绿化的各项任务。

（五）着力提升园林绿化治理能力。进一步健全政策法规体系，全面建立具有首都特点的"林长制"，压实各级党委和政府保护发展园林绿化资源的目标责任；构建园林绿化数字管理体系，完善共建共治共享的"接诉即办"工作机制。

三、关于2021年重点工作

2021年是建党100周年，也是"十四五"开局之年，意义重大。全市园林绿化工作总的要求是：以习近平新时代中国特色社会主义思想为指导，全面贯彻党的十九大和十九届二中、三中、四中、五中全会、中央经济工作会议、农村工作会议精神，以及市委十二届十五次、十六次全会精神，坚持稳中求进工作总基调，坚持新发展理念，以推动高质量发展为主题，以改革创新为强大动力，以绿色生态惠民为根本目的，着力提升生态系统科学治理水平，着力提升多效并举绿色惠民水平，着力提升依法治绿管绿水平，着力提升全面从严治党水平，确保"十四五"开好局、起好步，以优异成绩庆祝建党100周年。

发展目标是：全年新增造林绿化10666.67公顷、城市绿地400公顷，恢复建设湿地1000公顷。全市森林覆盖率达到44.6%，平原地区森林覆盖率达到31%，城市绿化覆盖率达到49%，人均公园绿地面积16.6平方米。

重点抓好八个方面工作：

（一）全力攻坚克难，加快推进新一轮百万亩造林绿化建设。今年是实施新一轮百万亩造林工程的关键之年，根据造林地块选址情况，全年计划新增造林10000公顷。一是在核心区、中心城和城镇地区，落实核心区控规三年行动计划，持续提升长安街沿线、玉泉山周边等重点区域中央政务办公景观环境；大力推动疏解增绿，重点建设26处休闲公园、4处城市森林和一批小微绿地、口袋公园，新建健康绿道100千米，实现与水系蓝网、城市慢行系统互联互通，公园绿地500米服务半径覆盖率达到87%；结合全市实施城市更新行动，推动东四南北大街、平安大街、两广路等林荫道改造提升，开展居住区危险树木消隐专项行动，推进1385条背街小巷绿化环境精细化整治，开展好"庭院一棵树"计划，着力提升街区生态品质。二是在平原地区，聚焦大兴机场、永定河、温榆河、南苑等重点地区，以连接连通、断带修复为重点，实施填空造林3520公顷，恢复建设湿地1000公顷，着力提升"三城一区"周边环境服务保障能力；聚焦"两条绿色项链"，重点推动南苑森林湿地公园、温榆河公园和石景山区冬奥森林公园建设；聚焦城南地区"环京生态带"，在大兴、丰台、房山区新增造林绿化2000公顷；实施新一轮回天地区行动计划，通过新建公园及整合优化现有公园和林地绿地，打造万亩奥北森林公园。三是在浅山区，加快宜林荒山大尺度块状绿化，推进废弃矿山生态修复，通过连通连接新造林与现有森林资源，实施造林5946.67公顷。四是统筹拆迁腾退用地，实施"留白增绿"247.67公顷、"战略留白"临时绿化652.27公顷。新一轮百万亩造林已纳入市政府为民办实事工程，为加快手续办理，今年任务分两批下达。要严格按照确定的8个时间节点组织实施好今年的工程，3月底前要完成第一批任务的施工、监理招投标等全部手续办理，土地流转和拆迁腾退完成90%以上；6月30日前完成第一批计划任务的70%以上，确保圆满完成年度造林任务。同时，要力争在9月底前完成2022年造林地块选址工作，确保新一轮百万亩造林完美收官。

（二）实施系统治理，推进园林绿化高质量发展。一是要严格落实国务院办公厅关于坚决制止耕地"非农化"的通知要求，既因地制宜又尊重现实，坚持山水林田湖草系统治理，宜林则林、宜湿则湿、宜草则草、宜田则田，推动林水、林田融合发展，走科学、生态、节俭绿化之路。二是要严把施工设计关和工程建设关，深化生态手法，减少人工痕迹，充分保护利用原有地形、原生植被，特别是针对大部分地块立地条件差的现状，要强化土壤改良，实施"沃土"工程，并同步考虑动物栖息地构建、生态廊道、小微湿地建设，以及集雨节水、建筑垃圾消纳、污染地治理、资源循环利用等问题，走绿色发展之路。三是要把提质增效放在突出位置，精准提升森林绿地生态功能，切实增强碳汇能力。按照近自然理念对46666.67公顷山区生态林开展科学经营，建立森林抚育综合示范区15处；对平原地区栽植5年以上且郁闭度达到0.7以上的6666.67公顷生态林，实施疏密伐移、林分结构调整，逐步促进森林生态系统自然演替。四是要高度重视生物多样性保护，坚持以乡土植物为主，在城市中心区建设20处生物多样性恢复示范区，在平原地区建设100处生态保育小区，在新建工程和现有资源经营管理上实行10%的自然带。五是在施工管理上，要严格落实疫情防控和大气污染防控措施，加强施工管理、扬尘管控、渣土车和非道路移动机械的使用管理，禁止焚烧园林绿化废弃物。严禁拔除公园绿地的野花野草，充分利用原生地被加强裸露地治理。

（三）坚持生态一体，持续推动京津冀协同发展。一是全面落实城市副中心控规，加快完善副中心生态格局，新增造林绿化800公顷。在副中心范围内，新增绿化100公顷，重点完成A5庭院、镜河水系、广渠路东延绿化以及通州代征绿地建设、环球主题公园和度假区周边绿化工程，积极推进六环路公园建设前期准备；在副中心外

围，新增造林绿化733.33公顷，加快推进潮白河生态景观带建设，不断完善副中心绿色空间格局。二是落实全国重要生态系统保护和修复重大工程总体规划，持续实施京津风沙源治理二期工程，完成困难地造林666.67公顷，封山育林16666.67公顷，人工种草3333.33公顷；健全森林资源保护联防联控机制，编制京冀林业有害生物防控区域合作项目五年实施方案。三是持续推进永定河综合治理和生态修复工程。重点实施永定河、清水河水源涵养林和河道防护林建设工程1333.33公顷，完成森林质量精准提升4293.33公顷；编制永定河国家级森林公园建设总体规划，推动林水、林田、林草协同治理。四是持续加大冬奥会延庆赛区周边造林绿化建设，实施大尺度绿化198.93公顷，完成松山保护区生态修复328公顷，改善冬奥会赛区周边景观。持续推进冬奥会碳中和造林工程碳汇计量监测、场馆周边生态监测网络建设；加大赛区外围森林火灾防控和松材线虫病排查力度，确保资源安全。

（四）严格生态保护，切实守护好绿水青山。一是全面提升森林灾害防控能力。结合全市森林公安转隶，市局已经正式成立了森林防火处。各区也要抓紧协调相关部门，尽快成立森林防火机构，确保履职尽责到位。着力提高森林火灾科学防控能力，改造防火道路及步道95.6千米，建设视频监控498路、通信基站43个，推动森林防火数字化、智能化。全面加强林业有害生物防控，特别是加强对松材线虫病的严密防控，加大监测普查，加大对松木及其制品的严格监管，严防重大生物灾害。开展好全市自然灾害风险特别是森林火灾风险普查。二是要切实承担起生态保护主体责任。深刻吸取中央环保督查通报的非

法侵占林地案件教训，举一反三，深挖细查，全面落实管资源、抓监管、保安全的主体责任。配合有关部门开展农村乱占耕地建房、浅山区违法占地违法建设、违建别墅等专项整治；加大森林资源督查力度，充分利用卫星遥感技术全面排查违法违规行为，加强对未整改问题和案件的督查督办，全面落实销账制管理；做好林木采伐（移植）、城市树木伐移、临时占用林地绿地、野生动植物的批后监督检查。对绿地认建认养和公园配套用房出租持续整改问题要紧盯不放、坚决整改。加强野生动植物栖息地保护修复，做好野生动物救护和疫源疫病监测，严厉打击非法捕杀、交易、食用野生动物行为。落实全市自然保护地体系实施意见，开展保护地整合优化和勘界立标、确权登记等工作，做好与生态保护红线的紧密衔接；研究制定特许经营管理、成效评估及监督检查等相关制度；建立保护地资源管理数据库，积极开展生态环境综合评价。三是切实加强资源精细化管护。强化公园绿地分级分类管理，建立绿地资源动态监测评估体系，积极推广树木健康诊断和树木医生制度。制定绿隔地区公园建设管理的指导意见，调整养护管理模式和标准；制定平原地区林木资源差异化养护标准，推动养护管理向"分类经营、定向培育"转变；加强山区生态林管护员的培训考核，提升森林管护质量水平。加强国有林场森林资源精细化管护，充分发挥示范引领作用。

（五）突出生态惠民，着力提升人民群众绿色福祉。一是持续加大乡村生态建设。广泛集成美丽乡村、新一轮百万亩造林、平原生态林养护等有关政策，结合古树、大树等自然人文遗迹保护，坚持宜林则林、宜园则园，大力推进100处村头片

林建设，着力打造集中连片、点线面结合的美丽乡村风景线。二是优化提升绿色惠民产业。结合我市制定率先基本实现农业农村现代化行动方案，统筹全市林业发展政策，研究制定都市型现代林业产业高质量发展的意见，推动森林资源优势尽快转化为资本优势、发展优势，实现产业增效、农民增收、生态增值。紧抓新基建、新场景、新消费的机遇，大力创新林产品经营方式和营销策略，充分运用现代信息技术，加快推动林业产业向多产品、多功能、多效益提升，向体验化、品质化、数字化方向提升，与体育健身、文化旅游、健康养老等现代服务业深度融合，与线上线下消费、多场景应用和数字化赋能全面对接，充分释放园林绿化发展潜力。围绕绿色产业优化升级，加快推进高效节水果园建设，建设10个"京字号"果品标准化生产示范基地，全面启动2022年冬奥会和冬残奥会第二批备选果品供应基地遴选工作；加快建立全市花卉交易体系服务平台，统筹做好"五节一展"花事活动；加强种质资源库、良种基地、种苗质量溯源体系建设。加快培育林下经济、生态旅游、森林康养、自然教育等新兴业态，落实国家有关部门文件精神，抓紧制订出台全市林下经济发展的意见，全年新发展林下经济13333.33公顷，拓展兴绿惠民的新空间。健全完善食用林产品质量安全监管体系。三是不断完善惠民政策。按照相关政策要求，积极推进山区生态效益补偿和生态林管护补偿的标准调整工作，全面落实好退耕还林后续政策，探索研究湿地保护和生态经济林补偿机制。聚焦"七有""五性"，实施便民服务设施补短板行动，制定公园绿地配建体育设施、无障碍设施相关规范，加快推进全龄友好型公园改造，解决

好老年人进公园景区的数字化鸿沟问题，着力提升公园管理服务的便民化、智能化水平。

（六）强化品牌带动，充分展示生态文化魅力。一是全力做好中央领导、全国人大和全国政协领导、将军和共和国部长等重大植树活动的组织协调和服务保障工作；完善"互联网＋全民义务植树"五级基地体系，筹划举办好全民义务植树40周年系列庆祝纪念活动。二是高质量完成建党100周年、冬奥会、国庆节等重大活动、重要节日的景观环境服务保障任务，按照全市部署，抓紧制订景观环境保障方案，营造优美大气的景观风貌。加大世园会展后利用，挖掘传承世园遗产；高水平举办好第九届国际樱桃大会、第十届中国花卉博览会，全力做好2021年中国扬州世园会、徐州园博会、上海花博会参展工作，充分展示首都园林绿化文化魅力。三是加快推进全市创森工作。通州、怀柔、密云三个区要按照新国标要求，高质量做好考核验收准备，努力实现创森目标；石景山、门头沟、房山和昌平区要加快进度，全面达到创森标准。同时，以创森为抓手，创建首都森林城镇6个、首都森林村庄50个，首都花园式社区40个、花园式单位60个，新建园艺驿站15个。四是扎实推进生态文化建设重点工作。围绕"三条文化带"建设和中轴线申遗，全面推进"三山五园"景观提升、中轴线区域绿化景观优化，以及路县故城考古遗址公园、白浮泉遗址公园等重点项目建设，配合编制长城、大运河国家文化公园规划；落实国家林草局文件精神，制订全市生态文化建设指导意见。强化古树名木保护管理，重点开展高危古树名木体检与抢救复壮，建立健全古树名木专家会诊机制，实施好"全国第三

批古树名木抢救复壮试点"项目；完成全市名木资源普查，积极推进古树保护主题公园建设，持续开展"让古树活起来"系列宣传活动；探索老旧果树资源保护利用机制。做好历史名园和文物古建修缮，挖掘深厚的文化底蕴，让资源活起来；深度开发公园文创产品，推出高质量的"北京公园礼物"。五是着力提升市民生态文明意识。持续办好森林文化节、森林音乐会和"世界湿地日""爱鸟周""保护野生动物宣传月""绿色科技·多彩生活"等品牌文化活动；广泛开展自然教育，抓好一批科普基地建设。加大园林绿化文史资料收集利用，围绕庆祝建党百年，举办好系列展览展示活动。

（七）推动改革创新，全面提升园林绿化治理能力。一是扎实推进重点改革任务。前不久中办、国办正式印发了《关于全面推行林长制的意见》，目前我市关于建立林长制的实施意见已经起草完成并按程序报批，《意见》印发后，各区党委、政府要高度重视，抓紧制定实施方案，明确责任清单，建立相关制度，尽快建立市、区、乡镇（街道）、村（社区）四级林长制责任体系，全面落实各级党政领导保护发展园林绿化资源的目标责任。进一步完善集体林权制度，制订出台新型集体林场建设的指导意见，全年新发展集体林场30个，促进更多农民参与森林资源经营管理。进一步深化"放管服"改革，优化行政审批事项的审批流程、统一办理标准，推动有条件的审批事项"全程网办"，并逐步实现"网上办"向"掌上办、自助办、智能办"延伸。全面完成局（办）系统事业单位改革，推动建立区级园林绿化行政执法队伍；完善乡镇（街道）绿化管理职责清单和赋权清单，确保基层绿化事

务有人抓、有人管。健全接诉即办工作机制。二是完善政策法规体系。落实新修订的《森林法》《北京市野生动物保护管理条例》等涉林涉绿法规规章，制定完善一批配套管理办法；研究修订野生动物保护名录，制定湿地保护监督管理办法，推动修订森林防火办法。围绕落实新版城市总规，修改发布《全市园林绿化专项规划（2018—2035年）》，并做好区级专项规划编制工作；修订编制市、区两级林地保护利用规划，开展自然保护地体系、生态涵养区生物多样性保护、野生动物栖息地保护、森林步道等一批专项规划的编制，研究制订湿地保护修复、园林绿化应对气候变化等行动计划。印发全市园林绿化"十四五"发展行动计划。三是强化科技支撑。围绕园林绿化高质量发展和资源管理精细化，加强森林生态监测数据集成、食用林产品安全防控等一批关键技术攻关，制定各类标准16项。大力推动科技成果转化，加快建立科技创新产业联盟、长期科研基地和园林绿化新技术新材料综合展示中心。构建园林绿化生态监测体系，积极推进20处生态监测站建设，实现资源监测的全覆盖。加强国际智力资源引进，抓好国际合作示范基地建设。鼓励科技人才下乡，培养新型职业农民；加大全行业职业技能培训，培养一大批能工巧匠。四是深入落实市委、市政府出台的"五新"措施，推动互联网、大数据、人工智能等现代信息技术与园林绿化深度融合，完善园林绿化大数据管理与应用体系，开发建设更多应用场景，着力建设"智慧园林""数字园林"，以信息化助力园林绿化治理能力现代化。

（八）全面从严治党，切实落实管党治党主体责任。一是要始终把党的政治建

设放在首位，切实增强"四个意识"、坚定"四个自信"、做到"两个维护"，不断提高政治判断力、政治领悟力、政治执行力。当前最主要的任务就是要深入学习贯彻党的十九届五中全会和市委十二届十五次全会精神，紧密结合园林绿化工作实际，带着问题、带着思考往深里学、往实里学、往心里学，融会贯通地深刻领会新发展阶段、新发展蓝图、新发展格局的丰富内涵，准确把握首都发展的新特征新目标新要求，尽快把思想和行动统一到落实全会精神上来，率先构建园林绿化高质量发展的新格局。二是压紧压实管党治党主体责任和监督责任。结合建党百年庆祝纪念活动，建立完善不忘初心、牢记使命的常态化教育机制，持续抓好检视问题的整改落实。全系统各级党组织要对照蔡奇书记在全市领导干部警示教育大会上所列举的突出问题，建立"以案为鉴、以案促改"警示教育长效机制，深刻吸取违纪违法典型案例的教训，举一反三，自查自纠，大力加强政风行风建设，全面加强重点项目、大额资金管理，持续抓好审计督查、巡察检查等一系列反馈问题的整改落实，努力建设一支忠诚、干净、担当的园林绿化干部队伍。三是各级领导干部要牢固树立以人民为中心的发展思想，大力改进政风行风和干部队伍作风，切实提高推动工作、狠抓落实的能力。各区、各单位要按照这次会议的部署，盯着重点难点任务，一件一件落实分工、明确责任、狠抓落实，全力实现"十四五"开局之年园林绿化工作开门红。特别是围绕落实全市"十四五"时期重大基础设施发展规划和园林绿化行动计划，要加强与区级规划的统筹衔接，抓紧制订分年度实施计划，实行清单化管理、项目化推进，确保重点任

务全面落实。对今年的造林工程，要切实增强责任感和紧迫感，千方百计加快手续办理，全力争取土地早流转、拆迁早腾退、资金早拨付、施工早准备，确保春季全面启动大规模造林绿化建设。

当前，疫情防控处于"外防输入、内防反弹"的关键时期，要毫不松懈地抓好公园景区、施工工地、野生动物驯养场所等重点场所的疫情防控工作。特别是马上就要过年了，各区、各单位要借鉴去年的经验，全面落实公园景区疫情防控工作方案，严禁举办大型文体活动，严格落实预约、限流、错峰等防控措施，确保万无一失。加强室内公共场所动物观赏展示活动的监管，坚决杜绝疫情传播风险。要全力抓好节日期间的森林防火工作，加强火源管理，严格落实各级领导带班、工作人员值班和扑火队员备班制度，确保森林资源安全。同时，要严守节日期间的廉政纪律，严格落实各项规定，确保不出现违法违纪问题。

首都绿化委员会第40次全体会议报告

（2021年2月18日）

一、"十三五"时期首都绿化美化建设情况

"十三五"时期是全面建成小康社会的决胜阶段，首都绿化美化工作在市委、市政府和首都绿化委员会的正确领导下，坚持以习近平生态文明思想为指导，深入贯彻习近平总书记对北京一系列重要讲话精神，坚持以人民为中心，自觉服务首都城市战略定位，认真践行"绿水青山就是金山银山"理念，掀起了美丽北京建设新高潮。特别是2020年，首都广大干部群众深入贯彻落实中央统筹推进疫情防控和经济社会发展的系列部署要求，一手抓疫情防控，一手抓绿化美化，圆满完成了中央交办的各项服务保障任务以及市委、市政府和首都绿化委员会第39次全会部署的各项工作任务。"十三五"时期，全市新增造林绿化面积76666.67公顷、城市绿地3773公顷、新增和恢复湿地1.1万公顷，森林覆盖率由41.6%提高到44.4%，城市绿化覆盖率由48%提高到48.9%，人均公园绿地面积由16平方米提高到16.5平方米，市政府和各区人民政府签订的"十三五"绿化目标责任书任务全面完成，人民群众的绿色获得感、幸福感明显增强。突出抓了以下五项工作。

（一）以重大义务植树活动为引领，持续开展首都全民义务植树工作

1.党和国家领导人率先垂范。五年来，习近平等党和国家领导人每年身体力行，参加首都全民义务植树活动。全国人大、全国政协领导，军委领导、军委机关各部门和驻京大单位领导，中直机关、中央国家机关部级以上领导，认真履行植树义务，积极参与百万亩造林绿化、城市森林公园等重点绿化工程建设，极大鼓舞了社会各界弘扬生态文明、共建绿色北京的热情。"十三五"期间全市共有2000多万人次以各种形式参加义务植树活动，植树805万株，抚育树木5185万株，首都大地山川越来越绿、人民群众生活环境越来越美。

2.中央单位和驻京部队模范带头。中央和国家机关以中央领导植树活动为榜样，扎实推进山区义务植树、绿化基地护林防火和林木有害生物防控工作，广泛开展创建节约型绿化美化单位活动，"十三五"期间，共有23万人次参加多种形式的义务植树活动，折合完成义务植树近120万株。特别是2020年，驻京中央和国家机关一手抓疫情防控，一手抓造林绿化，新植树木5.5万株，3.4万余人次开展了网上以资尽责活动，发挥了很好的示范带动作用。

驻京解放军、武警部队以保障备战打仗为牵引，突出抓好营区绿化美化环境综合整治，着力拓展营区绿色生态空间，出动兵力21万人次积极参与首都重大义务植树活动保障、百万亩造林绿化工程和森林防火等工作，发挥了主力军、突击队的作用。

3.各系统各单位主动作为。发改、科委、财政、规自、住建、农业农村、人力和社会保障等系统积极参与义务植树活动，并在绿化建设项目立项、资金投入、政策扶持、市级重点绿化工程协调推进等方面给予大力支持。各级工会、共青团、妇联开展"乐享自然，快乐成长"少年儿童绿化科普宣传、"保护母亲河"、"美丽家园"和"最美庭院"创建等形式多样的绿化美化主题活动，倡导妇女、青年做绿色生活的引领者和践行者。各级教育部门深入开展生态文明教育和教学实践活动，树立尊重自然、顺应自然、保护自然的理念，推进绿色校园建设。公路、水务、铁路等专业部门，紧密结合行业特点深入开展义务植树和部门绿化，大力推进公路延边、铁路沿线、河湖沿岸的绿化造林和养护管理工作。

4.国际友人积极支持。"国际森林日"植树纪念活动从2012年开始，连续7年在北京举办。"十三五"期间，先后有联合国粮农组织、联合国环境规划署、世界自然保护联盟、国际竹藤组织、各国驻华使节等代表2000余人参加北京植树活动，栽植各类苗木7900余株。永旺财团等国际企业，世界自然基金会、欧洲森林研究所等国际组织，荷兰、日本、南非等国家驻华代表及国际友人、志愿者，通过实施林业国际合作项目、林业国际咨询培训等多种形式，对北京生态环境、森林文化建设建言献策，积极参与北京绿化美化建设。

5.首都群众多种方式参与。在全国率先开展"互联网＋全民义务植树"基地建设，建成国家级、市级、区级、街乡级和社村级5级首都"互联网＋全民义务植树"基地25个，为方便市民参与实体尽责提供了保障。不断细化首都八类37种义务植树尽责方式，形成了"春植、夏认、秋抚、冬防"四季尽责的北京品牌。创新开展了"城乡手拉手、共建新农村"活动，助推乡村绿化美化工作；围绕首都义务植树

日、中华人民共和国成立70周年等开展了义务植树主题日系列活动。2020年，为有效应对新冠肺炎疫情，推进了"云认养"等以资尽责活动，市民足不出户就能履行植树尽责义务。"十三五"期间，全市201处社会义务植树接待点，有357个单位、1534个家庭、25481位个人参与林木绿地认养活动，认养树木14.2万株。

（二）围绕首都城市战略定位，绘就美丽北京新画卷

1.首都核心功能服务保障成效显著。全力推动重要节点、重要区域绿化品质提升，长安街和中央政务区的景观环境明显提升。圆满完成党的十九大、中华人民共和国成立70周年、"一带一路"国际合作高峰论坛等重大活动、重要节日的景观环境布置和服务保障任务。完成香山革命纪念地修缮开放的重大政治任务。成功举办了以世园会为代表的一批园林绿化重大展会。服务保障冬奥会工作取得重要进展。尤其是2020年围绕服务保障首都核心区功能建设，加强与驻京单位联络协同，首都园林绿化系统为中央单位和驻京部队落实服务事项79件，提升了"四个服务"的综合保障能力。

2.首都绿色生态空间大幅拓展。五年来，在平原，大力实施新一轮百万亩造林绿化工程，新增大尺度森林39333.33公顷，平原森林面积达163333.33公顷，森林覆盖率达到30.4%，形成万亩以上绿色斑块30处、千亩以上240处，平原绿网格局基本形成。在城区，开展疏解建绿和留白增绿，新增城市绿地3600公顷，新建城市休闲公园190处、口袋公园和小微绿地460处、城市森林公园52处、健康绿道597千米，公园绿地500米服务半径覆盖率达到86.8%，城区生态环境质量大幅度提升。在山区，

大力实施废弃矿山修复，封山育林工程，山区森林覆盖率达到60%，山区绿屏更加坚固。进一步加大了湿地保护恢复与建设，新增和恢复湿地1.1万公顷，建成湿地自然保护区6处、湿地公园12处、自然保护小区10处，"生态海绵城市"雏形显现。

3.京津冀生态协同率先突破。全力推进城市副中心绿化建设，新增绿化建设16733.33公顷，高质量完成行政办公区、城市绿心森林公园、千年城市守望林绿化，建成各类公园30余处，万亩以上郊野公园和森林湿地达到8处，"两带一环一心"绿色格局基本形成。全力支持雄安新区生态建设，在廊坊、保定等区域完成造林绿化2666.67公顷，在京津保生态过渡带市域范围内实施造林21333.33公顷；启动永定河综合治理和生态修复工程，新增造林11333.33公顷，新增湿地627公顷。完成京津冀风沙源治理工程营造林1018666.67公顷，工程固沙34666.67公顷；实施京冀生态水源林建设26666.67公顷，全面完成66666.67公顷造林任务；完成坝上地区81333.33公顷退化林分改造；启动张家口和承德坝上地区植树造林项目，支持河北省完成营造林20000公顷。进一步完善了京津冀森林防火、林业有害生物防治、野生动物疫源疫病联防联控机制。

4.美丽乡村建设再创佳绩。按照《北京市乡村振兴战略规划（2018—2022年）》和《北京市实施乡村振兴战略扎实推进美丽乡村建设专项行动计划（2018—2020年）》要求，结合"百村示范、千村整治"工程，稳步推进美丽乡村建设。完成乡村绿化美化1613.33公顷，认定国家森林乡村197个。结合新一轮百万亩造林，打造了40处进得去、有得看、留得住的"村头片林"。完善了美丽乡村绿化美化工作机制，

出台了《关于进一步加强北京市美丽乡村绿化美化工作的指导意见》《北京市美丽乡村绿化美化技术导则（试行）》《乡村绿化美化设计方案编制指导意见》3个行业性规范文件，研究制定了《美丽乡村绿化美化技术规程》地方标准。打造高质量都市林果园6613.33公顷，果园有机肥替代化肥项目6666.67公顷，年产值40.5亿元。无公害认证采摘果园1394个，年接待游客1000万人次。积极推动全市林下经济建设，圆满完成了房山大石窝镇、20个集体经济薄弱村林下经济试点既定任务，推出了林下低密度养殖油鸡，种植食用菌、中药材、花卉等林下经济示范项目。完成了新型集体林场试点建设任务，在大兴、通州、顺义、密云4个区新登记注册15个新型集体林场，全市新型集体林场试点总数达到30个，涉及9个区45个乡（镇）463个村，经营管理集体生态公益林21333.33公顷。

（三）以国家森林城市建设为契机，深入推进示范引领工作

1.国家森林城市建设取得明显进展。市委书记蔡奇和首都绿化委员会主任、市长陈吉宁等主要领导，深入各区实地调研创森工作，多次作出重要批示。组织完成了《北京森林城市发展规划（2018年—2035年）》编制，印发实施了《关于加快推进国家森林城市创建工作的实施方案》，健全完善了北京市国家森林城市建设体系。在城市副中心绿心建成了首家森林城市体验中心，启动了大兴区森林城市主题公园建设。平谷区、延庆区已获得"国家森林城市"称号，通州、怀柔、密云3个区各项建设指标经自查已达到国家森林城市标准，除东城、西城外，其他9个区全部完成创建国家森林城市建设备案工作。

2.群众性创建工作取得丰硕成果。坚持以人民为中心，提升市民绿色福祉，下发了《年度首都绿化美化群众性创建工作指导性意见》，修订了《首都花园式社区评比创建细则》；组织200多人次专家、学者深入社区、村庄开展对口帮扶指导；深入推进市花月季在社区、村庄示范种植，为老旧社区、村庄补植补种月季125余万株；总结推广了朝阳区太阳宫街道夏家园社区"五进四动"创建经验，打造了大兴区礼贤镇龙头村绿化美化乡村示范点。五年来，全市先后有中共中央联络部办公区等311个单位、西城区白纸坊街道万博苑社区等184个社区被命名为首都花园式单位和首都花园式社区，成功创建首都森林城镇30个、首都绿色村庄250个。

3.绿化美化先进典型不断涌现。注重典型激励，鼓励单位和个人积极参与首都绿化美化事业，比学赶帮超的氛围在首都蔚然成风。坚持每年对首都绿化美化先进单位和个人开展评比表彰。五年来，先后评选出全国绿化先进集体6个，全国绿化劳动模范和先进工作者7人，全国绿化模范城市1个，全国绿化模范单位16个，全国绿化奖章41人；评选出首都绿化美化先进集体2012个，首都绿化美化先进个人2500余名，带动了首都市民群众广泛参与绿化美化工作的积极性。

（四）生态文化丰富繁荣，普惠百姓绿色福祉

1."三条文化带"建设成效明显。围绕"一城三带"建设，编制了西山永定河文化带保护发展规划和五年行动计划。全面实施了北法海寺二期遗址保护，西山方

志书院、香山二十八景等文化遗产保护项目，推进了路县故城遗址公园、西海子公园改扩建等重点项目建设，高质量完成了天坛泰元门、颐和园福荫轩等重点文物古建修缮任务。

2. 首都园艺驿站建设取得新成果。满足市民群众生态需求，打通生态惠民最后一千米。2018年启动实施了首都园艺驿站推广试点工作，建成了延庆夏都公园等首批园艺驿站20家；总结了西城区双秀公园等园艺驿站工作做法，研究制订了《首都绿化委员会办公室关于深入推进首都园艺驿站工作办法》；按照"一站一师"要求，对120余名首都园艺师进行了专业培训，并持证上岗服务；围绕"生态园艺文化让市民生活更精彩"等主题开展了系列生态体验和花园展赛活动，中央和市属多家媒体进行了重点宣传报道。目前，全市建成园艺驿站88家，均衡分布于16个区，市民园艺文化生活更加丰富、便利。

3. 生态文化活动丰富多彩。围绕大力弘扬生态文明，成立了"首都自然教育联盟"；围绕"世界野生动植物日""国际森林日""北京湿地日"等，举办了系列生态科普宣传活动；长期坚持并形成了"爱绿一起"首都市民生态体验和森林音乐会、森林文化节等品牌活动；开展了"让古树活起来"等系列活动。五年间，开展和举办各类生态文明宣传教育活动3500余场次，2020年成功参展第四届中国绿化博览会，北京展园获得了组委会大奖、最佳设计奖和最佳单体建筑奖。

（五）健全古树名木相关政策，首都生态资源科学管理水平全面提升

1. 狠抓古树名木保护与管理。对首都地区古树名木开展全面普查，所有在册4万余株古树名木重新挂牌；修订了《北京市古树名木保护管理条例》，出台了《古树名木防雷技术规范》等5部地方标准规范。围绕调查登记、挂牌建档、巡查巡护、抢救复壮、死亡确认等重点环节，加强对古树名木全生命周期性管理。创新推动了古树名木四级保护管理责任制，加强"一树一案""专家会诊"等科学化管护机制，全市4000余株濒危衰弱古树名木得到了及时抢救复壮。建立了古树与文物联动保护机制，开展了古树主题公园示范建设、知名古树名木基因保存与扩繁工作；设立北京古树名木保护专项基金；持续开展了"十大最美树王"评选等系列宣传活动，推动社会力量参与古树名木保护，市民群众的古树名木保护意识显著提升。

2. 落实最严格资源监管制度。强化占用林地审批制度，减少占用林地1790余公顷；开展绿地认建认养和公园配套用房出租中侵害群众利益问题专项清理整治、"绿卫""绿盾"等一系列专项治理行动，收回林地2100余公顷；开展了第九次园林绿化资源专项调查、第二次湿地资源调查和第二次古树名木资源调查等；严格行政执法，坚决打击涉林涉绿违法行为。特别是结合应对新冠肺炎疫情，严格落实全国人大禁食野生动物决定，依法有序开展相关行政许可证件清理注销、审批程序调整等工作，开展了野生动物保护执法检查，有力震慑了违法犯罪行为。

3. 出台更加普惠的生态资源管护政策。修订《北京市树木绿地认建认养管理办法》，完成全市纪念林普查工作，启动新一轮纪念林管理办法的修订工作；全市森林资源养护政策实现全覆盖。完善山区生态林管护机制，全市4.4万生态林管护员实现了养山就业、生态增收；平原生态林实行分级分类养护管理，促进了3万农民绿岗就业；建立了市属公园对各区公园一对一帮扶机制，公园景区精细化管理水平显著提升。

4.提升生态资源管理科学化水平。森林防火、林业有害生物防治、野生动物救护和疫源疫病监测全面加强。全市森林防火视频监控覆盖率和通讯覆盖率均达到85%；全市新建专业森林消防队伍23支，总数达到139支3486人，确保未发生重大森林火灾事故。重大项目苗木检疫复检率和无公害防治率均达到100%。

过去的五年，是首都绿化美化建设深入推进转型发展的重要时期，也是发动社会参与，推动共建共享，形成全民动员、全社会搞绿化局面的五年。这些成绩的取得，是党中央、国务院亲切关怀的结果，是市委、市政府和首都绿化委员会正确领导的结果，是中央和国家机关、驻京解放军、武警部队大力支持的结果，是全市人民团结奋斗、艰苦努力的结果。

但是，我们也清醒地看到与首都城市战略定位对"四个功能"和"四个服务"要求相比，与人民群众对优质生态产品和优美生态环境需要相比，首都绿化美化发展不平衡不充分的问题仍然存在。一是首都绿化委员会成员单位之间统筹协调机制还需要进一步完善，要进一步发挥各自优势，共同搞好首都绿化美化建设；二是围绕落实新版总规，全市绿化空间需要进一步强化落地；三是生态惠民力度需要进一步加强，首都全民义务植树活动需要不断开拓创新、持久开展。上述这些问题需要我们以改革的思路、创新的精神去积极探索，加快破解。

二、"十四五"时期首都绿化美化工作规划目标和2021年工作安排意见

（一）"十四五"时期指导思想和发展目标

首都绿化美化工作要以习近平生态文明思想和习近平总书记对北京重要讲话精神为指导，坚持绿水青山就是金山银山的理念，全面落实新版北京城市总体规划和首都城市战略定位，抓好2021年至2025年绿化目标责任书落实，统筹推进山水林田湖草系统治理，优化绿化布局和结构，围绕首都中心城区、城市副中心绿化美化高质量发展，发挥好社会绿化和专业绿化双轮驱动作用，动员全民植绿护绿，加强园林绿化工程建设，推动首都园林绿化从"绿起来、美起来"向"活起来"转变，满足首都群众对日益增长美好生态环境新需求，为建成天蓝、地绿、森林环绕的美丽新北京而不懈奋斗。

"十四五"时期发展目标。"一屏、三环、五河、九楔"的绿色空间结构更加完善，生态功能空间质量和生物多样性水平显著提升，绿色惠民成效更加显著。到2025年，除核心区外，力争全面建成国家森林城市。全市森林覆盖率达到45%，平原地区森林覆盖率达到32%，城市绿化覆盖率达到49.4%。全市公园绿地500米服务半径覆盖率达到90%，人均公园绿地面积达到16.7平方米。

（二）2021年工作任务

2021年，是"十四五"规划谋篇开局之年，是全民义务植树40周年，更是中国共产党建党100周年，首都绿化美化工作任务更加艰巨、光荣。首都绿化美化工作

要以习近平新时代中国特色社会主义思想为指导，认真贯彻落实党的十九大和十九届二中、三中、四中和五中全会精神，凝聚首都社会各界力量参与社会绿化，发挥优势建设园林精品工程，着力推动首都绿化美化工作高质量发展。全年新增造林绿化面积10666.67公顷、城市绿地400公顷，恢复建设湿地1000公顷，全市森林覆盖率达到44.6%，平原地区森林覆盖率达到31%，城市绿化覆盖率达到49%，人均公园绿地面积达到16.6平方米。重点抓好八个方面的工作：

1.全力做好首都重大活动服务保障工作

（1）以首善标准抓好党和国家领导人等参加首都全民义务植树活动的服务保障工作。各区、各成员单位、各有关部门，要紧紧围绕中央领导植树等六大义务植树活动，优先推荐地块、完善规划方案，做好相关筹办工作；有关职能部门要主动对接服务对象，科学制订接待服务保障方案，统筹安排服务保障力量；驻京部队、公安交警、城市管理和交通运输、卫生健康委等有关部门要发挥职能优势，支持和参与重大活动服务保障工作，确保重大义务植树活动安全、有序、圆满。

（2）高质量完成庆祝建党100周年重大活动景观环境布置和服务保障工作。不断优化和创新绿化环境布置工作方案与景观设计方案，落实好环境整治、景观提升和花卉布置等工程；突出抓好重要会议、重大外事活动和重要节日期间的园林绿化景观环境布置和服务保障工作；突出做好2022冬奥会和冬残奥会"五区四线三周边"的环境布置；重点抓好长安街、中轴路、机场路沿线及重要外事人员居住区、代表驻地和重要活动场所周边景观环境常态化布置和保障工作。同时，要认真抓好2021

扬州世界园艺博览会、第十三届中国（徐州）国际园林博览会、第十届中国花卉博览会参展工作。

（3）认真抓好纪念全民义务植树40周年系列活动。按照全国绿化委员会统一部署，结合北京工作实际，计划围绕营造一片首都全民义务植树40周年纪念林、表彰一批首都全民义务植树先进单位和个人等项目，开展好系列纪念活动。各区、各成员单位要结合自身特点，围绕40年首都绿化美化工作取得的新成就，举办生态文明书法展、图片展和征文比赛等形式多样的系列宣传活动。各街道（乡镇）要结合群众性创建工作，利用好首都园艺驿站、生态文明宣传教育基地、"互联网＋义务植树基地"等平台开展主题鲜明的系列宣传活动。

2.下大力抓好新百万亩造林绿化重点工程

全市年度计划新增造林10000公顷、改造提升280公顷，在市域范围内，统筹推进拆迁腾退用地，实施"留白增绿"247.67公顷、"战略留白"临时绿化556公顷。

（1）在核心区、中心城和城镇地区，落实核心区控规三年行动计划，持续推动疏解整治增绿提质，增加乡土植物配置，乔灌草立体复合的营造模式，促进区域生态系统功能提升。重点建设休闲公园26处、城市森林公园4处和一批小微绿地、口袋公园；实施平安大街等林荫大道改造提升工程，新增健康绿道100千米；公园绿地500米服务半径覆盖率达到87%。

（2）在平原地区，围绕大兴机场、"三城一区"、南苑森林湿地群等重点地区，以连接连通、断带修复等措施，实施填空造林3520公顷，恢复建设湿地1000公顷；围绕绿隔地区"两条绿色项链"，重点推动南苑森林湿地公园、奥北森林公园、温榆河公园建设，新增绿化226.67公顷、改造提升186.67公顷；围绕城南地区"环京生态带"，在大兴、丰台、房山区新增造林绿化2000公顷。

（3）在浅山区，加快宜林荒山大尺度"块状"绿化，推进废弃矿山生态修复，通过连通连接新造林与现有生态资源，构建大尺度生态廊道，实施造林5946.67公顷。

（4）推进冬奥会和冬残奥会生态保障任务，强化有害生物防治，在延庆赛区外围实施大尺度绿化198.93公顷，完成松山冬奥会保障生态修复328公顷；持续推进冬奥会碳中和造林工程计量监测、场馆周边生态监测网络建设和有害生物监测，确保资源安全。

（5）在京津冀生态协同发展方面，实施永定河、清水河水源涵养林和河道防护林建设工程1333.33公顷，完成森林质量精准提升4293.33公顷。完成京津冀风沙源治理二期困难地造林666.67公顷，封山育林16666.67公顷，人工种草3333.33公顷。

3.进一步发挥部门绿化示范引领作用

中央和国家机关要带头参与首都花园式社区、单位创建工作，搞好单位庭院绿化美化、古树名木保护及周边环境整治工作，组织并参与共和国部长植树活动，管理好义务植树责任区和基地，积极参与首都核心区和北京城市副中心绿化美化提质增效工程，参与京津冀风沙源治理、荒山荒地造林等首都重点绿化美化工程建设，支持和参与北京国家森林城市建设。

驻京部队要持续发挥突击队作用，抓好营区绿化和景观提升，开展好绿色营区创建，服务保障好百名将军植树活动，继续支持北京重点绿化工程建设，积极推动历史遗留的占用绿地、林地等相关问题解决。

公路、铁路、水务等部门和单位要按照职责抓好本单位、本系统的绿化工作。各级工会、共青团和妇联充分发挥自身优势，动员广大群众积极参与首都绿化美化活动。

4.着力推进首都绿化美化典型示范工作

（1）狠抓国家森林城市建设。坚持目标导向，落实《北京市森林城市建设发展规划（2018年—2035年）》。通州区、怀柔区、密云区要按照新国标要求，高质量做好考核验收准备，确保成功验收；石景山、门头沟、房山和昌平区要对标对表新国标，加快建设进度，力争年底达到国家森林城市标准。要营造浓厚氛围，推动不同主题的森林城市体验中心示范建设。研究出台《首都森林村庄创建评比办法（试行）》和《首都森林村庄评价指标》。创建首都森林城镇6个、首都森林村庄50个。

（2）狠抓首都花园式单位、社区创建工作。对首都绿化美化花园式单位进行试点复查，研究出台动态监管机制。贯彻落实《首都功能核心区控制性详细规划三年行动计划（2020年—2022年）》和《北京中轴线申遗保护三年行动计划（2020年—2023年）》要求，紧盯首都核心区、城市副中心、昌平回天地区和新首钢地区等，大力推进群众性创建工作。加大市花月季示范种植力度，倡导推进"庭院一棵树"要求逐步落地。各区要聚焦市民关注的老旧小区绿化美化工作，加大财政支持力度，统筹区域生态资源，鼓励支持老旧社区、单位庭院开展群众性创建工作。全年创建首都花园式社区40个，首都花园式单位60个。

5.持续推动首都全民义务植树高质量发展

（1）进一步健全首都"互联网+全民

义务植树"五级基地体系建设，以创建森林城镇、森林村庄和营建古树公园为抓手，加快建设街乡、社村级首都"互联网+全民义务植树"基地，解决本镇、村范围内公民就近尽责和网络发证的问题。同时，将部分古树公园升级改造为公民自然保护类尽责的场所，创造条件让群众和社会单位积极参与。力争实现首都"互联网+全民义务植树""区区有基地，级级有基地，城区无死角，市域全覆盖"等目标。

（2）巩固提升"春植、夏认、秋抚、冬防"四季尽责品牌，各区、各基地要周密计划，科学安排，服务到位，不断提升市民尽责积极性，把北京全年尽责、四季尽责、常态化服务的工作进一步做实、做细，进一步提高首都义务植树尽责率。

（3）组织策划好首都"互联网+全民义务植树"网络尽责项目，为市民提供更多尽责选择，为基地和基层开展"互联网+全民义务植树"工作不断"输血"。大力普及推广发放电子尽责证书，不断提升尽责公民的荣誉感、幸福感和获得感。

6.深入推进首都生态文化建设

（1）积极支持申遗工作。全面完成"三条文化带"发展规划和中轴线申遗三年行动中园林绿化的年度任务。深入推进古树保护主题公园建设；做好历史名园和公园内重要文物保护修缮工作；深度开发公园文创产品，推出高质量的"北京公园礼物"。

（2）抓好首都园艺驿站推广工作。不断丰富园艺驿站内涵，拓展园艺驿站服务功能，使园艺驿站成为展示首都生态文明建设成果和以绿惠民的重要窗口。加强园艺驿站工作人员培训，提升工作人员业务水平，展示园林绿化职工风采。全市新建园艺驿站15家。

（3）抓好首都生态文明宣传教育基地

工作。规范首都30家生态文明宣传教育基地的生态导览路线；举办首届生态文明宣传教育论坛，开展第三届自然笔记征集活动，抓好"2021爱绿一起"首都市民生态体验活动300场次；研发北京生态礼物，开展"首都市民园艺大赛"活动。

（4）用心办好节庆展会。举办"五节一展"花事活动，持续办好第九届北京森林文化节，展示首都生态文化特色。抓好一批科普基地建设，办好森林音乐会和"世界湿地日""爱鸟周""保护野生动物宣传月""绿色科技多彩生活"等生态品牌文化活动。

7.加强生态资源管理保护

（1）加快建立林长制。出台全市全面建立林长制的实施意见，建立市、区、乡镇（街道）、村（社区）四级林长制责任体系，明确各级林长工作职责，建立由总林长牵头、部门协作、源头治理和"市级统筹、区级主责、乡镇（街道）运行、村（社区）落实"的资源保护发展长效工作机制。建立完善森林资源保护发展领导目标责任体系，研究制定配套政策和相关制度，指导督促各区落实目标任务，逐步推进林长制改革落地见效。

（2）突出抓好古树名木保护管理。组织编制《首都功能核心区古树名木保护行动计划（2021年—2022年）工作方案》，突出做好核心区古树体检、濒危衰弱古树抢救复壮、中轴线申遗区域古树保护水平提升等重点工作；完成全市名木资源普查，印发《北京市古树名木保护规划》；严格规范市级财政转移支付古树名木保护专项资金使用，进一步压实责任，高标准完成古树名木保护各项任务。结合城市建设和改造，因地制宜，探索古树公园、保护小区、古树村庄、古树街巷、古树社区、古树小微绿地等古树及生境整体保护；深入发掘整理古树文化，持续开展以"弘扬生态文明 传承绿色文化"为主题的"让古树活起来"系列宣传活动。

（3）做好森林防火减灾工作。全面加强首都城市周边森林火灾防范工作。各区尽快成立森林防火机构，压实各类经营单位防火主体责任，组织开展各类防火宣传活动，加强火源管理和火源监测。成片造林地区同步配套建设森林防火设施，推动森林防火数字化、智能化，提升首都森林火灾防控能力。

8.着力抓好生态惠民工程

（1）加大乡村生态建设。广泛集成美丽乡村、新一轮百万亩造林、平原生态林养护等有关政策，结合古树、大树等自然人文遗迹保护，坚持宜林则林、宜园则园，大力推进100处村头片林建设，着力打造集中连片、点线面结合的美丽乡村风景线。建立完善美丽乡村绿化美化监督管理平台，逐步健全工作台账，加强统计、分析和核查，形成动态监管体制机制。各区园林绿化部门要加强养护队伍监管，进行有针对性的技术培训，持续提高管护水平。

（2）优化提升绿色产业。贯彻落实国家十部委《关于科学利用林地资源，促进木本粮油和林下经济高质量发展的意见》，研究制订促进都市型现代林业高质量发展的实施意见，实现产业增效、农民增收、生态增值。加快推进高效节水果园建设，建设10个"京字号"果品标准化生产示范基地，全面启动2022年冬奥会和冬残奥会第二批备选果品供应基地遴选工作，加快培育林下经济、生态旅游、森林康养、自然教育等新兴业态，拓展兴绿惠民的新空间。

（3）进一步完善惠民政策。积极推进山区生态效益补偿和生态林管护补偿两个惠农机制的标准调整工作，全面落实好退耕还林后续政策，切实维护农民利益。同时，积极探索研究湿地生态保护补偿和生态经济林补偿政策。

在2020—2021年度全市森林防灭火工作会议上的讲话

北京市森林防火应急指挥部副总指挥 邓乃平

2021年10月25日

一、2020—2021年度森林防火工作取得显著成效

全市森林防火形势总体稳定，火灾数量和灾害损失与往年相比大幅度下降，没有发生森林火灾。主要有四个方面特点。

一是森林火灾火情数量显著下降。全市发生森林火情3起，其中人为火情2起，

雷击火1起。与2019年度火灾7起、火情12起，2020年度火灾8起、火情1起相比，火灾数量大幅度下降。

二是过火面积明显减少。本年度3起火情过火面积0.076公顷，与2019年度（约61公顷）和2020年度（20.65公顷）相比，分别下降99.87%、99.63%。

三是处置迅速。2小时扑救率达100%。本年度3起森林火情平均扑救时间约为45分钟，与2020年度（平均扑救时间130分钟）相比，提升65%。

四是实现了森林火灾为零的目标。在元旦、春节、元宵节、两会、清明、"五一""七一""十一"等重点时段，全市未发生森林火情；核心区、冬奥会延庆赛区、海淀西山、怀柔会都、副中心等重要敏感地域及周边未发生森林火情。

2020—2021年度森林防火主要抓了以下几项工作。

（一）扎实推进园林绿化系统森林防火组织机构建设

森林公安转隶后，积极推进各级园林绿化部门组建森林防火机构。截至2020年底，14个有森林防火任务的区级园林绿化部门均成立了森林防火科室，7个山区和海淀、丰台、石景山等10个区还成立了森林防火巡查队或森林防火事务中心，充分体现了各区委、区政府对森林防火工作的高度重视，把中央和市委、市政府有关森林防灭火体制改革工作部署落到了实处。

（二）狠抓森林防火责任制落实和网格化管理

严格执行森林防火属地、部门、单位、个人"四方责任"，签订森林防火任务清单10万余份。一是落实属地主体责任。压

实区、乡镇、村三级森林防火责任，层层落实责任清单，一级抓一级。特别是落实"五包"责任制，建立了森林防火网格化管理制度。二是落实行业监管责任。各级园林绿化部门认真督促、指导有林单位切实开展宣传教育、巡护检查、火源管理等工作，并加大巡查、检查力度，落实了行业监管责任。三是落实有林单位、经营单位的主体责任。指导制订预案、划定责任区、确定责任人，配足防火机具设备等，压实了森林防火主体责任，夯实了防火基础。四是落实个人管护责任，加强林木经营者森林防火监管，做到了山头有人管、地块有人看。

（三）严格火源管控，严厉打击各类违规野外用火行为

坚持全地域、全时限、全面加强火源管控，对森林防火重点时段，增加巡护力量、延长巡护时间，严格巡护监测；对重点地段，做到了定点把守、重点防范；对重点人群，严格落实监护人的森林防火安全责任；坚持"见烟查、违章罚、犯罪抓"，重拳出击、严查火案，坚决杜绝野外违规用火行为，今年开展了"全市野外火源治理和查处违规用火行为专项行动"，全市共出动检查人员3.5万人次，整改森林火险隐患450起，查处违规野外用火行为人33人。劝返违规进山人员1700人，劝离野营烧烤行为40起、178人，成效明显。

（四）全方位加大森林防火宣传和巡逻检查

以《北京市园林绿化局2020—2021年度森林防火期森林防火宣传工作方案》为指导，全市共计发放各类宣传材料140万份、悬挂宣传条幅9万幅、设置宣传橱窗

2600处、张贴宣传画3万幅、发送手机短信提醒82万条、开展志愿服务4万人次、利用市、区级媒体宣传83次，投入防火车辆1580辆、平均每日巡逻2.7万千米；全市园林绿化系统共开展森林防火演练198次；森林防火期，全市管护人员8.2万人、森林防火巡查队384支3984人在岗在位履职尽责，有效预防了森林火情的发生。

（五）优化并科学划分三级森林防火区

森林防火区划分是强化森林防火基础设施建设、优化护林员岗位设置的基础工作，依据《北京市森林防火区划分指导意见》，全市均已完成一、二、三级森林防火区的划分工作，划定一级森林防火区866666.67公顷，为森林防火的分类、分级、精细化管理打下坚实基础。

（六）发挥技防作用，提升森林防火信息化水平

全面推行"森林防火码"和"互联网＋森林草原督查"系统在森林防火工作中的应用，强化宣传教育和火源管控作用。全市积极推广野外火源管控网上服务平台，实现管理全链条、火因可追溯、人员可查询。目前"防火码"全市地域（14个）设置率、场景（480个）覆盖率、卡口（1731处）启用率均达到100%，掌控近40万进山入林人员及其车辆基础信息。

（七）全面加强冬奥延庆赛区周边森林防火保障工作

围绕服务保障冬奥会、冬残奥会，我们重点抓了七项工作：一是玉渡山、太安山两段森林防火公路已全面开工，预计11月底完成；二是赛区周边新建了18路高山森林防火视频监控系统，已提前投入使用，赛区核心区监测预警覆盖率达到100%；三是新建了91处各类森林防火标识语音警示杆，已提前投入使用；四是实施了涉及赛区周边五个乡（镇）、总计513.33公顷林火阻隔系统建设，预计10月底全面完工；五是延庆区森林火灾风险普查工作全市率先完成，火灾隐患立行立改，将赛区周边火灾风险降到了最低；六是延庆区、赤城县、松山和大海陀自然保护区各项防灭火演练持续开展，做到了应急处置准备；七是延庆区全域已于10月1日提前进入森林防火期，并优化三级防火区，压实各方责任，强化网格化管理，将森林防火职责和任务落实到了具体人员和山头地块、路段。

二、认真分析形势，迎接挑战，抓实抓细2021—2022年度森林防火工作

综合分析各方面因素，2021—2022年度全市森林防火形势依然十分严峻。

一是气候条件不利。据气象部门预测，今年秋、冬季北京地区降水量总体偏少，风干物燥，可燃物多，整体火险形势不利，火险等级较高，为森林火灾高发期。

二是林下可燃物载量显著增加。今年夏季降水丰沛，山区降水达往年3倍，林区植被生长茂盛，林下可燃物载量显著增加，普遍超过临界值，秋、冬季尤其明年春季一旦发生火灾，扑救难度极大。

三是森林防火基础能力亟待提升。个别乡（镇）、村现有的半专业森林防火队伍仍存在建设标准不高、教育训练水平低、人员老化不稳定、火情早期处置装备落后、保障机制不健全等问题。

综合以上分析，下一步要重点抓好以下几项工作。

（一）进一步压实各方森林防火责任

结合全面推行林长制，进一步压实属地政府、行业部门、有林单位和林木经营者个人森林防火责任，严格执行区、乡（镇）政府行政首长负责制等法定责任，细化各级森林防火任务，制定完善森林防火考核、检查、验收标准并严格执行。

（二）进一步强化森林火灾风险防控

全面加强野外火源管控，加强风险隐患排查，督促限期整改。各区、各有林单位要对林区、风景名胜区、军事设施周边、林区输配电、通信设施、公墓、坟场、林农结合部以及重要地区周边的森林火灾隐患全面排查整改。加强对加油站、弹药库、高压线塔、施工现场等火灾隐患集中区域的监管。

（三）进一步强化森林防火宣传教育

充分发挥各类媒体的舆论引导和监督作用，加强森林防火警示教育、紧急避险常识的宣传，提升市民森林防火意识。全面深化"互联网+防火督查系统"和"森林防火码"的使用，全面掌握在森林防火期内进入森林防火区人员的基础信息，实现火因可追溯，人员可查询。

（四）进一步夯实森林防火基础工作

一是加强综合监测体系建设。建设全方位林区智能监控系统，打造无人机智能巡护系统，推动遥感卫星应用等。当前全市正在新建498路森林防火视频监控系统，请各区进一步加统筹协调力度，加快推进项目建设，进一步织密全市森林防火监测预警网络。二是强化基础设施建设。各区要加强防火公路、防火隔离带、瞭望塔、检查站、以水灭火等基础设施建设，及时检修补充防火器材。三是强化配套投入。各区要加大对区级和乡镇级森林防火视频监控指挥管控平台建设，确保全市森林防火视频监控四级管控平台互联互通，实现森林防火监测预警一张网，各区、各乡镇政府要加强乡镇级森林消防队伍建设，防火物资储备、巡视巡查队伍、水源保障等方面的建设和投入，切实提升全市森林火灾防控能力。

（五）进一步加强森林火情监测预警和应急值守

全面加强森林防火视频监控、瞭望塔、检查站监测检查力度，充分发挥管护员、护林员作用，做到早发现、早报告，提升初期火情的快速高效处置能力。严格执行防火期24小时值班备勤和领导带班制度，发生森林火警、火情，要快速高效开展早期处置，并立即报告属地森防办统筹调度，实现森林防灭火无缝衔接，严防小火酿成大灾。

（六）突出重点区域和重点人群，全力保障冬奥会和冬残奥会

重点做好延庆赛区周边、石景山赛区周边和环京地区森林防火工作。一是要严格落实森林防火责任，细致划分防火责任区，明确责任人。二是要加大对各场馆周边林区的巡查力度，及时排除火灾隐患。三是制订赛时森林防火应急预案，加强培训，确保出现火情能够第一时间科学有效处置。四是强化与河北省、天津市环京地区森林防火协同合作，落实好有关森林防火协调机制，加强沟通联系，确保赛时安全。五是属地政府要加强对特殊人群的看管，避免出现问题。

文件选编

北京市平原生态林养护经营管理办法（试行）

第一章 总 则

第一条 为巩固平原生态林建设成果，培育健康、稳定、安全、高效、多功能的森林生态系统，推动园林绿化行业的高质量发展，依据国家和本市相关法律、法规、规章和政策规定，制定本办法。

第二条 本办法适用于纳入市级财政养护补助资金范畴内的平原生态林，包括百万亩造林绿化工程营造的生态林、一道二道绿化隔离地区生态林、"五河十路"绿色通道生态林及调整为生态公益林的退耕还林、废弃矿山生态修复验收合格的生态林。

第三条 平原生态林林木养护经营应当坚持生态优先原则，确保林地绿地属性，坚决禁止民宿餐饮、私搭乱建、私圈乱占、私栽乱种、乱砍滥伐、取土堆物等侵害森林资源的行为，在不影响森林生态功能的前提下，经科学论证，可依法开展林下经济、森林旅游等活动。

第四条 平原生态林养护经营应当贯彻高质量发展理念，实行区域资金统筹、差异化管理、分类分级精准化养护，突出重点、定向培育。通过森林抚育、林分改造、采伐更新、护林防火、林业有害生物绿色防控、保护野生动植物资源、丰富生物多样性和园林废弃物综合利用等，促进森林生态效益持久发挥、森林资源永续利用，实现人与自然和谐共生。

第五条 平原生态林养护经营实行市、区、乡镇三级监管、专业养护。区园林绿化局、市有林单位、乡镇人民政府确定的相关机构或者专职、兼职人员（以下简称乡镇部门）具体承担平原生态林养护经营监督管理职责。

第六条 市园林绿化局负责全市平原生态林养护经营的技术指导、监督检查和考核等工作，包括组织制定养护经营管理办法、技术规范、检查标准等并监督实施，指导开展平原生态林森林资源保护、野生动植物保护、生物多样性恢复、林业有害生物监测防治和森林防火等工作。

第七条 区园林绿化局和市有林单位负责指导乡镇人民政府或者新型集体林场编制平原生态林中长期森林经营方案和年

度养护经营计划即年度养护方案并监督实施，组织开展巡查检查、验收考核，做好森林资源保护、野生动植物保护、生物多样性恢复、林业有害生物防治和森林防火工作的组织协调和监管工作。

第八条 乡镇部门在区园林绿化局的指导下，组织养护单位编制乡镇平原生态林中长期森林经营方案和以养护单位为管理单元的年度养护经营计划，监督检查辖区内平原生态林养护经营、森林资源保护、野生动植物保护、生物多样性恢复、林业有害生物防治和森林防火等工作。

第九条 平原生态林养护经营应当由专业化养护单位承担，鼓励组建具有集体所有制性质的区级或者乡镇级新型集体林场开展平原生态林养护经营工作。未成立新型集体林场的，除已组建的区、镇级养护公司或者相应的园林绿化事业单位承担养护经营外，应当通过公开招标方式确定养护单位。实行养护经营招标投标的，严禁分包、转包行为。区园林绿化局、市有林单位或乡镇部门应当与养护单位签订养护经营合同和养护经营责任书，明确各年度主要养护经营措施和养护经营的工程量。养护经营合同期限原则上为三年。

第十条 养护单位应当具有独立法人资格，并具有园林绿化相关专业技术职称的专业管理人员和技术负责人；应当配备相应林木养护经营等设施设备；原则上养护范围应不低于1000亩、人均养护面积不超过40亩，每300~500亩应当配备1名专职或兼职巡护员；本地就业人数比例原则上不低于60%，优先保障本地低收入家庭成员绿岗就业，并按相关规定落实社保政策。

第十一条 养护单位应当按照规定要求，编制森林经营方案、年度养护计划和各种自然灾害与突发林业有害生物事件应

急预案，填报养护日志，规范采购养护物资设备，建立完善财务管理制度和台账，合理使用养护资金，有计划地开展生态林分级分类养护与抚育经营、森林资源保护、野生动植物保护、生物多样性恢复、林业有害生物防治和森林防火等工作，及时处理自然灾害和突发事件，确保森林资源安全、林地整洁、树木生长健康、林相景观优美。

第十二条 区园林绿化局、市有林单位、乡镇部门及养护单位应当根据工作实际，定期或者不定期开展养护经营、林业有害生物防治、生物多样性恢复与保护、野生动植物保护等专业技术培训，参加养护经营作业的人员必须经过专业基础培训。可以聘请第三方开展养护资金绩效评价、森林质量评估、资源监测、巡查检查、林业有害生物防治、技术咨询等专业性和管理性工作。

第三章　管理流程

第十三条 乡镇部门应当以区、镇森林经营方案为基础，在分级分类的基础上组织养护单位编制全乡镇平原生态林中长期森林经营方案，明确经营方向、培育目标、年度任务措施和工程量。平原生态林中长期养护经营方案应当经区园林绿化局组织专家论证后报市园林绿化局。

第十四条 平原生态林中长期森林经营方案应当包括：基本情况、林木资源、生物多样性、经营管理等现状情况；经营原则、经营目标、功能区划、经营类型与措施等经营方向；土壤管理、森林培育、林分结构调整、林木伐移、改造提升、林下经济与园林废弃物综合利用、森林管护、森林防火、林业有害生物防治、生物多样性恢复与保护、基础设施建设与维护

等实施措施；投资估算、效益分析等资金管理；组织制度、技术支撑、监督管理等保障措施。养护经营期内，经营措施如有重大变更应当逐级上报。

第十五条 依据中长期森林经营方案，按照培育方向和全周期经营过程表，结合工作月历和年度气候预测等，养护单位应当编制并在网络平台填报年度养护经营计划，明确下一年度具体养护经营措施和工程量，逐级审核后区园林绿化局、市有林单位于每年11月15日前汇总上报市园林绿化局。

第十六条 养护经营中凡涉及林木伐移、过熟林改造、林分结构调整和景观功能提升的，养护单位应当按照相关规定办理林木伐移手续。

第四章 分级分类管理

第十七条 根据区域位置和主导功能，平原生态林可以划分为以下类型：

（一）以保持水土、丰富生物多样性、提升生态容量和生态系统稳定性为主导功能的生态涵养型。

（二）以保障道路交通安全、滞尘降噪、净化空气和为鸟类、小动物迁徙提供通道为主导功能的生态廊道型。

（三）以为市民提供生态休闲游憩、体育拓展、科普宣传空间为主导功能的景观游憩型。

（四）以发展林下经济、促进当地居民绿岗就业为主导功能的综合利用型。

第十八条 根据林分结构配置、林相效果、养护经营强度或者相关政策标准，将不同类型平原生态林划分等级，实行差异化投入。生态涵养型可以分为一、二、三级；生态廊道型可以分为一、二、三级；景观游憩型可以分为一、二级；综合利用

型可以分为二、三级。二级养护总面积约占60%。具体分级分类要求参照《北京市平原生态林养护经营技术规范（2020修订）》（京绿办发〔2020〕267号）执行。

第十九条 养护经营补助资金按全市统一标准，由市、区财政部门按比例分担并实行区域统筹，通过平衡区域内一级、三级养护资金，提高一级养护经营强度，确保村头片林、困难立地、交通干道节点、特殊林种等重点地块养护资金得到保证。区园林绿化局、市有林单位可以根据实际情况和需求确定不同级别的养护经营资金标准，每年可以对养护经营等级进行动态调整。

第五章 养护经营措施

第二十条 栽植5年以内的平原生态林以养护为主，重点是提高苗木成活率和保存率；栽植5~10年的平原生态林应当从养护向抚育经营过渡，合理调整林分密度，促进林木健康生长；栽植10年以上的平原生态林以抚育经营为主，促进群落自然演替，培育稳定健康的森林生态系统。

第二十一条 养护经营内容主要包括防范林地人畜为害、自然灾害、监测有害生物为害和生物多样性等林地巡查看护工作；林地保洁、林业有害生物防治、野生动植物保护、草荒治理、设施维护、废弃物综合利用等常规性养护工作；补植补造、整形修剪、抹芽除蘖、松土浇水、施肥追肥、土壤改良、地被种植等养护工作；疏密伐移、结构调整、抚育更新、改造提升、雨洪利用、林地资源多功能利用和生物多样性保育小区建设等抚育经营工作；火灾、水灾、风灾、干旱、冻害、冰雹、冻雪等自然灾害应急处置工作；土壤改良、肥水利用、节水灌溉、废弃物综合

利用、适生树种引种、生物多样性恢复等技术研究与推广工作。不同类型、级别养护经营标准参照《北京市平原生态林养护经营技术规范（2020修订）》（京绿办发〔2020〕267号）。

第二十二条 根据《北京市园林绿化局 北京市财政局关于开展平原生态林林分结构调整工作的意见》（京绿办发〔2020〕188号），科学合理开展林分结构调整工作。林分结构调整应当以培育长寿、高大乔木为主要经营方向，以培育冠型优美、长势健康的目标树为核心，以保护和提高生物多样性为重要内容，通过科学修剪、疏密伐移、去弱留强、保补并重、促进更新等，优化林分结构、修复退化林、经营过熟林，确保林分密度适宜、针阔乔灌混交自然，逐步提高森林质量和生态承载力。

第二十三条 根据《北京市园林绿化局关于科学推进林下经济发展的通知》（京绿办发〔2021〕60号），在不采伐林木、不造成污染、不影响树木健康生长和森林生态功能正常发挥的前提下，可以合理利用林地资源，科学、规范、有序、适度开展林下种植、森林旅游、森林康养、休闲游憩、科普教育、林产品采集等非木质资源林下经济活动。发展林下经济应当制定林下经济发展中长期规划，林下经济发展年度实施方案应当报区园林绿化局。

第六章　检查考核

第二十四条 市、区园林绿化局和乡镇部门应当每年按照中长期森林经营方案和年度养护经营计划，开展养护经营措施落实和资金使用情况的定期检查、专项检查和不定期巡查，并通报检查考核结果。市级每半年进行一次综合检查考核，区级

每季度进行一次检查并每半年考核一次，乡镇级每月巡查督导一次。第三方协助检查和社会监督结果可以作为检查考核的参考依据。

第二十五条 养护经营考核采取综合评分制度，检查考核内容主要包括林木资源保护、野生动植物保护、林业有害生物防治、森林防火、方案措施落实、养护经营成效、技术培训、农民就业、园林废弃物综合利用、农药使用及包装废弃物回收处理、档案管理、设备管理和资金使用等。其中档案管理包括养护移交、地块信息库、招投标资料、养护经营合同、养护经营责任书、森林经营方案、年度养护经营计划、林地变更方案申请及批复、有害生物监测与防治物资购置及使用记录、灾害应急记录、养护日志、巡查记录、自查报告、整改报告、工作总结、信息宣传、技术培训及相关影像资料等纸质或电子档案保存情况。

第二十六条 市、区园林绿化局应当将考核结果与养护经费挂钩。对养护经营措施不到位和林下经济经营不善的地块，要求养护单位限期整改，情节严重的、逾期未整改或整改不到位的进行通报并扣减相应养护资金；被通报达到3次的养护单位纳入市级养护单位黑名单，并追缴当年养护资金；对出现林地侵占、秋冬季节旋耕、使用除草剂、使用禁用农药或不当使用限用农药、捕猎野生动物、林地不当用火、出现重大安全事故或严重养护不到位的，依据《北京市园林绿化施工企业信用管理办法（试行）》同时给予扣分；对养护经营水平未达到相应级别的地块给予降级处理。

第二十七条 区园林绿化局和市有林单位应当建立健全平原生态林养护经营巡

查、检查考核制度，加强林木养护经营质量监督管理。通过研究制定养护经营管理差异化投入机制和奖惩措施，加强养护单位的季度、年度考核，将考核结果作为拨付资金的重要参考，推进建立可持续的长效运营机制。

第七章　资金管理

第二十八条　区园林绿化局和市有林单位每年应当对平原生态林资源基础信息数据库进行更新，根据实际核定养护范围、面积，测算养护资金，并于每年8月31日前将当年基础信息数据库、当年资金使用情况和下年度市级补助资金需求报市园林绿化局，确保市级财政补助资金和区级财政配套资金及时足额到位。

第二十九条　平原生态林养护资金主要用于平原生态林养护经营、巡查看护、林地保洁、基础设施建设与维护、生物多样性保护恢复与监测、科普宣传、森林防火、林业有害生物监测与防治、自然灾害的应急处置、生产资料购置、方案编制、技术培训与咨询、相关技术研究与开发等费用支出。

第三十条　区园林绿化局和市有林单位可根据工作实际需要，在部门预算中列支综合管理费。综合管理费主要用于资源管理、检查考核、技术咨询、业务培训、第三方协助监管、信息宣传、档案管理、林地勘察与信息维护等管理性工作。

第三十一条　区园林绿化局和市有林单位应当建立财务管理制度，规范平原生态林养护资金使用程序，按照工程量完成进度分阶段拨付养护资金，提高资金支出效率和使用效益。养护资金实行专款专用、专账管理，任何单位和个人不得截留、挪用养护资金，不得拖欠养护工人工资。

第三十二条　养护单位资金应当实行信息化管理，详细记录资金到位与人工、机械、材料资金支出情况，分类归档各项支出原始凭证，健全资金使用内部管理监督制度，接受财政、审计、园林绿化等部门的监督检查。

第三十三条　市、区园林绿化局应当按照全流程管理和追踪问效原则，加强养护经营资金使用的监管，建立养护资金质量效果评价机制，养护单位应当建立健全财务报表决算和季度资金收支统计制度，逐步建立以三年为周期的养护资金投入评估与调整机制。

第八章　附则

第三十四条　区园林绿化局和市有林单位可以依据本办法，结合本区实际，制定或者修订完善本区本部门平原生态林养护经营管理办法、养护工作考核办法和资金管理办法，并报市园林绿化局。

第三十五条　本办法自2021年6月1日起实施，《北京平原地区造林工程林木资源养护管理办法》（京绿造发〔2014〕7号）同时废止。

北京市禁止猎捕陆生野生动物实施办法

第一条 为落实《北京市野生动物保护管理条例》关于禁止猎捕、猎杀野生动物的相关规定，规范因特殊情况猎捕陆生野生动物活动，根据《中华人民共和国野生动物保护法》《全国人民代表大会常务委员会关于全面禁止非法野生动物交易、革除滥食野生动物陋习、切实保障人民群众生命健康安全的决定》《中华人民共和国陆生野生动物保护实施条例》，结合本市实际，制定本实施办法。

第二条 本市行政区域内全域为禁猎区，全年为禁猎期。禁止猎捕、猎杀列入名录的陆生野生动物。禁止以食用为目的猎捕、猎杀其他陆生野生动物。

列入名录的陆生野生动物是指：国家一级、二级保护陆生野生动物，北京市重点保护陆生野生动物，有重要生态、科学、社会价值的陆生野生动物。

第三条 除《中华人民共和国野生动物保护法》《中华人民共和国陆生野生动物保护实施条例》规定禁止使用的军用武器、气枪、炸药、毒药、爆炸物、电击或者电子诱捕装置以及猎套、猎夹、地枪、排铳等猎捕方法以外，本市同时禁止使用粘网、弹弓、地弓、弩，以及其他非人为直接操作并危害人畜安全的猎捕装置。

第四条 除《中华人民共和国野生动物保护法》《中华人民共和国陆生野生动物保护实施条例》规定禁止使用的夜间照明行猎、歼灭性围猎、捣毁巢穴、火攻、烟熏、网捕等猎捕方法以外，本市同时禁止使用诱捕、挖洞、设陷阱的猎捕方法，禁止捡拾野生动物的卵（蛋）。

第五条 园林绿化部门组织开展种群调控、疫源疫病监测工作，相关科研机构开展科学研究等法律法规另有规定的特殊情况，可以猎捕列入名录的陆生野生动物。

实施猎捕的单位和个人，应当按照以下程序办理：

（一）猎捕国家一级保护陆生野生动物的，应当依照国家有关规定申请特许猎捕证；

（二）猎捕国家二级保护陆生野生动物的，应当向市园林绿化局申请特许猎捕证；

（三）猎捕北京市重点保护陆生野生动物和有重要生态、科学、社会价值的陆生野生动物的，应当向所在区园林绿化局申请狩猎证。

第六条 取得特许猎捕证、狩猎证的单位和个人，应当遵守下列规定：

（一）在人员密集区、旅游景区开展猎捕活动的，应当将特许猎捕证、狩猎证予以公示，必要时做好宣传解释工作；

（二）按照特许猎捕证、狩猎证规定的种类、数量、地点、工具、方法和期限进行猎捕，防止误伤野生动物或者破坏其栖息环境；

（三）误捕野生动物的应当及时放归，误伤野生动物的应当及时采取救护措施。

（四）猎捕活动结束后的10个工作日内，应当向所在区园林绿化局上报猎捕活动实施情况的报告。

第七条　区园林绿化局对在本行政区域内猎捕陆生野生动物的活动，应当进行监督检查。

（一）监督检查应当采取现场检查的方式，检查人员不得少于2人；

（二）猎捕周期超过一个月的，可以适当加大抽查检查频次。

（三）严格对照特许猎捕证、狩猎证规定的种类、数量、地点、工具、方法和期限开展监督检查；

（四）在收到猎捕活动实施情况报告后，应当组织人员进行核实，并将核实结果反馈给猎捕单位和个人；

（五）检查工作结束后10个工作日内，向市园林绿化局报告监督检查结果。

第八条　本办法自2021年11月1日起实施。

北京市林草种子标签管理办法

第一条　为加强林草种子管理，保护林草种子生产经营者和使用者的合法权益，根据《中华人民共和国种子法》《北京市实施〈中华人民共和国种子法〉办法》及有关规定，结合本市实际，制定本办法。

第二条　本办法适用于本市行政区域内林草种子标签的制作、标注、使用和管理。

第三条　本办法所称林草种子是指林木和草本植物的种植材料或者繁殖材料，包括籽粒、果实、根、茎、苗、芽、叶、花等。

第四条　林草种子类别分为普通种、林木良种、审定通过的草品种。

林木良种是指通过审（认）定的主要林木品种，在一定的区域内，其产量、适应性、抗性等方面明显优于当前主栽材料的繁殖材料和种植材料。

审定通过的草品种是指通过全国草品种审定委员会审定的，经人工选育在形态学、生物学和经济性状上相对一致，适应一定的生态条件，并符合生产要求的草类群体。

普通种是指除林木良种、审定通过的草品种以外的种或者品种。

第五条　销售的林草种子应当符合国家或者行业的强制标准；鼓励林草种子生产经营者引用国家、行业或者地方的推荐标准；没有国家、行业或者地方强制或者推荐标准的，要遵守合同约定的标准。

第六条 销售林草种子应当附有标签。

林草种子生产经营者对标签标注内容的真实性和种子质量负责，不得作虚假或者引人误解的宣传。

第七条 本办法所称林草种子标签，是指印制、粘贴、固定或者附着在林草种子或者包装物内外承载相关信息的特定图案及文字说明。

第八条 标签分为纸质标签和电子标签，两者具有同等作用和效力。

纸质标签以纸质材料为载体记载林草种子信息。

电子标签以芯片、二维码或者其他电子形式储存林草种子信息。

第九条 包装销售的林草种子，每个包装应当附带一个标签。

可以不经包装销售的林草种子，每个销售单元应当至少附带一个标签。

销售单元，是指销售过程中等于或者低于一个种批或者苗批的任何销售重量或者数量单位。

种批，是指在一个区（县）范围内、同一采种期采集，采用相同的加工调制方法生产的同一树种或者品种的种子。

苗批，是指同一树种在同一苗圃，用同一批繁殖材料，采用基本相同的育苗技术培育的同龄或者同一质量标准的苗木。

第十条 市园林绿化局提供纸制标签和电子标签参考样式。生产经营者在不减少必填内容的情况下，可以结合自身实际自行制作标签。

第十一条 标签的制作材料应当有足够的强度和防水性。

标签印制、标注的文字应当使用规范的中文、拉丁文等，字迹应当清晰，内容应当完整、准确，颜色应当为黑色。

标签使用时应当加盖生产经营者公章或者有生产经营者名称的标签专用章。

第十二条 标签上应当标注种子类别、植物种名、质量指标、数量或者净重、生产日期、产地、生产经营者（盖章）、注册地址、联系电话、林草种子生产经营许可证编号、检疫证书编号、品种适宜种植区域、季节、使用说明、林木良种审（认）定编号、审定通过的草品种登记号等。

质量指标包括地径、胸径、直径、苗高、苗龄、长度、根幅、冠幅、土坨直径、净度、发芽率和含水量等。

拉丁名、信息代码、普通植物的品种名称为选填内容。

本办法所附标签样式没有设置的质量指标，可以标注在质量指标栏预留的空白处。

第十三条 参照本办法标签样式内容印制的标签，同时具有"种子（苗木）质量检验证书"和"使用说明"作用。

第十四条 标签"使用说明"栏内印有二维码，俌用者可以通过手机扫描二维码查询《北京市园林绿化常用苗木和林木良种使用（栽植）说明》（以下简称《说明》）。

销售的苗木可以用《说明》作参考的，生产经营者应当在标签上预留的位置标注；不能用《说明》作参考的，应当作特别说明，特别说明内容较多的可以另附纸张。

第十五条 销售下列种子应当在标签预留位置加注：

（一）林木良种，标注"良种编号"；

（二）审定通过的草品种，标注"品种登记号"；

（三）植物新品种，标注"品种权号"；

（四）转基因种子，必须用明显的文字标注"转基因"字样和使用时的安全控制措施说明；

（五）药剂处理的种子，根据药品说明作相应的备注。

第十六条 市、区园林绿化局应当加强林草种子标签制度执行情况的监督管理。种子生产经营者违反标签管理有关规定的，依照《中华人民共和国种子法》等法律法规进行处理。

第十七条 本办法自2021年3月1日起实施。2012年12月4日《北京市园林绿化局关于印发〈北京市林业种子标签管理办法〉的通知》（京绿造发〔2012〕28号）同时废止。

北京市绿隔地区公园建设与管理规范（试行）

第一章 总则

第一条 为贯彻落实《北京城市总体规划（2016—2035年）》要求，全面推进绿化隔离地区公园建设，优化绿色空间结构和规模，提高生态服务质量，完善公园服务功能，提升市民绿色福祉，根据相关要求，制定本规范。

第二条 本规范适用于北京市绿化隔离地区公园的新建、改建、扩建以及管理。

第三条 基本原则

1.规划引领，分级分类：严格落实城市总体规划，坚持山水林田湖草系统治理，与全市生态要素和生态安全格局相协调，严禁违规占用耕地建设公园，分级分类，有序推进一道、二道绿化隔离地区中公园的新建、改建与管理工作。

2.生态优先，自然协调：遵循因地制宜、宜园则园、宜林则林原则，实施留田、留野、留白，为城市生态绿色发展预留空间。植物选择以乡土、长寿、抗逆、食源、美观和碳汇能力强为主，促进植物群落自然更新，加强绿化隔离地区生态保护修复，营建自然协调、健康稳定的城市生态系统。

3.以人为本，全龄友好：综合考虑全龄市民的多元化需求，在全面提升公共服务功能的基础上，强化休闲游憩、康养健身、户外活动、自然教育等绿隔地区公园的特色功能，打造人性化、全龄化、多元化的公园服务体系，为市民提供更多优质生态产品和休闲游憩场所。

4.低碳节约，绿色循环：秉承资源节约、环境友好、绿色低碳原则，提倡乡土植物材料使用和园林废弃物循环利用，优先应用低碳、再生、节水、节能新技术和新材料，提升绿隔地区公园的碳汇能力，构建节能型、环保型、循环型公园。

5.蓝绿织补，动态优化：通过绿隔地区公园建设，优化北京市蓝绿空间格局，织补城乡绿色游憩网络。建立绿隔地区公园的更新完善机制，充分满足市民日益增长的美好生活需求，实现公园环境、功能属性、服务设施、生态效益的动态成长。

第二章 公园分级分类分区

第四条 公园分级：绿隔地区公园依据公园区位、功能、服务游人数量及养护管理水平分为一级、二级、三级，不同级别对应不同的养护管理水平。

第五条 公园分类：依据公园所在区位、周边人群和主导服务功能，将绿隔地区公园分为城市型、郊野型、生态涵养型3类。

第六条 公园分区：绿隔地区公园分核心区域和一般区域来建设和管理。核心区域指游人主要活动的区域和重要节点。一般区域指游人少，以生态涵养和生物多样性保护为主的区域。

第七条 功能区划分：根据周边居民的游憩需求，绿隔地区公园可进行功能分区，满足市民个性化需求。

1.公园可分为景观游赏区、运动健身区、亲子活动区、科普展示区、生态保育区等，部分公园还可设置野餐帐篷区、宠物休闲区。

2.城市型公园可分4~5个功能区，如景观游赏区、运动健身区、亲子活动区、科普展示区等。郊野型和生态涵养型公园的功能分区相对简单，可分2~3个，如运动健身区、生态保育区等。

第三章 建设要求

第八条 总体布局

1.空间布局按照《北京城市总体规划（2016—2035年）》对市域绿色空间结构的布局要求，统筹林地、绿地、农田、水系等自然资源，完善城市大尺度绿色空间布局，合理构建第一道绿化隔离地区城市公园环、第二道绿化隔离地区郊野公园环，提升绿化隔离地区的生态空间建设质量。

2.公园选址需保障城乡绿色空间均布，控制城市建设无序蔓延，避免因用地权属问题导致绿隔地区公园布局不均。

3.功能设置旨在完善公园服务功能，提升市民的绿色福祉和游憩空间品质。可根据公园资源特色和周边居民需求，打造不同的功能特色，丰富城乡居民休闲游憩活动类型。

4.用地类型包括绿化用地、建筑占地、园路及铺装场地，用地比例宜根据公园类型和规模相应调整（附件3 略）。

第九条 地形、水体与土壤

1.地形设计应尊重场地原有地貌特征，坚持土方就地平衡原则，选择重点区域利用竖向改造进行景观塑造和空间组织，严禁以追求景观效果为目的挖湖堆山与挖田造湖。

（1）核心区域可营造微地形提升园林景观效果，增加空间丰富性，游憩绿地坡度宜为5%~20%。

（2）一般区域应充分尊重现状地形，当超过土壤自然安息角时，宜采取生态护坡方式，减少挡土墙等硬质土建工程的使用。

2.水体设计应尊重原有河网肌理，采用自然生态材料营造浅滩、沼泽、湖泊、溪流等丰富的水景空间。

（1）景观用水、植物灌溉、场地冲洗等优先采用再生水和径流汇水，管理及服务建筑所需用水来自市政给水管网。

（2）鼓励优先设置生态驳岸，沿岸打造丰富的滨水空间，结合生态护坡、草沟等低影响、防冲刷的设施及河道整治工程进行湿地、滨水景观营建，实现对水位季节性变化的弹性应对。

3.绿化用地宜通过营造微地形，提高地表径流雨水的汇集、调蓄、渗透、净化与利用能力，引导雨水通过绿地汇集流入园内河湖水系。

（1）具有雨水蓄滞、净化功能的绿地应构建水质净化—蓄滞水—地下水回补多级多功能湿地系统，并根据雨水滞留时间，选择耐短期水淹的植物或湿生、水生植物。

（2）部分低洼区域可结合地形合理设置雨水花园，营造小微湿地，选择具有耐水湿、耐旱及具有水体净化功能的乡土植物，最大限度地发挥收集和过滤雨水径流的作用。

4.充分利用场地现有土壤，选择利于植物生长且无污染的土壤作为种植土，循环利用拆迁土，采用相应手段修复污染土壤或换土。

（1）种植土层应符合《园林绿化种植土壤技术要求》（DB11/ T 864）的相关规定，有效土层厚度结合植物类型合理设置，其中深根乔木土层厚度不小于200cm，浅根乔木不小于100cm，灌木、藤本不小于90cm，低矮灌木、藤本不小于45cm。

（2）腾退疏解地区房屋拆除后，宜对有碍施工的设施进行拆迁或迁移，剔除场地上的废弃石块及物料，可将筛选后的材料循环利用作为公园的建设材料。

（3）污染物含量超过风险管制值的土壤，需采用固定、转移、吸收、降解等方式降低污染物含量，或换土进行异地修复，满足相关种植要求及安全标准。

第十条　植物配置

1.应充分利用原有植被，考虑植物生态功能和景观风貌，营造低碳节约、抗逆性强、易管护且季相特征明显的植物景观。

（1）植物优先选择长寿、抗逆、食源、

美观和碳汇能力强的乡土植物，宜尽量使用原冠苗。

（2）成片林地结合造林、封育、改造、抚育等措施，促进本地植物群落自然更新演替，营造健康稳定的生态环境。

2.应结合功能特色和观赏要求进行郊野自然的植物配置，鼓励营造近自然、复层混交植物群落。

（1）城市型公园宜营造景观效果好的乔灌草复层群落，选用树干通直、冠大荫浓的乡土大乔木，配合低矮灌木和宿根花卉。采用自然式与规则式结合的种植方式，打造三季有花、四季常青的郊野风光。

（2）郊野型公园宜营造生态健康的近自然植物群落，结合整体林相改造和本地植物群落的保育恢复。采用自然式种植方式，打造乡土自然、层次丰富的郊野植物生境。

（3）生态涵养型公园重点进行植物群落优化及保育，在现有林地的基础上补植长寿乡土树种或北京适生植物品种，营造粗放、乡野的植物生境。

3.植物群落构建应考虑树种比例及种类搭配，具体指标应满足以下要求：

（1）成林后高大乔木的覆盖面积应达70%以上，乡土树种比例不低于80%。

（2）植物种类不得少于50种（不含时令花卉），主要乔木树种不得少于20种，花灌木不少于30种。

（3）常绿乔木与落叶乔木的株树比为1∶2至1∶3。

（4）林荫路建设宜选择树干通直、冠大荫浓、分枝点高、可赏花观叶、少花粉无飞絮的大乔木，下层植物以乡土宿根花卉搭配低矮灌木为主，营建视线通透、色彩丰富、季相分明的植物景观。

5.郊野型和生态涵养型公园应科学划

定生态自然带，原则上面积不小于公园面积的10%，植物配置结合本杰士堆、小微湿地、生境岛等方式创造良好的动植物栖息环境。

6.林地周边符合条件的可开展作物种植示范，采用"林田融合"模式生产作物、蔬菜，营造林田相协调的自然郊野风貌。

第十一条 交通组织与园路

1.外部交通及出入口设置宜根据公园周边规划、人流方向及公园内部布局要求，确定主、次专用出入口。入口需设置相应的服务建筑、集散广场、停车场，游人集中的场地应与主园路顺畅连接，便于集散。

2.园内交通组织方式及交通设施应充分利用现状道路集约布局。

（1）使用强度较高的生产生活、后勤交通道路应与主要游线分开。

（2）公园地块被市政道路分割或分期实施时，地块内需组织相对完整的道路系统。

（3）主要功能区的主路应在地块内环通。

3.园内交通方式应提供漫步、跑步、骑行等多种交通方式，电瓶车、自行车可设置专用道路，与人行道路、后勤及管理人员使用道路分开或并行，避免相互干扰。

4.应根据游人规模、人流方向进行园路分级，合理布置主路、支路、小路，城市型公园和郊野型公园分级明显，生态涵养型公园弱化道路分级。

（1）主路宽度不宜超过5m，且有行车功能，大型作业车辆需要通过的区域可适当放宽，可设置电瓶车、自行车驿站。

（2）支路宽度不宜超过3m，可适当考虑非机动车通行。

（3）小路宽度不宜超过2m，满足行人通行需求。

5.路网密度应综合考虑公园游人量、相关规范要求及公园现状情况设置。

（1）城市型公园路网密度参考《公园设计规范》（GB 51192—2016）进行配置，宜为160~300m/hm²。

（2）郊野型公园路网密度适当降低，建议不超过150m/hm²。

（3）生态涵养型公园建议路网密度不超过130m/hm²。以现状道路为基础设置必要线路，可在游人自发踩踏出的土路上新增园路，满足徒步宽度需求即可。

6.园内林荫路建设比例宜占主路、支路的80%以上，绿化覆盖率不宜小于90%，特别是向阳侧应充分考虑遮阴效果。现状不符合林荫路比例要求的公园和不符合绿化覆盖率要求的道路，宜参考植物选择要求补植分枝点高、景观效果好的乡土植物进行改造提升。

第十二条 铺装、桥梁及停车场

1.铺装材料主要用于园内场地及道路，鼓励使用再生建筑材料或就地选择乡土材料，在特殊区域应符合以下规定：

（1）树木成年期根系伸展范围内的地面应采用透气、透水性铺装，车行道路、停车场的铺装材料同时考虑抗变形、承压及透水能力。

（2）重要节点处可适当采取色彩明亮、设计精细的铺装，其中儿童活动场地宜选择铺设平坦且有趣味的材料，避免锐利的路缘石。

（3）滨水场地可采用耐水湿、抗变形能力强的材料。

2.桥梁、景观园桥等设施宜与郊野风貌相协调，选取低成本材料，使造型融于环境，同时满足通行及景观需求。

（1）桥梁上可通行车辆，设计应符合行业标准《城市桥梁设计规范》（CJJ 11—

2011）的相关规定。

（2）景观园桥不可通行车辆，造型设计应与环境融合，安全设计应保障桥面荷载符合桥面均布荷载4.5KN/m²取值。桥下净空应考虑桥下通车、排洪需求，管线通过园桥时应考虑管道的隐蔽、安全和维修等问题。

3.停车场宜针对公园类型及不同停车需求进行设置，包括集中停车场及临时停车场。

（1）在公园的主次入口处设置集中停车场，高峰时段可借用园外空地设置临时停车场，在园内必要区域可设置林下停车区，其中集中停车场的车位数根据公园占地面积测算（附件4 略）。

（2）集中停车场的出入口应与市政道路相接，根据人流方向合理分散布置机动和非机动停车设施。建设形式宜采用生态停车场，遮阴面积不宜小于停车场面积的30%，植物栽植需保障司机视线通透，铺装宜选择低成本耐用材料。

4.林下停车区是除了与市政道路相接的集中停车场之外，针对郊野型公园及生态涵养型公园设置，用于控制停车场规模的区域。

（1）在园内机动车可达的主要游览区或游憩场地附近，可设置林下停车区满足停车需求，

（2）每个林下停车区面积不宜超过1hm²，其车位数不计入停车场指标中。

（3）林下停车区附近游人相对集中的区域，可适当建设公厕、垃圾桶等设施，并保证机动车通道与非机动车道及步行道分流，互不干扰。

第十三条　建筑物与构筑物

1.建筑应结合所在功能分区和游人游憩需求合理设置，其位置、规模、使用功能、造型风格、材料、色彩应统筹考虑：

（1）公共建筑设施应综合考虑公园内生产、生活和观光需求，按照集中、集约、节约原则统筹用地布局，可在公园不同分区布置建筑组团，完善基本服务功能。

（2）建筑高度和体量控制宜遵循不破坏景观环境的基本原则，建筑高度严格限定在2层以下，建筑檐口高度不应大于8m，宜以单体面积200m²以下的小体量建筑为主。

（3）建筑功能宜与公园基本公共服务功能和分区特色相匹配，除了服务咨询、售卖等功能外，可结合科普、展览等进行建筑功能布置。

（4）建筑风格应融入公园整体景观风貌，老旧建筑宜结合外立面改造，在原有基础上通过外挂等方式更新建筑外观。

（5）建筑材料宜采用低碳环保材料，提倡使用木材、竹材等可再生材料。

2.构筑物体量和形式应服从功能和景观需要，雕塑、花架、喷泉、假山、塑石、栏杆、汀步、景门、景墙等景观小品应与公园整体风貌协调，体量、空间组合、材料、色彩、功能应与公园所在区域相统一。

3.对于选址不当、利用率低的建筑和景观小品应及时调整，可结合新材料、新工艺、新技术进行更新，满足游人游憩需求。

第十四条　场地及设施

1.活动场地应具有方便游人休憩、活动、集散等功能。

（1）游憩活动场地应与公园功能布局相统一，合理设置休闲广场、亭、廊、景墙、避雨棚、座椅、木平台、木栈道、雕塑、儿童活动设施、科普教育设施等，鼓励使用循环再生材料。

（2）运动健身场地应设置在地势平坦

開阔、方便游人到达的区域，可结合休闲广场、体育运动场、健身设施集中布置，可设置七人、五人足球场等非标准化运动场地以及篮球场、排球场、羽毛球场，场地朝向及植物配置需考虑避免太阳直射。

（3）大于100hm²的公园可在休闲游憩区外独立设置宠物休闲区，面积宜在2~5hm²，市民携宠物入园，应持有养犬登记证或动物健康免疫证。

2.公园设施宜结合公园类型和功能有侧重地进行布置。

3.游憩类设施是指为满足游人游览观光、娱乐活动、休憩放松等需求的设施。

（1）休闲座椅宜布置在有树荫的区域，容纳量按游人容量的10%~20%设置，考虑游人需求合理分布。休息座椅旁应设置轮椅停留位置，数量不应小于休息座椅的10%。

（2）合理设置亭廊棚架等设施，风格应与公园整体风貌协调，鼓励使用再生材料进行建设。

（3）儿童活动设施的造型、色彩宜符合儿童心理特点，幼儿和学龄儿童使用的活动设施应分别设置。

（4）运动健身设施应结合休闲广场、运动场地集中布置，宜能够满足市民开展休闲健身、户外运动、拓展训练等活动，尺度与使用人群的人体尺度相适应，满足现行国家标准《公共体育设施室外健身设施的配置与管理》（GB/T 34290）规定。具备条件的公园可设置健身步道，步道由道路本体、标识系统和服务设施组成。宠物休闲区应结合实际功能需求，设置宠物饮水处、垃圾桶等必要的宠物游憩设施和卫生设施。

4.服务类设施是指服务于游人咨询、餐饮、交通、卫生等需求的设施。

（1）应在交通便利的位置设游客中心，结合出入口分散情况布置1处或多处。游客中心应提供信息咨询、医疗救护等基本服务，可根据公园实际情况配置餐饮、售卖租赁等服务功能。

（2）可在游人集中区域布置必要的餐饮、售卖点等设施，设施应降低对生态环境的影响，减少配套管线投资，规模应与游人容量相符合。

（3）园区内应设置标识系统，造型应与自然环境相协调，应符合现行国家标准《公园设计规范》（GB 51192—2016）相关规定。

（4）垃圾箱设置应与游人分布密度相适应，应放置在游人集中区域周边、主要道路沿线及公用休息座椅附近。公园陆地面积小于100hm²时，垃圾箱设置间隔距离宜在50~100m；公园陆地面积大于100hm²时，垃圾箱设置间隔距离宜在100~200m。

（5）公共厕所设置宜兼顾游客需求与环境限制，面积应小于200m²，按游人容量的2%设置厕所蹲位（包括小便斗位数），男女蹲位比例为1∶1.5~2，厕所内应设置洗手池、扶手、面镜、防臭地漏等设施。无障碍厕位或无障碍专用厕所的设计应符合现行国家标准《无障碍设计规范》（GB 50763—2012）相关规定。

（6）自行车存放处应设置于公园内或出入口附近，不得占用入口内外广场，其用地面积应根据公园性质和游人容量确定。

5.人性化设施是指满足全年龄层人群和弱势群体的生理、心理需求，为各类人群提供人性化服务的设施。

（1）具有应急避险功能的区域应满足现行国家标准《防灾避难场所设计规范》（GB 51143—2015）和住房城乡建设部《城市绿地防灾避险设计导则》相关规定，根据服务范围、规模设置必需的饮水、厕所、医疗站、棚宿等设施。

（2）游憩和服务场所及建筑应设无障碍设施，应符合现行国家标准《无障碍设计规范》（GB 50763—2012）的规定，在无障碍设施周边应设置无障碍标识。

（3）应设置适老化设施，充分考虑到老年人的身体机能及行动特点进行设计，引入急救系统，设置安全扶手、临时休息点、助老通道、轮椅空间等设施。

（4）儿童使用的各种游戏健身设施应坚固、耐用，避免棱角。儿童活动的专用防护栏应采用防止攀爬的构造。采用垂直杆件作栏杆时，杆间净距不应大于0.11m。

6.管理类设施是指承担公园生态环境、卫生、安全等管理功能的设施。

（1）垃圾处理设施应设置在不影响公园游览区景观处，靠近管理服务区或垃圾产量大的区域，与园外市政道路有独立出入口连接，设施规模应根据垃圾转运量确定。

（2）应设有警报器、火警电话标志等报警设施，以及治安监控系统、广播报警系统、治安亭、安全护栏等安保设施。

（3）核心区域的雨水排放应采用暗管（渠），道路交叉口须预留雨水管接入井。地表径流雨水排入水系之前宜尽量利用洼地、池塘、水库等自然地形条件，采用渗蓄草沟、下凹绿地、雨水花园等设施拦截和净化。

第十五条 给排水设施与供配电系统

1.给水管网布置和配套工程设计，应满足公园内灌溉、人工水体、喷泉水景、消防等用水需要。给水系统应采用节水型器具，并配置必要的计量设备。

2.应建立完善的给排水基础设施，根据功能需求进行生活给水、消防给水、节水灌溉、污水排水、雨水控制利用和防涝系统设计。

3.用电负荷应根据对供电可靠性的要求，以及中断供电对人身安全和经济损失所造成的影响程度进行分级。

（1）核心区域应急照明等用电不应低于二级负荷，其余用电均为三级负荷。

（2）照明灯具端供电电压不宜高于其额定电压值的105%，同时不宜低于其额定电压值的90%。正常使用时的电压损失应在允许范围之内，并考虑光源启动引起的电压损失。

4.照明类型应以功能照明为主，灯具应选用LED灯等高效率节能型产品，有条件的地区宜采用太阳能灯具。其中，生态涵养型公园以及公园中的一般区域，宜充分考虑照明对植物及周边环境的影响，适当减少景观照明和装饰性照明。

第十六条 游憩与科普宣教体系

1.应利用人工和自然资源，在确保安全的前提下，开展市民参与体验活动。休闲游憩区可结合公园特色，营建满足多元化游憩需求的服务设施和场地，方便市民开展游船、亲子体验、健身康养、户外运动、自然研学等活动。

2.应围绕生态文明宣传教育，利用公园的自然和文化资源特色，开展符合大众文化游憩需求的节事、民俗、科普教育活动。

3.可在严格管理、合理设计、尊重保护生态环境和动植物栖息地的基础上，适度开展环境教育、自然体验、科研观测、科普展示等活动。

4.应建立文字、图案等形式统一的标志、标牌和解说牌等科普宣教体系，宜使用环保再生材料，位置合理、图文清晰、科学规范、整洁美观，与周围景观和环境相协调，实现绿色环保知识宣传、生态文明教育功能。

第十七条 智慧园林

1.构建智慧园林管理及服务系统，培训相关工作人进行公园的日常运营管理，对水、电、肥、卫生、安全、人力、台账管理、统计，逐步实现公园信息的现代化、规范化管理。

2.精野结合建立植物监测、养护、预测系统，对核心区中游人集中区域的植物实行多方位、全天候监测管理；对一般区域的植物进行定期抚育，保持植物自然健康状态，保障基本无枯枝死树或病虫害，植物长势好。

3.应设置广播、导览、监控、照明等服务设施，设立音频、音像、牌示、多媒体或物品展示等形式的服务系统，为游人提供智慧化服务。

第四章 管理要求

第十八条 绿化养护管理

1.加强土壤管理，定期进行土壤监测。

（1）核心区域可在春季、秋季修整树盘，适时松土，控制杂草，覆盖绿化剩余物覆盖物或种植地被植物，根据实际情况采取相应的土壤改良措施。

（2）一般区域可视立地条件及具体情况进行土壤修复。

（3）城市型公园裸露地表应低于3%，郊野型公园裸露地表应低于5%，生态涵养型公园裸露地表应低于10%。

（4）公园内产生的园林绿化废弃物原则上不得出园，要求"落叶化土、枯枝还田"。

2.根据园林树木生长需要、土壤肥力情况以及分级养护管理要求合理施肥，并定期进行土壤肥力监测。

（1）在树木休眠期以有机把为主，在

树木生长季节可根据需要，进行土壤追肥或叶面喷肥。

（2）一般树木施肥以氮肥为主，豆科植物以磷肥为主，对生长较弱的树木要重点施用速效氮，针叶树宜施菌根肥。

（3）园林树木施肥量应根据树木大小、肥料种类及绿地土壤肥力状况而定。

（4）核心区域应视植物品种、生长状况及时施肥，一般每年施肥1~2次，并定期监测，可酌情追肥。

3.根据公园立地条件，因地制宜地实行科学的灌溉方式，积极推广利用喷灌、滴灌等节水灌溉设施。

（1）充分利用自然降水，加强集水和雨洪利用，提倡绿地灌溉使用再生水。使用再生水浇灌绿地时，水质必须符合园林植物灌溉水质要求，严格遵循《北京城市园林绿地使用再生水灌溉指导书》。

（2）公园内均应适时浇灌返青水和冻水，浇水要均匀，无遗漏。

（3）核心区域应遵循"不干不浇，浇则浇透"的原则，根据绿地条件、土壤墒情和植物需水特性适时浇灌。

4.绿隔地区公园的树木修剪要结合公园类型开展，做到因地制宜，因树修剪。

（1）应及时修剪、清理影响游人安全的枯枝、干扰枝。

（2）城市型公园树木的修剪以培育丰满、景观型树种为主。核心区域的树木结合实际情况每年修剪2~3次，确保园林树木正常生长，提高公园景观效果；绿篱修剪时应确保绿篱轮廓清晰，线条整齐，每年整形修剪不少于2次。

（3）郊野型和生态涵养型公园的树木大多以培育大高乔木为主，培育中央领导枝，修剪细弱枝、病虫枝。一般区域的树木无须进行修剪或结合实际情况每年修剪一次，促进林木健康生长，促进森林系统的自然更新。

5.有害生物防治应贯彻"预防为主，综合防治，生物防治为主，化学防治为辅"的方针，科学、有针对性地进行养护管理；城市型公园确保植株受害率不高于3%，郊野型公园不高于8%，生态涵养型公园不高于10%。

（1）生物防治主要包括以微生物治虫、以虫治虫、以鸟治虫等，坚持以生物防治为主。

（2）物理防治主要包括饵料诱杀、灯光诱杀、截止上树、采摘卵块虫包等。

（3）化学防治注意应选用高效、低毒、无污染、对天敌较安全的药剂。

（4）公园内核心区域要定期开展监测，及时发现异常情况并采取防控措施，做到园林树木无蛀干害虫的活卵、活虫，叶片上无虫粪、虫网等。

（5）公园内一般区域应定期监测，若有病虫害发生迹象，需要及时划分阻隔区和疫病区，对树木及运输工具进行严格检查，设置合理的免疫关卡。

6.坚持"林下不裸、野草不拔、有草不荒"的治理思路，科学做好地被种植和养护管理，坚持人工修复与自然恢复相结合的原则。

（1）鼓励自然地被，城市型公园允许人工种植的地被面积不高于地被总面积的50%，郊野型公园不高于30%，生态涵养型公园原则上控制在10%以内。

（2）针对重点区域、重点道路、河流两侧生态林裸露地，可栽种委陵菜、蛇莓、苜蓿、苔草、麦冬、马蔺、胡枝子等多年生草本或灌木。

（3）出现林地草荒时，可利用割草车、割草机等设备定期割除高于70cm的荒草，

但割草高度须控制在距地面20~30cm。严禁拔草、贴地割草、燎荒烧草、使用除草剂或冬春季节旋耕。

7.林分过密，郁闭度达0.7以上、结构不合理的林分需开展林分结构调整，营建混交、复层、异龄、多功能的植物群落。参考《北京市园林绿化局关于开展平原生态林林分结构调整工作的意见》（京绿办发〔2020〕188号）执行。

（1）对现状长势良好、姿态优美的苗木予以保留，优先保留原生苗、全冠苗、天然萌生苗和长寿树种，间伐病弱木、干扰木。也可适当修剪冠幅过大植株，控制林分密度。

（2）对需要调整又具有培育价值的树木，需就近移植。移植时需考虑植后密度、种间适生结构，做到密度合理、异种补植、针阔混交、乔灌结合。

（3）保护原生地被，抚育萌生幼苗，补植食源、蜜源、蔓生植物，避免使用冷季型草，为小型野生动物及鸟类提供食源和栖息地，营建近自然林地。

（4）及时清理枯枝死树，将疏密伐移过程中产生的树干枝条用作围栏、栈道等设施的材料，适当建设本杰士堆、动物巢穴，为野生小动物和昆虫营造栖息环境。

第十九条　园容和卫生管理

1.环境卫生应做到干净整洁，定期检查，全园达到"六不见、八不乱"，具体措施如下：

（1）六不见：不见瓜皮果壳烟头，不见各种废弃物，不见家禽家畜，不见随地吐痰及大小便，不见水面漂浮物，不见破损设施。

（2）八不乱：不乱搭乱建，不乱摆摊设点，不乱堆放建材杂物，不乱放生产工具和生活用品，不乱设标牌，不乱张贴广

告、标语，不乱拉绳挂物，不乱设各种不规格设施。

（3）公园核心区域环境卫生一天一查。

2.厕所开放时间应与公园开放时间一致，开园前应由专门人员负责检查监督，闭园后应定时清理，做到干净整洁，定期检查维修。

3.垃圾应进行分类，及时清运，具体措施如下：

（1）核心区域应至少设置一处垃圾集中收集点，内含可回收物、厨余垃圾、有害垃圾、其他垃圾四类垃圾桶；其他区域可设置可回收垃圾、不可回收垃圾两类垃圾桶。

（2）核心区域垃圾应日产日清。

（3）一般区域的枯枝落叶等自然生态过程产生的废弃物可就地处理。

4.园林废弃物不应出园，宜运到资源场站进行资源化利用，具体措施如下：

（1）树木枝桠经粉碎处理后作为公园区内裸露土壤的园林有机覆盖物使用。

（2）树叶、草尖、花等易降解的材料可直接堆肥，树木枝桠材经过两次粉碎处理后作为堆肥产品。

5.园内散落的坟头、坟地应生态化处理，利用植物等方式进行遮挡，弱化视觉效果，同时做到四禁止，即禁止添坟、禁止硬化、禁止摆花、禁止烧纸埋纸，祭祀品应随祭扫随带走。

第二十条 生物多样性管理

1.开展野生动植物保护，应符合下列规定：

（1）应禁止干扰野生动物生息繁衍行为的发生，未经许可禁止采集国家一级或二级保护野生植物。

（2）对公园内遇险的候鸟及其他野生动物、生长受到威胁的国家和地方重点保护野生植物，应采取临时拯救措施，及时对接相关部门。

（3）应对野生动植物及其生存生长环境开展日常保护与维护工作。

2.开展栖息地营造与保护，应符合下列规定：

（1）应符合现行国家行政法规的规定，履行保护野生动物及其栖息地的义务。

（2）应明确野生动物保护对象及重要栖息地、各级自然保护区、自然保护小区等保护范围，有序开展栖息地修复、种群恢复、迁徙洄游通道保护等工作。

3.开展生物多样性保护工作，应符合下列规定：

（1）应明确生物多样性保护优先区域，根据现行国家行政法规的规定，积极展开生物多样性保护工作。

（2）注重配植食源、蜜源植物，适度留野，为野生动物提供食物、水源和隐蔽地。

4.开展生物监测管理，应符合下列规定：

（1）应加强种类监测，包含野生鸟类种群及其他野生动物、重点保护的野生植物等。

（2）应建立健全野生动植物监测档案，定期对其生活环境与生长条件进行监测、评估。

（3）应健全公园监测体系与上报制度，配合开展北京市候鸟监测、野生动物疫源疫病、重点保护野生植物环境影响报告等相关监测工作。

第二十一条 宠物管理

1.除导盲犬和肢体重残疾人携带扶助犬外，不应携带公园管理机构禁止的其他宠物、家禽以及具有攻击性的犬、猫等动物入园。

2.宠物休闲区应标明开放时间，禁止

将宠物携带至宠物休闲区以外的区域。

3.进入场地的宠物应持有养犬登记证及动物健康免疫证，携宠物人应按照规定为宠物佩戴牵引绳，及时清理宠物粪便。

4.公园应结合实际情况制定宠物休闲区管理细则。

第二十二条　设施管理

1.建筑及构筑物应保持外观整洁、功能完整，具体措施如下：

（1）园林建筑及构筑物应每周定期清洗除尘，做到外观整洁，构件和各项设施完好无损，室内陈设清洁、完好、合理。

（2）园林建筑应按照原有功能进行使用，不得改变原有功能，不得闲置或占为他用，不得将园林建筑用于宾馆、会所等违规功能。

2.游憩类设施应保证功能完好，及时查漏补缺、维修更新，具体措施如下：

（1）园路、广场、步级等基础游憩设施应一月一查，保持平整无凹陷、无积水，发现损坏及时报修，器材、座椅等易损设施应一周一查，发现损坏及时维修或更换。

（2）游憩活动、运动健身、宠物休闲等场地设施应一周一查，保持设施功能完好。

3.服务类设施应保证布局清晰、信息明确、定期检查，具体措施如下：

（1）标识牌应一周一查，确保标识清洁、色彩常新、构件完整、指示清晰明显，发现损坏及时维修或更换。

（2）停车场、自行车存放处宜设有专人管理引导，疏导交通，避免事故。

4.应急避险、无障碍、适老化设施等人性化设施应一周一查，及时消除隐患，确保使用功能完好安全。

5.垃圾处理设施、广播及安保设施、雨水控制利用设施等管理类设施应一周一查，发现损坏及时维修或更换。

第二十三条　服务管理

1.出入口应配有简介及导览图，有条件的公园可配套设置电瓶车站等交通服务设施。交通工具宜采用清洁能源驱动，定期维护，确保安全、完好。

2.禁止吸烟，组织娱乐、集会等活动，应控制音量小于70分贝。

3.开展节事活动，应向登记管理机关和业务主管单位提前报告拟举办的节事活动预案，预案内容应包含活动的时间、地点、内容、规模、参与者、经费来源及数量等。

第二十四条　安全管理

1.应配备安全巡护员对公园内的设备与设施开展每日安全巡逻、每年检查维修工作，及时清除安全隐患，保证设备与设施安全，保障游客安全。

2.应构建安全预警控制体系，制定公共卫生事件、自然灾害、社会安全事件、节假日高峰管理、大型聚集活动等突发公共事件的应急预案。

3.公园应每年开展安全演练，自设主题。

4.应在显著位置公示游客安全须知，规范游客游园行为，定期开展安全科普教育。

第二十五条　智慧化管理

1.应对古树名木开展智慧化养护管理，实现土、肥、水自动化远程调控。

2.应对园内传统建筑、历史遗迹等建立电子档案。

3.应对出入口、停车场实行信息化管理，做好车辆登记与车位调控。

4.应加强智慧化管理平台的更新与维护。

5.应对管理人员开展数字化、智慧化办公管理培训。

第二十六条　基础管理

1.应对公园建设过程、维护过程、古

树名木、生态资源等内容进行分类建档。同时应设有专人管理档案信息，及时更新备份，确保所有档案的真实性、有效性与准确性，发现问题应及时处理。

2. 应实行分级分类、清晰明确、严查严控的资金管理，资金必须严格执行预决算制度，建立审核、责任机制。

3. 应建立公园基础管理台账、年度管理计划台账、日常运营管理台账、设施和植物维护台账、应急管理台账、问题整改台账的六本台账管理制度。台账内容应及时更新，确保准确性、时效性和完整性，发现问题应及时处理。

4. 应建立并严格遵守完善的管理责任制度，具体措施如下：

（1）公园应建立完善的考勤管理制度、奖励和责任追究制度、档案管理制度、学习制度、职工技术考核管理制度、公园绿化卫生管理制度、监督监管制度等。

（2）公园日常工作应严格遵守相关规章制度，对违反规章制度的行为应当给予适当处分。

第五章　附则

第二十七条　本规范自 2022 年 1 月 1 日起实施。

第二十八条　本规范由北京市园林绿化局负责解释。

关于本市发展新型集体林场的指导意见

一、总体要求

（一）指导思想

以习近平生态文明思想为指导，深入贯彻落实习近平总书记对北京重要讲话和指示批示精神，牢固树立"绿水青山就是金山银山"理念，以新型集体林场为载体，以集体生态林保护、经营、利用和生态承载力提升为核心，优化政策机制，创新经营管理模式，不断提升集体生态林的多重效益和生态产品供给能力，持续推动集体生态林资源转化为农民增收致富的绿色资本，实现"生态美"和"百姓富"目标的有机统一。

（二）基本原则

——坚持生态优先，多重效益并举。科学开展林木经营管护工作，把保护好、经营好集体生态林作为第一要务，确保林地面积不减少，森林生态系统质量稳步提升，生态承载力持续提升，生态、经济和社会等综合效益不断增值。

——坚持政府主导，多元主体参与。发挥属地政府主导作用，坚持规划引领，多规合一；强化行业指导和监管，确保新型集体林场集体所有制属性；营造良好营商环境，调动社会资本参与的积极性。

——坚持农民主体，多方利益共赢。

聚焦农民就业增收，让更多本地农民就近养山养林就业；通过建立公平稳定长效的多方利益联结机制，统筹兼顾各方需求，实现多方共赢。

（三）工作目标

到2025年，全市60%以上符合条件的集体生态林纳入新型集体林场经营管理；新型集体林场建设的配套政策、机制体制趋于成熟，以生态效益为主导的多重效益稳步提升。到2035年，全市符合条件的集体生态林全部纳入新型集体林场经营管理；建成新型集体林场高质量运行管理体系，高水平实现集体生态林的多重效益。

二、新型集体林场的组建方式

（一）组建条件

集体生态林无权属纠纷，相对集中连片、边界清晰；平原区集体林场经营管理面积不小于3000亩，山区集体林场经营管理面积不小于10000亩，并应保持沟域、小流域单元相对完整；配备懂技术、善经营、熟悉当地情况的专业化团队，其中，中级及以上职称或经过专业技术培训的技术人员不少于3人。

（二）组建类型

可通过区统筹跨乡镇的方式组建区级林场，或通过乡镇统筹跨村的方式组建乡镇级林场，以组建乡镇级林场为主。林地面积较大且可形成相对完整的森林生态系统的山区村，可组建分场。

（三）组建程序

属地政府监督指导成立组建新型集体林场筹备委员会。筹备委员会主要负责确定组建方式、明确经营范围、落实资金来源、准备相关申报资料等。市、区园林绿化部门负责技术指导，区市场监督管理部门依法登记注册。

三、新型集体林场的主要任务

（一）严格保护森林资源

落实日常巡护、林火监测、林木有害生物防控、自然灾害及突发事件应急响应等保护措施，发现盗伐林木、林地排污等毁林毁地事件及时上报处理；协助园林绿化部门监管各类建设工程占用林地施工现场；加强湿地、野生动物迁徙通道、重要物种栖息地等生物多样性保育。

（二）科学经营森林资源

在园林绿化部门指导下，以构建健康、稳定、高效的森林生态系统为目标，编制中长期森林经营方案和年度经营计划；开展森林近自然经营、生物多样性保护和重要物种栖息地恢复等工作。

（三）适度利用绿色资源

在保持森林生态系统完整性和稳定性的前提下，依托绿色空间和绿色资源，科学发展符合行业规范和区域特色的林下经济，主要包括林下种植、养蜂、林产品采集加工、森林旅游、森林康（疗）养、森林体验教育、林木抚育剩余物开发利用等模式。

（四）组织农民绿色就业

林场用工以农村集体经济组织成员为主，原则上不低于工人总数的80%，平原区每人经营管护面积不超过50亩。在专业技术人员配备方面，同等条件下优先聘用有专业工作经历或经过专业技术培训且熟悉当地情况的技术人员。

四、支持政策

（一）加大以工代赈工作力度

属地政府做好辖区内涉林工程项目的统筹管理工作，引导组织机构健全、专业技术达标、本地农民就业充分的新型集体林场，通过以工代赈方式直接参与涉林工程项目建设。

（二）加大财政资金支持力度

2023年底前建成的新型集体林场，经市园林绿化局组织相关部门开展绩效考核评估后，根据规模大小和绩效考评结果，给予一定额度的一次性财政奖补。新型集体林场同时享受农业机械、有机肥、绿色防控产品购买以及病虫害统防统治等支农惠农补贴政策。

（三）畅通拓展职业发展通道

林场职工可按程序申报工程技术、农业技术等系列职称评审；有突出贡献的专业技术人员，可通过绿色通道破格申报高级职称。对长期下沉集体林场开展科学研究、科技推广、技术指导的专业技术人员，在职称评审时，重点评价其在技术指导和成果转化方面的实绩。

（四）依法享受社会保障权益

新型集体林场按规定享受失业保险返还、农村劳动力就业岗位补贴、在职职工技能提升培训课时补贴等优惠政策。林场职工达到法定退休年龄，但基本养老保险累计缴费不足最低缴费年限的，可选择延期缴费至期满。

（五）依法享受税费优惠政策

新型集体林场依法享受国家对支持脱贫攻坚、实施乡村振兴战略的中小企业、农林企业的税费优惠政策。从事农、林、牧、渔项目所得依法免征、减征企业所得税，自产自销初级农产品免征增值税；满足小微企业条件的新型集体林场，依法减免征收企业所得税、增值税、行政事业性收费等。

五、监督管理

（一）森林资源保护监管

属地政府要与新型集体林场签订森林资源保护目标责任书，明确责任人，压实保护责任。新型集体林场要严格按照当地林地保护利用规划，依法合规开展森林资源保护和生产经营活动，不得擅自流转林地的经营权。要建立健全工作台账，严格实施精细化管理，切实做好森林资源保护监管工作。

（二）财政资金使用监管

新型集体林场使用的财政资金要专款专用、独立核算。主要用于林木养护、抚育经营、科技示范推广、生物多样性保育、自然灾害应急处置、林木有害生物防控等工作的劳务支出，种苗、农药、肥料、小型机（器）具、林下经济发展设施等生产资料的购置以及涉及森林经营的其他用途。

（三）劳动用工监管

建立集体林场职工实名制信息数据库，依法与职工签订劳动合同，按时足额发放工资报酬，按规定为职工缴纳社会保险，鼓励为职工购买人身意外保险。建立健全职工招聘、培训、考核、晋升和解聘的用人机制，相关信息建档管理。

（四）林业生产经营服务设施监管

新型集体林场管理的林地内不得新建办公用房，办公用房可通过当地政府配置闲置公房、租赁闲置农宅、统筹利用基层林业管理机构用房等方式灵活解决。修建直接为林业生产经营服务的工程设施，需由区园林绿化部门会同规划自然资源等部门依法审批。

六、组织保障

（一）加强组织领导

充分发挥市、区集体林权制度改革领导小组职能，统筹协调各成员单位联动形成工作合力。属地政府是新型集体林场建设和管理的责任主体、实施主体，要加大政策、资金整合力度，制定切实可行的实施方案、工作预案并抓好落实。其中，区政府要引导新型集体林场借鉴现代企业制度及相应的会计准则，实现科学管理；乡镇政府要指定专门机构、选派专人，加强技术指导和关键环节监管，确保实效。市、区园林绿化部门要充分发挥行业监管、技术指导职能，组织制定、修订相关政策及技术标准，统筹推进新型集体林场建设工作。

（二）明确责任分工

发展改革部门要对新型集体林场建设中符合固定资产投资政策的必要基础设施建设给予支持；财政部门会同园林绿化部门修订完善集体生态林经营管护办法，加强资金支持和预算绩效管理；规划自然资源部门会同园林绿化部门研究制定新型集体林场用地政策，协调办理用地审批手续；科技部门会同园林绿化部门组织在京各种类型科研单位，研究解决新型集体林场发展中面临的技术难点问题；人力资源社会保障、农业农村、市场监管、税务等部门根据工作职责，加强对新型集体林场建设工作的支持。

（三）严格绩效考评

各级集体林权制度改革领导小组办公室每年组织相关部门，对新型集体林场建设和管理工作开展绩效考评，评估结果经领导小组审议后予以通报，作为兑现奖补资金、调节管护资金、启动退出机制等奖惩措施的依据。新型集体林场场长通过属地政府委任或公开招聘方式产生，5年内集体林场年度考核两次不合格的，应及时作出人员调整。

2021年北京园林绿化大事记

1月

4日　北京市第二批市级湿地名录正式公布。该名录包括12个市级湿地名录单位，分为河流湿地、公园湿地和湿地公园3种类型。截至2021年底，全市47块湿地列入市级湿地名录，总面积2.7万余公顷，占全市湿地总面积的46%。

7日　北京市为新《森林法》出台林业行政执法配套标准，即《北京市恢复林业生产条件、恢复植被及补种树木标准（试行）》和《北京市关于"恢复植被和林业生产条件"所需费用执行标准》。

11日　北京市园林绿化局（首都绿化办）局长（主任）邓乃平专题研究古树名木保护工作。研究了《北京市古树名木保护规划（2021年—2035年）》《首都功能核心区古树名木保护行动计划（2021年—2022年）工作方案》。

13日　延庆冬奥森林公园主体工程建设完工。公园总占地22公顷，距离冬奥延庆赛区核心区8千米，以"构建冬奥门户、促生郊野绿色遗产"为总体定位，承载迁地保护基地功能，移栽大叶白蜡、暴马丁香、核桃楸等树种300余棵，配建观景台、水边栈道、迁地科普园等多个功能区，形成张山营镇域核心公共绿地，在为冬奥赛场迁移植物提供良好生存环境的同时，也为游客及周边居民提供游憩场地。

20日　北京市森林防火应急指挥部副总指挥邓乃平就落实全国森林防灭火视频调度会精神，专题部署森林火灾防控工作。

26日　北京市园林绿化局（首都绿化办）局长（主任）邓乃平传达落实全国林业和草原工作视频会议精神，部署北京市园林绿化重点工作。

27日　北京市园林绿化局（首都绿化办）局长（主任）邓乃平专题贯彻落实市委书记蔡奇调研回天地区指示精神，部署推进实施绿化建设工作。

28日　第101次市政府常务会，审议并通过市园林绿化局关于报审《关于全面建立林长制的实施意见》的请示。

2月

3日　全市园林绿化工作会召开，北京市园林绿化局（首都绿化办）局长（主任）

邓乃平对"十四五"时期园林绿化重点任务以及2021年主要工作作出具体安排，西城区、丰台区、门头沟区作典型交流发言。北京市副市长卢彦参加会议并讲话。此次会议以视频会议形式召开，局（办）领导班子成员、市公园管理中心领导班子成员、市有关部门及各区主管领导与园林绿化系统各单位党政正职共计150余人参加。

4日　全国绿化委员会办公室副主任胡章翠一行调研重大义务植树活动筹备等有关工作。实地勘察了活动备选地块，进行了座谈交流。

9日　北京市园林绿化局（首都绿化办）正式发布《北京市重点保护天然林木种质资源目录》。明确纳入北京市全域范围重点保护的天然林木种质资源47种，包括已列入《北京市重点保护野生植物名录》的木本植物30种，其他重要林木种质资源17种。

10日　北京市在全国首创林草种苗溯源新模式，利用物联网、防伪鉴真等技术，通过电子标签为苗木建立"身份证"，实现从种源登记、在圃管理、出圃销售到造林应用的全程痕迹化管理。同时，集成苗木生产经营许可证、产地检疫合格证和苗木标签，以"移动林业"App为管理工具，开发入圃管理、在圃管理、出圃管理、日常养护等11个模块，涵盖种源追溯、苗木生产经营等多个应用场景。

23日　北京地区青头潜鸭、勺嘴鹬、东方白鹳、栗斑腹鹀、黄胸鹀5种极度珍稀鸟类，跳过二级直升为国家一级重点保护野生动物。在新名录中，有近40种北京地区鸟类保护等级得到提升，广泛分布于雁形目、鹈鹕目、鸻形目、鹳形目、鹰形目等，此外，赤狐、貉、豹猫、狼等犬科动物也首次进入名录，为国家二级重点保护野生动物。

26日　国家林业和草原局局长关志鸥

一行调研北京冬奥会和冬残奥会筹办生态修复、森林防火等服务保障工作和义务植树相关工作。现场察看了延庆区围绕保障冬奥会、冬残奥会实施的蔡家河生态修复工程建设、森林防火检查站管理、松山管理处森林防火指挥系统运行、冬奥延庆赛区外围森林防火监测、森林防火专业队伍训练等工作，调研了智慧保护区管理系统等生物多样性保护及义务植树相关工作。

3月

1日　《北京市林草种子标签管理办法》正式施行。该《办法》扩展了标签管理范围，将林业种子、林业苗木及草种合并为林草种子，进行统一管理；要求林草种子生产经营者对标签内容及种子质量负责，强化了企业诚信责任，明确并丰富了标签管理、质量检验及使用等功能，提升了便利性和规范性。

3日　北京市园林绿化局（首都绿化办）开展"世界野生动植物日"宣传活动，会同北京野生动物保护协会、市人民检察院、房山区园林绿化局、房山区检察院联合举办"推动绿色发展，促进人与自然和谐共生"主题科普宣传活动。

8日　北京市2021年度绿化美化工作座谈会召开。中直机关、中央国家机关、北京市有关单位及16个区绿化办等单位代表围绕首都绿化美化重点工作进行交流。

9日　北京市副市长卢彦专题审议生态环境建设小组2021年工作要点，调度新一轮百万亩春季造林工作。

10日　北京市委书记蔡奇专题听取关于设立国家植物园有关情况汇报。

10日　北京市园林绿化局（首都绿化

办）局长（主任）邓乃平专题研究审议冬奥会、冬残奥会园林绿化美化保障工作。

12 日 国家林业和草原局局长关志鸥等领导在北京参加义务植树活动。国家林业和草原局、市园林绿化局及朝阳区近 200 名干部职工，在朝阳区孙河乡种植油松、北京桧、山桃、山杏等北京乡土树种 600 余株，标志着全市春季义务植树活动全面展开。

19 日 北京市委、市政府办公厅印发《关于全面建立林长制的实施意见》。实施意见贯彻落实中共中央办公厅、国务院办公厅《关于全面推行林长制的意见》部署要求，全面构建北京市党政同责、属地负责、部门协同、源头治理、全域覆盖生态保护长效机制。

26 日 全市 172 处春季赏花片区开放，方便市民就近踏青。

29 日 北京市委书记蔡奇围绕林长制调研温榆河公园建设。

30 日 全国政协副主席张庆黎、刘奇葆、马飚、陈晓光、杨传堂、李斌、巴特尔、何维及全国政协机关干部职工 100 余人，来到北京市海淀区西山国家森林公园参加义务植树活动。

31 日 中央军委副主席许其亮、张又侠，中央军委委员李作成、苗华、张升民，军委机关各部门和驻京大单位领导，到朝阳区东风乡辛庄植树点参加植树活动。

4月

1 日至 5 月 31 日 2021 年北京郁金香文化节在北京国际鲜花港、北京植物园、中山公园和世界花卉大观园举办。

2 日 党和国家领导人习近平、李克强、栗战书、汪洋、王沪宁、赵乐际、韩正、王

岐山等，来到位于北京市朝阳区温榆河植树点，同首都群众一起参加义务植树活动。

同日 北京市总林长蔡奇、陈吉宁签发第一道林长令，印发《关于开展林长制巡林工作的通知》。要求：各级林长要全面履行林长职责，加快推进建立林长制体系，开展林长巡林检查督导。

3 日至 5 月 15 日 2021 年北京郁金香文化节在北京国际鲜花港、北京植物园、中山公园和世界花卉大观园举办。

6 日至 2021 年底 第九届北京森林文化节在西山国家森林公园开幕。本届文化节以"喜迎冬奥·低碳生活"为主题，在全市 50 余家森林公园、市属公园和京郊苗圃开展了 200 余场森林文化活动。

8 日 全国人大常委会副委员长张春贤、吉炳轩、艾力更·依明巴海、王东明、白玛赤林，全国人大常委会秘书长、副秘书长、机关党组成员，各专门委员会、工作委员会负责人，到北京市丰台区青龙湖植树场地参加义务植树活动。

10 日 中共中央直属机关、中央国家机关各部门及北京市 122 名部级领导干部，在北京市大兴区礼贤镇临空区休闲公园参加 2021 年共和国部长义务植树活动。

4 月 3 日 全国"爱鸟周"40 周年纪念活动暨北京市"爱鸟周"举办。

23 日至 5 月 15 日 北京市首次将北京西山国家森林公园、景山公园、颐和园等全市 7 个大面积牡丹种植景区、基地整合起来联合举办牡丹文化节。

5月

18 日至 6 月 30 日 由北京市园林绿化

局、大兴区人民政府联合主办，大兴区园林绿化局、魏善庄镇人民政府和全市11个展区共同承办的2021年北京月季文化节在大兴区魏善庄镇世界月季主题园开幕。

25日　北京市园林绿化局推荐申报的3个创新联盟通过国家林草局评审。分别为："古树健康状况检测与保护技术国家创新联盟""园林绿化废弃物科学生态处置国家创新联盟""食用百合产业科技国家创新联盟"。联盟的建立将推动解决我国古树健康检测与保护、食用百合产业发展、园林绿化废弃物科学处置等关键问题。

25日　"爱绿植绿护绿，共建美丽家园"首都全民义务植树40周年纪念林植树活动在昌平区举行。首都绿化委员会成员单位老领导、老同志，40年来首都地区（包括中直机关、中央国家机关、驻京部队系统）涌现的绿化先进人物，关心和支持义务植树工作的社会人士和重要绿化活动的组织者、参与者代表等150余人参加植树活动，并为"首都全民义务植树四十周年"纪念碑揭幕。

6月

4日　北京市副市长卢彦调研通州潞城新型集体林场，并视频调研全市新型集体林场建设情况。

5日　第九届北京西山森林音乐会在西山国家森林公园举办。本届活动以"零碳"和"生物多样性"为主题，包括生态摄影展、生态市集、自然游园会、生态写生、生态公益行、森林音乐会等内容。

9日　首都绿化办组织相关单位参观全民义务植树四十周年文史资料展。邀请中直机关、中央国家机关绿化办，全军绿化

办，各区绿化委员会（领导小组）办公室等单位参观"义务植树四十载　绿满山河披锦绣——全民义务植树40周年文史资料展"，并开展座谈交流。

19日　《北京公园红色旅游地图》正式发布。该地图标注了香山公园、颐和园、陶然亭公园、西山国家森林公园等15家保存有革命史迹和红色文化资源的公园。

29日　北京市制订《北京市林长制办公室 北京市人民检察院关于建立"林长制+检察"协同工作机制的意见》，建立涉园林绿化资源民事公益诉讼案件线索移送、办理、反馈台账，逐步健全联席会议、信息共享、线索移送、工作会商、协作保障、联合督办、普法宣传、联合培训等工作机制。

7月

1日　市规划自然资源委、市园林绿化局正式印发《北京市新一轮百万亩造林绿化工程2022年选址工作方案》，2022年选址工作已正式启动。

5日　北京市副市长卢映川采取"四不两直"检查天坛公园垃圾分类工作。

6日　北京市副市长卢彦赴朝阳区调研绿地认建认养及公园配套用房清理整治工作。

7日　北京市园林绿化局（首都绿化办）召开局属林场、苗圃林业项目专项整顿工作动员部署会议。

7日　全市首个经济林生态监测站在昌平区建成。

13日　国家二级重点保护野生动物灰鹤首次在北京市自然繁育成功。

14日　北京市副市长隋振江到龙潭中

湖公园改建工程和龙潭西湖调蓄池工程施工现场调研。

16日 北京市森林防火工作在全国森林防火工作会议上受到表扬。2021年度森林防火期全市共发生森林火情3起，过火面积0.076公顷，同比下降99.63%；火情2小时扑救率100%，平均扑救时间约为45分钟，同比提升65%，未发生森林火灾。在春节、清明、"七一"等重点时期未发生影响较大的森林火情。

19日 北京市副市长卢彦调研冬奥会延庆赛区松山林场生态修复工程情况。实地查看了松山林场生态修复重点地块，对松山地区生态修复工作给予充分肯定。

21日 北京市园林绿化局（首都绿化办）组织召开全局事业单位改革动员部署会。

21日 农工党北京市委秘书长江欣赴房山区调研党派提案办理工作。

8月

2日 北京市园林绿化局（首都绿化办）人事处组织召开事业单位改革人员安置和岗位设置工作培训会。邀请市人力社保局有关负责同志就人员安置、科室和岗位设置政策进行专题培训；对下一步落实人事相关工作进行部署。

5日 北京市市长陈吉宁专题研究北京市《关于发展新型集体林场的指导意见》。北京市园林绿化局（首都绿化办）局长（主任）邓乃平汇报了北京市新型集体林场试点建设背景、现状、成效及《指导意见》的主要内容。

13日 北京市人大常委会副主任张清组织召开"农业产业"方面代表建议重点督办工作会。听取了北京市园林绿化局（首都绿化办）局长（主任）邓乃平对"关于北京市果树产业与美丽乡村建设融合发展的建议""关于发掘保护北京林果类农业文化遗产的建议"2项重点督办件办理情况的汇报。

18日 北京市制订印发《北京市湿地保护发展规划（2021—2035年）》。

20日 北京市园林绿化科学研究院正式揭牌。

24日 安徽省副省长周喜安带队到北京市开展调研交流。赴平谷区调研森林城市建设工作，实地查看了平谷区山东庄镇桃棚村森林乡村创建和黄松峪国家森林公园建设情况。

24日 北京市园林绿化局（首都绿化办）局长（主任）邓乃平就落实第125次市政府常务会议精神，专题部署落实《关于发展新型集体林场的指导意见》有关工作。第125次市政府常务会议审议并原则通过《关于发展新型集体林场的指导意见》，市长陈吉宁给予高度评价，并提出新的要求。

26日 国家林草局科技司司长郝育军调研督导冬奥会和冬残奥会食用林产品供应及北京市林草科技工作。

9月

7日 国家林业和草原局、农业农村部发布《国家重点保护野生植物名录》。北京地区国家重点保护野生植物由原来的3种增加到15种。

14日 北京市园林绿化规划和资源监测中心（北京市林业碳汇与国际合作事务中心）举行挂牌仪式。

14日 由北京市园林绿化局主办的北京市精品梨大赛在北京市农林科学院林业果树研究所举办。

15日至10月7日 由北京市园林绿化局主办,北京市园林绿化产业促进中心、北京花乡花木集团有限公司承办,2021年北京秋季花卉新优品种推介会在世界花卉大观园举办。

15日 北京市园林绿化资源保护中心(北京市园林绿化局审批服务中心)举行揭牌仪式。

15日 由北京市园林绿化局主办的2021北京花果蜜文化遗产展示推介会在北京丰台区花卉大观园举办。

17日 由北京市园林绿化局和大兴区人民政府、北京花卉协会共同主办的2021北京花果蜜乐享季主题日开幕式在大兴区庞各庄镇梨花村举行。

23日 古树健康保护、百合产业、园林绿化废弃物利用国家创新联盟筹建大会在北京园林绿化科学院召开。大会采用线上线下相结合的方式召开,来自国内41家高校、科研院所、企业代表作为联盟理事代表参加了大会。

26日 天安门广场和长安街沿线花卉景观布置全部完工,天安门广场“祝福祖国”中心花篮正式亮相。

27日 北京市共青林场管理处举行揭牌仪式。

29日 北京市园林绿化产业促进中心(市食用林产品质量安全中心)举行揭牌仪式。

18日至11月30日 由北京市园林绿化局主办,北京国际鲜花港、北海公园、天坛公园、北京植物园和北京花乡世界花卉大观园五大展区承办,主题为“匠心独运显初心,荣耀秋菊露芳华”2021年北京菊花文化节举办。

24日 龙潭中湖公园开园,历经500天匠心雕琢,是集休憩、健身、娱乐、教育科普功能的城市综合公园。

10月

9日 西山试验林场管理处举行揭牌仪式。

12日 国家主席习近平以视频方式出席《生物多样性公约》第十五次缔约方大会领导人峰会并发表主旨讲话,并宣布启动北京、广州等国家植物园体系建设。

12日 北京市园林绿化局(首都绿化办)正式发布《北京陆生野生动物名录(2021年)》,共收录北京地区分布的陆生野生动物33目106科596种,包括鸟类503种,兽类63种,两栖爬行类30种。

15日 第二届北京国际花园节颁奖典礼在北京世园公园举办。

19日 北京市市长陈吉宁到北京市园林绿化局(首都绿化办)调研指导生物多样性保护、园林绿化品质提升、疫情防控、科技创新、林果产业提升、新一轮百万亩造林绿化工程等工作。

26日 北京市园林绿化局(首都绿化办)政务网站推出“北京园林绿化科普基地”专题。园林绿化科普基地涵盖了北京市城市公园、森林公园、林场、苗圃等,组织开展了各种形式多样、内容丰富的科普宣传活动。

19日 北京市市长陈吉宁调研市园林绿化局,并与局(办)领导班子成员座谈。

20日 北京市委第六巡视组进驻市园林绿化局召开巡视动员部署会。

21日 北京市园林绿化局（首都绿化办）联合高德地图向公众推荐20处最美赏红地。通过高德地图的"高德指南"版块，向公众推荐了地坛公园、奥林匹克森林公园、北宫国家森林公园、八达岭国家森林公园、慕田峪长城景区等20个京城赏红片区，全市16个区均有分布。

25日 天安门广场及长安街沿线花坛和景观布置完成撤除及后续恢复工作。国庆节期间，在天安门广场中心布置"祝福祖国"巨型花篮，在长安街沿线布置10组立体花坛、7000平方米地栽花卉及100组容器花卉，营造了热烈、喜庆、欢乐的节日氛围。此次景观布置于9月25日完工亮相，10月21日完成全部撤除工作。

25日 国家林草局野生动植物保护司调研冬奥会周边地区有关野生动物保护工作开展情况。

28日 北京市直机关党组（党委）书记月度工作点评会召开，北京市委书记蔡奇点评市园林绿化局。

11月

2日 北京市委书记、市总林长蔡奇，市长、市总林长陈吉宁共同签发2021年第2号总林长令。

11日 北京市副市长卢彦带队赴中国林业集团有限公司调研走访。

15日 国家林草局正式批准将雾灵山自然保护区列为履行《联合国森林文书》示范单位。

18日 北京市园林绿化局（首都绿化办）全面启动松材线虫病疫情防控五年攻坚行动，印发《全国松材线虫病疫情防控五年攻坚行动北京市实施方案（2021—2025

年）》，对"十四五"期间防控工作进行部署，明确全市16个区全部划为重点预防区。

26日 北京市委常委、统战部部长、市级林长游钧到平谷区调研林长制落实情况并开展巡林工作。

28日 全市超额完成"留白增绿"年度任务。2021年"留白增绿"年度计划任务206.27公顷，实际完成212.12公顷，超计划任务2.8%，建设完成了首钢东南区绿地、海淀镶黄旗绿地等63个园林绿化项目。

12月

1日 纪念首都全民义务植树40周年展览在北京园博园北京园开幕。展期为12月1~31日。展览共由七部分组成，通过史料、图片等回顾了全民义务植树活动的起源，首都全民义务植树40年发展进程中的重大事件、重要会议及里程碑事件，全景展现首都全民义务植树的壮阔历程，宣传习近平绿水青山就是金山银山理念，发扬中华民族爱树、植树、护树的好传统，营造人人关心绿化、支持绿化、参与绿化的良好氛围，进一步激励首都人民认真践行习近平生态文明思想，投身建设首都绿化的伟大事业。

7日 国家林草局副局长李春良一行到房山区调研，推进中国大熊猫保护研究中心北京基地建设。

10日 北京市副市长卢彦调研北京市新型集体林场建设及林下经济发展情况。

28日 北京市园林绿化局（首都绿化办）工会召开第三届三次会员代表大会、三届十六次委员会。

30日 2021扬州世园会北京园荣获中华展园大奖。

概　况

机构建制

【市园林绿化局（首都绿化办）机构建制】 北京市园林绿化局是负责本市园林绿化及其生态保护修复工作的市政府直属机构，加挂首都绿化委员会办公室牌子，设22个内设机构和机关党委（党建工作处、团委）、机关纪委（党组巡察工作办公室）、工会、离退休干部处。市园林绿化局（首都绿化办）机关行政编制171名。设局长1名，副局长5名；处级领导职数27正（含总工程师1名、机关党委专职副书记兼党建工作处处长1名、机关纪委书记1名、工会专职副主席1名、离退休干部处处长1名）33副。

（机构建制：陈朋 供稿）

行政职能

【市园林绿化局（首都绿化办）主要职责】

（一）负责本市园林绿化及其生态保护修复的监督管理。贯彻落实国家关于园林绿化及其生态保护修复方面的法律、法规、规章和政策，起草本市相关地方性法规草案、政府规章草案，拟订相关政策、规划、计划、标准，会同有关部门编制园林绿化专业规划并组织实施。

（二）组织本市园林绿化生态保护修复、城乡绿化美化和植树造林工作。组织实施园林绿化重点生态保护修复工程，组织、指导公益林的建设、保护和管理。组织、协调和指导防沙治沙和以植树种草等生物措施为主的防治水土流失工作。拟订防沙治沙规划和建设标准，监督管理沙化土地的开发利用，组织沙尘暴灾害预测预报和应急处置。组织开展森林、湿地、草地和陆生野生动植物资源的动态监测与评价。组织实施林业和湿地生态补偿工作。

（三）负责本市森林、湿地资源的监督管理。组织编制森林采伐限额并监督执行。负责林地管理，拟订林地保护利用规划并组织实施。负责湿地生态保护修复工作，拟订湿地保护规划和相关标准并组织实施。监督管理湿地的开发利用。组织指导林木、绿地、草地有害生物防治、检疫和预测预报。

（四）组织制定本市园林绿化管理标准和规范并监督实施。拟订公园、绿地、森林、湿地和各类自然保护地建设标准和管理规范，拟订林业产业相关标准和规范并组织实施。负责园林绿化重点工程的监督检查工作。负责市级（含）以上园林绿化建设项目专项资金使用的监督工作。负责古树名木保护管理工作。

（五）负责本市公园的行业管理。组织编制公园发展规划，指导、监督公园建设和管理。负责公园、绿地资源调查和评估工作。

（六）负责本市陆生野生动植物资源的监督管理。组织开展陆生野生动植物资源调查，拟订及调整重点保护的陆生野生动物、植物名录，组织、指导陆生野生动植物的救护繁育、栖息地恢复发展、疫源疫病监测，监督管理陆生野生动植物猎捕或采集、人工繁育或培植、经营利用。

（七）负责监督管理本市各类自然保护地。拟订各类自然保护地规划。提出新建、调整各类自然保护地的审核建议并按程序报批，承担世界自然遗产申报相关工作，会同有关部门组织申报世界自然与文化双重遗产。负责生物多样性保护相关工作。

（八）负责推进本市园林绿化改革相关工作。拟订集体林权制度、国有林场等重大改革意见并组织实施。拟订农村林业发展、维护林业经营者合法权益的政策措施，指导农村林地承包经营工作。开展退耕还林还草工作。

（九）研究提出本市林业产业发展的有关政策，拟订相关发展规划。负责林果、花卉、蜂蚕、森林资源利用等行业管

理。负责食用林产品质量安全监督管理相关工作，指导生态扶贫相关工作。

（十）组织、指导本市国有林场基本建设和发展。组织开展林木种子、草种种质资源普查，组织建立种质资源库，负责良种选育推广，管理林木种苗、草种生产经营行为，监管林木种苗、草种质量。监督管理林业生物种质资源、转基因生物安全、植物新品种保护。

（十一）依法负责本市园林绿化行政执法工作。负责查处破坏森林资源的案件。负责园林绿化的普法教育和宣传工作。

（十二）负责落实本市综合防灾减灾规划相关要求，组织编制森林火灾防治规划和防护标准并指导实施。指导开展防火巡护、火源管理、防火设施建设、防火宣传教育等工作。组织指导国有林场开展监测预警、督促检查等防火工作。必要时，可以提请北京市应急管理局，以本市相关应急指挥机构名义，部署相关防治工作。

（十三）拟订本市园林绿化科技发展规划和年度计划，指导相关重大科技项目的研究、开发和推广。负责园林绿化信息化管理。负责组织、指导、协调林业碳汇工作。承担林业应对气候变化方面的工作。负责园林绿化方面的对外交流与合作。

（十四）负责首都全民义务植树活动的宣传发动、组织协调、监督检查和评比表彰工作。组织、协调重大活动的绿化美化及环境布置工作。承担首都绿化委员会的具体工作。

（十五）承办市委、市政府交办的其他任务。

（十六）职能转变。市园林绿化局要切实加大本市生态系统保护力度，实施生态系统保护和修复工程，加强森林、湿地、绿地监督管理的统筹协调，大力推进国土绿化，保障首都生态安全。加快建立自然保护地体系，推进各类自然保护地的清理规范和归并整合，构建统一规范的自然保护地管理体系。

【市园林绿化局（首都绿化办）处室主要职责】

办公室。负责机关日常运转工作，承担文电、会务、机要、档案等工作。承担信息、信访、建议议案提案办理、安全保密、新闻发布和政务公开等工作。承担机关重要事项的组织和督查工作。承担机关信息化建设、后勤保障等工作。

法制处。负责机关推进依法行政综合工作。起草园林绿化管理方面的地方性法规草案、政府规章草案。负责行政执法工作的指导、监督和协调。承担行政复议、行政应诉、行政赔偿的有关工作。承担机

关规范性文件的合法性审核和有关备案工作。组织开展法制宣传教育工作。

研究室。负责本市园林绿化发展战略和有关重大问题的调查研究，并提出意见、建议。承担重要文稿的起草工作。组织有关地方志、年鉴的编纂工作。

联络处。组织编制首都绿化美化年度计划。组织协调中直机关、中央国家机关、解放军、武警部队等驻京单位和社会其他组织、国际友人等义务植树活动。组织协调有关部门开展绿化工作和对外交流及相关联络工作。协调开展绿化美化宣传。承担首都绿化办的日常工作。

义务植树处。组织开展首都绿化美化和义务植树工作。组织本市公益性绿地、林地和树木的认建认养工作。承担纪念林监督管理工作。组织开展绿化美化检查验收和评比表彰。组织开展群众性绿化美化创建工作。负责古树名木保护管理工作。

规划发展处。负责本市园林绿化规划管理有关工作。参与城市总体规划涉及园林绿化的编制、修订、体检和评估工作。组织编制园林绿化系统规划。参与分区规划、控制性详细规划和镇（乡）域规划园林绿化部分的研究和编制。审查建设工程设计方案中有关绿化

用地的内容。承担公共绿地规划设计方案和重点园林绿化工程设计方案组织论证和评审的有关工作。

生态保护修复处。组织本市森林、湿地、草地资源动态监测与评价工作。编制造林营林、防沙治沙等规划和年度计划并组织实施。拟订城市绿化隔离地区、第二道绿化隔离地区、平原地区和山区造林营林、防沙治沙等生态保护修复的政策措施、管理办法、技术规程和标准。负责组织实施重点生态保护修复工程。组织、指导造林营林、封山育林、防沙治沙和以植树种草等生物措施防治水土流失工作。监督管理沙化土地的开发利用，组织沙尘暴灾害预测预报和应急处置。

城镇绿化处。负责本市城镇园林绿化建设和养护管理工作，拟订有关政策措施、管理办法、技术规程和标准。组织开展绿地资源调查和评估。组织编制城镇园林绿化建设规划、年度计划并组织实施。承担园林绿化行业招投标管理工作。负责城镇园林绿化工程的质量监督和城市园林绿化施工企业信用信息管理工作。组织、协调重大活动的绿化美化及环境布置工作。指导屋顶绿化工作。承担直属绿地的管理工作。

森林资源管理处（林长制工作处）。拟订本市森林资源保护发展的政策措施，组织编

制森林采伐限额并监督执行。承担林地相关管理工作，组织编制林地保护利用规划并监督实施。指导编制森林经营规划和森林经营方案并监督实施，监督管理森林资源。指导监督平原生态林资源管理。组织实施林业生态补偿工作。指导监督林木凭证采伐、运输。承担森林资源动态监测与评价。指导基层林业站的建设和管理。研究制定本市林长制配套政策、制度和林长制工作规划、计划并组织实施；组织落实市总林长、副总林长和市级林长部署的工作任务，协调解决重点难点问题，开展督查、考核；负责相关的信息、宣传、培训工作；承担市林长制办公室的日常工作。

野生动植物和湿地保护处。负责本市陆生野生动植物和湿地保护工作，拟订政策措施、相关规划和管理标准并组织实施。组织开展陆生野生动植物资源调查和资源状况评估。指导、监督陆生野生动植物的保护和合理利用工作。研究提出重点保护的陆生野生动物、植物名录调整意见。指导、监督陆生野生动物疫源疫病监测和重点保护陆生野生动物救护、繁育工作。负责湿地保护的组织、协调、指导、监督工作。组织开展湿地保护体系的建设和管理。承担湿地资源动态监测与评价。组织实施湿地生态

修复、生态补偿工作，监督管理湿地的开发利用。

自然保护地管理处。监督管理本市各类自然保护地，提出新建、调整各类自然保护地的审核建议。拟订相关规划、建设标准和管理规范并组织实施。组织实施各类自然保护地生态修复工作。承担世界自然遗产项目和世界自然与文化双重遗产项目相关工作。负责生物多样性保护相关工作。

公园管理处。承担本市公园的行业管理。组织编制公园发展规划并监督实施。拟订公园管理标准和规范，指导和监督公园建设和管理。承担公园的登记注册工作。参与公园规划设计方案的审核。组织开展公园资源调查、评估等工作。承担公园对公众信息服务的管理工作。指导公园行业精神文明建设工作。

国有林场和种苗管理处。承担本市国有林场、森林公园、林木种子、草种管理工作，拟订有关政策措施和管理办法。组织编制国有林场发展规划，指导国有林场基本建设和发展，指导国有林场造林营林、资源保护等工作。承担直属林场、苗圃的管理工作。拟订种质资源保护和利用相关政策，指导种质资源库、良种基地、保障性苗圃建设。拟订林木种苗、草种发展规划并组织实施，监督管理林木种苗、草种质量和

生产经营行为。

防治检疫处。拟订本市林木、绿地、草地有害生物防治政策、规划并组织实施，组织指导林木、绿地、草地有害生物防治、检疫和预测预报。组织开展林木、绿地、草地有害生物突发应急除治。负责补充检疫性林业有害生物名单的管理。

行政审批处。负责拟订本市园林绿化行政审批制度改革方面政策措施并组织实施。依法承担本局行政许可等公共服务事项的办理工作，制定相关办理流程、标准规范并组织实施。指导区园林绿化行政审批制度改革工作。

产业发展处。拟订本市果树、花卉、蜂蚕、森林资源利用等产业政策措施和发展规划，拟订有关管理规范和技术标准并组织实施。组织、指导果树、花卉、蜂蚕等新品种、新技术的引进、试验、示范、推广、技术培训等工作。拟订食用林产品质量安全标准、规范并组织实施。承担促进产业发展和经营管理相关的信息服务工作。

林业改革发展处。负责组织指导本市林业改革和农村林业发展工作。指导、监督集体林权制度改革政策的落实。组织拟订农村林业发展、维护农民经营林业合法权益的政策措施并指导实施。指导农村林地林

木承包经营、流转管理。协调指导木材资源的综合利用。负责林下经济发展指导管理工作。

科技处。承担本市园林绿化科技管理工作。拟订园林绿化科技工作的发展规划和年度计划并组织实施。承担园林绿化各类标准的综合管理与协调工作。组织园林绿化重大科技项目的研究开发，承担有关技术推广和科普工作。承担园林绿化环境保护方面的协调工作。组织、指导林业碳汇工作。承担对外技术合作与交流工作。承担林业应对气候变化相关工作。监督管理林业生物种质资源、转基因安全、植物新品种保护。

应急工作处。依法承担本市园林绿化安全生产相关工作。负责突发林木有害生物事件和沙尘暴灾害方面的应急管理。协助畜牧兽医主管部门做好陆生野生动物疫情的应急处置工作。组织相关应急预案的编制、修订与演练。承担应急信息的收集、整理、分析、报告及发布等工作。承担机关及所属单位的应急管理工作。

森林防火处。负责落实本市综合防灾减灾规划相关要求，组织编制森林火灾防治规划、标准并指导实施。组织、指导开展防火巡护与视频监控、火源管理、防火设施建设与管理、防火宣传教育、火情早期处理等工作并监督检查。

组织指导国有林场开展监测预警、督促检查等防火工作。参与森林火灾应急处置，负责火因调查、火损鉴定、灾后评估等工作。

计财（审计）处。编制本市园林绿化中长期发展规划和年度计划，提出发展和改革的政策建议。承担园林绿化项目及相关专项资金的监督管理。承担有关行政事业性收费的监督管理。负责机关及所属单位财务管理、固定资产管理、内部审计等工作。承担有关统计工作。

人事处。负责机关及所属单位的人事、机构编制、劳动工资、干部教育培训和队伍建设等工作。

机关党委（党建工作处、团委）。负责机关及所属单位的党群工作。承担局党组落实党要管党、从严治党责任和党风廉政建设主体责任的具体工作。

机关纪委（党组巡察工作办公室）。负责机关及所属单位的纪检、党风廉政建设工作。负责拟订本局党组巡察工作规划计划和规章制度并组织实施。

工会。负责机关及所属单位的工会工作。

离退休干部处。负责机关及所属单位离退休人员的管理与服务工作。

（行政职能：陈朋、荣岩 供稿）

园林绿化综述

【林地】 全市林地面积98.14万公顷。全市森林面积85.27万公顷，其中林地内69.83万公顷，林地外15.44万公顷，森林覆盖率44.60%；山区森林面积63.94万公顷，森林覆盖率67.07%；平原森林面积21.33万公顷，森林覆盖率31.04%。乔木林面积74.62万公顷，其中林地内67.62万公顷，林地外17.00万公顷。

【绿地】 全市绿地面积9.31万公顷，城市绿化覆盖率49.29%，人均公园绿地面积16.6平方米，公园绿地500米服务半径覆盖率87.80%。

【草地】 全市草地面积1.82万公顷，均属其他草地。现地为草地的地块面积0.63万公顷，草地综合植被盖度78.73%。

【湿地】 全市湿地面积为6.21万公顷，其中国土"三调"湿地地类面积0.31万公顷，包括森林沼泽114.74公顷，灌丛沼泽15.87公顷，沼泽草地383.16公顷，其他沼泽地181.78公顷，内陆滩涂2438.36公顷；湿地归类地类5.90万公顷，包括河流水面19094.10公顷、湖泊水面69.43公顷、水库水面21346.92公顷、坑塘水面9032.52公顷、沟渠8886.49公顷、水田566.50公顷。

【沙化土地】 全市荒漠化土地面积为0.37万公顷，其中榆垡镇3725.17公顷，均为风蚀类型、亚湿润干旱区荒漠化土地全部属于轻度荒漠化。

全市沙化土地面积为2.23万公顷。具体分布在11个区133个乡（镇），其中人工固定沙地面积为21941.22公顷，占比98.39%；天然固定沙地面积是358.17公顷，占比1.61%。各区沙化土地面积，最大的为延庆区，5607.26公顷，占全市总沙化土地面积的25.15%；其次是大兴区5467.25公顷，占全市总沙化土地面积的24.52%。

【自然保护地】 北京市自然保护地有自然保护区、风景名胜区、森林公园、湿地公园、地质公园五大类79个。其中：自然保护区21个，总面积约13.8万公顷；风景名胜区11个，总面积约19.5万公顷；森林公园31个，总面积约9.6万公顷；湿地公园10个，总面积约2343公顷；地质公园6个，总面积约7.7万公顷。全市自然保护地在空间上的实际覆盖面积约3674.1平方千米，约占市域面积的22.4%，涉及12个行政区，使本市90%以上国家和地方重点野生动植物及栖息地得到有效保护。

【野生动植物】

植物类　北京地区维管束植物共计2088种。其中国家重点保护野生维管束植物15种，百花山葡萄为国家一级重点保护野生植物；国家二级重点保护野生植物14种，包括轮叶贝母、紫点杓兰、大花杓兰、山西杓兰、手参、北京水毛茛、槭叶铁线莲、红景天、甘草、软枣猕猴桃、丁香叶忍冬、野大豆、黄檗、紫椴。

动物类　北京陆生脊椎动物分布有596种，其中：鸟类503种、兽类63种、两栖爬行类30种，含国家重点保护野生动物126种。国家一级重点保护野生动物30种，如褐马鸡、黑鹳、麋鹿等，国家二级重点保护野生动物96种，如斑羚、大天鹅、鸳鸯等。

【古树名木】　全市共有古树名木41000余株，16个区均有分布，其中古树40000余株，占全市古树名木总株数的97％；名木1300余株，占总株数的3％。古树资源中，一级古树6100余株，占古树总株数的15％，二级古树34000余株，占总株数85％。全市古树名木资源丰富，种类较多，共计33科55属72种。全市千年以上古树62株，其他知名古树名木60株，共122株。树种主要集中

在侧柏、油松、桧柏、国槐、榆树、枣树等乡土树种。两株树龄最长的古树，分别为位于密云区新城子镇的古侧柏九搂十八杈和昌平区南口镇檀峪村的古青檀。

【公园】　截至2021年底，全市公园1050家，面积31.15万公顷。其中，综合公园109家，占比10.4%；社区公园283家，占比26.9%；历史名园19家，占比1.8%；专类公园113家，占比10.8%；游园392家，占比37.3%；生态公园91家，占比8.7%；自然公园43家，占比4.1%。

【小微绿地和口袋公园】　截至2021年底，全市建成小微绿地和口袋公园510处223公顷。其中，2021年见缝插绿新建西城西单体育公园、通州宋庄艺术公园等口袋公园及小微绿地50处46公顷。

【国有林场】　全市国有林场35个，均为生态公益型林场，林地总面积6.67万公顷，占全市林地总面积的6.8%。

【绿色产业】

果树产业　截至2021年，全市果园面积12.57万公顷，果品产量4.9亿千克，收入33.4亿元；从业果农20万户，户均收入1.68万元，其中10.7万户鲜

果果农户均果品收入2.75万元。

种苗产业　截至2021年，全市办证苗圃1258个，面积1.42万公顷，苗圃实际育苗面积1.32万公顷，苗木总产量6089万株。

花卉产业　截至2021年，种植面积2133.33公顷，年产值8.8亿元，盆栽植物产量约1.3亿盆，其中花坛植物产量约1亿盆。直接从事花卉生产的企业192家，花农500余家，从业者6500余人，大中型花卉市场19个，通过各种花事活动年接待游客量超过2000万人次。

蜂产业　截至2021年，全市蜜蜂饲养总量为23.97万群，其中中华蜜蜂1.5万群，西方蜜蜂22.47万群，全市共有蜂业专业合作组织64个，蜂业产业基地60个，从业人员2.5万余人，养蜂户0.68万户。

林下经济　截至2021年，结合新型集体林场建设和百万亩平原造林建设，全市完成以森林景观利用、林下种植、林下养殖（以养蜂为主）、森林康养（疗养）等为主要利用模式的林下经济1.33万公顷，带动就业7000多人。

【新型集体林场】　截至2021年，全市在门头沟、房山、通州等9个区建成77个新型集体林场，涵盖75个乡（镇）、1439个村、10.37万公顷集体生态林地，为当地提供11282个

就业岗位，聘用当地农民9830人，当地农民占职工总数的87%。2021年计划建设30个新型集体林场，实际建成35个，超额完成计划任务的117%。

【森林资源资产价值】 年内，全市森林资源资产价值为9070.01亿元，较上年度增加855.24亿元。其中，支持服务360.97亿元，调节服务4698.6亿元，供给服务3706.68亿元，文化服务303.76亿元。森林植被总生物量5353.11万吨，森林植被总碳储量2583.98万吨。

（园林绿化综述：郭腾飞 供稿）

2021年园林绿化概述

2021年，北京市园林绿化系统坚持以习近平生态文明思想为指导，全面贯彻新发展理念，圆满完成市委市政府和首都绿化委员会部署的各项任务。全年新增造林绿化10666.67公顷、城市绿地400公顷；全市森林覆盖率44.6%，平原地区森林覆盖率31%，森林蓄积量2690万立方米；城市绿化覆盖率49%，人均公园绿地面积16.6平方米。

【生态修复】 义务植树，持续开展群众性义务植树活动，全市共有422万人次以各种形式参加义务植树，栽植树木100万株，养护树木1080万株。

北京新一轮百万亩造林，全年完成造林10000公顷。截至2021年底，新一轮百万亩造林绿化工程累计完成56866.67公顷。聚焦大兴机场、永定河、温榆河、南苑等重点地区，以连接连通、断带修复为重点，实施填空造林2620公顷，恢复建设湿地1023公顷。落实生态涵养区绿色发展要求，加快浅山生态修复，完成宜林荒山、台地造林5946.67公顷，山区绿色生态屏障不断加宽加厚。

京津风沙源治理二期工程，年度实施困难地造林666.67公顷、封山育林16666.67公顷、人工种草2000公顷。

彩叶树种造林，营造彩叶景观林466.67公顷、完成公路河道绿化30千米。

永定河综合治理与生态修复工程新增造林1333.33公顷。

【绿化美化】 围绕落实城市总规、核心区控规，充分利用拆迁腾退地，新增城市绿地400公顷。建成东城龙潭中湖、海淀西冉等休闲公园26处，新建朝阳康城、石景山衙门口等城市森林4处，建设口袋公园及小微绿地50处，公园绿地500米服务半径覆盖率达到87%。建成村头片林、村头公园105处，完成背街小巷环境精细化整治提升1385条，新建健康绿道100千米，启动建设森林步道5条，市民休闲游憩空间不断拓展。种好"院中一棵树"，在核心区平房院落、文保单位栽植乔灌木497株。结合"疏整促"专项行动，完成"战略留白"临时绿化664公顷，"留白增绿"261公顷。改造提升平安大街、两广路、东四南北大街等林荫道路20条。推进通州、怀柔、密云3个区指标全部达标，等待国家林草局验收；石景山、房山、门头沟、昌平4个区完成创森各项准备工作。打造特色创森品牌，建成大兴"森林城市主题公园"、昌平"森林城市体验中心"，创建首都森林城镇6个、森林村庄50个、花园式社区和单位100个。

【公园管理】 设立国家植物园，年内，按照国家植物园挂牌的时间节点，市公园管理中心与中科院植物所共同起草国家植物园揭牌仪式方案。完成重要游览区域的花卉环境布置、园林景观提升、设施设备维修、导览导示系统更新、统一票务平台等工作。

加大服务力度，春节期间，市属公园全部免费开放，全面延长公园开放时间。解决老年人面临的"数字鸿沟"问题，开设老年游客专用通道101条。加大不文明行为治理力度。加强市属公园"一园一品"科普品牌建设,智慧导赏系统持续推广。顺利完成颐和园博物馆挂牌并推出"园说Ⅲ"展览。颐和园博物馆原为颐和园文昌院,采用世界通行藏品库与展馆相结合的现代化博物馆模式,展厅面积达到2777平方米。

公园红色文化建设,完成公园红色文化挖掘与保护利用,筹办"走向光明——北京公园中的红色印迹"专题展,推出市属公园红色地图、红色游定制服务和爱国主义教育基地集章打卡活动。

【京津冀协同发展】 围绕落实城市副中心控制性详细规划,在155平方千米范围内,新增绿地285公顷。完成北京市纪委办公楼配套绿化及镜河水系绿化工程、路县故城遗址公园一期、环球主题公园及度假区绿化,建成万盛南街、大运河东滨河路林荫大道2条;环城绿色休闲游憩环新增公园2处。加快推进潮白河生态景观带建设,新增造林绿化600公顷,副中心绿色空间格局不断完善。

【重大任务保障】 完成建党100周年、国庆、"9·30"烈士纪念日等一系列重大活动、重要节日的景观环境服务保障任务。完成冬奥会和冬残奥会

服务保障任务。突出绿色办奥理念,实施冬奥赛区外围大尺度绿化1200公顷,完成松山地区生态修复328公顷。有关公园完成重大活动服务保障任务,中山公园临时闭园6天,配合做好各驻园指挥部房屋场地设施需求、电力供应、后勤服务、安检清场等服务保障工作;北海、景山配合做好制高点管控;陶然亭、玉渊潭配合做好空中梯队迫降水域保障;天坛配合做好庆祝活动人员远端集结疏散。11家公园摆放花坛21组,布展面积10万平方米,依托技术优势调控花期,自主设计施工,营造浓厚氛围。

【资源保护管理】 森林防火,全市森林防火巡查队伍达到384支3943人;开展跨区域无人机巡护4057架次,新建493座森林防火视频监控及通信系统基础设施,全市森林防火视频监控覆盖率达到85%;全面推行"森林防火码",防火码区域设置率、场景覆盖率、卡口启用率均达到100%,全市未发生森林火灾,实现森林火灾零的目标。

林业有害生物防控,年内突发的第三代美国白蛾自然灾害,紧急调动农药230吨,出动车辆6万台次、人员21万人次,基本实现"有虫不成灾"的目标。

古树名木管理,开展全市古树名木体检,对核心区1057株濒危衰弱古树抢救复壮,建设古树主题公园、保护小区、街巷20处,收集保存古树种质资源134份7000余株。野生动物疫源疫病监测体系不断完善,救护野生动物2538只。

森林资源管理,全面完成"废林废绿问题"整改、牛蹄岭生态修复,在全市开展毁坏林地专项整治行动,核查问题图斑3351个。绿地认建认养及公园配套用房出租专项整治剩余问题完成整改33个。开展一系列打击破坏林地绿地违法行为、野生动物保护和种苗林保等系列执法专项行动,行政立案180余起,收回林地802公顷。

森林资源养护,加大山区生态林管理,核定生态林范围716000公顷,完成天然林资源保护评估,推进矿山生态修复治理移交及养护管理,实施森林健康经营46666.67公顷,建设永久性示范区15处。

全面推行林长制改革,北京市委、市政府印发全面建立林长制实施意见,制定7项配套制度和"林长制+检察"工作机制,基本建成"一长两员"网格化资源管理体系;建立市、区、乡镇(街道)、村(社区)四级林长制责任体系。形成各级党委、政府保护园林绿化资源的长效机制。

【绿色产业】 果树发展，新发展果树760公顷，实施有机肥替代化肥10万吨，对3333.33公顷鲜果园进行土壤改良；发展保护老北京水果，完成全市45种果品摸底调查。

种苗产业，种苗花卉产业创新发展，新增国家级种质资源库2处。

花卉产业，建设国家级标准化花卉示范区2个，推广科技创新成果300余项。

蜂产业，蜂产业形成品牌效益，建成4个特色中华蜜蜂养殖场，蜜蜂饲养量达28万群，从业人员2.5万余人。

林下经济，发展林游、"林下种植+自然体验"等森林景观利用为主要模式的林下经济13333.33公顷。森林旅游、康养等新兴产业有序推进，带动27万余户农民就业。

林产品安全，建成食用林产品质量安全追溯平台，加大抽检监督力度，开展质量安全监测4000余批次，检测合格率99.98%，推动食用林产品从"果园到餐桌"的全程监管。

（园林绿化概述：郭腾飞 供稿）

北京市园林绿化局（首都绿化办）机关行政机构系统

北京市园林绿化局（首都绿化办）

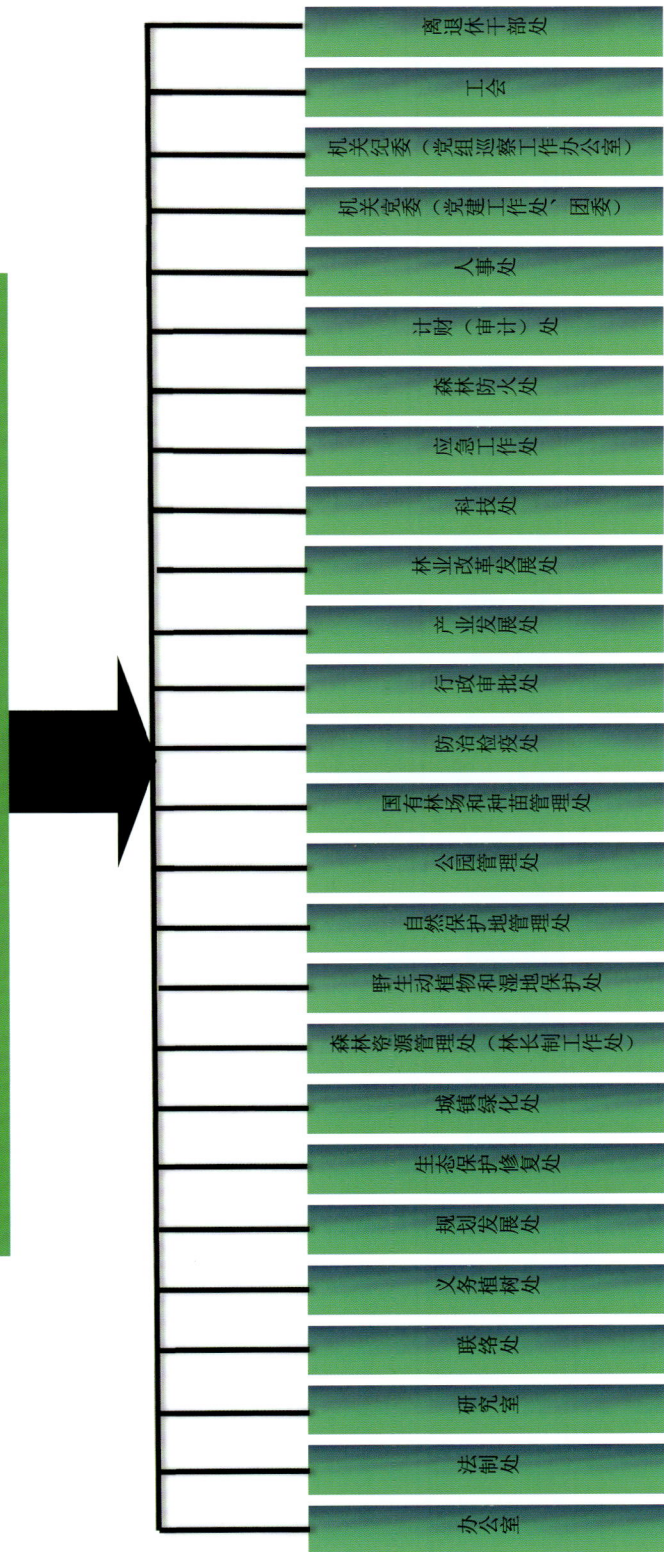

- 离退休干部处
- 工会
- 机关纪委（党组巡察工作办公室）
- 机关党委（党建工作处、团委）
- 人事处
- 计财（审计）处
- 森林防火处
- 应急工作处
- 科技处
- 林业改革发展处
- 产业发展处
- 行政审批处
- 防治检疫处
- 国有林场和种苗管理处
- 公园管理处
- 自然保护地管理处
- 野生动植物和湿地保护处
- 森林资源管理处（林长制工作处）
- 城镇绿化处
- 生态保护修复处
- 规划发展处
- 义务植树处
- 联络处
- 研究室
- 法制处
- 办公室

北京市区园林绿化行政机构系统

北京市园林绿化局（首都绿化办）

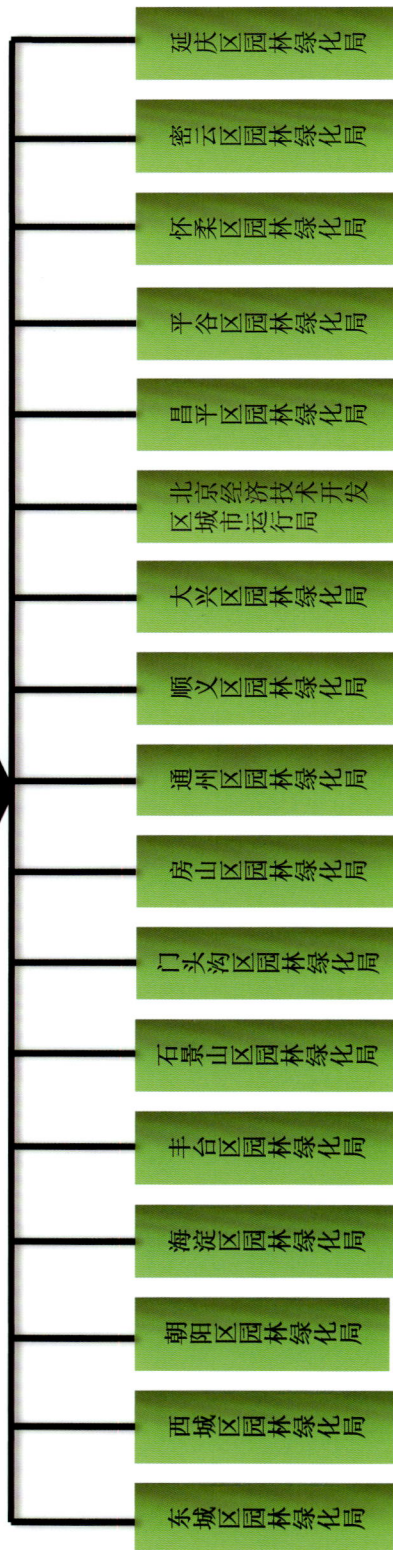

- 延庆区园林绿化局
- 密云区园林绿化局
- 怀柔区园林绿化局
- 平谷区园林绿化局
- 昌平区园林绿化局
- 北京经济技术开发区城市运行局
- 大兴区园林绿化局
- 顺义区园林绿化局
- 通州区园林绿化局
- 房山区园林绿化局
- 门头沟区园林绿化局
- 石景山区园林绿化局
- 丰台区园林绿化局
- 海淀区园林绿化局
- 朝阳区园林绿化局
- 西城区园林绿化局
- 东城区园林绿化局

北京市园林绿化局（首都绿化办）直属单位行政机构系统

北京市园林绿化局（首都绿化办）

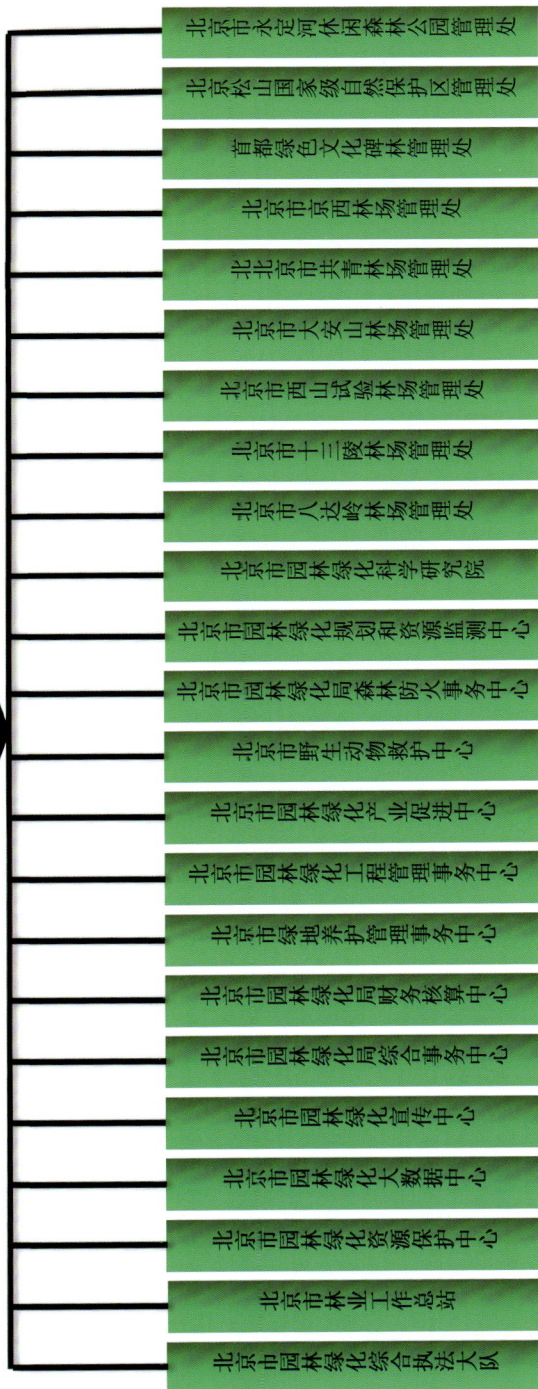

- 北京市永定河休闲森林公园管理处
- 北京松山国家级自然保护区管理处
- 首都绿色文化碑林管理处
- 北京市京西林场管理处
- 北京市共青林场管理处
- 北京市大安山林场管理处
- 北京市西山试验林场管理处
- 北京市十三陵林场管理处
- 北京市八达岭林场管理处
- 北京市园林绿化科学研究院
- 北京市园林绿化规划和资源监测中心
- 北京市园林绿化局森林防火事务中心
- 北京市野生动物救护中心
- 北京市园林绿化产业促进中心
- 北京市园林绿化工程管理事务中心
- 北京市绿地养护管理事务中心
- 北京市园林绿化局财务核算中心
- 北京市园林绿化局综合事务中心
- 北京市园林绿化宣传中心
- 北京市园林绿化大数据中心
- 北京市园林绿化资源保护中心
- 北京市林业工作总站
- 北京市园林绿化综合执法大队

北京市公园管理中心机关行政系统

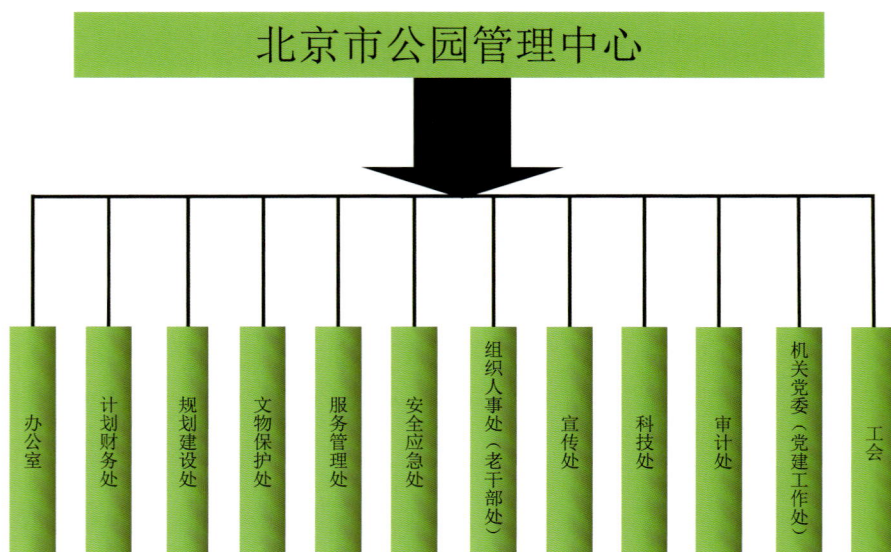

北京市公园管理中心

办公室 | 计划财务处 | 规划建设处 | 文物保护处 | 服务管理处 | 安全应急处 | 组织人事处（老干部处） | 宣传处 | 科技处 | 审计处 | 机关党委（党建工作处） | 工会

北京市公园管理中心直属单位机构系统

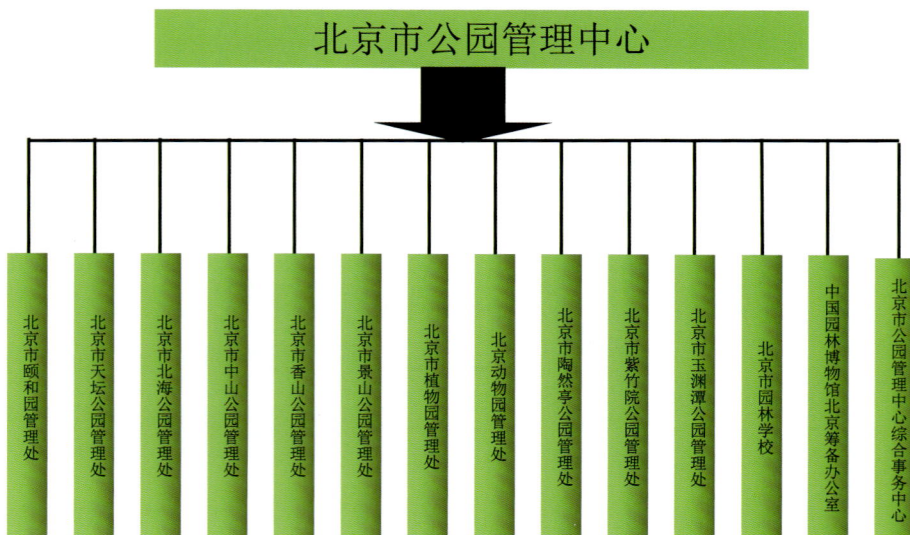

北京市公园管理中心

北京市颐和园管理处 | 北京市天坛公园管理处 | 北京市北海公园管理处 | 北京市中山公园管理处 | 北京市香山公园管理处 | 北京市景山公园管理处 | 北京市植物园管理处 | 北京市动物园管理处 | 北京市陶然亭公园管理处 | 北京市紫竹院公园管理处 | 北京市玉渊潭公园管理处 | 北京市园林学校 | 中国园林博物馆北京筹备办公室 | 北京市公园管理中心综合事务中心

生态环境

生态环境修复

【概　　况】2021年，北京市按照高质量发展要求和既定任务目标稳步推进生态环境修复工程。完成新一轮百万亩造林绿化10000公顷；营造彩叶景观林467公顷；实施公路河道绿化30千米；推进乡村绿化美化，建设村头片林和村头公园100处；实施森林健康经营林木抚育任务46667公顷。

【彩色树种造林工程】　年内，北京市实施彩色树种造林工程467公顷。涉及房山和延庆2个区，围绕风景名胜区、生态旅游区、民俗旅游区等重点区域周边，增加黄栌、元宝枫等彩色树种，丰富森林景观色调，提升生态旅游环境质量。截至2021年底，北京市彩色树种分布面积3.69万公顷。

【公路河道绿化工程】　年内，北京市完成公路河道绿化30千米。涉及房山区，主要在区、乡镇和村级道路两侧增加景观树种，提升生态防护功能和绿色廊道景观效果。

【森林健康经营林木抚育项目】　年内，北京市完成山区森林健康经营年度林木抚育任务46667公顷，主要任务区在靠近前山脸地区、风景名胜区、生态旅游区和特色民俗村

等重点区域周边，以改善区域林分结构和景观效果为主，结合简易基础设施建设，集中连片建设林木抚育综合示范区15处，涉及5个生态涵养区，以及房山区、昌平区的山区。

【落实农民就业增收政策】　年内，北京市依托生态建设和资源管护促进农民绿岗就业。造林绿化用工34500人，其中本地农民7900人；平原生态林经营管护用工45200人，其中本地农

昌平区牛蹄岭生态修复成效（张咏　摄影）

民31600人；山区森林经营用工4951人，其中本地农民4058人。落实山区生态公益林生态效益促进发展机制，涉及生态补偿资金4.52亿元，惠及全市120余万山区农民。落实生态林补偿机制，吸纳35486人担任生态林管护员，其中本地农民34739人，平均每人每月补贴638元。落实退耕还林后续政策，惠及全市7个区95个乡（镇）1399

个村20.76万农户。

【山区生态林范围核定】 年内，北京市利用北京市第三次全国国土调查和北京市森林资源专项调查融合对接成果，核定全市林地、园地111.03万公顷，其中生态公益林地94.38万公顷，扣除纳入退耕还林后续政策、百万亩造林流转土地范围，符合《关于建立山区生态

公益林生态效益促进发展机制的通知》规定标准的山区生态公益林71.60万公顷，比2020年减少2000公顷。

【平原生态林养护管理】 年内，北京市平原生态林养护管理面积10.59万公顷，其中平原造林8.18万公顷，完善政策林2.41万公顷。全市推行差异化管理、区域资金统筹，平原生态林养护经营分级分类管理占比54.1%。实施林分结构调整6680公顷，伐除残劣林木35.2万株，移植13.4万株，补植乡土乔灌木8.8万株。建设平原生态林养护经营示范区55处，建设生态保育小区112处。

施工现场苫盖抑尘场景（生态保护修复处 提供）

永定河综合治理和生态修复成果——门头沟区斋堂镇水源涵养林建设效果（刘景海 摄影）

【园林绿化工程施工扬尘管控】 年内，北京市建立园林绿化工程、安装视频监控工地、非道路移动机械、渣土运输车台账，督促施工单位严格执行各项扬尘管控要求。加强机动车和非道路移动机械监管，349辆渣土运输车安装车载终端并联网，2214台非道路移动机械如实编码登记信息。推进常态化视频监控安装，93个工程完成176套监控安装。加大裸露地生态治理力度，生态治理施工现场裸露地977.13公顷，累计苫盖未施工区域3224.7公顷。组织开展市级季度检查和区级日常检查，累计出动15585人次，检查施工现

场 11382 处，发现并整改问题 155 处；利用北京市施工扬尘视频监管平台巡查 700 次，发现并整改问题 115 次。

【制定天然林保护专项规划】

年内，北京市贯彻落实中共中央办公厅、国务院办公厅印发的《天然林保护修复制度方案》工作要求，组织开展北京市天然林保护修复中长期规划研究项目，加快推进北京市专项规划落地。

【废弃矿山生态修复】

年内，北京市依托新一轮百万亩造林，在顺义区二十里长山地区实施废弃矿山生态修复 22.67 公顷，提升区域景观效果，完成昌平牛蹄岭综合生态修复。同时，加快推进矿山生态修复治理达标生态林移交及养护管理工作，建立生态林养护台账，累计完成移交 925.87 公顷，对已经移交的生态林开展精细化养护。

【沙尘监测预警】

年内，市园林绿化局编制《2021 年北京市沙尘（暴）灾害风险形势分析报告》《北京市 2021 年沙尘暴灾害应急处置工作方案》，起草《北京市沙尘暴天气应急预案》，完善沙尘监测预警机制；编制《北京市第六次荒漠化和沙化土地监测报告》，启动第六次荒漠化和沙化监测工作，联合宣传、气象、生态环境等

部门，向社会公众发布沙尘天气预测专报 10 期。

（生态环境修复：李利 供稿）

新一轮百万亩造林绿化工程

【概　况】 2018 年 3 月 29 日，北京市政府印发了《北京市新一轮百万亩造林绿化行动计划》，计划到 2022 年全市新增森林、绿地、湿地面积 6.67 万公顷，重点突出了城区、平原、浅山三大区域，实施十大重点任务，规划到 2022 年，全市森林覆盖率达 45% 以上、平原地区森林覆盖率由现在的27.8% 增加到 32%。2021 年，新一轮百万亩造林绿化新增造林 10133 公顷，乡土长寿树种使用比例达 85% 以上。坚持山水林田湖草系统治理，以永定河、温榆河、北运河等重要河流两侧和 101 国道、六环路通道等绿化为重点，实施新增造林绿化 2000 公顷。突出冬奥会、副中心等重点区域绿化，在延庆赛区周边完成大尺度绿化467 公顷，在石景山场馆周边实施绿化美化 600 公顷。推进城乡接合部"两道公园环"建设，实施城市森林和郊野公园10 处，奥北森林公园、南苑森林湿地公园、温榆河公园、金盏郊野公园等一批重点公园有

序推进，绿色项链逐步成环并不断优化。

（李利）

【新一轮百万亩造林选址】

年内，北京市新一轮百万亩造林绿化选址工作抽调业务骨干 30 余人重新启动市级工作专班，组建 7 个督导组分赴各有关区开展常态化驻场督导，印发《北京市新一轮百万亩造林绿化工程2022 年选址工作方案》，通过周报、信息制度推动工作。截至 2021 年 11 月 10 日，各区共上报任务 11266.67 公顷，超额完成年度选址任务。

（杜万光）

【疏解整治"留白增绿"】

年内，北京市完成"留白增绿"任务 216 公顷，完成率104.85%。建设任务分解为 66个项目，涉及 13 个区，其中，与新一轮百万亩造林统筹实施项目 39 个（135.67 公顷），单独立项实施项目 27 个（71.23 公顷）。重点打造东风迎宾公园、海淀八里庄铁路公园、祁家豁子公园、丰台张郭庄公园二期、辛庄公园二期、纪家庙公园等多处城市公园和造林绿化项目。

（杜万光）

【"战略留白"临时绿化】

年内，全市安排"战略留白"临时绿化建设任务 662 公顷，涉及朝阳、丰台、昌平、通州、大兴、顺义、门头沟、房山、密云、延庆 10 个区，完成栽植 664 公顷，栽植乔灌木 32 万

余株，超额完成年度任务。项目实施坚持宜林则林、宜灌则灌、宜草则草，广泛使用乡土抗逆树种、乡土多年生宿根地被，大量战略留白用地、拆迁腾退用地实现了生态覆绿，城市边界等重要节点裸地扬尘得到有效管控，区域景观效果改善明显。

（李利）

【**北京 2022 年冬奥会和冬残奥会生态保障**】 年内，北京

北京冬奥公园绿化景观（高雨禾 摄影）

大兴区西大营村"村头公园"绿化景观（大兴区园林绿化局 提供）

市在赛区周边张山营、八达岭等镇，实施浅山造林 121 公顷；在冬奥核心区赛道周边重点区域、视频转播机位重要节点，实施核心区修复 328 公顷，栽植常绿树 1.1 万株，抚育现状树 4.9 万株，提升冬季景观效果。2018 以来，借助新一轮百万亩造林政策，重点实施京礼、京藏、京新高速和京张高铁绿化等通道绿化项目，增彩延绿 265 千米，总建设面积

3933 公顷。同时，加大通往冬奥重要通道两侧生态林养护力度，累计清理枯死树 11896 株、补植补种 40402 株、清理林地垃圾 6234 处、实现裸露地治理 32863 平方米，提升通道景观。

（李利）

【**回天地区绿化建设**】 年内，市园林绿化局会同市规划自然资源委、昌平区编制完成奥北森林公园规划方案，启动实施奥北森林公园一期建设，建设面积 32.73 公顷，年底进场施工。建立市区联动工作专班，形成定期协调和现场调度机制，组织相关单位现场调度 4 次、线上调度 30 余次，协调解决重点难点问题，推动回天地区建设工作。

（李利）

【**村头公园（片林）建设**】 年内，北京市通过新一轮百万亩造林统筹建设和平原生态林改造提升项目，建设村头片林（公园）105 处，为促进乡村振兴、提高农村居民绿色福祉提供支撑。印发《关于加强村头公园（村头片林）建设的通知》，规范村头公园建设和管理。

（李利）

【**绿隔公园建设**】 年内，北京市启动实施奥北森林公园一期、丰台区南苑森林湿地公园、大兴区黄村新城城市生态休闲公园、朝阳区东风迎宾公园等公园项目建设。2018 年以

丰台区南苑森林湿地公园林木养护（北京市林业工作总站 提供）

来，累计实施项目27个，新增公园19处，新增绿化680公顷，推进一道城市公园环基本建成、二道郊野公园环基本成环，形成环绕城市的绿色生态景观带，满足市民休闲游憩需求，增加市民绿色获得感和幸福感。印发实施《关于加强本市绿化隔离地区公园建设和管理的指导意见》《北京市绿隔地区公园建设与管理规范（试行）》等文件，完善政策机制，补充郊野公园短板。

（李利）

（新一轮百万亩造林绿化工程：李利 供稿）

京津冀协同发展

【概　况】 2021年，北京市园林绿化工作按照《京津冀协同发展规划纲要》《北京市"十四五"时期推动京津冀协同发展规划》《北京市推进京津冀协同发展2021年工作要点》等文件精神，与津冀两地不断加强沟通、协作，在扩大绿色生态空间、加强通州与北三县协同发展、落实支持张家口首都水源涵养功能区和生态环境支撑区建设、完善联防联控机制等方面取得了显著成绩。共建北运河—潮白河中部地区大尺度生态绿洲，协同建设潮白河国家森林公园，2021年编制完成《潮白河国家森林公园概念规划》。京津冀三省（市）联合印发2021—2025年林业和草原有害生物防控协同联动工作方案，三省（市）森林资源保护和野生动物疫源疫病区域联防联控机制不断完善，永定河综合治理与生态修复工程持续推进。

（李利）

【京津风沙源治理工程】 北京市京津风沙源治理工程自2000年启动试点，2002年正式实施，共完成营林造林61.46万公顷。截至2021年底，规划目标任务全部完成，山区森林覆盖率达到58.8%，比2000年增加19个百分点。北京市京津风沙源治理二期工程2021年项目完成建设总任务19333.33公顷。工程涉及房山、门头沟、怀柔、密云、延庆、昌平6个区和市属京西林场，其中困难立地造林666.67公顷、封山育林16666.67公顷、人工种草2000公顷。栽植各类苗木36.86万株，修建作业步道208.6千米，铺设浇水管线116千米，修建标牌124块、围网47.5千米，完成封育抚育9800公顷。

（李子健）

【永定河综合治理与生态修复工程】 年内，北京市在永定河沿线完成新增造林1480公顷，森林质量精准提升6867公顷。在首钢遗址周边实施北京冬季奥林匹克公园建设工程1142公顷。永定河综合治理与生态修复工程全长759千米，北京段长170千米，涉及延庆、门头沟、石景山、丰台、房山、大兴6个区。从2016年工程项目启动到2021年底，北京市园林绿化局按照《北京市永定河综合治理与生态修复绿化建设实施方案》，实施水源涵养林建设、河道防护林建设、滨水森林湿地公园建设、森林质量精准提升4类工程13个项目，累计完成新增造林12833公顷、森林质量精准提升27767公顷，提前完成建设任务。

（李利）

【北京城市副中心外围绿化】年内，通州区完成新一轮百万亩造林绿化任务601.2公顷。2017年以来，累计新增造林绿化8800公顷，其中外围新增造林绿化面积5533公顷，建成东郊森林公园组团、台湖万亩游憩园森林组团等8个万亩森林斑块。在东部生态带累计实施潮白河森林生态景观带4期工程建设、潞城镇和西集镇等平原重点区域造林绿化工程19个项目，新增造林2400公顷，逐步推动潮白河沿线形成长约50千米的大尺度东部生态绿带；在西部生态带重点实施台湖万亩游憩园、宋庄镇和台湖镇等平原重点区域造林绿化工程，新增造林绿化667公顷，推动新造林与原有林地联通，贯穿形成南北长约32千米的西部生态景观带。

（李利）

【京津冀森林防火联防联控】年内，京津冀联合召开森林防火年度工作会部署联防联控工作会议，建立联防联控机制；签订联防工作协议书，京津冀三省（市）签订《联合处置森林火灾应急预案》，指导三省（市）扑救京津冀地区边界火；连续十年支持津冀省市建设，投入专项资金1.45亿元，为环京县、市及2个自然保护区建设县级森林防火指挥系统、视频监控系统、通信系统，配备车辆207辆、扑火物资7.62万件，有效提升森林火灾预防和处置能力，支持承德市滦平县山区建设数字通信系统；延庆区、赤城县相关森防队伍开展多次冬奥森林防火演练。

（王佳荟）

【建立京津冀联合执法机制】6月18日，北京市园林绿化局、天津市规划和自然资源局、河北省林业和草原局联合印发《京津冀鸟类等野生动物联合保护行动方案》，建立京津冀三省（市）"政府主导、跨区域协同、多领域合作"为核心的鸟类等野生动物联合保护体系，筑牢京津冀生态安全屏障。7月8—9日，北京市和河北省等10家单位，在河北怀来官厅水库国家湿地公园共同开展以"关爱野生动物，助力绿色冬奥"为主题的京冀两地野生动物保护"联合宣传、协同执法"活动，活动期间在怀来官厅水库国家湿地公园野生动物放归点放归6只鸳鸯，在京藏高速沙城收费站现场联合救助国家二级重点保护野生动物猎隼1只。

（唐波）

【2018年度京冀生态水源保护林核查】年内，北京市园林绿化局完成2018年度京冀生态水源保护林项目核查，涉及河北承德和张家口2个市8个县，总面积6666.7公顷，其中承德3000公顷，张家口3666.7公顷。

（王欢）

【京津冀林业有害生物联防联控】年内，京津冀联合印发《京津冀协同发展林业和草原有害生物防控协同联动工作方案（2021—2025年）》，方案将京津冀毗邻地区划分为京东、京南、京西、京北、津南和津北6个片区，涉及京津冀68个县（区、市、单位）所辖区域，明确"十四五"期间林业有害生物防控工作主要任务和目标。三省（市）联合开展"5.25"林业植物检疫检查专项行动、林业有害生物防控线上"林保大讲堂"培训8期、应急演练1次，加强应急防控协同联动和有害生物专家巡诊；各片区召开2次联席会议，在信息和技术方面进行交流共享。编制《京冀林业有害生物防控区域合作项目五年实施方案》，组织实施《2021年京冀林业有害生物防控区域合作项目》，支援河北环京地区林业有害生物防治基础设施建设；加大支援力度，支援河北雄安新区飞机防治林业有害生物42架次，预防控制面积4200公顷；支援张家口市、承德市防治药品8.6吨，诱捕器、喷雾器157套。

（高灵均）

（京津冀协同发展：李利 供稿）

全民义务植树

义务植树活动

【概况】 2021年，首都绿化办高标准服务保障2021年党和国家领导人、全国人大常委会领导、全国政协领导、中央军委领导在京义务植树活动，引领和动员社会各界以多种方式参与首都社会绿化美化建设。依托44家"互联网+义务植树"基地尽责体系开展多种形式义务植树尽责活动，全市共有422万人次以各种形式参加义务植树，栽植树木100万株，养护树木1080万株。

（杨振威）

【首都绿化委第40次全会和首都生态文明与城乡环境建设动员大会召开】 2月18日，北京市委、市政府召开深入推进疏解整治促提升促进首都生态文明与城乡环境建设推动首都高质量发展动员大会。市委书记蔡奇作重要讲话，市委副书

记、市长陈吉宁主持，市人大常委会主任李伟、市政协主席吉林、市委副书记张延昆出席，市委常委、常务副市长崔述强部署工作，中央有关部门和北京市领导参加会议。首都绿化委员会第40次全体会议与此次动员大会合并召开。会议审议通过《坚持以人民为中心 服务城市战略定位 推进首都绿化美化工作高质量发展》《2020年度首都绿化美化先进集体 先进个人评比结果说明》。

（宋兴洁）

【召开"互联网+全民义务植树"基地工作会】 3月3日，北京市国家级、市级"互联网+全民义务植树"基地工作会在市政府召开。首都绿化办二级巡视员刘强，市八达岭林场、市共青林场、市京西林场、大兴区六合庄林场、首都"互联网+全民义务植树"（房山）基地5家国家级、市级基地负责人参加会议。会议要求

科学组织40周年义务植树尽责活动，加强宣传推广，展示首都绿化建设成果，普及全民植树理念，以更加优异的成绩迎接建党100周年。

（杨振威）

【春季义务植树及网络预约培训会】 3月19—21日，首都绿化办召开2021年春季义务植树及网络预约培训会。各区绿化办和国家级"互联网+全民义务植树"基地代表参加。培训会就春季义务植树安排、接待服务要点、网络预约流程、注意事项、技术保障问题进行培训，明确年度目标任务，为广大市民参与义务植树活动提供优质服务打好基础。

（杨振威）

【公布2021年义务植树尽责接待点】 3月23日，首都绿化办向社会公布2021年义务植树尽责接待点。春季义务植树尽责接待点15处，可供植树面积44.6公顷；林木抚育接待点22处，可抚育面积1025.27公顷；

"互联网+全民义务植树"基地23个，提供多种尽责形式全年化接待服务。

（杨振威）

【全国政协领导义务植树活动】3月30日，全国政协副主席张庆黎、刘奇葆、马飚、陈晓光、杨传堂、李斌、巴特尔、何维及全国政协机关干部职工100余人，来到北京市海淀区西山国家森林公园参加义务植树活动。栽下白皮松、侧柏、栾树、流苏等乔灌木400余株。市政协主席吉林，副主席杨艺文、程红、林抚生、燕瑛，秘书长严力强，首都绿化办成员以及海淀区主要领导一同参加植树活动。

（曲宏）

【中央军委领导参加义务植树活动】3月31日，中央军委副主席许其亮、张又侠，中央军委委员李作成、苗华、张升民，军委机关各部门和驻京大单位领导，到朝阳区东风乡辛庄植树点参加植树活动。栽种白皮松、玉兰、海棠、榆叶梅、丁香等1500余株。北京市委书记蔡奇，市长陈吉宁陪同。市领导张延昆、陈雍、张家明、卢彦、靳伟，首都绿化办和朝阳区有关领导一同参加植树活动。

（宋兴洁）

【党和国家领导人参加义务植树活动】4月2日，党和国家领导人习近平、李克强、栗战书、汪洋、王沪宁、赵乐际、韩正、王岐山等，来到位于北京市朝阳区温榆河植树点，同首都群众一起参加义务植树活动，共同栽下油松、矮紫杉、红瑞木、碧桃、楸树、西府海棠等树苗。习近平强调，每年这个时候，我们一起参加义务植树，就是要倡导人人爱绿植绿护绿的文明风尚，让大家都树立起植树造林、绿化祖国的责任意识，形成全社会的自觉行动，共同建设人与自然和谐共生的美丽家园。习近平强调，美丽中国建设离不开每一个人的努力。美丽中国就是要使祖国大好河山都健康，使中华民族世世代代都健康。要深入开展好全民义务植树，坚持全国动员、全民动手、全社会共同参与，加强组织发动，创新工作机制，强化宣传教育，进一步激发全社会参与义务植树的积极性和主动性。广大党员、干部要带头履行植树义务，践行绿色低碳生活方式，呵护好我们的地球家园，守护好祖国的绿水青山，让人民过上高品质生活。在京中共中央政治局委员、中央书记处书记、国务委员等参加植树活动。

（宋兴洁）

【全国人大常委会领导义务植树活动】4月8日，全国人大常委会副委员长张春贤、吉炳轩、艾力更·依明巴海、王东明、白玛赤林，全国人大常委会秘书长、副秘书长、机关党组成员，各专门委员会、工作委员会负责人，来到北京市丰台区青龙湖植树场地参加义务植树活动。共栽种油松、元宝枫、山茱萸等乡土树苗200余株，对照首都义务植树37种尽责方式，实施松土、除草、施肥、浇水、修枝等管护作业，抚育树木300余株。北京市人大常委会主任李伟，副主任杜

4月8日，全国人大常委会领导在北京市丰台区青龙湖植树场地参加义务植树活动（何建勇 摄影）

飞进、李颖津，秘书长刘云广，首都绿化办、丰台区委、区人大常委会、区政府等有关部门领导一同参加植树活动。

（宋兴洁）

【共和国部长义务植树活动】 4月10日，2021年共和国部长义务植树活动在北京市大兴区礼贤镇临空休闲公园举行，活动主题为"履行植树义务，共建美丽中国"。来自中共中央直属机关、中央国家机关各部门和北京市的122名部级领导干部参加义务植树活动，栽下白皮松、银杏、栾树、国槐、西府海棠等树木1200株。首都绿化委员会主任、北京市市长陈吉宁一同参加此次活动。

（李涛）

【首都园林科创园艺驿站挂牌成立】 11月24日，首都第100家园艺驿站在北京市园林绿化科学研究院挂牌成立，首都绿化办副主任廉国钊出席授牌仪式。驿站占地面积3000余平方米，设置科普教室、慢享阅读区、北京生态礼物推广区、综合活动区、园艺五感体验区、芳香植物体验区、温室展厅等多功能复合型空间，设有室外广场、免费停车场等配套设施，可容纳30~150人。

（李鸿毅）

【"互联网＋全民义务植树"五级基地体系建设】 年内，首都绿化办持续推动基地建设工作，共新建成19个"互联网＋全民义务植树"基地，全市基地达到44个，已构成五级基地体系，使群众尽责更加方便快捷。在双秀公园成立全市第一个社区级基地，在怀柔区渤海镇（栗花溪谷）揭牌成立全市第一个村级尽责基地。

（杨振彧）

【首都花园式社区单位创建】 年内，首都绿化办印发《首都绿化委员会办公室关于开展首都绿化美化花园式单位复核工作通知》，复核花园式单位底数、情况；跟踪督导创建进度，组织专家团队面对面指导，重点指导城市核心区、回天地区、新首钢地区创建工作；总结宣传创建经验做法，严格验收，做好评比表彰。全年完成首都花园式社区40个、花园式单位60个综合评定。

（宋兴洁）

【首都市民生态体验活动】 年内，全市30家首都生态文明宣传教育基地，开展以"2021·爱绿一起 生态新征程"为主题的系列首都市民生态体验活动，通过开展线上线下特色体验活动，讲好生态文化故事，展示首都生态文明建设成果。线上通过微信群、公众号、直播等平台，开展线上科普、云游基地、线上讲堂，活动以植物、哺乳动物、昆虫、鸟类为主，多角度展示首都生物多样性；线下通过玉渊潭公园和麋鹿生态实验中心举办科普展览，向市民展示动植物、鸟类、昆虫科普，鹿王争霸标本等生物多样性保护成果。首都市民生态体验活动5月26日在朝阳区红领巾公园正式启动，全年开展活动670余场，受众人数500余万人次。

（宋兴洁）

【国家森林城市创建】 年内，首都绿化办围绕国家森林城市

11月24日，首都第100家园艺驿站在市园林绿化科学研究院挂牌成立（市园林绿化科学研究院 提供）

5月26日，以"2021·爱绿一起 生态新征程"为主题的首都市民生态体验活动在朝阳区红领巾公园举办（郝培 摄影）

创建工作，对标《国家森林城市测评体系操作手册（试行）》，指导各区从考核验收、年度任务、实施方案、总体规划等方面做好国家森林城市考核验收。14个区印发实施森林城市建设总体规划。在城市绿心森林公园、回天地区建成森林城市体验中心，形成创建国家森林城市品牌。大兴区建成全国首个森林城市主题公园。加大宣传报道力度，在北京卫视、《北京日报》等广泛开展宣传，通过动画、视频展播，创建国家森林城市进机关、进社区等活动，扩大创建国家森林城市影响。印发《首都森林村庄评比办法（试行）》，制定《首都森林城镇评价指标》《首都森林村庄评价指标》，评选6个首都森林城镇、50个首都森林村庄。

（李涛）

【乡村绿化美化】 年内，首都绿化办制订《北京市园林绿化局贯彻乡村振兴战略推进美丽乡村建设2021年度任务分工方案》，明确全局相关处室和单位工作任务。结合国家森林城市创建、新型集体林场、林下经济、产业发展、村头一片林建设，在全市打造培育通州区老槐庄村、顺义区水屯村等10个美丽乡村样板村。按照《北京市园林绿化局关于进一步规范美丽乡村绿化美化相关工作的通知》要求，指导各区建立规范美丽乡村绿化美化工作台账。制定首都绿化办《关于加强市级美丽乡村建设引导资金中村庄绿化项目清算工作的通知》，指导涉农区、局配合做好资金清算。

（田静波）

【首都绿化信息管理平台建设】 年内，首都绿化办围绕古树名木保护管理和国家森林城市创建，启动首都绿化信息管理平台建设。搭建市、区两级古树名木智慧管理系统，研发全市古树名木体检App，投入使用古树名木分布"一张图"和体检模块，实现古树名木保护管理信息化、精准化；搭建国家森林城市创建管理系统，通过资料汇总、宣传展示、评估自查等功能模块，助力全市国家森林城市创建工作。

（方芳）

（全民义务植树活动：宋兴杰 供稿）

全民义务植树40周年纪念活动

【概 况】 2021年是中国共产党建党一百周年，也是全民义务植树开展40周年。40年来，北京已有超过1亿人次通过各种形式参加义务植树活动，履行尽责义务，共计植树2.1亿株。经过40年的辛勤耕耘，首都地区森林资源持续增长，城乡人居环境不断改善，生态文明理念深植人心，爱绿、植绿、护绿蔚然成风。为纪念全民义务植树40周年，组织了"七个一"系列纪念活动。

【制订印发《关于开展纪念全民义务植树40周年系列活动的实施方案》】 3月8日，首都绿化办制订印发《关于开展纪念全民义务植树40周年系列活动的实施方案》，明确举办一场全民义务植树40周年公众展览、营建一片纪念林、制作一本画册、制作一部宣传片、表彰一批先进典型、召开一次座谈会、开展一系列宣传策划的"七个一"系列纪念活动，总结首都全民义务植树40年发展历程和经验成就，展示义务植树绿化美化建设成果，推动新时代义务植树工作高质量发展。

5月25日，首都全民义务植树40周年纪念林植树活动在昌平区举行（何建勇 摄影）

【首都全民义务植树40周年纪念林植树活动】 5月25日，由首都绿化办组织的"爱绿植绿护绿，共建美丽家园"首都全民义务植树40周年纪念林植树活动在昌平区举行。全国绿化委员会办公室专职副主任胡章翠，北京市政府副秘书长陈蓓，首都绿化委员会办公室副主任廉国钊、二级巡视员刘强参加活动。活动现场，首都绿化委员会成员单位领导、40年首都绿化先进人物、义务植树活动组织者、参与者代表150余人参加植树，为"首都全民义务植树四十周年"纪念碑揭幕，共栽植油松、国槐、元宝枫等1000余株。植树活动结束后首都绿化办为参加人员颁发"纪念证书"。

【首都全民义务植树40周年书画大赛】 6月24日，首都全民义务植树40年书画大赛在全市范围内开展，近2000名个人和150余个单位参加，接收投稿2500件。经过评审，共有386名参赛者作品、50家参赛单位作品脱颖而出，优秀作品在城市绿心森林公园展出。

【首都全民义务植树40周年展览】 12月1～31日，由首都绿化办组织的"全民植绿四十载 美丽北京谱新篇"首都全民义务植树40周年展览在北京市永定河休闲森林公园管理处开幕。中共中央直属机关、国家林草局、首都绿化办、各区绿化办、社会组织参观展览。

（全民义务植树40周年纪念活动：

杨振威 供稿）

城镇绿化美化

重大活动绿化美化保障

【概　况】 北京市园林绿化高标准完成建党100周年、国庆72周年、"9·30"烈士纪念日等一系列重大活动、重要节日的景观环境服务保障任务，充分展示了大国首都的良好形象。特别是建党100周年庆祝活动，在天安门广场及周边布置的U形花带景观，为庆祝大会营造了庄严隆重、恢宏大气的喜庆氛围。从建国门到复兴门，10组立体花坛和5500平方米地栽花卉，总用花量69万盆。用园艺形式讲述建党百年光辉历程和党的十八大以来我国取得的辉煌成就。国庆期间，天安门广场"祝福祖国"巨型花篮，长安街沿线弘扬伟大建党精神立体花坛，展现了"江山就是人民、人民就是江山"四季画卷，营造了欢乐祥和的喜庆氛围。

（曹睿）

【建党100周年庆祝活动景观布置】 年内，市园林绿化局完成建党100周年庆祝活动景观布置。庆祝大会期间，围绕天安门广场、金水桥、人民大会堂、国家博物馆、毛主席纪念堂、正阳门等重点区域，以U形花带形式布置花卉100万盆，总面积2.3万平方米；长安街沿线建国门至复兴门布置"不忘初心、牢记使命"主题花坛10座，地栽花卉5500平方米、69万盆，突出热烈节日气氛。全市其他地区，布置7900余组组合容器花钵，10000余个花箱，32万平方米地栽花卉。景观布置应用200余个植物品种，包括16个自主知识产权品种，12种乡土植物，向日葵、马樱丹、香茶菜等15个国外引进最新品种。

（曹睿）

【"开天辟地"花坛布置】 年内，市园林绿化局完成建党100周年庆祝活动建国门西北角花坛景观布置，该花坛以中共一大会址（上海石库门、南湖红船）、党旗为主景，重温中国共产党的诞生历史及红船精神，不忘初心、牢记使命、永远奋斗。

（城镇绿化处）

【"建军大业"花坛布置】 年内，市园林绿化局完成建党100周年庆祝活动东单东北角花坛景观布置，该花坛以南昌起义指挥部旧址及号角为主景，寓意中国共产党创建人民军队，开启中国革命新纪元。

（城镇绿化处）

【"建国伟业"花坛布置】 年内，市园林绿化局完成建党100周年庆祝活动东单东南角花坛景观布置，该花坛以"1949"年号、烟花为主景，配以《没有共产党就没有新中国》乐谱、簇拥的花朵等，体现在中国共产党领导下，中国人民从此站起来的辉煌时刻。

（城镇绿化处）

【"改革开放"花坛布置】 年内，市园林绿化局完成建党100周年庆祝活动东单西北角花坛景观布置，该花坛以小岗村牌楼、深圳城市剪影为主景，展现在中国共产党的领导下中国人民实现从站起来到富起来伟大飞跃，继续发扬"孺子牛、拓荒牛、老黄牛"精神。

（城镇绿化处）

【"走向世界"花坛布置】 年内，市园林绿化局完成建党100周年庆祝活动东单西南角花坛景观布置，该花坛以鸟巢（2008年北京奥运会）、冰丝带（2022年北京冬奥会）、世界地图为主景，配以冬奥会吉祥物以及我国举办或参与的重大国际活动标识，体现在党的正确领导下，伟大的祖国阔步走向世界。

（城镇绿化处）

【"人民至上"花坛布置】 年内，市园林绿化局完成建党100周年庆祝活动西单东北角花坛景观布置，该花坛以嵌有"以人民为中心"文字的红旗为主景，配以医务工作者、人民警察、学生、健身的年轻人、推婴儿车的母亲、打太极的老人等，寓意中国共产党"以人民为中心"的初心和使命。

（城镇绿化处）

【"全面小康"花坛布置】 年内，市园林绿化局完成建党100周年庆祝活动西单东南角花坛景观布置，该花坛以十八洞村旧貌换新颜的幸福生活为

10月25日，延庆区集贤城市森林公园建成并对外开放（延庆区园林绿化局 提供）

场景，体现在迎来中国共产党成立100周年的重要时刻，"全面建成小康社会取得伟大历史性成就，决战脱贫攻坚取得决定性胜利"。

（城镇绿化处）

【"创新发展"花坛布置】 年内，市园林绿化局完成建党100周年庆祝活动西单西北角花坛景观布置，该花坛以嫦娥五号月球探测器、天问一号火星探测器、奋斗者号潜水器、载人航天等为题材，展现了创新发展、科技兴国的辉煌成就。

（城镇绿化处）

【"美丽中国"花坛布置】 年内，市园林绿化局完成建党100周年庆祝活动西单西南角花坛景观布置，该花坛以锦绣江山为主景，勾勒出祖国雄伟壮阔的美丽画卷，寓意祖国江山永固，基业长青。

（城镇绿化处）

【"扬帆起航"花坛布置】 年

内，市园林绿化局完成建党100周年庆祝活动复兴门东北角花坛景观布置，该花坛以载满鲜花的巨轮、嵌有"中国梦 新征程"的彩虹门为主景，寓意乘势而上，开启全面建设社会主义现代化国家新征程，向第二个百年奋斗目标进军。

（城镇绿化处）

【庆祝中华人民共和国成立72周年绿化美化服务保障】 年内，市园林绿化局围绕庆祝中华人民共和国成立72周年绿化美化搞好服务保障工作。以"奋斗百年路，启航新征程"为主题，在天安门广场中心布置"祝福祖国"巨型花篮，两侧绿地布置5050平方米花卉组成的吉祥如意花带和18个立体花球。长安街沿线建国门至复兴门布置主题花坛10座、地栽花卉7000平方米、容器花卉100组，为节日营造优美景观环境。全市其他地区，以立体花坛、

地栽花卉、花箱花钵、景观小品等多种形式，布置各类花卉1000万余株（盆）。9月30日国家烈士纪念日，圆满完成党和国家领导人及首都各界向人民英雄敬献花篮活动的花篮、花束制作及景观保障任务。

（曹睿）

【庆祝中华人民共和国成立72周年长安街沿线花坛景观布置】 年内，市园林绿化局围绕庆祝中华人民共和国成立72周年保障方案在长安街沿线共布置10组立体花坛。分别是建国门西北角"继往开来"花坛、东单东北角"强国有我"花坛、东单东南角"高质量发展"花坛、东单西北角"创新引领"花坛、东单西南角"命运共同体"花坛、西单东南角"绿色发展"花坛、西单东北角"和谐共生"花坛、西单西北角"乡村振兴"花坛、西单西南角"喜迎冬奥"花坛、复兴门东北角"伟大征程"花坛。长安街沿线建国门至复兴门之间种植地栽花卉7000平方米，布置容器花卉100组。花卉以红、黄两色调为主，继续采用大尺度的花带种植方式，突出热烈、喜庆、欢乐的节日氛围。

（曹睿）

（重大活动绿化美化保障：曹睿 供稿）

城镇绿化美化建设

【概　况】 2021年，城镇绿化美化完成海淀颐和园西侧三角地、丰台纪家庙花园、石景山衙门口三期等42处休闲公园、城市森林建设，建成开放东城龙潭中湖、海淀温泉公园三期、通州西海子公园三期、延庆集贤公园等10处休闲公园。新建西城西单体育公园、通州宋庄艺术公园等口袋公园及小微绿地50处。完成东城地坛园外园、西城人定湖公园等10处全龄友好公园改造示范点。建设完成朝阳绿道、昌平十三陵水库到奥森公园绿道、石景山冬奥森林公园绿道等共100千米绿道建设。完成平安大街、两广路、东四南北大街等20条林荫路。完成全市1385条背街小巷环境精细化整治提升工作。截至2021年底，全市绿地面积9.3万公顷，其中公园绿地面积3.6万公顷，全年完成新增绿地400公顷，城市绿化覆盖率49%，人均公园绿地面积16.6平方米，实现"十四五"良好开局。

【北京2022年冬奥会和冬残奥会绿化景观筹备】 年内，市园林绿化局编制印发《北京2022年冬奥会和冬残奥会园林绿化美化保障工作方案》《北京2022年冬奥会和冬残奥会

园林绿化美化保障工作指导意见》，指导各区运用地景雕塑、大地景观、冰雪雕塑、增加常绿彩枝观果植物等多种形式进行景观布置；编制完成《北京2022年冬奥会和冬残奥会重要点位环境布置方案》并通过审核；按照《2022年冬奥会和冬残奥会北京市运行指挥部冬奥村保障组综合保障小组工作方案》，检查指导北京冬奥村和延庆冬奥村园林绿化工程进度、苗木质量、施工安全，确保冬奥村冬季景观效果。

【北京城市副中心绿地建设】 年内，市园林绿化局在北京城市副中心行政办公区内，完成A5庭院及镜河水系园林绿化工程、路县故城遗址公园一期绿化45.5公顷。在北京城市副中心155平方千米范围内，完成梨园文化公园、环球主题公园度假区等园区绿化。继续推进张家湾公园三期、梨园城市森林公园、梨园镇云景公园等5个项目建设。完成广渠路东延、万盛南街等林荫道建设23.7公顷。

【城市公园绿地建设】 年内，北京新增城市绿地400公顷，有效提升公园绿地500米服务半径覆盖率，完成海淀颐和园西侧三角地、丰台纪家庙花园等42处休闲公园建设，实施石景山衙门口三期等城市森林建

设，建设东城龙潭中湖、海淀温泉公园三期、通州西海子公园三期、延庆集贤公园等10处休闲公园，见缝插绿新建西城西单体育公园、通州宋庄艺术公园等口袋公园及小微绿地50处。继续推进"留白增绿"建设，完成海淀北长河北侧书画院拆除地块、丰台"留白增绿"拆除地块等18个单独立项"留白增绿"项目43公顷。

西城区平安大街绿化改造工程效果图（何建勇 摄影）

【全龄友好型公园建设】 年内，市园林绿化局启动全龄友好型公园建设，提升公园功能和景观品质。完成东城地坛园外园、西城人定湖公园等10处全龄友好公园改造示范点，完善卫生间等基础服务设施，增加无障碍设施、健身设施、体育场地，建设生物多样性保护示范区。

【背街小巷绿化环境整治】 年内，市园林绿化局配合开展背街小巷精细化整治提升，查找背街小巷绿化薄弱问题，加强绿化方案技术指导，完成全市1385条背街小巷环境精细化整治提升。

【庭院一棵树补种工程】 年内，市园林绿化局结合院落腾退及违法建筑拆除，实施"院中一棵树"补种工程，在核心区烂缦胡同、孔庙、文天祥祠等平房院落、胡同单位栽植乔灌木497株。

【生物多样性恢复示范区建设】 年内，市园林绿化局结合城市公园绿地建设和全龄友好型公园改造，在部分公园中人为干扰较少的地方建设20处生物多样性保护示范区。

【2021年扬州世园会北京园建设】 年内，市园林绿化局完成2021年扬州世界园艺博览会北京园建设工作。扬州世园会北京园占地5281平方米，园区设计以"同月共济"为主题，融入北京和扬州两地园林"月文化"氛围，体现两座城市在一轮明月下，共济运河水的景观联系，寄托两地人民对生活的热爱和对美好未来的向往。4月8日，北京市副市长卢彦率领北京市代表团参加扬州世园会开幕式。

【林荫路建设】 年内，市园林绿化局聚焦首都核心功能，推进林荫绿化工程，在平安大街、两广路、东四南北大街示范建设林荫路20条。

【健康绿道建设】 年内，市园林绿化局加快绿道规划落地实施，完善绿道功能布局，建设朝阳绿道、昌平十三陵水库到奥森公园绿道、石景山冬奥森林公园绿道100千米，通过串联公园提升绿地联通性，为市民提供高品质健身休闲空间。

（城镇美化绿化建设：曹睿 供稿）

城镇绿地管理

【概　况】 全年实现新增城市绿地400公顷，有效提升公园绿地500米服务半径覆盖率。推进城镇绿地信息化管理，不断完善城镇绿地标准化体系建设，不断完善绿地分级分类管理。

【城镇绿地信息化管理】 年内，市园林绿化局推进城镇绿地信息化管理，不断提高管理效益。围绕全市9.3万公顷城市绿地，按照公园绿地、居住区附属绿地、单位附属绿地、道路附属绿地、防护绿地、区域绿地类别，建立动态管理台账。建立行道树信息管理平台，利用北京绿地App采集行道树信息，评估行道树健康状况，为推进树木医生制度，建立行道树风险预警体系奠定基础。

【城镇绿地常态化管理】 年内，市园林绿化局围绕城镇绿地常态化管理，开展春季绿地养护工作，印发《关于做好2020年春季城镇绿地养护管理工作的通知》，重点开展绿地清理、浇灌返青水、撤除防寒设施、花灌木修剪、施肥、病虫害防治、补植苗木等工作。撤除挡盐板300万延米、拆除防寒风障90000平方米，清理枯草落叶等绿化垃圾20000立方米，修剪月季藤本类60余万延米、大花和丰花等440余万平方米，补植行道树9800株、绿地乔木40000余株、灌木170000余株、绿篱色块400余株、月季20余万株、地被120余万平方米。采取"实地查、平台督"方式，实施不间断检查督导，年初以来，组织明查5次、暗查10次，解决问题2500余件，促进城镇绿地管护工作落实。

【危险树木消除隐患专项行动】 年内，市园林绿化局在全市范围内开展树木隐患专项治理行动。围绕空树坑、枯死树、病虫害、遮挡，影响电力、照明、通行、小区等危险树木常见问题，利用园林绿化资源动态管理考评系统，排查整治各类问题1300余个，补植行道树9800余株，排查修剪遮挡交通信号灯及道路标识问题620处、2400余株，修剪行道树剐蹭公交车问题430处、1200余株，有效治理影响园林绿化环境景观问题。

【汛期城镇绿地隐患排查】 年内，市园林绿化局对道路两侧行道树、平房区、河道两侧、人口稠密区、小区、学校、胡同、广场和车站等重点区域现状树木进行普查，建立挂账、销账制度，清理死树、危险树650余株，干枝死杈2400余处，修剪树冠过大树木13000余株。依托绿化队、公园、绿化公司建立200余支4000余人应急分队，随时处置倒树、断枝等险情，确保城市正常运行。

【城镇绿地标准化体系建设】 年内，市园林绿化局严格城镇绿地分级分类管理，做好行政审批与日常管理的有效衔接，确保城市绿化资源得到有效保护，结合实际，修改完善《北京市城镇绿地分级分类办法》，研究制定《城市园林绿化资源行政许可批后监督实施细则》，编制《常见乔木修剪技术手册》《常绿树养护管理手册》《彩叶树养护管理手册》《园林植物病虫害防治手册》）手册，制定《长安街及其沿线绿地养护管理规范》《养护管理监理指导书》。

【城镇绿地质量等级评定】 年内，市园林绿化局依据《北京市城镇绿地分级分类办法》，采取量化打分、综合评定的方法，共计评定440块城镇绿地，其中：核定绿地236块、复核绿地204块，注重按级投入、分类管护，促进城镇绿地科学化、规范化、精细化管理水平提升。

（城镇绿地管理：王万兵 供稿）

园林绿化市场管理

【概 况】 2021年，全市园林绿化市场管理按照《北京市创新和加强事中监管构建一体化综合监管体系的工作方案》要求，结合实际制订《北京市园林绿化局关于加强事中监管构建一体化监管体系的工作方案》，深入贯彻落实"放管服"改革要求，不断优化营商环境，在园林绿化工程施工中闭环管理，探索监管新机制，强化信息共享，助力推动全市市场监管改革创新，促进首都经济社会更加持续健康发展。牢固树立服务意识，充分发挥监管职能，提高监管实效。加强对招标投标活动、工程质量监督、企业信用信息等管理，建立联动机制，有序维护园林绿化建设市场公平竞争秩序，加快推动园林绿化行业高质量发展。

【质量监督管理】 年内，市园林绿化局对冬奥会生态修复工程、北京城市副中心园林绿化建设工程、天安门及长安街沿线花坛布置工程等重点工程开展质量监督，加强事中和事后监管，落实监管责任。受理施工项目44个，召开监督告知会16次，日常监督54次，竣工验收项目21个，开展"双随机一公开"（即在监管过程中随机抽取检查对象，随机选派执法检查人员，抽查情况及查处结果及时向社会公开）检查项目54个，参与施工现场全覆盖检查项目553个，大气污染防治检查4次，涉及42个项目。参与居住区绿地问题专项治理行动，涉及34条街道，76个小区，发现问题695项。

【北京2022年冬奥会和冬残奥会服务保障】 年内，市园林绿化局对冬奥会和冬残奥会景观及生态修复工程开展质量监督，坚持质和量统一，实体与资料同步督查，实现有效监督、精准监督。工程栽植7.94万株乔木，66.91万株灌木，喷播及撒播168万平方米草灌种子，修复亚高山草甸、裸露边坡和植物群落，逐渐形成绿色雪道与周边林草融为一体的生态景观。服务延庆冬奥村、朝阳冬奥村建设，督导施工质量和施工进度，聘请专家指导参剪、栽植等技术要求。

【园林绿化工程招投标监督管理】 年内，市园林绿化局优化营商环境，持续规范园林绿化招投标市场行为。受理新入场项目455宗（其中有19宗项目进行二次公告），包括公开招标449宗（施工328宗，监理49宗，设计62宗，养护10宗），邀请招标6宗。受理的334宗施工项目（公开和邀请），计划投资额约65.97亿元，建设面积约48719.19万平方米，中标额58.37亿元，已中标公示施工项目314宗。采取每月事中事后随机抽查及每年"双随机一公开"检查两种抽查模式对项目入场、招标（资审）文件、开评标、招投标结果等环节进行抽查检查360批次。累计抽取评审专家665批次计2900人次，选派专家审核招标人608人次。印发《关于进一步加强园林绿化工程项目发包与承包活动和主体履约情况监管的通知》《关于进一步加强北京市园林绿化行业评标专家管理的通知》，依法处理11家串通投标施工企业和9位违法违规评标专家。

【园林绿化企业管理】 年内，市园林绿化局配合推进市园林绿化建设市场信用体系建设，营造园林绿化建设市场诚实守信良好环境。完成线上核查人员证书5199人次、线上核查类似业绩项目1920个，其中人员证书线上确认1694人次，类似业绩项目线上确认848个。为90家企业建立电子档案，归纳记录企业投标使用人员信息、工程项目信息、核验途径、核验结果，强化信用监管效果。审核41家企业、3512人次技能提升补贴申请，其中34家企业、2184人次符合要求，涉及补贴资金约62万元；电话回访2020年申领补贴人员，随机抽取30%，1095人次，满意度100%。

【安全生产标准化达标】 年内，市园林绿化局安全生产标准化工作组复核5家单位安全生产标准化达标申请，完成30家单位复评工作，完成6家单位核查工作，为5家单位开具安全标准化证书延期证明。

（园林绿化市场管理：李优美 供稿）

森林资源管理

森林资源监督

【概　况】 2021年，园林绿化森林资源管理工作围绕市委、市政府决策部署和市园林绿化局（首都绿化办）党组中心工作，强化林地林木管理，推进森林资源高质量发展，组织开展2021年度森林督查和"一张图"年度更新工作，统筹调配林地定额指标，追加52个项目林地定额106.36公顷，降级批复10项工程占地1.50公顷。开展打击毁林专项行动，对14起典型案件开展挂牌督办；完成牛蹄岭生态修复项目。建立图斑台账，明确销账流程，实现问题整改闭环管理。完成2020年国家森林督查整改332处，立案16起，收回林地195.93公顷。构建监测体系，全力做好园林绿化生态监测评价。全面提升森林资源治理能力和管理效能，推动全市森林资源高质量发展，保障首都森林生态安全。

（张玉宏）

【森林资源督查】 8月23日，制订印发《关于做好2020年森林督查发现问题整改工作的通知》，成立督查组，通过听取汇报、座谈交流、查阅资料、实地查看、挂牌督办等方式，督查工作进度、查办案件、整改推进。2020年国家森林督察图斑457个，完成整改432个，行政立案70起，罚款503.38万元，收回林地面积234.94公顷（数据来源于国家林草局森林督查系统）。

（邢晓静）

【启动《新一轮林地保护利用规划（2021—2035年）》编制】 年内，市园林绿化局抓好试点和数据对接，推进《新一轮林地保护利用规划（2021—2035年）》编制。组织开展上一轮林地保护利用规划实施情况评估，提出完善新一轮规划思路、目标和措施；坚持"多规合一"，统筹森林资源调查数据与国土"三调"成果对接融合，完成门头沟区新一轮林地保护利用规划编制试点，通过《北京市门头沟区林地保护利用规划（2021—2035年）》；开展园林绿化专业调查与国土"三调"数据对接，进行林地保有量指标预测，确立以国土"三调"确定的林地范围、数据为基本依据，森林资源数据与国土空间规划分步、有序对接的工作思路，统一对接原则、内容、方法、标准，指导各区开展对接工作；印发《北京市新一轮林地保护利用规划编制工作方案》《北京市新一轮林地保护利用规划编制技术方案》。

（邢晓静）

【森林资源管理】 年内，市园林绿化局印发《北京市2021年森林督查暨森林资源管理"一张图"年度更新工作方案》《北京市2021年森林督查暨森林资源管理"一张图"年度更新工作操作细则》;组织全市"一张图"年度更新培训,100余名管理和技术人员参加培训。培训明确开展2021年森林督查和"一张图"年度更新成果专项审查,明确更新"一张图"原则和内容,提出工作要求。

(邢晓静)

【2020年北京市自然资源审计森林资源部分问题整改】 年内,依据市园林绿化局(首都绿化办)党组审计工作领导小组办公室《关于2020年北京市自然资源资产审计问题整改落实任务分工》,制订印发《森林资源管理审计问题整改工作方案》和《督查工作方案》,组织召开专题工作部署会,组成督查组,采取建立台账、听取情况介绍、问题地块卫片比对、实地核查等方法,对全市相关区进行全覆盖督查,推进审计问题整改落实。173个图斑调整依据不充分问题得到有效纠正,173个图斑细化为243个地块(细班),其中符合调出依据且无问题的地块140个;符合调出、需要依法查处无证采伐的地块16个;不符合调出依据的地块68个,全部纠正;林地使用手续不全,暂不同意调出林地范围的19个地块继续查处。海淀等4个区未健全执法检查问题整改持续跟进督导的36个地块完成整改31个;海淀、延庆和密云区90个整改不到位被销号的问题地块完成整

改79个。

(邢晓静)

【指导完成牛蹄岭生态修复项目】 年内,市园林绿化局按照中央环保督察组和市领导指示要求,会同有关单位审查通过牛蹄岭生态修复项目方案,指导北京市十三陵林场管理处(原北京市十三陵林场)开展生态修复。6月30日,完成生态修复项目,2021年底完成工程验收。

(邢晓静)

【打击毁林专项行动】 年内,根据国家林业和草原局打击毁林专项行动电视电话会议要求,制订实施方案,组织召开全市打击毁林专项行动部署会,开展专题培训,建立台账管理,成立督查组,全面开展非法侵占林地、毁林开垦、滥砍盗伐林木等破坏森林资源问题清查整治,把重要、敏感生态地区,案件多、立案数量少的区,重难点案件作为整治重点,全面压实整改责任。会同国家林草局北京专员办挂牌督办14起典型案件;通过卫星遥感判读变化图斑7762个,判读面积2657.9公顷,核查出违法违规图斑3358个,涉及林地面积2363.33公顷;完成整改图斑3200个,整改率95.29%;行政立案973件,刑事立案32件,行政办结897件,收回林地面积2224.30公顷,罚款1555.91万元。

(邢晓静)

【园林绿化资源生态监测评价】 年内,北京市成立市园林绿化资源生态监测评价领导小组、专家指导评审组,编制完成《2021年北京市园林绿化资源生态监测评价实施方案》,组织全市120余人开展技术培训,完成监测图斑更新18万余个,样地调查2666块。完成第九次园林绿化资源专项调查与北京市第三次国土调查成果对接融合,形成年度调查监测基数和底图,建立区级森林样地调查体系。首次实行国家、市、区一体的调查监测机制,首次采用遥感图斑监测和地面抽样调查技术相结合技术体系,首次实现森林、草原、湿地、园地、绿地、荒漠沙化资源统一时点、统一出数,资源与生态状况统一评价。

(张玉宏)

【林地管理】 年内,北京市统筹调配追加定额指标,追加定额131.43公顷,涉及58个项目。按照《建设项目使用林地审核审批管理规范》规定,降级批复11个国家级和市级项目,使用林地7.55公顷。监督各区及有关单位严格执行"十四五"期间年森林采伐限额,禁止超限额采伐,不同编限单位采伐限额不得挪用,同一编限单位各分项采伐限额不得串换使用。编制《北京市林木采伐技术规程(试行)》,规范林木采伐行为。完成市有林单位、局

属单位9家国有林以及朝阳区、顺义区、延庆区等5个区经营单位2021—2030年森林经营方案审核工作。

（邢晓静）

【监督检查】 年内，市园林绿化局按照《北京市园林绿化局占用林地行政许可被许可人监督检查办法》《北京市园林绿化局林木采伐（移植）批后监督检查办法（试行）》，开展林地占用、林木采伐（移植）批后监督检查，涉及全市14区、3个有林市级单位以及局属7个单位，抽检行政许可事项84件，累计投入380余人次，动用车辆90台班，历时150余天，行程7000多千米。其中，对2020年林地占用行政许可监督检查，抽取行政许可39件、占用林地394.23公顷，抽检比例占总件数的26.4％；对2020年10月至2021年9月林木采伐（移植）行政许可监督检查，抽取行政许可45件，抽检比例占总件数的20.6％，其中林木采伐许可42件，林木移植许可3件。

（张玉宏）

【生态保护补偿】 年内，市园林绿化局深入贯彻落实市政府办公厅《关于健全生态保护补偿机制的实施意见》要求，做好与市发展改革委对接，落实年度任务安排，开展进度统计、资料汇总、信息报送等工作。梳理北京市园林绿化局落

实《中央办公厅 国务院办公厅关于深化生态保护补偿制度改革的意见》有关意见建议。

（张玉宏）

【北京专员办督查问题整改】 年内，市园林绿化局根据国家林草局北京专员办《北京市2020年林草工作监督通报》要求，印发问题整改工作方案，采取听取汇报、现地检查等方法，对破坏森林资源问题突出的4个区（延庆区、房山区、密云区、大兴区）开展督促检查，逐一核实违法改变林地用途和采伐林木、重点项目非法侵占林地情况，抓好问题整改；参加国家林业和草原局驻北京专员办与京津林业和草原部门第八次联席会议，推进查处破坏森林资源案件，完善森林资源管理体制机制；会同国家林业和草原局驻北京专员办，对怀柔、门头沟、昌平3个区3个建设项目使用林地行政许可情况进行监督检查。

（邢晓静）

【自然资源资产产权制度改革和资源资产管理】 年内，市园林绿化局按照北京市政府自然资源资产产权制度改革方案，推进园林绿化领域任务。印发《北京市园林绿化资源统一确权登记工作实施方案》，编制完成《北京市2020年国有森林资源（资产）管理情况报告》，组织市人大财经委有关领导到市园林绿化局开展国有

森林资源资产管理情况调研。

（陈顺洪）

（森林资源监督：张玉宏 供稿）

森林资源规划监测

【概　况】 年内，森林资源规划监测工作围绕北京园林绿化发展需求，推动森林资源调查监测、重大项目核查、规划设计、生态监测、冬奥碳中和、国际合作交流，全力服务园林绿化高质量发展，努力打造提升绿色福祉。

【北京市第九次园林绿化资源专业调查】 年内，市园林绿化局完成《2019年北京市园林绿化资源情况报告》。报告客观反映全市绿化资源现状，包括森林资源规划设计调查、城市绿地资源调查两个部分十二个章节。报告体现了第九次园林绿化资源专业调查成果质量。

【北京市园林绿化资源年度监测体系建设】 年内，市园林绿化局编制《北京市园林绿化资源年度监测实施方案》，完成园林绿化资源年度监测任务。更新资源变化图斑83.28万块，国土"三调"融合图斑265.78万块。完成国家级森林样地595块，草地样地61块，湿地样地12块，市级加密森林

样地1519块，草地样地540块。国家公益林优化调整图斑13.61万块。完成森林资源"一张图"林草湿园边界、矢量数据对接，核实图斑25.23万块。

【森林资源综合监测高分遥感技术动态监测】 年内，市园林绿化局按照《北京市利用卫星遥感技术加强园林绿化资源监测监管工作方案》要求，通过高分辨率卫星遥感影像提取林地变化图班，经过地面核实调查，确定图斑变化原因，加强林地资源动态监测及监督管理，及时发现和处置破坏林地资源行为，提升林地资源保护管理水平，为开展林地资源监测监管工作提供有力支撑。

【全市湿地资源监测监管】 年内，市园林绿化局依托高分辨率遥感影像开展湿地监测，摸清全市湿地资源及环境现状，了解湿地资源动态变化规律，建立并完善全市湿地资源数据库，及时发现违法破坏湿地行为，为管理部门及时开展执法提供技术支撑。

【北京市森林资源管理监督平台】 年内，市园林绿化局完成北京市森林资源管理监督平台数据支撑服务规范及数据流程，更新部分数据对比分析工作，进行项目中期评审。完成平台网址初步迁移，包括多源

数据综合分析对比、行政审批数据规范化、变化图斑数据规范化、外业调查数据规范化、违规图斑整改台账规范化五方面服务事项。

【第六次荒漠化和沙化土地监测】 年内，市园林绿化局完成北京市第六次荒漠化和沙化土地监测项目，按照国家林业和草原局要求，全面对接国土"三调"数据，形成北京市沙化、荒漠化调查数据库，编制完成北京第六次荒漠化和沙化土地监测报告。

【2020年绿化资源动态监测】 年内，市园林绿化局收集处理年度绿化资源监测数据，编制完成《2020年园林绿化综合统计年报》。

【北京市森林资源监测试点】 年内，市园林绿化局协助国家林业和草原局完成北京市森林资源监测试点工作，取得《国家森林资源年度监测评价北京市试点成果》。

【平原造林市级核查及新一轮百万亩造林市级核查】 年内，市园林绿化局开展北京市平原地区百万亩造林工程市级核查及新一轮百万亩造林绿化工程市级核查工作。完成大兴区、通州区、顺义区2015—2017年平原地区百万亩造林工程市级

核查。完成大兴区、顺义区、密云区、延庆区、房山区、丰台区、十三陵林场、昌平区、海淀区、市京西林场2018—2020年新一轮百万亩造林绿化工程市级核查。报送面积2万公顷，核查面积0.97万公顷。

【2020年度北京市山区森林经营工程市级核查】 北京市2020年度森林健康经营总面积3.87万公顷，按照新规定，对示范区、重点区和一般区抽查比例不低于2.5%~5%的要求，全市抽查面积0.18万公顷，抽查比例4.86%。

【全市2020年"战略留白"临时绿化项目核查】 北京市2020年"战略留白"临时绿化建设任务0.23万公顷，涉及全市12个区，区级自查验收完成0.16万公顷，市级核查抽查面积0.04万公顷。

【退耕还林后续政策落实情况市级核查】 年内，市园林绿化局完成门头沟区、房山区、昌平区、密云区、延庆区、平谷区、怀柔区7个区退耕还林后续政策落实市级核查，总面积19039公顷，其中申请流转面积5615.73公顷，申请补助面积13423.37公顷，总地块176861个。外业和内业总抽查比例不低于10%，流转土地抽查面积587.76公顷，抽查地块793块，

补助土地抽查面积1395.49公顷，抽查地块3280块。

【编制《北京市"十四五"时期园林绿化发展规划》】 年内，按照市政府部署将园林绿化纳入《北京市"十四五"时期重大基础设施发展规划》要求，市园林绿化局编制完成《北京市"十四五"时期园林绿化发展规划》。先后印发《北京市园林绿化高质量发展行动计划（2021—2025年）》《北京市园林绿化高质量发展行动计划（2021—2025年）任务分工方案》《北京市园林绿化局关于加强"十四五"时期园林绿化高质量发展的意见》。

【编制《北京市新一轮林地保护利用规划》】 年内，市园林绿化局开展《北京市新一轮林地保护利用规划》编制工作。成立工作组，编制完成《北京市新一轮林地保护利用规划编制工作方案》《北京市新一轮林地保护利用规划编制技术方案》和系列报告，先后组织20余次开会讨论和小组研究，征求有关专家、处室意见，修改完善相关资料。

【《北京市森林经营方案》后续工作】 年内，市园林绿化局推进《北京市森林经营方案》后续工作。对2020年市属国有林场和部分区级森林经营方案进行最终审查，指导未完成评审的区级和国有林单位森林经营方案，提出修改意见，组织专家评审。编写地方标准《森林经营方案编制技术导则（初稿）》并立项。

【密云区国土绿化试点示范项目实施方案】 年内，市园林绿化局贯彻落实党中央、国务院关于开展大规模国土绿化行动决策部署，开展北京市密云水库周边国土绿化试点示范项目实施方案编制工作。集中技术力量编制《北京市密云水库周边国土绿化试点示范项目实施方案》，更好保护涵养密云水库水源，充分发挥森林保水、净水、缓水、调水和美水功能，提升森林生态系统质量，丰富生物多样性，为保护好首都"一盆水"筑牢水源涵养面，为首都国土绿化高质量发展做好示范。

【编制《三北工程总体规划（修编）》】 年内，市园林绿化局修改完善《三北工程总体规划（修编）》。按照工程区退化林调查要求，调查分析北京市三北工程退化林数量、退化成因、退化程度和分布状况，提出修复措施，编制北京市三北工程退化林调查成果报告，相关内容纳入规划。

【北京园林绿化生态系统监测网络建设】 年内，市园林绿化局加强北京园林绿化生态系统监测网络建设。截至2021年底，开工建设11个监测站点，其中7个监测站点已完成设备安装调试。东城区生态监测站点进入建设阶段，大兴区生态监测站点进入招投标阶段。10月中旬组织专家团队对已建成监测站点是否符合项目要求，是否满足下一步纳入生态监测

8月25日，北京市园林绿化局（首都绿化办）工作人员在延庆区开展林业碳汇测量工作（何建勇 摄影）

网络要求情况进行验收评估，进一步建设北京园林绿化生态系统监测网络物联网管理平台，开展北京园林绿化生态系统监测网络新建站数据收集诊断处理与分析项目，组织召开专家研讨会，统一管理各监测站设施设备和数据，完成项目验收。

【冬奥会和冬残奥会碳中和的计量监测与核证】 年内，市园林绿化局结合2021年度新一轮百万亩造林绿化工程，收集苗木种类、数量、规格、造林地块等工程碳计量基础数据信息，编制碳计量监测报告，与具有国际资质的第三方机构对接项目核证工作，将项目经核证碳汇量捐赠北京冬奥会，圆满完成冬奥碳中和任务。

（森林资源规划监测：王欢 供稿）

行政审批

【概　况】 2021年，市园林绿化局坚持对"放管服"改革、不断优化营商环境，通过局长亲自抓，始终将其作为一项全局性、综合性、联动性工作。在市园林绿化局（首都绿化办）党组坚强领导下，积极推进建筑许可等指标的联动改革，推进相关指标涉绿审批机制政策4.0版落实及5.0版的研定。全

年在市政务服务中心共组织办理行政审批2841项，其中：涉及固定资产投资行政许可审批474项，能较好促进各涉林涉绿工程建设及时开工和按进度推进；办理林木检疫、野生动物保护、种苗管理等审批2367件，较好服务本市园林绿化领域市场准入事项的管理。

【审批网上办理】 年内，市园林绿化局行政审批在电子印章应用全覆盖基础上，将电子印章和电子证照技术结合，推进实现了社会投资工程建设涉及绿地树木审批的全程网上办理，企业办理城市绿地树木真正"一次不用跑""不见面"审批。按照市政务服务局部署推进完成第一批"林木种子生产经营许可证"等5项电子证照历史数据汇聚；向数据产生部门提出第一批"新办林木种子生产经营许可证"等4项高频数据共享需求清单。

【实施行政审批告知承诺制】 年内，市园林绿化局行政审批在实践基础上，研究推出两批共包括"人工繁育列入名录的非国家重点保护陆生野生动物审批（斑嘴鸭）"等11个事项，实施告知承诺制审批（告知承诺制是引入信用监管、实行"放管结合"的行政审批新型制度），集中于园林绿化利企市场准入领域；截止到

2021年底，市园林绿化局累计实行告知承诺制审批事项18个。实行告知承诺制后，企业办理相关审批事项效率大幅提升。

【商事制度改革】 年内，市园林绿化局行政审批推进园林绿化领域内证照分离改革，完成中央层面及北京市设定园林绿化领域证照分离改革14项，其中采取直接取消5项、实行告知承诺制审批4项、实行优化审批服务5项。相关事项办事指南在"首都之窗"网站公示，市、区及线上线下办理要求一致。

【数字政务服务】 年内，市园林绿化局行政审批依据《北京市"十四五"时期优化营商环境规划》《北京市数字政务建设行动方案（2021—2022年）》，制订《2021年度推进园林绿化领域数字政务服务建设工作方案》，推进园林绿化政务服务依托数字服务技术应用和平台建设升级，提升线上服务质量，实现更多具备条件事项全程电子化、全程网上办理。

【证照分离改革】 年内，市园林绿化局行政审批进一步系统对标中央要求和北京市改革实际，推行园林绿化领域14个事项按照直接取消、审批改备案、优化审批等方式实行证照分离改革。

【参与建筑许可指标改革】 年内，市园林绿化局行政审批会同北京市规划自然资源委进一步研究，利用电子证照、电子印章等技术，结合低风险项目实施告知承诺制审批的改革，将低风险工程树木伐移审批政策全面升级为"全程网办+告知承诺制"审批，树木伐移许可办结时限压缩至0.5个工作日，进一步提升此类事项办理效率。

【市政接入工程指标分类审批政策】 年内，市园林绿化局行政审批会同北京市人民政府行政审批制度改革办公室、北京市城市管理委员会出台《关于印发〈进一步提升市政公用接入水平更好服务市场主体工作方案〉的通知》，对社会投资项目接入工程实施分类审批管理，即在明确社会投资项目接入工程除实行"三零"免批服务、"非禁免批"等政策外，其他接入工程审批明确为各部门"一表"受理、以"并联"方式"区级一站式"办理，将审批时限压缩至2个工作日，促进低压项目接电时长由32天压减至10天；7月底，经各有关部门共同研究，北京市人民政府行政审批制度改革办公室印发《关于建设项目市政公用接入外线工程行政许可实行并联审批的通知》，明确相关实施细则，为政策切实落地夯实基础。

【事中事后监管】 年内，市园林绿化局行政审批为全面推进本市园林绿化相关市场管理领域事项监督管理，根据《北京市创新和加强事中监管构建一体化综合监管体系的工作方案》具体要求，结合园林绿化领域实际情况，制订《北京市园林绿化局关于加强事中监管构建一体化监管体系的工作方案》，在园林绿化工程施工、陆生野生动物保护、林草种子苗木、食用林产品、蚕蜂种业等相关市场领域将监管与许可、信用、执法等系统融合联动、闭环管理，探索监管新体制，强化信息共享，助力推动全市市场监管的改革创新，促进首都经济社会更加持续健康发展。

（行政审批：李洋 供稿）

全面建立林长制

【概　况】 2020年12月28日，中共中央办公厅、国务院办公厅出台《关于全面推行林长制的意见》。2021年3月，市委全面深化改革委员会第十七次会议审议通过《关于全面建立林长制的实施意见》，3月19日由市委办公厅、市政府办公厅联合印发。《关于全面建立林长制的实施意见》确定市级林长名单和责任区域；成立北京市林长制办公室，由市园林绿化局承担林长制日常工作；明确市委组织部、市委宣传部、市编办、市发展改革委、市财政局等成员单位；印发总林长令发布制度、林长制调度制度、巡查制度、部门协作制度、督查制度、考核制度、信息共享和报送制度7项配套制度，建立"林长制+检察"工作机制，完成林长制市级顶层设计，建立市级责任体系。

【印发《关于全面建立林长制的实施意见》】 3月19日，中共北京市委办公厅、北京市人民政府办公厅印发《关于全面建立林长制的实施意见》。实施意见贯彻落实中共中央办公厅、国务院办公厅《关于全面推行林长制的意见》部署要求，全面构建北京市党政同责、属地负责、部门协同、源头治理、全域覆盖生态保护长效机制。

【发布总林长令】 4月2日，北京市总林长蔡奇、陈吉宁签发第1号总林长令，要求各级林长全面履行林长职责，加快推进建立林长制体系，全市开展林长巡林检查督导。11月2日，北京市总林长蔡奇、陈吉宁签发第2号总林长令，要求加强首都森林资源安全，强化全市森林防灭火工作，全面保障冬奥会和冬残奥会顺利召开。

【市级林长调研】 3—4月，北京市围绕"深入贯彻习近平生态文明思想，加快建立林长制，推进首都生态建设高质量发展"主题，市级林长开展巡林调研活动。调研期间，23位市级林长围绕园林绿化资源保护、灾害防控、质量提升等重点任务，结合责任区域和工作职责，深入全市34个乡镇（街道）48个点位，累计调研26次，召开座谈会9场，指导和督促各区及相关部门加快完善配套制度和工作机制，落实各级林长制责任，全面推进林长制建立。

【印发实施7项林长制改革配套制度】 4月15日，北京市林长制办公室印发《北京市总林长令发布制度（试行）》等七项林长制改革配套制度，明确总林长令发布制度、调度制度、巡查制度、部门协作制度、督查制度、考核制度、信息共享和报送制度7项配套制度。

【建立"林长制＋检察"工作机制】 6月10日，北京市林长制办公室与市人民检察院联合印发《关于建立"林长制＋检察"协同工作机制的意见》，建立联席会议、信息共享、线索移送、工作会商、协作保障等协同工作机制，完善林长制制度

体系，形成保护园林绿化资源合力，推动首都园林绿化资源保护和检察工作高质量发展。

【四级林长制责任体系建立】 年内，北京市按照《关于全面建立林长制的实施意见》要求，市、区、乡镇（街道）、村（社区）四级林长制责任体系基本建立。市级林长23人，区级及以下林长共计10246人，基中区级284人、镇街级2899人、村社区级7063人。按照《关于建立林长制"一长两员"网格化管理体系的指导意见》要求，将全市园林绿化资源全部纳入网格化管理，合理确定管护责任区域分工。全市划分管护网格2.49万余个，落实林管员7674人，护林员5.2万人。

【建立林长制末端管护体系】 年内，北京市林长制办公室制定《关于建立"一长两

员"网格化管理体系的指导意见》，明确网格划分基本原则、技术要求、"一长两员"职责责任和考核内容，做到网格界限清晰、管护责任到人，实现管理网格化空间化、人员监管信息化数字化；制定《关于规范设置林长制公示牌的指导意见》，明确林地、绿地、湿地和古树名木等资源林长制公示牌设置原则、公示内容，规范公示牌制作格式和完成期限，提出后期维护管理要求。

（全面建立林长制：周珊 供稿）

自然保护地管理

【概　况】 自然保护地是由各级政府依法划定或确认，对重要的自然生态系统、自然遗迹、自然景观及其所承载的自然资源、生态功能和文化价值

12月14日，北京市园林绿化局（首都绿化办）领导到门头沟区雁翅九河湿地公园开展调研（自然保护地管理处 提供）

实施长期保护的陆域或海域。北京市有自然保护区、风景名胜区、森林公园、湿地公园、地质公园五大类自然保护地79个。其中，自然保护区21个（国家级2个、市级12个、区级7个），总面积约13.8万公顷；风景名胜区11个（国家级3个、市级8个），总面积约19.5万公顷；森林公园31个（国家级15个、市级16个），总面积约9.6万公顷；湿地公园10个（国家级2个、市级8个），总面积约2343公顷；地质公园6个（国家级5个、市级1个），总面积约7.7万公顷。在空间分布上涉及12个行政区（除东城、西城、朝阳、通州区之外），主要集中分布在生态涵养区，在保护生物多样性、保存自然遗产、改善生态环境质量和维护首都生态安全方面发挥了重要作用，使全市90%以上国家和地方重点野生动植物及栖息地得到有效保护。

【完善《北京市自然保护地整合优化预案》】 年内，市园林绿化局贯彻落实中办、国办《关于建立以国家公园为主体的自然保护地体系的指导意见》，修改完善《北京市自然保护地整合优化预案》，开展自然保护地整合优化"回头看"，重点研究解决自然保护地内村庄、永久基本农田和集体人工商品林等矛盾问题。建立市、区两

级联动工作机制，梳理排查自然保护地内各类矛盾冲突，赴延庆、房山、门头沟、怀柔、密云、平谷等区调研10余次，支持"点状供地"政策落实，加强与相关分区规划和国土"三调"衔接，通过排查和分类处置现状矛盾，妥善解决生态保护和地区经济社会发展潜在矛盾，使预案更加科学合理。

【自然保护地监督管理】 年内，市园林绿化局会同市生态环境局编制印发《北京市自然保护地监督管理办法（试行）》，加大自然保护地监督检查力度，形成以常规监督为基础，以专项检查和重点督办为促进的监督管理工作机制。建立自然保护地年度报告制度，编制年度工作报告模板，统一规范，掌握各区工作动态和成果，建立长效机制，提升自然保护地监督管理能力。开展自然保护地日常检查，通过明察暗访形式，检查保护地在法律法规和制度落实、人员力量配备、规划编制和实施、保护巡护、生物多样性监测、生态旅游和科普宣教等方面工作情况，指导各区、各保护地查漏补缺，提升保护管理成效。加强自然保护地疫情防控，严格落实市委、市政府疫情防控部署要求，监督自然公园制订开放应急预案，自然保护地全年未发生疫情聚集风险和事件。

【监督各项督查问题整改】 年内，市园林绿化局按照市委、市政府关于中央环保督察及中央巡视反馈问题整改工作要求，会同市级相关部门梳理问题性质，剖析问题成因，制定整改措施，坚决整改到位。完成中央环保督察4项整改任务，会同市规划自然资源委制定《北京市市级自然保护区总体规划编制审批管理办法（试行）》（以下简称《审批管理办法》），组织参加专题会15次，以"四不两直"等方式暗访、督查问题点位10余次，专项总结汇报10余次，完成12处市级自然保护区总体规划编制和审批。指导昌平区完成中央巡视反馈问题整改，编制上报八达岭－十三陵风景名胜区详细规划（昌平部分），完成整改任务。加强全市自然保护地各类疑似人为活动点位核查整改，与市生态环境局制订《北京市"绿盾2021"自然保护地强化监督工作实施方案》，建立协调整改机制，各类疑似点位现场核查率达100%，整改完成率大于95%，有效保护自然保护地的自然资源和生态环境。

【生物多样性保护工作】 年内，市园林绿化局贯彻落实习近平总书记在《生物多样性公约》第十五次缔约方大会领导人峰会讲话精神，积极开展生物多样性保护工作。参与《生

物多样性公约》缔约方大会第十五次会议，会同市生态环境局完成"大美北京"线上展览，展示北京生物多样性保护成就；完成松山国家级自然保护区生物多样性保护科研宣教馆建设，搭建向世界宣传北京生态文明建设宣传窗口；配合市生态环境局编制北京市生物多样性保护规划，从园林绿化角度研提规划思路和保护措施；开展北京园林绿化生物多样性保护规划研究，为编制北京市园林绿化生物多样性保护规划打牢基础。

【自然保护地体系建设宣传】 年内，市园林绿化局以自然保护地体系建设、生物多样性保护为重点内容，策划组织全年宣传展览活动。开展以"保护生物多样性 建立和谐宜居之都"为主题的生物多样性保护巡展，受众超5万人次；制作发布"自然保护地——万物和谐共生的家园"主题视频，制作体现北京特色的五类自然保护地宣传片；通过中央电视台、新华社、北京电视台、《北京日报》、北京广播电台等媒体渠道，报道北京生物多样性工作50余次；在《生物多样性公约》缔约方大会第十五次会议期间，新华社《瞭望新闻周刊》以"北京：迈向生物多样性之都"为主题，生动报道北京生物多样性保护成

果，市委书记蔡奇进行批示；开展北京自然保护地logo征集活动，引导广大市民关注支持自然保护地，积极参与生物多样性保护。

（自然保护地管理：冯沛 供稿）

国有林场建设与管理

【概　况】 2021年，北京市国有林场围绕精准提升森林资源质量中心任务，着力在完成造林营林任务、推进智慧林场建设、整治占用林地以及加强林地监管等方面持续用力，取得良好成效。

【国有林场森林经营】 年内，北京市国有林场完成造林1500公顷，中幼龄林抚育10000公顷、生态景观林建设4133.33公顷，森林综合管护31333.33公顷。指导全市林场开展作业地块前期调研，编制作业设计方案，批复局属林场作业设计方案14份，备案区属林场作业设计方案9份，组织中期检查和检查验收30场。

【森林经营效果监测与评价】 年内，组织专家团队对全市国有林场二类资源数据进行分析，结合实地调查构建森林经营效果监测评价体系，建立监测样地36个，监测面积8.4公顷，实测林木8035株，建立首批精准提质样板林9个。

【智慧林场建设】 年内，市园林绿化局推进智慧林场建设。借助北京市松山自然保护区"智慧保护区"平台基础，在北京市京西林场试点"智慧林场"建设，建立本底资源、巡护监测、红外相机、森林防火、环境监测、病虫害监测、样地管理、营林生产8个功能模块，涵盖林场主要资源数据和主要管理业务，将森林防火、资源"一张图"等其他系统进行有机整合，形成一个平台、一张网。截至2021年底，京西林场智慧平台上线应用，工作效率和管

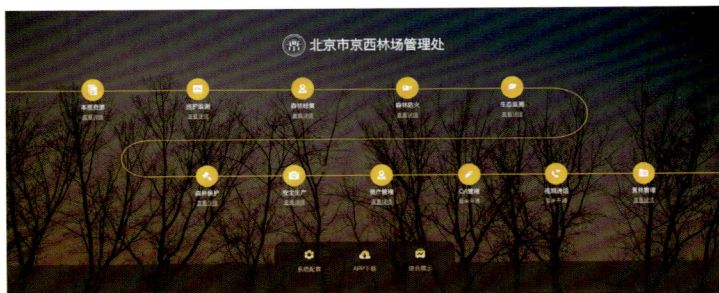

北京市京西林场智慧管理平台效果图（京西林场管理处 提供）

理水平逐步提升。

【整治占用林地】 年内，按照全市破坏森林资源专项整治行动要求，全面梳理局属场圃侵占林地行为，清理出违建占地、垃圾堆放、擅自围封等占地行为70起，涉及林地2万平方米。通过逐项督办整改，完成整改69项，另1项纳入区拆违计划。其中，拆除违建别墅7宗107栋，涉及林地4.89公顷，全部完成造林绿化。

【采伐用地审核】 年内，对国有林场采伐林木，以及林服设施、工程设施占用国有林场林地，严格依法依规进行审核把关。全年审核国有林场林木采伐13宗、占用林地9宗。制定《北京市国有林场森林资源有偿使用试行办法（草案）》，修改《局属国有林场管护项目管理办法》，进一步强化对森林资源保护监管。

【安全监管】 年内，按照"三管三必须"（管行业必须安全、管业务必须安全、管生产经营必须安全）要求，对局属场圃安全生产进行全年度全范围监管，先后开展30余场次专项检查，包括车辆机械、水电气热、危险物品、有限空间、电动车辆、防火防汛、大气污染等，每季度对20余处施工工地进行现场检查和考评。建立局属场圃防汛隐患、有限空间、电动车辆、燃气设备等底数台账，安全监管做到全覆盖。

（国有林场建设与管理：
马卓 供稿）

森林资源保护

森林防火

【概　况】 2021年，北京市森林防火，重点围绕服务保障建党一百周年庆祝活动、冬奥会与冬残奥会两件大事，通过健全机构、压实责任、强化监管、加强检查、服务保障冬奥、开展京津冀森林防火联防联控、完善防灾体系和能力建设、加强基础设施建设等一系列工作，推动首都森林防火工作高质量发展，2021年全市森林防火形势总体稳定，火灾数量和灾害损失与往年相比大幅度下降。全市发生森林火情3起，过火面积0.076公顷，3起森林火情平均扑救时间约45分钟，保障全市平安度过2021年度森林防火期，实现零森林火灾目标，平稳进入2022年度森林防火期。

【构建园林绿化系统森林防火组织】 年内，北京市森林公安转隶后，市、区两级园林绿化部门积极推进组建专门森林防火机构。市园林绿化局直属森林防火队（北京市航空护林站）更名为市园林绿化局森林防火事务中心（北京市航空护林站）。14个有森林防火任务的区级园林绿化部门均成立森林防火科室或指定科室具体负责，7个山区和海淀、丰台、石景山等10个区成立森林防火巡查队或森林防火事务中心，确保森林防火职责有人担、工作有人抓、任务有人落实。

【落实森林防火责任制】 年内，北京市严格落实森林防火'四方责任'（即：属地、部门、单位和个人），签订森林防火任务清单10万余份。落实属地主体责任，坚持"三长"[即：区长、乡镇长（办事处主任、林场场长）、村长]负责制，落实"五包"责任制，确保压实森林防火责任落实"最后一千米"，严防出现责任真空；以林长制为抓手，市级总林长蔡奇、陈吉宁签署第二号林长令，印发《关于加强秋冬季森林防灭火工作的通知》，高位推动全市森林防火工作。落实行业监管责任，督促、指导各区及有林单位开展宣传教育、巡护检查、火源管理等工作。落实有林单位、经营单位主体责任，推动制订预案、划定责任区、确定责任人，配足防火机具设备，加强绩效考核。落实个人管护责任，结合林长制，推进网格化管理，把防火责任落实到山头地块、落实到人。

【森林防火预警巡查】 年内，北京市管护人员8.2万人（含重点时段乡镇、村下沉干部）、森林防火巡查队384支3943人在岗在位履职尽责。全市545路视频监控不间断运行，282处防火瞭望塔24小时值守，552座森林防火检查站24小时值守。全市投入防火车辆1580辆，平均每日巡逻 27000 千米，各类灭火机具 6600 台随时备用，封山封沟 858 处，固定湿化作业 400 万平方米，清理可燃物 400 吨，劝返违规进山人员 1700 人，劝离野营烧烤行为 40 起、178 人，全市园林绿化系统开展森林防火演练 198 次。4 月，在全市范围开展"野外火源治理和查处违规用火行为专项行动"，出动检查人员 3.5 万人次，发放宣传材料 150 万份，整改森林火险隐患 450 起，查处违规野外用火行为人 33 人。

【2022 年北京冬奥会和冬残奥会延庆赛区周边森林防火保障】 年内，北京冬奥会和冬残奥会延庆赛区周边新建 18 路高山森林防火视频监控系统和 91 处森林防火标识和语音警示杆，均提前投入使用，赛区核心区森林防火监测预警覆盖率 100%；11 月底，在玉渡山、太安山自然保护区内建成两段森林防火公路，在赛区周边 5 个乡（镇）建设完成 526.67 公顷林火阻隔系统；延庆区率先完成森林火灾风险普查，在森林防火期内优化三级防火区，同时，延庆区、赤城县、松山和大海陀自然保护区持续开展防灭火演练。

【森林火灾风险普查】 年内，市园林绿化局根据《北京市人民政府办公厅关于开展第一次全国自然灾害综合风险普查的通知》要求，推进全市森林火灾风险普查工作。在房山区森林火灾风险普查试点工作基础上，印发《北京市森林火灾风险普查实施方案》，指导各区开展森林火灾风险普查工作。截至 2021 年底，延庆区及冬奥赛区周边在完成外业调查基础上，在全市率先完成森林火灾风险普查，并根据评估结果指导高风险镇、村采取针对性措施；其他区完成全部外业调查和数据采集工作。

【森林防火宣传】 年内，北京市以《北京市园林绿化局 2020—2021 年度森林防火期森林防火宣传工作方案》为指导，发放宣传材料 140 万份，发送手机短信提醒 82 万条，悬挂宣传条幅 9 万幅，开展志愿服务 4 万人次，张贴宣传画 3 万幅，设置宣传橱窗 2600 处，利用市、区级媒体宣传 83 次。增强全民森林防火意识，提升森林火灾防范能力，最大限度减少森林火灾事故发生，营造全社会关注森林防火、参与森林防火、支持森林防火良好氛围。

（森林防火：王佳荟 供稿）

野生动植物保护

【概　况】 2021 年，市园林绿化局发布《北京陆生野生动物名录（2021 年）》。北京市陆生野生动物 596 种，其中鸟类 503 种，兽类 63 种，两栖爬行类 30 种，包括褐马鸡、黑鹳、斑羚、大天鹅、灰鹤、鸳鸯等国家重点保护野生动物 126 种。野生动物保护制度规范体系初步形成；全市森林和湿地总量持续增加，野生动植物生存环境持续改善；野生动物救护机制逐步完善；野生动植物保护宣传深入人心。震旦鸦雀、青头潜鸭、东方白鹳等珍稀鸟类频现北京。强化野生动植物保护，积极推动《北京市野生动物保护管理条例》配套制度制定，加大执法检查力度，做好野生动物疫源疫病监测和野生动物救护，完成全年各项工作任务。

根据《北京植物志》和《北京植物检索表》（1962、1964、1975、1980 及修订版）统计，北京地区维管束植物 169 科 898 属 2088 种。其中，国家重点保护野生植物 15 种，百花山葡萄为国家一级重点保护野生植物，野大豆、黄檗、紫椴、轮叶贝母、紫点杓兰、大花杓兰、山西杓兰、手参、北京水毛茛、槭叶铁线莲、红景天、甘草、软枣猕猴桃、丁香叶忍冬等 14 种为国家二级重点保护野生植物。

北京陆生脊椎动物分布 596 种，其中，鸟类 503 种，兽类63种，两栖爬行类30种。其中，列入《国家重点保护野生动物名录》126种，包括黑鹳、褐马鸡等国家一级重点保护野生动物30种，豹猫、鸳鸯等国家二级重点保护野生动物96种。

【野生动物保护和新冠肺炎疫情防控】 1月13日，市园林绿化局专题研究野生动物保护和新冠肺炎疫情防控工作。要求各区、有关单位加强应急值守，抓好野生动物疫源疫病监测日巡日报制度落实，做好野生动物救护工作；强化野生动物繁育利用监管，落实陆生野生动物人工繁育场所日常防控指南；强化巡查巡护，严厉打击滥捕、滥猎、滥食、非法经营交易野生动物等违法行为；继续开展室内公共场所动物观赏展示活动联合检查执法专项行动；开展野生动物保护有关法律法规、科学知识宣传，倡导健康文明的生活理念。

【北京市5种极度珍稀鸟类直升为国家一级重点保护野生动物】 2月21日，新版《国家重点保护野生动物名录》正式公布，北京地区青头潜鸭、勺嘴鹬、东方白鹳、栗斑腹鹀、黄胸鹀5种极度珍稀鸟类直升为国家一级重点保护野生动物。新名录中，40种北京地区鸟类保护等级得到提升，广泛分布

于雁形目、鹦鹉目、鸽形目、鹳形目、鹰形目等，赤狐、貉、豹猫、狼等犬科动物首次进入名录，为国家二级重点保护野生动物。

【"世界野生动植物日"宣传活动】 3月3日，在第八个"世界野生动植物日"，市园林绿化局会同北京野生动物保护协会、市人民检察院、房山区园林绿化局、房山区检察院联合举办"推动绿色发展，促进人与自然和谐共生"主题科普宣传活动。活动在房山区牛口峪湿地公园采用现场直播方式，放归国家一级重点保护野生动物黑鹳、市一级重点保护野生动物大斑啄木鸟、市二级保护动物翘鼻麻鸭，呼吁市民共同保护野生动物，守护生命多样之美。在北京动物园、青年湖公园、和平街代征绿地公园等分会场分别开展政策法规宣

讲、科普宣传、宣传品发放等活动。

【部署全市春季候鸟保护工作】 3月15日，市园林绿化局贯彻落实国家林业和草原局春季候鸟保护工作电视电话会议精神，安排部署全市春季候鸟等野生动物保护工作。强调，提高政治站位，高度重视，结合《关于进一步加强春季候鸟等野生动物保护工作的通知》要求，认真贯彻落实会议要求；结合"清风行动"加大执法检查力度，多措并举提升保护成效；加强宣传引导，发挥技防效能，做好"清风行动"总结工作。

【研究罚没野生动植物制品接收保管处置工作】 3月26日，市园林绿化局专题研究罚没野生动植物制品接收、保管及处置工作。要求依据国家有关法

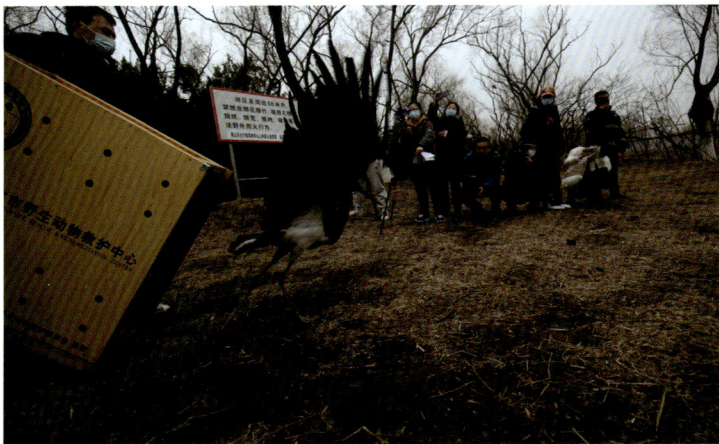

3月3日，"世界野生动植物日"宣传活动在房山区牛口峪湿地公园举办，现场放飞国家一级重点保护野生动物——黑鹳（何建勇 摄影）

律法规，遵循统一保管、利于保护、公开透明、科学环保原则，确保接收的罚没野生动植物制品按照国有资产管理要求得到稳妥保管处置；强化组织领导，成立工作领导小组和专班，明确工作职责和机制；建立完善的工作程序，细化工作规范。

【猕猴等灵长类野生动物监管】 4月20日，市园林绿化局专题研究猕猴等灵长类野生动物监管工作。要求加强监督管理，阻断人畜共患病向人类的传播途径，保护人民群众生命健康；暂停猕猴等灵长类野生动物有关行政许可事项，加强野外种群疫源疫病监测防控和人工繁育场所管理，日报工作人员健康状况和异常情况，做到底数清、情况准、管控严、流向明；实地督导检查灵长类野生动物分布和人工养殖的区，督促各区履行属地职责，落实防控措施。强化与有关部门的沟通衔接，通报工作进展，做好猕猴来源追溯以及疫病防控。

【北京雨燕保护】 4月23日，市园林绿化局联合市文物局等单位与北京师范大学专家、护鸟小队志愿者围绕如何实现古建修缮与北京雨燕保护协调工作开展座谈。会议明确：加强沟通，形成协作机制，及时处理文物修缮和野生动物及其栖息地保护相关事宜；根据实际调整施工流程，最大限度实现文物修缮和北京雨燕保护工作双赢；完善古建修缮前期勘探流程，在古建修缮工作中加入野生动物影响评价，减少施工对雨燕等野生动物的影响。

【北京市野生动物及栖息地保护】 8月25日，市园林绿化局组织召开北京市野生动物及栖息地保护专题会。会议强调：高度重视野生动物及栖息地保护工作，通过调查摸清野生动物分布及栖息地状况，为中长期野生动物及栖息地保护找准方向；以调查结果为基础，适时调整北京市重点保护野生动物名录，实现野生动物及栖息地分类分级管理，不断提高保护水平。

【国家林业和草原局领导调研国家珍稀濒危野生动植物制品（北方）储藏库建设】 9月7日，国家林业和草原局领导实地调研国家珍稀濒危野生动植物制品（北方）储藏库建设情况。要求建立健全罚没野生动植物制品接收、保管及处置等环节内控制度，打好储藏库运行基础；以强化野生动植物保护为主题，落实好展陈展品，将储藏库打造成科普教育展示窗口；储藏库启动前进行试运行，确保制品及人员安全，适时启动揭牌仪式。

【专项执法行动】 9月13日，市园林绿化局联合市农业农村局、中共北京市委网络安全和信息化委员会办公室、市公安局等22个部门建立并落实《北京市野生动物保护管理执法协调机制》。先后开展室内公共场所动物观赏展示活动场所规范治理、清风行动、网剑行动、绿剑行动、整治自发鸟市专项行动、秋冬季鸟类等野生动植物保护执法专项行动9轮23次，出动执法人员14.8万人次，执法车辆7.9万台次，全年立案376件，行政案件91起，查处违法人员83人；刑事案件277起，刑事拘留307人次，罚款166.18万余元。

【野生动物观赏展演单位安全情况检查】 9月29日，市园林绿化局检查组赴顺义区检查野生动物观赏展演单位安全情况，重点检查北京龙富藤动植物有限责任公司等3家野生动物观赏展演单位安全管理和养殖存栏情况。检查组要求：进一步提高政治站位，统一思想认识，加强人工繁育野生动物安全管理，防止野生动物逃逸、伤人等事件的发生；贯彻落实《中华人民共和国野生动物保护法》《北京市野生动物保护管理条例》等相关法律法规，健全人工繁育野生动物档案，完善应急预案，明确发生动物逃逸情况的上报程序及处置手段；繁育单位确保野生动物栏舍、活动场所、人与动物安全措施等符合标准和规范，尽快完成问题整改。

【落实市打击走私综合治理领导小组联席会议精神】 10月3日，市园林绿化局召开落实市打击走私综合治理领导小组联席会议精神专题会议。会议要求：认真贯彻落实好市打击走私综合治理领导小组联席会议部署要求，配合海关、公安等部门做好综合治理工作；发挥野生动物保护主管部门牵头协调作用，依托"吹哨报到"机制，筑牢猎捕猎杀、市场交易、运输寄递、消费终端"四道防线"，严厉打击违法行为；充分发挥《北京市野生动物保护管理执法协调机制》作用，加强协同联动、信息共享，提高精准打击水平；多措并举加大野生动物保护宣传力度，开展野生动物保护宣传教育；围绕查处破坏鸟类案件在法律适用、信息来源等方面的难点，定期组织培训，提高执法效能。

【北京市发布《北京市陆生野生动物名录（2021年）》】 10月12日，北京市发布《北京陆生野生动物名录（2021年）》，包括鸟类、兽类、两栖爬行类三部分。《北京市陆生野生动物名录（2021年）》以全市第二次陆生野生动物资源调查结果和有关野生动物名录等为基本资料，结合野外调查记录信息，经编审委员会论证、筛选和确认。《北京陆生野生动物名录（2021年）》共收录北京地区有分布的陆生野生动物33目106科596种，其中鸟类503种，兽类63种，两栖爬行类30种。其中列入《国家重点保护野生动物名录》的有126种，包括国家一级重点保护野生动物30种；国家二级重点保护野生动物96种。

【国家林业和草原局调研北京冬奥会周边地区野生动物保护工作】 10月21—23日，国家林业和草原局野生动植物保护司调研冬奥会周边地区野生动物保护工作。强调：细化责任分工，扎实履职，以高度政治责任感推进冬奥会周边地区野生动物保护工作落地，高质量做好冬奥会赛事保障工作；对重点时期、重点部位加密监测频率，加大巡查力度，确保突发情况第一时间发现、第一时间处置；强化延庆与张家口地区野生动物疫源疫病监测防控、收容救护和突发野生动物异常情况处置等方面信息共享、情况互通，形成合力处置突发情况；全方位开展野生动物保护宣传教育，通过冬奥窗口讲好生态文明故事，展示生态文明建设成效。

【调度北京市野生动物园白虎展区游客非法闯入事件处置情况】 10月26日，市园林绿化局领导到北京市野生动物园调度自驾游览区白虎展区游客非法闯入事件处置情况。强调：绷紧安全意识底线，举一反三，严防"黑天鹅"事件发生；完善制度预案，加强巡查巡护，强化游客行为管控和内部员工管理，确保人身安全；完善隐蔽式电网等技术措施，开展应急演练，查漏补缺，提升防控能力；利用好市场机制、价格杠杆调节游客量，兼顾园区安全秩序维护和游客参观体验服务，实现园区精准化、智能化管理。

【专题研究涉野生动物中药材管理工作】 11月8日，市园林绿化局专题研究涉野生动物中药材管理工作。强调：把握工作原则，既要保护好野生动物资源，又要适度合理开发利用，促进传统中医药的传承和发展；严格按照国家林草局要求开展核查，规范中草药原料进口、经营等活动；通过优化审批服务流程，强化事中事后监管，提升监管效率，优化营商环境。

【调研大鸨保护工作】 12月17日，市园林绿化局领导赴通州区查看水南村大鸨越冬地和城市绿心森林公园生态保育核建设情况。强调：提高政治站位，加强野生动物栖息地保护，建立健全长效保护机制，保障大鸨等野生动物在京顺利过冬；细化保护措施，完善应急预案，加强定期巡逻，确保快速响应有效应对；加强舆论宣传，积极与媒体、爱鸟协会及相关社会人士沟通，营造野生动物保护舆论氛围，弘扬首都生态文明建设。

【调研东亚—澳大利西亚候鸟迁徙研究中心】 12月24日，市园林绿化局领导到北京林业大学调研东亚—澳大利西亚候鸟迁徙研究中心。强调：利用野生动物音频人工智能识别等先进技术成果，促进云计算、人工智能应用，拓展深化鸟类迁徙、鸟撞、野生动物疫源疫病监测等应用场景；推进产学研用深度融合，选取1~2处重要野生动物栖息地，尝试开展生态大脑研发，推进野生动植

物保护管理现代化；加强顶层设计，强化技术交流和应用，推进协同创新，促进成果转化；建立定期沟通机制，围绕下步工作重点制订工作方案，推进任务项目化、项目清单化。

【规范治理室内动物观赏展示活动场所】 年内，市园林绿化局持续加强室内动物观赏展示活动场所规范治理。开展联合执法行动，市、区对24处场所进行6轮拉网式排查，巡查检查168次，出动执法人员2016人次，立案查处违法养殖、无检疫证明等情况31起；加强宣传引导，发放《北京市野生动物保护管理条例》等宣传材料500余份，督促企业规范经营，提高守法意识；加强协调联动，完善监管长效机制，严格规范养殖动物种类、资质条件、养殖条件和经营行为，持续推进专项整治，保障

业态健康有序发展。

【北京市首次发现马钱科尖帽草属野生植物——尖帽草】 年内，北京市密云区石城镇五座楼自然保护区内首次发现10余株马钱科尖帽草属野生植物——尖帽草，是北京市的新纪录属和新纪录种，也是目前北京地区马钱科唯一野生种类。尖帽草属植物全球约40种，主要分布于亚洲南部、东南部和大洋洲，在中国主要分布于华东、华南和云南，华北地区十分罕见，这一发现丰富了北京地区野生植物多样性，体现了区域生态系统质量和稳定性持续提升。

【北京市15种野生植物列入《国家重点保护野生植物名录》】 年内，调整后的《国家重点保护野生植物名录》正式发布。北京地区国家重点保护野生植物由原来的3种增加到15种。其中，新增百花山葡萄为国家一级重点保护野生植物；新增国家二级重点保护野生植物11种，包括轮叶贝母、紫点杓兰、大花杓兰、山西杓兰、手参、北京水毛茛、槭叶铁线莲、红景天、甘草、软枣猕猴桃、丁香叶忍冬。

【北京市发现兰科无喙兰属新记录种——叉唇无喙兰】 年内，北京市密云区发现兰科无

国家一级重点保护野生植物——百花山葡萄（陈宇旸 摄影）

喙兰属新记录种——叉唇无喙兰，使北京市野生兰科植物增至18属25种。无喙兰属为腐生型兰科植物，全球仅7种，中国有3种，分别为叉唇无喙兰、无喙兰和北京无喙兰。叉唇无喙兰为我国特有物种，以往仅见于陕西、四川和河南局部地区，个体数量极少，十分珍稀，本次发现佐证了生态环境的持续向好。

【完善《北京市野生动物保护条例》配套制度】 年内，市园林绿化局完善《北京市野生动物保护管理条例》配套制度。印发《北京市陆生野生动物资源和疫源疫病监测办法》《北京市陆生野生动物收容救护技术规范》《北京市园林绿化局接收、保管及处置罚没野生动植物制品工作制度》《北京市野生动物保护管理公众参与办法》《北京市禁止猎捕陆生野生动物实施办法》《北京市野生动物保护管理执法协调机制》6个文件。同时，按照北京市司法局关于开展野生动物造成损害补偿办法修订调研任务安排，完成人工繁育陆生野生动物管理制度调研和起草，有序推进陆生野生动物栖息地规划及重要栖息地名录编制工作。

【野生动物疫源监测】 年内，北京市88个陆生野生动物疫源疫病监测站，接收报送监测记录8万余条，监测野生鸟类约366万只次，及时处理1起野生动物突发疫情（圆明园黑天鹅H5N8高致病性禽流感疫情）。

【野生动物救护】 年内，北京市接收市民救护以及公安等执法部门罚没野生动物252种、3157只（条），其中：直接救护202种、1507只（条），接收执法罚没移交125种、1650只（条）；鸟类188种、2490只，兽类21种、155只，两栖类1种、109只，爬行类42种、403只。包括国家一级重点保护野生动物（含《濒危野生动植物种国际贸易公约附录Ⅰ》物种）9种、33只，国家二级重点保护野生动物（含《濒危野生动植物种国际贸易公约附录Ⅱ》物种）47种、519只，列入《国家保护的有重要生态价值、科学价值、社会价值的野生动物名录》的野生动物和其他野生动物141种、2117只。全年共移交野生动物至相关保护部门231只（条），放归野生动物114种、1308只（条）。

【野生植物保护】 年内，市园林绿化局印发《北京市园林绿化局关于全面加强野生植物保护管理工作的通知》，强化野生植物及其生长环境保护。主要内容是组织开展"北京上方山极小种群野生植物保护""北京雾灵山极小种群野生植物铁木等保护示范"项目，对铁木、轮叶贝母、脱皮榆、槭叶铁线莲、房山紫堇等极小种群野生植物开展种群资源调查、生境监测、致濒机理、原地保育、人工扩繁及迁地保护等研究，为持续推动珍稀濒危野生植物保育回归奠定基础。

【野生动植物保护宣传】 年内，市园林绿化局利用"世界

6月5日，《北京市野生动植物条例》颁发一周年宣传活动在奥林匹克森林公园举办（何建勇 摄影）

野生动植物日""爱鸟周""保护野生动植物宣传月"、《北京市野生动物保护条例》实行一周年、2021年联合国生物多样性大会等时间节点，采取传统媒体与新媒体相结合方式，开展野生动植物保护专题宣传活动60次，设置宣传展板、横幅等2000余个（幅），发放各类宣传材料1.9万份（册），受众300万余人次。

（野生动植物保护管理：唐波 供稿）

湿地保护

【概　况】 2021年，结合新一轮百万亩造林绿化行动计划，聚焦集雨型小微湿地建设，以温榆河公园、沙河湿地公园、等为重点，全面加强湿地保护

与修复，提升湿地生态质量。发布实施《北京市湿地保护发展规划（2021—2035年）》，提升湿地质量、生态功能，提升居民生活质量和城市宜居性，为建设生态文明和国际一流和谐宜居之都奠定生态基础。根据2020年度国土"三调"调查成果，按照《国际湿地公约》口径统计，北京湿地总面积62100公顷，其中湿地地类面积3100公顷，湿地归类地类面积59000公顷。

【"世界湿地日"主题宣传活动】 2月2日，围绕第25个"世界湿地日"，市、区园林绿化部门通过线上线下结合形式，开展内容丰富、形式多样的湿地日主题宣传活动。海淀、房山、通州、顺义等11个区园林绿化局通过微信公众号、官方融媒体、抖音等多种新媒体

和移动传媒发布"世界湿地日"科普宣传文章，营造良好的湿地保护舆论氛围；翠湖湿地公园精心策划线上"湿地知识知多少"调查问卷赢公园门票活动，激发公众参与热情；东城、丰台等5个区园林绿化局通过张贴海报、悬挂横幅、播放科普宣传片、摆放展板、发放材料、设咨询台现场答疑等形式向市民普及湿地及野生动植物保护科普知识。活动期间，在《人民日报》、新华网、《北京日报》、北京电视台等20余家媒体和首都园林绿化政务网等公众号刊发宣传报道20余条，悬挂宣传横幅20余条，张贴海报300余份，组织发放各类宣传材料1万余份，线上科普文章阅读量1万余次。

【沙河湿地公园开工建设】 4月，京北湿地生态系统再升级，沙河湿地公园项目正式开工。项目位于北运河源头，是北京城市副中心区域和北运河流域水生态环境治理的重要节点，是践行习近平总书记"山水林田湖草是一个生命共同体"生态理念的重要举措。项目占地面积520余公顷，分沙河水库段、温榆河段，设置乐跑运动、休闲游憩、湿地科普、郊野体验4个功能区，是一座以生态涵养为主，兼具林下休闲、科普展示功能的湿地公园。建设内容包括湿地生态

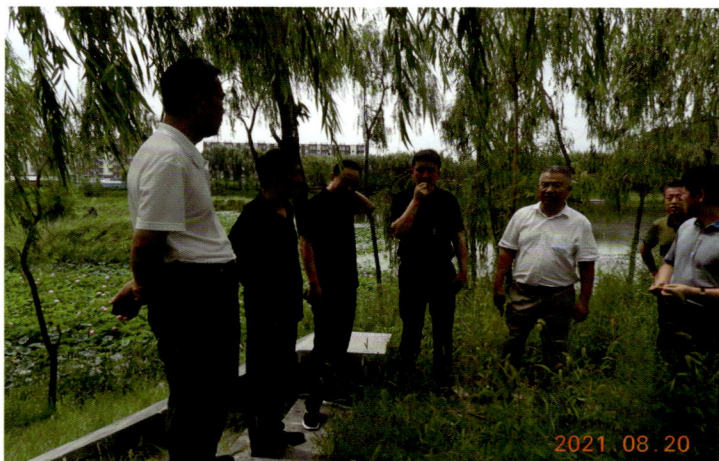

8月20日，北京市园林绿化局（首都绿化办）领导与中国林业科学研究院湿地研究所专家到房山区窦店开展湿地调研（野生动物和湿地保护处 提供）

修复和公园建设工程，新植树木4.4万株、湿生植物6.5万平方米、地被54万平方米，新建园路4.3万平方米，新建生态停车场4处、驿站5处。工程于2021年底完工。

【印发《北京市湿地保护发展规划（2021—2035年）》】 8月18日，市园林绿化局、市水务局、市农业农村局、市发展改革委、市财政局、市规划自然资源委、市生态环境局、市科学技术委员会联合发布《北京市湿地保护发展规划（2021—2035年）》。《规划》的实施，将在确保湿地总量不减少前提下，显著提升湿地质量、生态功能，提升居民生活质量和城市宜居性，为建设生态文明和国际一流和谐宜居之都奠定生态基础。

【北京市第二批市级湿地名录正式公布】 年内，北京市公布第二批市级湿地名录。包括12个市级湿地名录单位，分为河流湿地、公园湿地和湿地公园3种类型。截至2021年底，全市47块湿地列入市级湿地名录，总面积70000余公顷，占全市湿地总面积46%。

【温榆河公园顺义一期建设】 年内，市园林绿化局邀请中国林业科学研究院专家实地指导温榆河公园顺义一期建设。专家建议，要坚持保护优先、自然恢复为主的原则，强化水系联通，开展土壤改良，宜林则林、宜灌则灌、宜湿则湿，打造山水林田湖草综合治理标杆；强化野生动物栖息地恢复，通过增加食源蜜源植物，适度留野，给野生动物留出生存空间，吸引野生动物"安家落户"。

【延庆百康湿地生态修复建设工程实施方案评审会】 年内，市园林绿化局、延庆区园林绿化局组织召开延庆百康湿地生态修复建设工程实施方案评审会。评审专家要求，要遵循生态优先、自然恢复、最小人工干扰原则，开展湿地生态保护修复，提升湿地生态质量，改善区域生态环境；要统筹考虑湿地生态、鸟类多样性恢复、休闲游憩、科普宣教等功能，促进周边区域美丽乡村建设；自然保护区区域要严格依照自然保护区相关法律法规开展工程建设。

【湿地资源动态监测监管】 年内，建立健全湿地资源年度监测工作机制，掌握湿地资源动态变化，及时发现、制止、处置涉及侵占湿地、违规违章建设等违法行为，提升湿地保护管理工作水平。

【公布《小微湿地修复技术规范》】 年内，北京市地方标准《小微湿地修复技术规范》（DB11/T 1928—2021）通过北京市市场监督管理局批准并正式公布。规范是根据国内外湿地恢复建设技术、案例研究，结合北京市湿地资源的实际情况进行设定和定义，明确小微湿地的功能目标及基本原则，提出形状、基质、岸带、水质水量、植物及栖息地等小微湿地修复主要技术指标和参数，对监测与运营维护做出相关规定。规范为北京市小微湿地修复提供技术支撑，对提升全市湿地面积，改善市域的生态环境具有重要意义。

（湿地保护：唐波 供稿）

林草种质资源保护

【概　况】 2021年，市园林绿化局以修订制定《北京市种子条例》为抓手，梳理谋划种质资源保护体系，强化林草种苗行业监管，完善相关政策法规，稳妥做好工作衔接，稳中求进完成年度任务。

【制订《北京市种子条例》】 年内，市园林绿化局开展《北京市种子条例（园林绿化部分）》制订工作。编制1份专题调研报告，组织召开10余次专题研讨会，邀请市人大常委会开展3次立法调研，参与修改条例草案20余稿，将5条林草种苗特色内容写入条例草案。

【《北京市重点保护天然林木种质资源目录》施行】 《北京市重点保护天然林木种质资源目录》明确了纳入北京市全域范围重点保护的天然林木种质资源共计47种，包括已列入《北京市重点保护野生植物名录》的木本植物30种，其他重要林木种质资源17种。《目录》的出台，进一步强化了种质资源作为国家战略资源的重要地位，为依法保护天然林木种质资源提供支撑，为规范开展科学研究、良种选育以及种质资源更新奠定基础。

【修订《北京市主要林木目录》】 年内，在《中华人民共和国主要林木目录（第一批）》《中华人民共和国主要林木目录（第二批）》的基础上，结合北京市园林绿化工作实际，对《北京市主要林木目录》进行修订，确定青檀、溲疏属、山梅花属、白鹃梅属、木本香薷、荚蒾属、六道木属、菊属为北京市主要林木。

【种质资源保护规划】 年内，市园林绿化局编制《北京市林草种质资源分级分类保护利用规划（草案）》，初步提出"林草花果"一体、原地保护为主保护思路，"151"保护布局（1个国家设施主库、5个国家级迁地库和100个原地库）。参与编写《种业振兴行动方案》，与北京市农业农村局一起将种质资源保护、种业创新攻关、种业企业扶优和种业基地提升等任务纳入行动方案。

【国家林木种质资源库和国家林木良种基地管理】 年内，全市现有国家重点林木良种基地2处、国家林木种质资源库1处，总面积173.07公顷。已累计收集保存白皮松、海棠、彩叶树种等种质资源481份，持续开展生物学特性、物候期和抗性等性状调查、测定，建立种质资源电子档案并纳入国家林木种质资源信息平台管理。累计选育新品种1个，培育林木良种19个，年产良种穗条10万株，部分良种在新一轮百万亩造林绿化工程中得到了推广应用。落实国家对良种基地和种质资源库的管理要求，组织年度作业设计评审、中期现场监督、年终专家考核，加强林木良种苗木供应能力，提升林草种质资源保护利用水平。

（林草种质资源保护：马卓 供稿）

古树名木保护

【概　况】 2021年，以"古树名木体检全覆盖"为重点，全面开展体检工作，形成"一树一档"体检报告。编制完成《北京市古树名木保护规划》，指引保护工作长足发展。出台《首都功能核心区古树名木保护行动计划工作方案》，稳步推进核心区濒危衰弱古树名木抢救复壮。持续推进密云区古树主题公园、房山区古树保护小区等试点建设，加强古树及生境整体保护。开展巡查，构建问题发现—反馈—跟进全流程管理，压实管护责任。

根据全国第二次古树名木资源普查北京市成果报告显示，全市共有古树名木4.1万余株，16个区均有分布，其中古树4万余株，占全市古树名木总株数的97%；名木1300余株，占总株数的3%。其中，一级古树6100余株，占古树总株数的15%，二级古树34000余株，共计33科55属72种。主要集中在侧柏、油松、桧柏、国槐等乡土树种，白皮松、银杏、榆树、枣树、华山松、楸树、落叶松等也占一定比例。

（曲宏）

【古树名木保护专题研究】 1月11日，首都绿化办主任邓乃平专题研究《北京市古树名木保护规划（2021年—2035年）》《首都功能核心区古树名木保护行动计划（2021年—2022年）工作方案》，听取工作汇报，肯定工作成果，要求吸纳意见建议，完善工作方案。

（曲宏）

【2021年首都古树名木保护管理工作会】 2月23日，2021年首都古树名木保护管理工作会在市政府2号楼306会议室召开。会议印发《2021年古树名木保护管理工作要点》，从规划编制、组织体检、抢救复壮、创新试点、智慧管理、依法行政、公众参与等十个方面部署安排2021年古树名木保护管理工作。中直机关绿化办、中央国家机关绿化办、全军绿化办、北京市城市管理综合行政执法局、北京市文物局、北京市公园管理中心，各区园林绿化局及局直属林场主管领导50余人参加会议。

（曲宏）

【印发《首都功能核心区古树名木保护行动计划（2021年—2022年）工作方案》】 2月26日，首都绿化办印发《首都功能核心区古树名木保护行动计划（2021年—2022年）工作方案》，要求通过古树名木体检不断优化古树生长环境，实现养护管理标准化、综合管理信息化，同时深入挖掘历史文化内涵，推进古都古树相伴相生，全面提升核心区古树名木保护管理精细化程度和水平。

（曲宏）

【2021年古树名木体检专题会】 3月5日，首都绿化办组织召开2021年古树名木体检专题会。会议听取《北京古树名木健康状况体检报告》、古树

名木智慧管理系统和体检App完成情况。会议指出，进一步提炼、总结《北京古树名木健康状况体检报告》，有效支撑古树名木精细化管理；智慧管理系统和体检App，是提高体检工作效率提供科技保障，要不断丰富完善功能，实现数据分级分类，推动古树名木信息化管理；尽快组织各区园林绿化局、各相关单位开展全市古树名木体检启动暨培训班，全面启动全市古树名木体检工作，做好相关技术支持，落实市领导关于"做好古树体检"要求，确保完成"体检全覆盖"任务。

（曲宏）

【古树名木体检启动暨培训班】 3月11日，首都绿化办在北京市园林科学研究院通过线上线下方式组织召开全市古树名木体检启动暨培训班。培训围绕《北京古树名木健康状况体检报告》、古树名木病虫害分类与识别、古树体检App使用等内容开展，各区园林绿化局、体检承担单位、市公园管理中心所属各公园领导和工作人员100余人参加。全市正式启动古树名木体检工作。

（曲宏）

【国家林业和草原局领导调研北京古树名木保护管理】 5月22日，国家林业和草原局领导赴北京市园林科学研究院调研北京古树名木保护管理工

作。调研领导听取北京市古树名木保护管理和京津冀古树保护研究中心关于古树名木保护研究重点、方向、成果及推广应用等工作汇报，考察古树基因保存圃、树龄实验室、树洞检测室、标本室等，对有关工作给予充分肯定。

（曲宏）

【古树名木保护管理专题会】 8月27日，首都绿化办组织召开古树名木保护管理专题会。会议深入研究落实古树名木管理责任制，加强精细化管理有关事宜。会议印发《关于开展古树名木安全隐患和损害行为排查工作的通知》，全面排查因强风、暴雨等极端天气和人为因素造成古树名木受损情况，进行整改，确保人身财产安全和古树名木健康生长。

（曲宏）

【古树健康保护国家创新联盟】 9月23日，"古树健康保护国家创新联盟"筹建大会在北京市园林绿化科学研究院召开。会议指出，古树是历史见证者，是活的文物，古树保护工作受到社会广泛关注，国家级创新联盟平台的建立，是深刻落实生态文明理念，提高古树保护技术，创新性发展古树保护事业，实现高质量发展重要举措。会上宣读联盟理事会、秘书处、专家咨询委员会成员及联盟章程。

（曲宏）

【落实市领导批示】 10月19日，北京市市长陈吉宁到首都绿化办调研时强调，对采取浇灌水泥、钉铁板等老方式保护的古树，在不造成二次伤害前提下，改用先进技术方式进行更好保护。22日，首都绿化办专题研究市领导指示，建立全市古树名木保护管理巡查检查机制，开展巡查检查工作。

（曲宏）

【研究修订《〈北京市古树名木保护管理条例〉实施办法》】 11月1日，首都绿化办组织专题会研究修订《〈北京市古树名木保护管理条例〉实施办法》。会议要求对照《北京市古树名木保护管理条例》修订内容，对标国家林业和草原局文件认真研究、逐条梳理，做好衔接；明确市、区园林绿化部门职责，细化管护责任单位和责任人权利义务，会同市文物、城管、公安等部门厘清职责分工。

（曲宏）

【古树名木联动保护工作座谈会】 11月11日，首都绿化办、北京市城市管理综合行政执法局就古树名木联动保护工作进行座谈。会议就建立联动工作机制、联合出台2022年古树名木专项行动工作方案，联合宣传古树名木保护相关法律法规等方面进行研讨并达成共识。

（曲宏）

【印发《北京市古树名木保护规划（2021年—2035年）》】 12月10日，首都绿化办印发《北京市古树名木保护规划（2021年—2035年）》，包括古树名木保护现状、新形势、总体目标及保护格局、重点任务，近期行动等八个方面66条。

（曲宏）

【古树保护主题公园建设】 年内，首都绿化办探索创新古树名木保护新模式，建成密云区"九搂十八杈"古柏主题公园、房山区古树保护小区、昌平区康陵古树乡村等古树名木主题公园、古树保护小区、古树乡村、古树街巷，古树社区试点20处，进一步加强古树及生境整体保护。

（曲宏）

【古树名木保护管理信息化平台建设】 年内，首都绿化办搭建完成古树名木保护管理信息化平台。信息平台主要由北京古树名木分布"一张图"、古树名木体检信息、日常养护、巡查、抢救复壮、专家诊治等板块组成，为全市古树名木精细化、精准化管理奠定基础。同时，推进市、区两级古树名木保护管理信息平台对接，提升现代化治理能力和治理水平。

（方芳）

【古树保护宣传】 年内，首都绿化办持续开展"让古树活起来"系列宣传活动，通过新华网、北京电视台、《北京日报》、"北京古树"微信公众号等媒介，挖掘古树名木历史文化内涵，宣传古树保护新理念及系列保护成果，不断提升公众保护、爱护古树名木意识。

（曲宏）

（古树名木保护：曲宏 供稿）

林业有害生物防治

【概况】 2021年，北京市实际完成松材线虫病春季普查面积10.68公顷、秋季普查面积10.8公顷，完成美国白蛾防治任务26.51万公顷次。防治作业面积共计30.98万公顷次。在通州、大兴、房山等9个区开展飞机预防作业907架次，预防控制面积9.07万公顷，全面完成国家林业和草原局下达的年度防治任务。

（高灵均）

【首届全国林业有害生物防治员职业技能大赛】 3月30—31日，首届全国林业和草原行业职业技能竞赛在福建泉州举办。市园林绿化局制订《北京市2020年全国林业和草原行业职业技能竞赛林业有害生物防治员职业选拔工作方案》，组建市林业有害生物防治员职业选拔赛临时工作领导小组，通过线上培训面试、线下模拟比赛、决赛等3轮选拔，前三名选手组成北京代表队参加全国竞赛。北京代表队通过理论考试实操竞技，最终获得团体比赛一等奖、一个个人二等奖、两个个人三等奖的好成绩。全国各省（区、市）34支代表队102人参加竞赛，相关媒体进行宣传报道。

（高灵均）

【2022年北京冬奥会和冬残奥会生态安全服务保障】 年内，市园林绿化局制订印发《2022年北京冬奥会冬残奥会林木有害生物防控方案》，加强场馆及其周边常发性林业有害生物防治。在张家口市怀来县东花园镇、赤城县大海陀乡海陀小镇建立延—怀、延—赤林业有害生物联合监测点2个，与河北省在冬奥赛区及周边联合开展监测检查、检疫监管；在冬奥会场馆及周边布设林业有害生物监测点20个，严防松材线虫病入侵，累计检疫检查苗木88.9万株，检查电缆盘及包装物320余件，复检苗木13.9万株、草籽3160袋。及时指导除治冬奥村内部树木发现的美国白蛾危害，防止危害进一步扩散蔓延。加强应急管理，建立防治应急队伍，开展应急防治演练，储备防治器械264台，应急药品5吨。

（高灵均　周在豹）

【第三代美国白蛾防控】 年内，市园林绿化局针对第三代美国白蛾幼虫在全市危害严重问题，成立防控专班，召开

专家论证会，科学制订第三代美国白蛾防控技术方案。印发《加快治理第三代美国白蛾的紧急通知》，通过分区包片、日报告和日调度等工作机制，压实街乡责任，集中时间组织力量科学除治。组织编制《美国白蛾查防要点》，发布小视频6个，累计点击量4.48万余人次，组织线上培训近2万人次。全市开展拉网式检查，布设美国白蛾监测测报点2479个，累计监测巡查受害林木244791株，预防与防治606117株次，出动车辆6万台次、专业人员21万人次，巡查92万千米。受理第三代美国白蛾舆情3921件，办结率100%，市民满意率95%以上。

（高灵均　周在豹）

【松材线虫病防控】 年内，市园林绿化局组织开展2021年松材线虫病春秋两季普查，完成松材线虫病春季普查面积

106802公顷、秋季普查面积108040公顷，累计巡查12292人次，巡查路线10036条，发现死亡松树7270株，对疑似松材线虫病疫木564株及时进行取样送检，未检出松材线虫。制订印发《全国松材线虫病疫情防控五年攻坚行动北京市实施方案（2021—2025年）》，报国家林草局备案。成立北京市松材线虫病专家委员会，启动松材线虫病等检疫监督执法专项行动（2021—2025年），持续加大林业植物检疫监督执法力度，确保首都资源安全、生态安全、生物安全。贯彻落实《国家林业和草原局关于科学防控松材线虫病疫情的指导意见》，新增1个市级松材线虫病分子检测中心，对怀柔区、蓝狐天敌中心2个市级松材线虫病检测鉴定中心进行实地考察评估，目前全市共5个市级检测中心和3个区级检测中心，持续开展疑似

9月27日，北京市园林绿化局（首都绿化办）在全市范围内开展第三代美国白蛾防治进社区活动（何建勇 摄影）

松材线虫病疫木样品初检工作。妥善处置松木包装物携带松材线虫情况，并及时向市政府和国家林草局报告。

（高灵均　郭蕾）

【外来有害生物入侵防控】 年内，市园林绿化局贯彻落实农业农村部等9部委《关于加强红火蚁阻截防控工作的通知》精神，根据国家林草局生物灾害防控中心《关于进一步加强红火蚁防控工作的通知》要求，加强外来有害生物红火蚁入侵防控工作，印发《北京市园林绿化局关于组织开展红火蚁阻截防控工作的通知》，安排部署红火蚁阻截防控，结合北京市实际，制订红火蚁监测巡查技术方案，指导各区科学监测，全面阻截红火蚁入侵。

（高灵均）

【重大林业有害生物防治】 年内，市园林绿化局根据国家林草局部署，向各区印发《关于下达2021年度松材线虫病美国白蛾等重大林业有害生物防治任务的通知》，将红脂大小蠹、白蜡窄吉丁纳入年度防治任务予以布置，要求各区结合重大林业有害生物发生和防治特点，进一步分解防治任务，制订防治方案，完成防治任务。11月，市园林绿化局对各区年度防治任务进行考核，各区均圆满完成各项防治任务。

（高灵均）

【林业有害生物防治条例立法】 年内，市园林绿化局制定《北京市林业有害生物防治条例》（简称《防治条例》）局内调研工作方案，制订《北京市森林资源保护管理条例》（林业有害生物防治部分）（简称《森保条例》）调研论证工作计划，成立立法调研工作领导小组。围绕《防治条例》立法筹备、《森保条例》修订、《新形势下林业有害生物防治检疫工作思考》调研任务、《森林法》规定的防治任务考核、分级分类防治等内容开展市内调研，为《防治条例》和《森保条例》（林业有害生物防治部分）内容起草做好准备。

（高灵均）

【林业植物检疫监管】 年内，市园林绿化局持续优化营商环境，植物检疫证书承诺办结时限由10个工作日缩减为7个工作日。研究梳理全市常用应施检疫植物及植物产品，制定《北京市常用应施检疫植物和植物产品名单及其检疫要求》。全市签发产地检疫合格证1523份、植物检疫证书（出省）197份、森林植物检疫要求书21435份及引进林木种子、苗木检疫审批单2969张，累计悬挂本地苗木电子标签123.8万个，完成630批次国外引种事中事后监管，64人通过检疫员培训考试。

（高灵均）

【林用农药安全使用指导】 年内，市园林绿化局组织编制《北京市林用药剂药械科学安全合理使用指南（第一版）》《园林绿化系统农药统计管理办法》，摸清农药使用底数，指导农药科学安全使用。开展2021年食用林产品农药规范使用情况检查和平原生态林违规使用农药检查，重点查看农药使用情况、是否危害生态环境、农药包装废弃物处置情况、农药贮存和档案记录，未发现违规使用农药行为，对个别单位不规范行为加以指导，责成改正。

（高灵均）

【北京林业有害生物防控协会】 年内，北京林业有害生物防控协会完成年检工作。围绕专家智库支撑、技术培训、科技创新、科普宣传等方面，开展专家巡诊、会诊10次，技术培训10次，参训人员10万余人次，志愿科普宣传活动41次，受众1928人，制定发布团体标准2个。通过协会平台调动企业力量，在第三代美国白蛾防治中发挥重要作用。会员单位《林业有害生物智能防控装备研发》项目成果获得2021年国家林业和草原局梁希林业科学技术奖技术发明奖二等奖。

（高灵均）

（林业有害生物防治：高灵均供稿）

公园建设与管理

公园行业管理

【概　况】 2021年，公园管理工作紧紧围绕园林绿化中心工作，坚持"服务百姓、服务基层、提升公园管理品质"宗旨，以党史学习教育为主线，突出公园重大节庆服务保障、安全管理、文化建设，持续抓好常态化疫情防控，聚焦公众关注关切问题，抓整治、促提升、补短板、强监管，满足市民群众"七有"（幼有所育、学有所教、劳有所得、病有所医、老有所养、住有所居、弱有所扶）、"五性"（便利性、宜居性、安全性、公正性、多样性）新需求，全面提升全市公园现代化、精细化管理水平。

（刘静）

【建党100周年公园服务保障】 年内，市园林绿化局完成建党100周年公园服务保障任务。全市公园开展园容园貌清洁行动，设置花坛119个、花钵1835个、地栽花卉33万平方米，营造喜庆热烈庆祝氛围；组织市属、区属公园完成建党100周年空中表演水面迫降保障、指挥部驻扎、人员远端集结疏散等多项保障任务。

（刘静）

【节假日大客流管控工作】 年内，市园林绿化局指导有关公园做好节假日大客流研判应对工作。建立"市—区—园三级值守""重点预约和客流监测""多部门联动协作"工作保障机制；指导36家大客流公园在红叶节、国庆、中秋等高峰节点制订应急预案；组织16个区推出20处赏叶片区，有效分流香山红叶观赏季游客。

（刘涛）

【公园常态化疫情防控】 年内，市园林绿化局抓好公园行业常态化疫情防控。在春节、暑秋季、国庆等重要时间节点印发工作方案、防控措施、行业安全管理措施，部署行业疫情防控最新工作要求。严格落实公园常态化疫情防控措施，坚持"限量、预约、错峰"原则，每日实时监测433家重点公园的游客量，全市76家客流量较大的公园实行预约入园；严格落实扫码登记、体温检测、佩戴口罩、清洁消杀、谢绝黄码、红码等入园防控措施，堵塞漏洞风险；加强检查巡查，提醒游客科学佩戴口罩，不扎堆、不聚集。加强职工健康管理，3.65万名行业人员实施每日健康监测，妥善处置异常情况。

（梁佳琪）

【爱国卫生运动】 年内，市园林绿化局组织全市公园开展爱国卫生活动。通过卫生大扫除、除"四害"、排查美国白蛾等行动，强化园区餐饮场所卫生管理，营造健康、安心的游园环境；全市公园出动垃圾分类引导员11万人次，开展宣传引导33.4万余次，倡导市民游客主动做好垃圾分类，合力营造

9月25日，永定河森林公园冬奥马拉松大本营启动试运行工作（赵云 摄影）

9月26日，北京市园林绿化局在地坛公园举办公园条例宣传暨文明游园主题宣传活动（何建勇 摄影）

干净、整洁的游园环境。

（刘涛）

【公园文化建设】 年内，市园林绿化局推出多项公园文化创新活动。开展"追寻建党百年革命足迹，弘扬北京公园红色文化"主题活动，指导完成陶然亭公园慈悲庵等4处革命活动旧址展览展陈和周边环境提升；梳理香山公园等15家公园革命史迹和红色资源，推出

《北京公园红色旅游地图》，市民"打卡"200万人次；市属7家公园9处爱国主义教育基地，推出10项红色展览和32项特色项目，区属公园推出情景党课、场景重现舞台剧等各类纪念活动；市属公园文创产品、创意活动品质不断提升，文创产值1.85亿元。

（刘静）

【北京 2022 年冬奥会和冬残奥

会服务保障】 年内，市园林绿化局稳步推进北京2022年冬奥会和冬残奥会服务保障工作。结合第八届北京冰雪季进行冬奥冰雪环境布置和文化宣传，18家公园开展冬奥知识宣传等文化活动40项，助力实现"带动三亿人参与冰雪运动"目标；26家公园开设34处场地，推出冰上乐园、冰雪嘉年华等冰雪主题活动，140万人次参与；结合"12·4"国家宪法日宣传活动，组织公园开展冬奥法治宣传。

（滕浩）

【巩固公园配套用房出租清理整治成效】 年内，市园林绿化局督促完成公园配套用房出租持续整改问题24项。建立联合检查工作机制，会同市财政局、市国资委开展"回头看"等年度专项检查，通报并督促整改发现问题；完成《北京市公园配套用房管理办法》《北京市财政局 北京市园林绿化局关于加强公园运维管理做好经费保障的指导意见》配套制度自查，更新管理台账，逐步提升全市公园配套用房规范化管理水平。

（辛颖）

【文明游园专项整治行动】 年内，市园林绿化局加大文明游园宣传引导。全年开展志愿服务6万人次，劝阻不文明行为54万次，组织志愿者在紫竹院公园、城市绿心森林公园、地坛公园开展"文明游园我最美，生态文明我先行"主题宣传活动，助力首都公园共建共治。与属地公安、城管等部门联合执法527次，47人被列入旅游"黑名单"。编发《文明游园整治行动专刊》56期，提升公园精治共治法治水平。自2020年5月启动文明游园专项整治行动以来，践踏草坪、攀折花木、随意遛狗等不文明游园现象下降三成。

（梁佳琪）

【公园品质提升专项行动】 年内，市园林绿化局持续开展"补短板、促提升，提高公园综合服务保障水平"整治提升行动。聚焦资源保护、绿化养护、设施维护、服务保障等公众关切的9项内容，以爱国卫生运动为指引，全年裸露地治理32公顷、新建改造厕所65座、修补设施6000处、治理标语801处、清洁二维码2600处等，科学利用管理野草原生地被，开展龙潭中湖等公园自然带示范工作。

（刘涛）

【助老助残扶幼工作】 年内，市园林绿化局统筹做好助老助残扶幼工作。推动公园内无障碍设施建设211处，为老年人等特殊群体提供代查健康宝、现场预约指导服务，消费场所保留现金支付渠道，解决老年人"数字鸿沟"问题。结合新建的10处城市休闲公园，设置篮球、足球等体育场地18处，

拓展公园运动功能，提升各类群体游园体验。

（刘涛）

【公园智慧化管理】 年内，市园林绿化局多举措推动公园智慧化管理。搭建全市公园风景区统一预约平台，提高市民预约入园的便利性和高效性；同时收集分析预约数据，解决预约途径"小散低"现象。建立公园游客量监测平台，通过生成热力导图及时掌握重点公园实时客流情况，有效应对常态化疫情防控大客流，防止游客扎堆聚集。推进公园门区健康宝自助查验系统等智慧化建设，万寿公园等22家公园门区设置智能健康宝自助查验系统，游客通过刷身份证、医保卡、老年卡实现健康宝快速核验入园；34家公园推动5G场景应用，助力公园管理、消费、安保开发等智慧化建设。

（刘静）

【公园分类分级】 年内，市园林绿化局开展全市公园分类分级和目录梳理工作。以北京城市总体规划和园林绿化专项规划为依据，确定全市1050家公园的类型、级别（七类四级），为实现差异化、精细化公园分级分类管理、构建公园游憩服务体系奠定基础。

（刘静）

【公园结对帮扶】 年内，市园林绿化局持续推进公园结对帮扶工作。各公园通过线下观摩、

研讨、援助和线上云交流、云培训等多种形式进行交流。11家市属公园与帮扶公园在公园组织管理、制度建设、服务接待、设施建设、绿化养护、安全管理等方面开展交流帮扶、互通有无；与密云区等郊区公园开展结对帮扶，全面提升公园服务管理水平，实现城乡公园一体发展、共同进步。

（刘静）

【精品公园复查】 年内，市园林绿化局组织专家对全市54个精品公园开展复查。按照《精品公园评定标准》，从规划设计与施工、绿化管理、卫生管理、设施管理、服务管理、安全管理、档案及资料管理七个方面进行检查，通报检查结果，督促公园加强精细化管理，提升服务管理水平。

（刘静）

（公园行业管理：辛颖 供稿）

森林公园建设与管理

【概　况】 2021年，全市森林公园以第九届北京森林文化节为统领，丰富文化活动，强化规范管理，提升服务质量，全年接待游客近2000万人次。

【森林步道建设】 年内，市园林绿化局完成《太行山国家森

4月2日，西山国家森林公园管理处在无名英雄广场组织祭奠先烈活动（何建勇 摄影）

林步道（北京段）总体规划》编制，开展北京森林步道形象标识LOGO征集、审定和发布，编制《北京森林步道标识标牌设计规范》。建成首条示范森林步道，串联北京市京西林场京西古道，建成长21千米大台森林步道，串起众多古村古道古桥古迹，沿途修建栈道吊桥、护坡挡墙等，设置标识标牌。森林步道成为国有林场反馈社会公众的崭新载体。

【疫情期间森林公园管理措施】年内，市园林绿化局将新冠肺炎疫情防控始终摆在森林公园应急管理首位，严格要求、督促检查各项常规防控措施落细落实。全市31个森林公园，除8家森林公园不具备开放条件，其余23家森林公园30个景区全部对外实行预约制开放。组织开展垃圾分类、卫生大扫除、杨柳飞絮治理，深入推进爱国卫生运动。主汛期间，盯紧极端天气预报预警，及时部署开园闭园。节假日期间，强化大客流应对。开展森林公园安全检查30余场次，保障森林公园平稳运营。

【森林公园规范化管理】年内，市园林绿化局以"接诉即办"件反映问题治理为抓手，促进森林公园整改提升、提质增效。接到局属5家森林公园（不含共青森林公园）诉求142件，集中反映设施设备、开闭园时间、安全管理等问题，组织召开视频会议，通报以上诉求情况，开展相关培训，部署自查整改，制订管理规范，促进公园管理精细化、服务优质化。

【森林文化建设】年内，北京市各森林公园开展多彩活动，丰富服务内容。服务保障建党百年和党史学习教育活动，组织梳理森林公园红色资源，指导西山无名英雄广场增加服务设施、完善服务流程，接待中央及市级单位700余个5.6万人次。举办第九届北京森林文化节，从春天到冬天，从城市到郊区，全年开展200余场森林文化活动，分为游赏、体验、科普、音乐、展览五大类型，深受市民喜爱。组织春赏花、秋观叶宣传活动10余场次，喇叭沟门、上方山、八达岭、西山、十三陵等森林公园文化深入人心。

（森林公园建设与管理：马卓 供稿）

绿色产业

果品产业

【概　况】　2021年，北京市果树种植面积12.56万公顷，其中鲜果5.69万公顷，干果6.87万公顷。全市春季发展果树760.2公顷、72.6万株；利用"改品种、改树形、改土壤、减密度、减化肥、减农药"等技术，新植果树162公顷、27.1万株，更新428.13公顷、34.1万株，高接换优173.6公顷、11.8万株。立足区域主导优势产业，在平谷区发展桃树306.67公顷，密云区发展板栗168.13公顷，房山区发展核桃68.93公顷，着力提高产业质量与效益。2021年以筹备第九届国际樱桃大会为契机，积极推动樱桃产业的发展，结合北京消费季举办花果蜜乐享季系列活动，实施品种优化、土壤改良、节水灌溉、果园物联网等技术试验示范推广，推进

全市果树产业由规模型向安全生产、优质高效转型升级。

【北京冬奥会和冬残奥会果品服务保障】　年内，市园林绿化局严格落实北京冬奥组委和北京市委、市政府关于服务和保障冬奥会要求，高标准遴选2批4家水果干果备选供应基地；制订印发《北京2022年冬奥会和冬残奥会水果干果供应服务和质量安全保障工作方案》，在供应基地遴选保障、质量安全保障、仓储物流安全保障3方面提出9项具体要求，抽样检测备选基地成熟期果品20批次，确保入库产品农残达标。

【筹备参加第九届国际樱桃大会】　年内，市园林绿化局建立第九届国际樱桃大会官方和网络视频会议系统。11月组织召开第九届国际樱桃大会学术会议论文征集工作研讨会议，向国内外发送500余份论文征集函，征集国内外樱桃专

家、学者大会交流材料。以顺义环舞彩浅山和潮白河沿岸樱桃产业带为中心，带动海淀、昌平、通州、门头沟、大兴等樱桃主产区发展，形成环六环樱桃观光采摘带，全市种植樱桃3296.7公顷，产值超3亿元，采摘游客量59万人次，采摘收入超1.2亿元。对顺丽鑫樱桃园等五大樱桃园进行科普文化、特色景观营造和樱桃管理技术提升，引进、推广樱桃新优品种30余种，新成果、新技术10余项。

【全市果树产业政策研究】　年内，市园林绿化局结合全市第九次园林绿化资源专业调查数据，完成全市经济林在固碳释氧、涵养水源等方面生态服务价值测算，初步测算经济林生态服务价值约25亿元。以生态涵养区22个村作为调研对象，形成《关于经济林生态补偿政策的研究报告》，为经济林生态效益补偿政策出台奠定

基础。与北京市规划和自然委员会（简称"市规划自然资源委"）、农业农村局研究出台《关于加强和规范设施农业用地管理的通知》，解决 2 公顷以上规模化果园、设施花卉附属服务设施用地（2%，≤0.67公顷）政策问题。落实果园机械补贴、高效节水政策，7 个大类 88 类品目果园机械纳入国家级、市级农业补贴政策范围，并根据生产实际需求持续补充和调整；设施果花生产享受"菜篮子工程"同等补助政策，有效推进产业向现代化方向发展。

【挖掘保护传承振兴老北京水果资源】 年内，市园林绿化局落实市主要领导对老北京水果、"京字号"果品保护和发展批示精神，系统梳理全市老北京水果资源分布、存在问题，编制《老北京水果资源名

录》，与市农业农村局联合制订《联动服务、联动推介助力老北京水果品牌建设的工作方案》，围绕示范基地建设、科技服务、品牌建设等 16 项具体措施推动老北京水果提质增效；编辑出版《春华秋实——京·果花蜜发现之旅》宣传专刊 12 万册，提升影响力；围绕北京国际消费中心城市建设和北京"消费季"活动，组织开展"2021 北京花果蜜乐享季"系列活动 10 余场，带动全市果品观光采摘、乡村旅游 1000 万人次。

【推动产业绿色生产方式】 年内，市园林绿化局组织实施果园有机肥替代化肥试点示范，减少农业面源污染，推进土壤改良。市级层面预算资金 5600 万元，集中采购有机肥 10 万吨，对 13 个区 3333.33 公顷鲜果园进行土壤改良；区级层面

顺义等区项目 3333.33 公顷。开展绿色生物防控，平谷区实施桃树绿色防控，发放低毒药剂 3406.67 公顷；推广果园综合管理技术，包括果园自然生草、花期放蜂、果实套袋、疏花疏果等技术应用，全市实施果园生草面积 46666.67 公顷。

【果园土壤分类管控】 年内，市园林绿化局结合全市园地三类土壤和果园生产实际情况，制订《关于统筹做好北京市园地分类管理工作方案》《受污染园地土壤安全利用与修复治理技术参考方案》。会同平谷区农业农村局建立经营台账，明确严格管控类土壤涉及村、果园名称、果园面积、经营主体姓名、联系方式、主要果树种类等信息。抽样检测平谷区严格管控类地块桃产品，抽取样品 7 个，检测结果均符合国家标准；抽样检测严格管控类地块土壤，抽取土壤样品 15 个，检测结果均在 GB 15618—2018 标准中风险管制值以下。

【果品综合示范基地建设】 年内，顺义区对顺丽鑫樱桃园、双河果园等五大樱桃园进行科普文化、特色景观营造和樱桃管理技术提升，组织实施"樱桃新优良种引进与设施高效栽培技术示范"科技示范推广项目；密云区出台《密云区精品果园建设标准及奖励扶持办

9月28日，组织开展果树有害生物防控工作（何建勇 摄影）

法（试行）》，在果树发展、果品安全基地建设、精品果园建设、板栗提质增效等方面进行扶持，建立示范基地53个，种植面积0.37公顷；大兴区在魏善庄、北臧村、榆垡等镇建立桃树、苹果、梨等名优品种示范基地4个；平谷区强化"国桃"生产示范建设，建立8个"国桃"示范园；海淀区围绕樱桃和玉巴达杏等特色果品，在温泉、苏家坨镇建设高效栽培樱桃、桃、玉巴达杏示范园；延庆区实施果品示范基地建设项目。改造提升葡萄园26.67公顷，国光苹果基地13.33公顷，繁育微型葡萄、苹果大果树盆景8000余盆，苹果微型盆景2.5余株。

【桃种质创制及品种选育】 年内，平谷区开展平谷大桃种业创新，在种质创新、绿色生产、采后销售等全产业链环节突出示范引领，集中产学研优势力量，着力解决种质创新、绿色生产、采后销售等关键环节问题。建成10公顷"新品种、新技术、新模式"应用场景展示示范基地，栽植10个新品种、7000余棵桃树，为后续新品种示范推广、苗木繁育采集接穗和品种选育提供保障。采用"1+1+5"模式，带动大华山镇、刘家店镇5个规模化示范基地建设，共计69.33公顷，形成"一园带多园"发展

格局。

【2021北京花果蜜乐享季系列活动】 年内，市园林绿化局助力北京国际消费中心城市建设，组织实施"百万市民观光采摘京郊行""北京花果蜜乐享季"系列活动，市、区、乡镇联动组织果品观光采摘、花卉文化节、蜂产品展销等特色活动近百场，推广"京字号"花果蜜品牌，打造林业产业新业态。开展北京花果蜜乐享季主题日、北京精品梨大赛、北京花果蜜文化遗产展示推介等主题活动。突出"京字号"特色，深度融合京韵文化，吸引游客参与观光消费，拓展新消费渠道，推介品牌文化，带动果园观光采摘、乡村旅游超1000万人次。大兴古桑葚、金把黄鸭梨、海淀玉八达杏、北寨红杏、平谷大桃、延怀河谷葡萄节等文化消费节活动初步形成品牌效应。

【北京市精品梨大赛】 9月14日，北京市精品梨大赛在北京市农林科学院林业果树研究所举办。门头沟、房山、平谷、大兴、密云、顺义和昌平7个区推荐白梨、砂梨、秋子梨三大系统、17个品种共69份时令梨参赛，经过11位专业评委的全方位评选，'玉露香'梨、'金把黄'鸭梨等5个品种荣获果品品质特等奖，'京

白'梨、'圆黄'梨等3个品种荣获附包装果品的商品属性特等奖。

【北京花果蜜文化遗产展示推介会】 9月15日，2021北京花果蜜文化遗产展示推介会在北京丰台区花卉大观园举办，以图文与实物相结合的形式，集中展示纳入系统农业文化遗产、非物质文化遗产保护范围的京花、京果、京蜜等优质林产品。

【北京花果蜜乐享季主题日】 9月17日，2021北京花果蜜乐享季主题日开幕式在大兴区庞各庄镇梨花村举行。以"甜蜜金秋，梨享生活"为主题，通过动漫宣传片展映、全市精品梨大赛颁奖、《贡梨诞生记》宣传片发布、产销对接合作签约、国潮打卡拍照等形式，带动果品消费，助推京郊绿色产业富民。

【搭建北京林特产品北京馆】 年内，北京市联合国家林草局、中国建设银行搭建北京林特产品北京馆线上销售平台，解决林产品难卖问题，探索新销售模式，有3家果花蜜代表性企业25种产品上线，并在2021中国国际服务贸易交易会专区开展3期营销宣传活动。

【发挥政府引导基金作用吸引社会资本参与首都果业发

展】年内，北京市政府引导基金总投资82431.8万元，支持高效节水果园1257.62公顷，其中：累计投资果园项目39个，投资金额15837万元；投资产业链项目5个，投资金额19150万元；投资子基金5个，投资金额47444.8万元。与北京农投、澳德集团、寿光蔬菜集团、本来生活、永定河投资等龙头企业设立北农果品、京保果品等5支子基金，聚焦现代果花产业示范园建设、京果标准制定、京果品牌打造等重点内容，推动产业提质增效。研究建立林果产业数字平台，探索推动国家森林生态标志产品认定，成立专业社会化服务公司，创新托管和专项两种服务模式，解决目前生产者，特别是农户缺技术、缺资金、缺市场、人口老龄化、生产成本上升等问题。

【第五批国家林业重点龙头企业申报推荐】 年内，按照国家林草局《关于做好第五批国家林业重点龙头企业推荐工作的通知》《国家林业重点龙头企业推选和管理工作实施方案（试行）》要求，遵循"属地管理、自愿申报"的原则，组织开展第五批国家林业重点龙头企业申报推荐工作，北京市共有6家企业推荐至国家林草局。

【果树产业信息化管理】 年内，市园林绿化局完成果树大数据平台基础数据与二类清查对比、更新和完善，补充增加151个村5233.33公顷果树资源，全市具有生产性果园村2553个，生产面积12万公顷；调查13个区1320个果品营销网点，分析网点分布特点、补充销售量；构建北京市果树史板块，包括新中国成立以来72年相关历史数据及近30年果业发展重大事项、重大会议、重要活动和具有里程碑意义的历史节点；完成市、区两级果树大数据系统使用与维护培训。

【食用林产品安全监管】 年内，北京市推进无公害认证，新申报和加扩项认定无公害生产主体98家、产品146个；复查换证168家、产品304个。在13个区100家规模化生产果园试点推进合格证制度，开出30多万张食用农产品合格证。完成食用林产品监测任务4001批次，其中，风险监测1801批次，监督检查200批次，快速检测2000批次，检测合格率99.98%。

【行业管理技术培训】 年内，市园林绿化局围绕生物防控、食品安全、修剪技术、生产管理技术、新品种推广等工作，开展区级培训368次，覆盖果农16.6万人次；开展乡镇级培训1170次，覆盖果农6.9万人次。

（果树产业：陈浩 供稿）

花卉产业

【概　况】 2021年，北京市花卉产业以四个服务和四个中心建设为引领，统筹推进花卉研发创新与成果转化、花卉高端高效生产、花卉文化活动创意升级、国家重大花卉活动筹备、现代化花卉交易服务平台建设等产业发展各项工作，助力新时代首都园林绿化高质量发展。截至2021年底，全市花卉种植面积2125.5公顷，产值8.8亿元，花卉企业192家，花卉市场19个。2021年组织代表北京参展的第十届花卉博览会，筹备第十四届中国菊花展北京参展工作，继续开展"五节一展"等花卉文化活动，积极打造数字花卉，推进花卉科技创新和成果转化。

（李美霞）

【北京迎春年宵花展】 1—2月，北京市组织世纪奥桥花卉园艺中心、东风国际等13家花卉市场开展年宵花营销活动。实地考察主要花卉市场和生产企业备货情况，制订应急预案，根据疫情防控要求取消线下宣传活动，通过新媒体宣传年宵花特色；以消费补贴形式在部分市场设置优惠年宵花卉区供留京人员选购，促进花卉消费。备货量1000万盆以上，其中本地产850万盆，品种包括蝴蝶兰、大花蕙兰、多肉植物、仙客来、蟹爪兰等，广受市民喜爱。

（李美霞）

【北京郁金香文化节】 4月3日，2021年北京郁金香文化节在北京国际鲜花港、北京植物园、中山公园和世界花卉大观园同时拉开帷幕。种植郁金香及时令花卉12.64万平方米，展示150余个品种。以花为媒开展花卉大观园花朝节汉服展示、鲜花港非遗文化表演等文化体验与科普推介活动。系列活动持续到5月中旬。

（李美霞）

【北京牡丹文化节】 4月23日，2021年北京牡丹文化节在北京西山国家森林公园、景山公园、颐和园等全市7个大面积牡丹种植景区开幕。这是北京首次将全市7个大面积牡丹种植景区和基地整合起来联合举办，打造北京花卉文化新名片。活动期间，牡丹、芍药及时令花卉种植面积127万平方米，展示品种600多种。市民在欣赏牡丹之余，体验景山、颐和园和北京植物园的非遗、文创产品，参加西山无名英雄纪念广场的红色教育活动。活动持续到5月中旬。

（李美霞）

【第二届北京国际花园节】 4月28日至10月15日，由延庆区人民政府、首都绿化办、中国风景园林学会联合主办的第二届北京国际花园节在北京举办。花园节以"绿色生活 美丽家园"为主题，市民、园艺爱好者参与花园展赛活动，征集国内外321位设计师设计花园方案114个，现场展示花园57个，举办专业活动百余场。

（宋兴洁）

【北京月季文化节】 5月18日至6月18日，2021年北京月季文化节以"百年伟业显峥嵘 盛世花开别样红"为主题，在大兴区魏善庄镇世界月季主题园开幕，由世界月季主题园等11个展区共同承办。北京纳波湾园艺有限公司推出自育红色系月季新品种'初心'；月季产业国家创新联盟产业基地落户大兴；密云巨各庄镇蔡家洼村和大兴魏善庄镇半壁店村开展合作；举办京津冀月季产业论坛。活动期间展出月季、玫瑰景观面积200公顷，数量200多万株（盆）。

（李美霞）

【北京参展第十届中国花卉博览会】 5月21日至7月2日，由国家林草局、中国花卉协会、上海市人民政府主办的第十届中国花卉博览会在上海市崇明区举行。北京室外展园占地4500平方米，以"山水京韵、花样生活"为主题，模拟"北枕燕山，西倚太行，东临渤海"山川形态，解构北京内城空间格局，重塑千年积淀京韵文化；室内展区占地面积680平方米，以"花样·京味生活"为主题，胡同和四合院为元素，使用现代艺术手法和制作工艺，描绘"四水归堂""胡同串巷"老北京生活图景。展区共展出90多个种类1000多个品种，包括72个北京自主研发新优品种、30余个

4月3日，2021年北京郁金香文化节在北京国际鲜花港、北京植物园、中山公园和世界花卉大观园同时举办（何建勇 摄影）

北京优良乡土植物、3种北京特色花期调控树木、40余个反季节独本菊品种和体现北京市保育技术的珍稀植物。中央电视台及地方媒体到北京展区进行参观和宣传报道，北京展区花期调控梅花、斑马海芋、锦屏藤等展品成为本届花博会上网红打卡植物。北京市园林绿化局代表北京市参加室外展园建设和室内展区布展和评奖工作，展品荣获490个奖项，占全国等级奖项7.2%，其中金奖43个，占比10.5%，银奖116个，占比8.7%，铜奖220个，占比7.6%；室外展园和室内展区设计布置荣获特等奖；北京市荣获组织特等奖和全国唯一团体特等奖。

（李美霞）

【北京秋季花卉新优品种展示推介会】 9月15日至10月7日，市园林绿化局、市公园管理中心、北京花卉协会主办，北京市园林绿化产业促进中心、北京花乡花木集团有限公司联合承办的2021年北京秋季花卉新优品种展示推介会在世界花卉大观园举办，28家参展单位参加。北京市首次以推介会形式集中展示10年来北京花卉科技创新成果。推介会室内、室外展区总面积1000余平方米，展出具有北京自主知识产权、秋季景观效果好、乡土抗逆性突出、市场推广潜力大的新优花卉、乡土植物380个品种，其中北京自育新品种200余个，乡土植物70余个，其他花卉100多个，北京花期调控技术的梅花、西府海棠首次面向公众集中展出。通过授牌促进北京花卉科技成果转化。授予北京市花木公司等5家单位"北京花卉产学研成果转化示范基地"称号，授予北京市园林绿化科学研究院"北京花卉科研成果推广平台"称号，授予世界花卉大观园"北京新优花卉品种展示基地"称号。举办专业交流日活动。来自区园林绿化局、企事业单位管理人员、技术人员400余人参加现场交流；以"北京市花卉育种研发与推广应用""北京乡土花卉应用"为主题的讲座线上线下同步进行，参与人数超过2000人。推介会促成花卉合作转化成果显著，最终北京花卉企业与花卉育种研发团队达成合作转化20余项。

（李美霞）

【北京菊花文化节】 9月18日至11月底，2021年北京菊花文化节在北京国际鲜花港、北海公园、天坛公园、北京植物园和北京花乡世界花卉大观园五大展区同时举办，集中展示15万株（盆）菊花。在北京花乡世界花卉大观园，首次举办主题为"匠心独运显初心，荣耀秋菊露芳华"的中国菊花精品展（北京）暨全国菊花擂台赛（北京），展现新时代中国菊艺传承与发展；北京国际鲜花港使用79种菊科和亚菊科秋季花卉，打造菊花大地景观；北京植物园月季园，打造3000平方米标本菊展示区，突出市花主题；北海公园将插花作品与北京宫廷文化结合，突出宫廷插花特色；参加北京广播电台访谈节目畅谈菊花文化，通过系列活动扩

9月18日，2021年北京菊花文化节在北京国际鲜花港、北海公园、天坛公园、北京植物园和北京花乡世界花卉大观园等五大展区同时举办（何建勇 摄影）

大菊花文化品牌影响力。

（李美霞）

【筹备参加第十四届中国菊花展】 10月26日至11月26日，由中国风景园林学会、无锡市文化旅游发展集团有限公司共同主办的第十四届中国菊花展览会在江苏省无锡市举办。市园林绿化局和市公园管理中心共同实施北京参展工作。

（李美霞）

【北京花卉传统文化遗产资源整理宣传】 年内，市园林绿化局组织相关单位梳理中国传统插花、丰台花乡花卉种植市场习俗综合系统、北海公园标本菊传统养殖系统、颐和园桂花传统栽培系统、门头沟妙峰山玫瑰花栽培系统5项文化遗产资源图文资料，在2021年北京花卉新优品种展示推介会首次对外集中展示。

（李美霞）

【北京自育品种研发与乡土植物筛选应用】 年内，市园林绿化局利用北京花卉育种研发团队力量，继续开展市花月季、菊花等北京地区八大类优势花卉的育种研发工作，培育北京自育新优品种；根据北京建设节约型园林城市要求，研究北京乡土植物繁殖和产品质量控制技术，建立适宜北京应用的"良种+良法"。

（李美霞）

【花卉种质资源圃建设】 年内，市园林绿化局鼓励北京科研院所建设保护育种资源并积极申报国家种质资源库，北京市申报并获批观赏桃花、荷花和芳香植物3个国家级资源库。截至2021年底，北京共有13个国家种质资源库，为北京花卉科技创新提供资源保障。

（李美霞）

【北京花卉高端高效生产示范】 年内，市园林绿化局结合北京科技中心功能定位和北京市花卉生产实际，启动国家花坛花卉种苗高效生产标准化试点示范项目。从效率提升、质量提高、成本降低和单位面积产值增加等方面，进行标准化体系要素分析，得出优化操作流程、应用机械设备、加强产品质量控制以及高附加值产品生产技术研发等关键要素，建立关于40余种花坛花卉生产技术和生产管理的标准体系，完成标准编写20项，创新6项应用技术；生产种苗8000余万株，销往全国各地；一级种苗出圃率95%，首次使用15个北京自主研发花卉新品种5万余盆布置国庆花坛；难生根花卉品种生根率由60%提升到70%；培训企业技术人员和花农500余人次。新成果在花卉生产、花坛布置应用等方面起到良好示范作用。

（李美霞）

【花卉场景化交易服务平台建设】 年内，全市花卉交易服务平台完成需求清单制订和管理模块搭建，为会员消费者和花店商家开发提供交易服务的"北京花卉"客户端，为供应商和花店商家提供店铺管理的"北京花商荟"商家荟。上百家企业陆续入驻平台，上线测试运营。启动以质量控制为核心的花卉实时供应链管理平台建设，研究主要花卉可视化质量标准体系。北京花卉数字交易服务平台建设有利于提升北京花卉交易服务体系现代化水平，推动京津冀地区花卉产业升级发展。

（李美霞）

【打造北京数字花卉】 年内，开展2020年全市花卉产销数据统计，统计结果报农业农村部和国家林草局；研究全市花卉综合数据平台数据模块方案，纳入全市花卉交易服务平台，构建成熟花卉产业服务体系，为政府和企业实时掌握花卉生产、销售动态等市场实时信息提供依据；继续整理新中国成立以来全市花卉产业史志资料。

（李美霞）

【全市花卉产业政策研究】 年内，由市园林绿化局、市规划自然资源委、市农业农村局共同编制的《北京市关于加强和规范设施农业用地管理的通知》于4月正式发布。市园林绿化局编制并征求各区主管部门意见完成上述文件的配套文件《北京市花卉规模化生产辅助设施用地管理导则》，加强和规范全市花卉产业设施生产用地管理；研究制定《北京市集体土地地上附着物和青苗补偿标准》中花卉部分的补偿标准，指导征用集体土地时，地上物花卉的占地补偿意见。

（李美霞）

【加强行业规范管理】 年内，市园林绿化局赴延庆、丰台、大兴、昌平等主要区开展花卉研发、生产示范、文化推介和流通交易调研，精准服务全市花卉企业；继续推进北京市地方标准制定修订，全市修订1项，新制定3项。

（李美霞）

（花卉产业：李美霞 供稿）

种苗产业

【概　况】 2021年，全市办理林木种子生产经营许可证的苗圃数量达到1258个，苗圃总面积14233.33公顷，苗圃实际育苗面积13233.33公顷（其中新育面积286.67公顷）。国有苗圃6个，总面积373.33公顷。全市共生产苗木6089万株，其中容器苗564万株，良种苗木2万株。苗木规格以3年生以上为主，共计3930万株，占总苗木量的64.5%。良种基地、采种基地实际生产良种种子15.38千克，良种穗条12.9万根，繁

育良种苗木7.04万株。

【行业检查】 年内，市园林绿化局开展林木种子"双随机"抽查4批次，抽检企业21家。对国家及市政府投资为主的造林绿化项目林草种苗质量进行检查，共检查16个区、4个局属林场、35个造林地块、113个苗批、32个树种，并限期整改。组织多部门联合开展全市林草种子集贸市场专项执法检查，围绕林木种苗经营和苗木检疫调运，抽查6个种子集贸市场20个经营主体。开展林草种子进出口企业专项检查，共抽查13个区19家进出口林草种子企业。

【"双打"工作】 年内，制订工作方案，明确任务分工，组织全市开展打击制售假劣林草种苗、侵犯植物新品种权，工作成果纳入国家层面"平安中国"和市级层面"平安北京"建设年度考核内容。

【国家林草局"双随机"检查】 年内，国家林草局国有林场和种苗管理司赴北京市开展种苗行政许可"双随机"抽查工作。检查组分别查阅北京市3家林木种苗进出口公司近三年的生产经营档案、进出口业务相关手续资料，实地查看了隔离试种基地、种子冷藏库和有关设施设备。

【《北京市林草种子标签管理办法》施行】 年内，《北京市林草种子标签管理办法》施行，《办法》首次明确了林草种子标签管理范围，将林业种子、林业苗木及草种合并为林草种子，统一管理；首次提出了电子标签与纸质标签具有同等作用和效力，鼓励企业应用信息化手段使用电子标签；提高企业填写的便利性和规范性，对标签内容进行整合优化，增加使用说明专项，减少填写内容；丰富标签使用功能，新标签同时具有林业种子标签、林业种苗标签、草种标签、种子质量检验证、苗木出圃检验合格证、普通种子标签、林木良种标签和使用说明8种功能；强化了企业诚信责任，明确要求林草种子生产经营者要对标签内容的真实性及种子质量负责，不得作虚假或者引人误解的宣传。

【林木品种审定】 年内，组织有关专家完成13个品种的区试现场踏查和初审工作。完善国审踏查流程，组织完成7个国审品种踏查、审核工作。完成两期以"林草良种选育推广系列课程"为内容的线上培训工作。

【规模化苗圃政策调整】 年内，市园林绿化局针对"耕地非粮化"整治要求，调研

规模化苗圃涉及"复耕""转林"情况，并与国土"三调"对接，提出规模化苗圃政策调整建议，指导规模化苗圃有序"复耕""转林"。

【规模化苗圃检查验收】 年内，组成市级抽查验收小组，开展市、区两级检查验收，共验收合格规模化苗圃133个，总面积7660公顷。规范各区严格执行规模化苗圃土地流转补助标准及发放程序，及时将2020年度补助资金发放到企业。严格落实按月支付工资等相关规定，督导10余家企业立行整改。全市规模化苗圃涉及总用工人数1656人，其中本地农民人数1233人，工人工资总额年度累计发放3058.15万元。

【"放管服"改革】 年内，市园林绿化局按照"放管服"优化营商环境要求，研究优化草种进出口审批事项流程，组织进出口企业座谈，减少提交材料，强化事后监管，推动实施"承诺制"。完成行政审批事项215余件，包括草种进出口审批207件、林木种子生产经营许可证3件、从事林木种子进出口许可证初审3件、采集或采伐本市重点保护林木天然种质资源审批2件。

【普法宣传】 年内，通过"蓝心普法"微信公众号，围绕新行政处罚法、新森林法、种子法、植物检疫条例、植物新品种保护条例等行业有关法律法规，定期编辑发布普法文章，规范林草种子市场从业人员经营行为，切实维护首都生态安全。完成普法宣传9场，累计辐射近万人次。开展"园林绿化普法云课堂"线上培训，印制、发放宣传材料3万余份。

（种苗产业：马卓 供稿）

蜂产业

【概　况】 2021年，全市蜜蜂饲养量23.97万群，其中中华蜜蜂1.5万群，西方蜜蜂22.47万群，因疫情原因，比2020年底减少14.39%，有养蜂户1万余户，从业人员2.5万余人，有中华蜜蜂自然保护区1家，种蜂场3家，各类蜂产业基地60个，蜂业专业合作组织71家，蜂业企业42家。2021年加大蜜蜂种质资源繁育、保护和综合利用；大力推广蜜蜂授粉绿色生物防控技术，积极创新蜂产业模式，努力创造惠民增收的蜂产业模式。

【市领导对蜂产业作出重要批示】 4月19日，北京市市长陈吉宁到密云区调研中华蜜蜂时指出，要讲好中华蜜蜂故事，做好原产地保护，深入挖掘中华蜜蜂的生态优势、产业价值和精神内涵，打造面向首都乃至全国市场的北京农产品优质品牌；11月19日，陈吉宁在国家统计局北京调查总队《稳步推进绿色蜂产业 助力农民增收致富》北京蜂产业发展情况调研报告上批示：报告密云的情况（与全市其他区相比），以及头部合作社或蜂农的收入、规模、技术、品牌等方面情况。12月23日，陈吉宁在国家统计局北京调查总队《关于蜂产业相关情况的补充报告》上批示：请兆庚同志阅，选取几家中蜂合作社和农户，深化政策支持，探索山区农民增收、绿色产业发展的路径和模式。

【"世界蜜蜂日"庆祝活动】 5月18日，由中国养蜂学会、中国蜂产品协会、市园林绿化局、密云区主办的华北区"世界蜜蜂日（5·20）"主题活动暨密云区第四届蜂产业发展高峰论坛开幕。活动旨在宣传蜂产业在乡村振兴中的重要作用，推介北京市高端优质蜂产品，擦亮"蜂盛蜜匀"品牌。活动期间，举办以"烹饪科技 助力乡村振兴"为主题的"全蜂宴"发布会，带动餐饮业融合发展。

【中华蜜蜂种质资源保护】 年内，北京市在密云区更新4个特色中华蜜蜂养殖场、2个中华蜜蜂种蜂场、2个中华蜜蜂授粉果蔬采摘基地，因地制宜开发中华蜜蜂经济、科研、文旅、宣教等多重功能，开发中华蜜蜂蜂蜜特色产品，打造"益窝蜂"特色中华蜜蜂产品品牌。9月，召开北京市中华蜜蜂生态功能专题研讨会，就北京地区发展中华蜜蜂产业，对生态安全、生物多样性等方面的积极影响进行讨论。

【西方蜜蜂良种繁育】 年内，北京市开展属地繁育蜜蜂种王"密云1号"和"密云2号"种质资源鉴定，从中国农科院蜜蜂研究所和山东种蜂场引进1000余只优良种蜂王，改良北京市优良蜂种率。

【推广蜜蜂授粉绿色生物防控技术】 年内，北京市推进蜜蜂授粉生物防控技术，推广新型现代配套蜂具，培育优质高效授粉蜂种，联合北京、天津、河北、内蒙古、新疆、云南等地果树、蔬菜、农作物生产基地，开展授粉服务。2021年全市投入授粉蜜蜂1.2万群，熊蜂3万箱以上，为蓝莓、草莓、西甜瓜、樱桃、梨、番茄等设施农业和大田果蔬生产提供授粉服务。

【蜂业政策性保险】 年内，北京市对原有蜂业气象指数保险条款进行修订，在昌平、密云、怀柔3个区推进蜂业气象指数保险运行工作，参保蜂农572户，承保蜂群8.08万群，实现风险保障1600万元。

【创新蜂产业发展模式】 年内，北京市积极推进以白龙潭蜜蜂大世界为中心的蜜蜂示范区建设；在全市新建10个村集体蜂场，按照"资产归村集体所有，收益由边缘户所得"原则，实施"公司+村集体+低收入户"养蜂全托管模式和半托管模式，确保边缘户通过养蜂增收；新建10个500群以上规模化蜂场，全部推广多箱体养蜂，推动机械化和标准化建设；2021年北京市32户规模化畜禽养殖场转型饲养蜜蜂1.3万群，实现转产转型。

【创建全国首家蜂产业研究院】 年内，北京市与中国农业科学院蜜蜂研究所合作，在密云区创建全国首家蜂产业研究院。与全国20余家科研院所、20余名蜂业专家合作，在全国蜂业培训服务、蜂种资源、蜜蜂病害、蜜蜂授粉等领域加强科技研究和成果转化。2021年累计推广多箱体养蜂6000余群，生产波美度达到43度以上的高端天然成熟蜂蜜，构建密云荆条蜂蜜高分辨质谱指纹图谱，实现"一瓶一码"全程可追溯。由研究院主办的蜂业科技助力乡村振兴培训班5月在北京举办。

【建设现代化智慧蜂业基地】 年内，在密云区建成20个物联网蜂业基地。打造"智慧蜂业"平台，建立"物联网+互联网+蜂场实时监管+环境气候实时监测+产业链追溯"的智慧蜂业管理模式，实时查看蜂场管理情况，监测气温、湿度、降水量等环境数据，实现养蜂生产过程可视化和可追溯管理。

【蜂产业行政审批】 年内，市园林绿化局根据《中华人民共和国畜牧法》和《北京市优化营商环境条例》，从市农业农村局承接蜂产业三项行政审批事项，包括："蜂、蚕种生产经营许可证核发""新选育或引进蚕品种中间试验同意"和"出口蚕遗传资源、涉外合作研究利用蚕遗传资源初审"。编制《北京市种蜂场现场审核标准》《北京市种蜂场现场审核表》《蜂、蚕种生产经营许可证核发流程》《蜂、蚕种生产经营许可证核发知识库》，制定《依申请政务服务事项告知承诺制度实施意见（蜂蚕种生产经营许可证核发）》，全年办理蜂、蚕种生产经营许可证2件，批准建立中华蜜蜂种蜂场2家。

【蜂业质量安全监督检查】 年内，市园林绿化局制订《2021年度"双随机一公开"工作计划》，完善检查单，将全市40家重点养蜂专业合作社纳入"双随机一公开"检查范围，联合各区蜂业管理机构组织"双随机"检查12次，抽查合作社12家，出动执法检查人员36人次，每月抽查结果通过首都园林绿化政务进行公开，同时录入北京市行政执法服务平台。联合市场监管部门抽查2家养蜂专业合作社，抽查结果均为合格。

【优化营商环境深化"放管服"改革】 年内，市园林绿化局对公共服务事项"对蜜蜂损失出具技术鉴定书"，审批材料压减20%，审批时限压减10%；对行政审批事项"蜂、蚕种生产经营许可证核发"优化办理流程，实行"告知承诺制"，压减审批材料和申办条件，编制事项办理知识库，实现网上申报、网上办理、核发电子证照。

（蜂产业：梁崇波 供稿）

林下经济

【概　况】 2021年，北京市新型集体林场建设聚焦集体林业改革发展，创新平原生态林

管理模式，制订出台《关于本市发展新型集体林场的指导意见》《关于科学利用森林资源促进林下经济高质量发展的意见》。2021年新建集体林场35个，推动森林资源优势尽快转化为资本优势，结合平原造林、新型集体林场和山区生态公益林建设等，以森游、林蜂、"林下种植+自然体验"等森林景观利用为主要发展模式，有效推进全市林下经济发展1.33万公顷。

【新型集体林场建设】 9月13日，北京市政府办公厅印发《北京市人民政府办公厅关于本市发展新型集体林场的指导意见》，2021年在朝阳区、海淀区、丰台区、门头沟区、房山区、通州区、顺义区、大兴区、昌平区、怀柔区和延庆区11个区，完成5个示范林场及30个新型集体林场

的建设任务。

【林下经济试点示范建设】 年内，市园林绿化局按照国家林草局关于开展"第五批国家林下经济示范基地"推荐申报工作的要求，北京市推荐10家经营管理好的林下经济示范基地，有3家已通过国家林草局的专家评审，进入网上公示阶段。结合示范性新型集体林场建设和生态林建设工程，全市落实21个以林菌、林药、林花、林游、林农复合经营为主的林下经济试点。

【林下经济发展模式规范标准建设】 年内，市园林绿化局开展林下经济发展模式规范标准与技术规程编制工作。结合北京地区特点和森林资源现状，编制完成林菌、林蜂、林下百合、林下中药材等七大类十几个品种的林下种养殖规范

通州区潞城集体林场林下芍药景观（林业改革发展处 提供）

通州区潮县集体林场工作人员进行树木养护作业（杨杰 摄影）

标准与技术规程。

【林下经济建设】 年内，北京市结合平原造林、新型集体林场和山区生态公益林建设等，以森游、林蜂、"林下种植＋自然体验"等森林景观利用为主要发展模式，有效推进全市林下经济发展1.33万公顷。

【制定《北京市科学利用森林资源促进林下经济高质量发展的意见》】 年内，市园林绿化局坚持统筹谋划，突出北京特色，研究制定《北京市科学利用森林资源促进林下经济高质量发展的意见》。

【促进北京市农村劳动力就业】 年内，市园林绿化局根据《关于本市发展新型集体林场的指导意见》和《关于促进本市农村劳动力就业参保若干措施》要求，研究建立园林绿化系统促进本市农村劳动力就业参保的工作机制，全面掌握园林绿化系统促进北京市农村劳动力就业动态，园林绿化系统吸纳农村劳动力就业20余万人，其中新型集体林场吸纳当地农村劳动力就业9793人。

【园林绿化系统就业人员技能培训】 年内，市园林绿化局组织开展园林绿化系统就业人员技能培训，利用多种形式组织新型集体林场负责人、用工单位负责人进行在岗政策及管理能力培训320人次，职工技能培训1500人次，进一步提升涉林涉绿用工单位负责人的能力素质与职工的技术水平。

（林下经济：梁龙跃 供稿）

法制 规划 调研

政策法规

【概　况】 2021年，园林绿化法制工作紧紧围绕市园林绿化局（首都绿化办）党组中心工作，以园林绿化治理体系和治理能力现代化建设为主线，以"立法保障、执法监督、普法宣传、法律服务"为重点，持续推进园林绿化法治建设深入开展，圆满完成工作任务。

【《北京市种子条例》起草审议工作】 年内，市园林绿化局与市农业农村局共同起草《北京市农业农村局 北京市园林绿化局关于报送〈北京市种子条例（草案送审稿）〉及起草说明的函》，报北京市司法局。全程参与市人大常委会对《北京市种子条例（草案）》的一审和二审，根据会议精神和要求修改补充调研。

【《北京市森林资源保护管理条例》专项调研】 年内，市园林绿化局赴大兴、怀柔、通州、昌平、延庆、房山、门头沟7个区实地调研，与市规划自然资源委等有关部门开展针对性调研，起草修订《北京市森林资源保护管理条例》调研论证报告和立项报告。

【园林绿化规范性文件备案审查】 年内，市园林绿化局完成《北京市园林绿化局关于北京市林木品种审定的公告》《北京市重点保护天然林木种质资源目录公告》《北京市园林绿化局关于印发〈北京市林草种子标签管理办法〉的通知》《北京市园林绿化局关于确定〈北京市主要林木目录〉的公告》《北京市园林绿化局关于印发〈北京市平原生态林养护经营管理办法〉（试行）的通知》《北京市园林绿化局关于印发园林绿化行政处罚自由裁量权基准的通知》《北京市园林绿化局关

于印发〈北京市禁止猎捕陆生野生动物实施办法〉的通知》7件规范性文件法制审核报备工作。完成《大规格容器苗培育技术规程》等11件标准规范的合法性审核工作。完成行政处罚法、外商投资法、打击毁林专项行动、政府规章不合理罚款等规范性文件专项清理工作，清理文件178件，废止6件。完成《中华人民共和国森林法实施条例（修订草案）》等263件法律法规、规章、行政规范性文件征求意见工作，并全部按时反馈。

【贯彻《北京市生态涵养区生态保护和绿色发展条例》】 年内，市园林绿化局按照《市人大常委会关于检查〈北京市生态涵养区生态保护和绿色发展条例〉实施情况的工作方案》要求，梳理并分解工作任务。做好执法检查准备，积极宣传，推动建立生态涵养区生态保护长效机制，持续深化与相

关部门的执法协作，畅通与司法机关的联络机制。

【法治政府建设】 年内，市园林绿化局制订《2021年园林绿化法治政府建设暨执法协调工作要点》《依法行政四清一提三年行动计划》，督查核查进展情况，通过《工作动态》《督查与反馈》两本刊物进行情况通报。制订《关于法治政府建设督察工作的实施方案》，准备备检材料，完成自查报告。

【配套制度建设】 年内，市园林绿化局根据《北京市野生动物保护管理条例》，制订《北京市园林绿化局 北京市农业农村局关于印发〈北京市野生动物保护管理公众参与办法〉的通知》《北京市园林绿化局 北京市农业农村局关于印发〈北京市野生动物保护管理执法协调机制〉的通知》《北京市园林绿化局关于印发〈北京市禁止猎捕陆生野生动物实施办法〉的通知》等配套制度。

【落实林地林木及树木补种标准】 年内，市园林绿化局根据新修订的《森林法》以及国家林草局文件精神，结合工作实际，印发《北京市恢复植被和林业生产条件、树木补种标准（试行）》，组织市、区园林绿化执法部门开展实施，解决因恢复植被和林业生产条件、树木补种的标准不明导致的行政处罚案件执行难问题。

【搭建行政非诉执行协作机制】 年内，市园林绿化局与市检察院联合印发《北京市人民检察院 北京市园林绿化局关于加强园林绿化领域行政非诉执行工作》，加强与检察机关在行政非诉执行领域的协作配合。

【修订行政处罚权力清单及自由裁量权基准】 年内，市园林绿化局根据《行政处罚法》修订版，重新梳理行政处罚职权，调整部分处罚职权、处罚种类，增加处罚职权，理顺风景名胜区、自然保护区处罚主体；同时，根据调整后的权力清单，修订园林绿化行政处罚自由裁量权基准。

【起草法治政府督查考核办法】 年内，市园林绿化局根据《北京市园林绿化局落实"谁执法谁普法"普法责任制行动方案》《北京市园林绿化局行政规范性文件合法性审核管理办法》和绩效管理指标规定，印发实施《北京市园林绿化局法治政府建设考核办法（草案）》，加强法治政府建设，落实法治政府责任。

【清理更新执法人员证件】 年内，市园林绿化局根据中华人民共和国司法部和北京市司法局关于集中换发新版行政执法证件要求，清理264名执法人员行政执法证件，其中，57个证件因调离、退休以及森林公安转隶等原因注销，121个证件根据事业单位人员不更换执法证件的新要求保留执法资格，86个证件更换为新版行政执法证件。

【规范检查单标准】 年内，市园林绿化局根据北京市司法局关于规范检查单工作部署，按照检查单依据设定不充分或者非必要一律予以精简原则，将73个检查单精简为48个，编写检查标准，并进行政务公开。

【法治宣传教育】 年内，市园林绿化局制订《北京市园林绿化局落实"谁执法谁普法"普法责任制行动方案》《2021年北京市园林绿化系统普法依法治理工作要点》《北京市园林绿化局关于开展法治宣传教育的第八个五年规划（2021—2025年）》，组织开展普法责任制工作检查，督促各单位积极开展普法工作。

【"互联网＋森林法知识竞赛"】 年内，市园林绿化局组织开展北京市园林绿化法律法规知识竞赛。采取"互联网＋知识竞赛"形式，分市民答题和团队答题两个阶段。4月，

5月27日，北京市园林绿化局（首都绿化办）线上线下同时开展"互联网＋森林法知识竞赛"活动（何建勇 摄影）

在线上组织市民答题活动，1万多名市民通过微信、微博参与；5月14日，园林绿化系统36支代表队108人参加线上决赛；6月1日，举办颁奖仪式，通过"树立典型、表彰先进"，激发全系统干部职工爱岗敬业、依法护绿的热情。

【全市依法行政培训班】 年内，市园林绿化局组织开展2021年全市园林绿化依法行政培训，重点讲解新修订的《行政处罚法》、典型案例、公益诉讼、行政处罚文书，研讨新时期园林绿化行政执法工作，园林绿化系统110人参加培训。

【生态环境损害赔偿制度改革实施方案】 年内，市园林绿化局采取"请进来、走出去"的方式，推进园林绿化生态环境损害赔偿制度改革配套制度建设项目。组织座谈、培训、调研，分析探讨重难点问题；组织业务骨干参加培训班和经验交流会；组织13人参加全市环境损害司法鉴定机构人员资格考试复试，7人通过复试，取得资格；落实第二批生态环境损害赔偿制度改革案件线索征集工作。

【合法性审查服务】 年内，市园林绿化局审查合同373份，提出各类意见建议900余条；审核42份信息公开答复告知书，提出修改意见20余条；提供法律咨询服务40余次；电话指导各区执法工作百余次。

【行政复议诉讼监督工作】 年内，市园林绿化局办理行政复议案件8起，诉讼案件5起，向相关部门反映问题，协助整改。

【行政调解工作】 年内，市园林绿化局按照《北京市行政调解办法》《北京市园林绿化局关于贯彻执行〈北京市行政调解办法〉的实施方案》要求，组织有关单位按照季度填报行政调解季报表，统一汇总后，经行政执法信息平台报送至市司法局。

（政策法规：蔡剑 供稿）

规划发展

【概 况】 2021年，北京市园林绿化规划发展工作坚持以习近平生态文明思想为指导，以贯彻落实北京城市总体规划为遵循，在市园林绿化局（首都绿化办）党组的坚强领导下，完整准确全面贯彻新发展理念，坚持规划引领，强化规划管理，主动服务首都园林绿化高质量发展，圆满完成各项任务。

【印发《北京市园林绿化专项规划》】 年内，市园林绿化局按照北京市政府、北京市委城市工作委员会批复要求，修改完善《北京市园林绿化专项规划》，完成脱密工作并正式印发。印发《关于开展推进各区园林绿化专项规划编制工作的通知》，指导各区按照统一城乡统筹、山水林田湖草一体化谋划的指导思想编制各区园林绿化专项规划；制订《北京市分区园林绿化专项规划编制指导书》，规范分区规划编制框架，明确编制内容，统一编制深度，各区陆续启动编制工作。

【推进核心区控规三年行动计划2021年度任务落实】 年内，市园林绿化局积极落实核心区控规工作任务。会同市规划自然资源委认真研究核心区园林绿化工作难点、堵点，协调推进牵头任务落实；积极研究二环路文化景观环线工作，启动工作计划和《首都核心区绿地系统规划》编制工作。会同相关部门推进核心区林荫路建设工作。

【2021年园林绿化规划体检自检评估】 年内，市园林绿化局开展2021年度城市体检园林绿化部门自检和评估工作。成立城市体检自检工作领导小组，制订工作方案，明确自检要求，聚焦成效、存在难点和对策建议；组织局属单位依据工作职责开展自检，起草形成规划体检自检工作报告，并报送市规划自然资源委。

【配合北京城市副中心园林绿化建设领导小组办公室工作】 年内，市园林绿化局配合北京城市副中心管理委员会规划和自然资源局编制完成六环公园地面景观设计方案等4项任务，有序推进国家级植物园建设等2项任务，完成大运河沿线设计方案景观风貌专篇，副中心站综合交通枢纽、商业便民服务中心等重点项目规划方案研究；配合北京城市副中心管理委员会发展改革局编制完成《北京城市副中心（通州区）"十四五"规划纲要任务分工方案》；配合副中心管委会完成《北京城市副中心（通州区）与廊坊北三县一体化发展2021年工作要点》及任务分解清单；配合市规划自然资源委完成《北京城市副中心地名体系规划（2016年—2035年）》，深入研究18个公园命名；配合北京城市雕塑建设管理办公室完成绿心公共艺术品规划点位选址。

【编制潮白河国家森林公园概念规划】 年内，市园林绿化局高标准编制完成潮白河国家森林公园概念规划。规划内容充分对接《廊坊北三县与北京市通州区协同发展"5+12"系列规划》《潮白河水生态空间管控规划（征求意见稿）》等规划，召开8次专家研讨会，征求廊坊市政府意见，根据城市副中心党工委建议对规划成果进行修改完善。

【六环路高线公园规划设计】 年内，市园林绿化局积极推进六环路高线公园规划设计工作。按照市委书记蔡奇关于加快推进六环路公园规划建设系列重要指示精神，落实北京城市副中心控制性详细规划工作要求，加快启动六环路高线公园设计方案研究编制，完成《国内外高线公园案例研究》《六环路公园基础条件研究》。联合市规划自然资源委编制完成《六环路高线公园国际方案征集任务书》初稿，持续推进六环公园规划设计方案国际征集。

【疏解整治促提升工作】 年内，市园林绿化局持续推动"疏整促"专项行动工作任务。围绕"一核一主一副、两轴多点一区"（一核指首都功能核心区；一主指中心城区，包括东城区、西城区、朝阳区、海淀区、丰台区、石景山区；一副指城市副中心；两轴指中轴线及其延长线、长安街及其延长线；多点指5个位于平原地区的新城，包括顺义、大兴、亦庄、昌平、房山新城；一区指生态涵养区，包括门头沟区、平谷区、怀柔区、密云区、延庆区，以及昌平区和房山区的山区）城市布局，通过"留白增绿""战略留白"临时绿化、林荫路建设项目，建设多种形态城市森林、小微绿地和城市公园，扩大绿色生态空间。"留白增绿"专项共涉及13个区68个项目，其中与新一轮百万亩造林绿化工程统筹实施39个项目（135.67公顷），单独立项实施29个项目（71.23公顷），重点打造东风迎宾公园、海淀八里庄铁路公园、祁家豁子公园、丰台张郭庄公园二期、辛庄公园二期、纪家庙公园等多处城市公园。实际完成绿化218.99公顷，完成率106.17%。

【园林绿化无障碍环境建设专项工作】 年内，市园林绿化局落实《北京市进一步促进无障碍环境建设2019—2021年行动方案》要求，制订《北京市园林绿局无障碍环境建设专项行动方案》，做好全市园林绿化系统无障碍环境建设。实施园林绿化无障碍工程136项，其中精品示范工程50处；组织开展无障碍培训工作，提升全市公园、绿地、风景区无障碍服务水平；严格新建公园、绿地、湿地公园和风景区无障碍设施方案的审查；配合北京市残疾人联合会开展无障碍专项行动宣传工作。

【全国文化中心建设】 年内，市园林绿化局与北京市文物局密切配合，积极推进西山永定河文化带建设，同时全面参与"一城三带"（一城指北京老城；三带指大运河文化带、长城文化带、西山永定河文化带）有关园林绿化各项建设任务。在大运河文化带上，持续推进路县故城遗址公园绿化建设，对接景观二期工程及路县博物馆选址建设，做好城市绿心及潮白河生态带建设。在长城文化带上，做好十三陵林场沟崖玉虚观等文化景观保护提升；会同北京市财政局探索基于文化遗产的生态补偿机制；与北京市规划自然资源委对接落实《浅山区保护规划》，推动长城周边山体生态修复；结合森林步道建设，推动构建长城文化带绿道体系。在西山永定河文化带上，抓好三山五园、首钢遗址、冬奥会、官厅水库、永定河综合治理、京津风沙源二期工程等生态修复项目建设；开展《太行山国家森林步道规划》编制，建设永定河森林公园。在老城保护上，对接落实首都核心区控规，推进天坛、颐和园、景山等文物古建修缮，强化古树名木保护管理、历史名园景观恢复，助力中轴线沿线文物修缮、综合整治、空间品质提升。在中轴线申遗保护上，印发《中轴线绿色空间景观提升规划设计方案》，稳步推进南中轴路园林绿化工作，结合历史水系恢复，建设一批小微绿地、口袋公园、林荫大道、林荫街区。同时深入挖掘文化内涵，收集园林绿化文史资料，开展生态文化展览文化宣传活动，启动生态文化规划编制工作。

【园林绿化专业审查】 年内，市园林绿化局高效做好建设工程园林绿化专业审核。积极联系各相关部门，变被动审核为主动服务，指导和帮助设计单位优化绿地比例和布局，提供专业咨询百余次，完成项目审查18项。积极参加全市优化营商环境工作会，会同北京市规划自然资源委等部门研究"多规合一"平台，进一步提升工作网络化水平。

中轴线绿色景观提升规划设计方案（规划发展处 提供）

【公共绿地设计方案审查】 年内，市园林绿化局组织专家做好公共绿地设计方案审查工作。依据《公园设计规范》等相关技术标准，重点推进北京城市副中心项目。审查过程中，加强"节水集雨型绿地林地"设计内容审查，要求在新建和改造绿地方案中，凡是具备条件的绿地在方案中应进行相应设计。全年组织公共绿地方案审查专家会议13次，完成公共绿地设计方案审查42项。

【落实北京城市总体规划督查任务】 年内，市园林绿化局全面落实北京城市总体规划实施任务督察。及时将任务完成情况报送北京市规划自然资源委和市委督查室。与北京市规划自然资源委加强工作对接，形成工作协商机制，传达部署《北京市国土空间近期规划暨北京城市总体规划实施工作方案（2021年—2025年）》落实要求，对接相关指标以及到2025年的园林绿化任务。同时，积极落实北京市委市工作委员会对园林绿化专项规划等相关工作的部署和要求。

【市规自领域专项治理】 年内，市园林绿化局贯彻落实北京市关于深化规划和自然资源领域问题整改的工作方案，积极开展整改工作。成立工作领导小组，制订《北京市园林绿化局落实深化规划和自然资源领域问题整改工作分工方案》工作方案，与市工作专班做好对接，按要求汇报工作进展。

（规划发展：袁定昌 供稿）

调查研究

【概 况】 2021年，市园林绿化调研工作紧紧围绕习近平总书记关于"大兴调查研究之风"重要指示精神，全面落实市委关于各级领导干部开展调查研究制度，按照市委和市园林绿化局（首都绿化办）党组有关部署，加强对调研工作统筹协调，完成重点调研课题24个，完成关注调研课题38个。

【关于建立首都特色林长制问题研究】 年内，完成关于建立首都特色林长制问题研究。第一，建立林长制的重大意义。是落实习近平生态文明思想的具体实践；是推动北京绿色发展的重要举措；是维护首都资源安全的有力保障。第二，林长制需要解决的主要问题。主要是落实规划建绿的问题；服务人民群众追求高品质生活不到位的问题；资源保护法治支撑的问题；推动绿色发展支撑保障的问题。第三，加快林长制建设的意见建议。建立林长制要抓住落实主体责任这个

关键；建立林长制要推动解决重大问题这个核心；建立林长制要强化目标考核评价这个抓手；建立林长制要坚持巡查督查这个保障。

【关于对全市森林防火工作标准体系建设思考】 年内，完成关于对全市森林防火工作标准体系建设思考的调研。第一，全市森林防火基本建设状况。截至2020年底，森林防火区已建有各类专业扑火队，总人数近万人，护林员4.6万余人，初步形成专业队为主，巡查队、护林员为辅，应急消防队伍为后盾的森林防火扑救力量布局；专用通信基站118座，移动基站32套，林区通信覆盖率85%；防火检查站、瞭望塔（台）、视频监控系统规范运行，全市林区监控覆盖率85%；全市国有林区路网密度每公顷4.7米。"十二五"期间，全市年均发生森林火情86起，年均受害面积12公顷，发生过境火16起；"十三五"期间，全市年均发生森林火灾5起、森林火情106起，年均受害面积19.99公顷，森林火灾受害率控制在1‰以下。第二，目前存在的主要困难和问题。新形势下森林防灭火工作亟待理顺；森林防火标准体系亟待建设；预防保障能力亟待加强。第三，标准体系建设的具体内容。主要包括组织机构及人员队伍体系建设，

宣传教育体系建设，火险预警、火情监测体系建设，火源管控体系建设，早期火情处置体系建设，基础设施建设，监督检查体系建设，值班报告制度建设，联防联护以及科技支撑等。

【关于北京市公园运营管理问题研究】 年内，完成关于北京市公园运营管理问题的研究。第一，全市公园基本情况。截止到2021年底，全市具备一定服务功能的公园1050家。市园林绿化局结合《北京市公园分类分级管理办法》修订工作，根据公园的规模、功能定位、属性特征、服务对象、承载功能、现状水平等要素，初步将全市公园分为七类四级，七类为综合公园、社区公园、历史名园、专类公园、游园、生态公园、自然公园，四级为一级公园、二级公园、三级公园、四级公园。第二，全市公园运营管理存在的主要问题。法规体系不完善，现行《北京市公园条例》适用范围不全面；土地和规划手续有缺位，影响公园可持续更新发展；基础服务配置不到位，难以满足公众多元需求；公园运营养护标准需进一步完善，综合管理资金缺少保障；公园现代治理体系尚不完善。第三，有关建议。补齐基础短板，完善法规和土地规划手续；注重体制改革，建立公园事业法人治理体系；强化资金保障，优化公园投入机制；注重完善设施，满足市民多元服务需求；注重科技引领，下大力气持续推进智慧公园建设。

【关于首都古树名木保护问题研究】 年内，完成关于首都古树名木保护问题的研究。第一，基本情况。北京古树名木资源丰富，共有33科56属74种，主要集中在侧柏、油松、桧柏、国槐这四类常见乡土树种，占全市古树名木总数的90％以上。据最新普查统计，全市共有古树名木41865株，其中，古树40527株（一级古树6198株、二级古树34329株），名木1338株，分别占全市古树名木总株数的96.8％和3.2％。第二，开展的主要工作。与时俱进，逐步修改完善法规、标准体系；规划引领，全面谋划首都古树名木资源系统保护；全面体检，动态掌握古树名木本底资源；创新理念，积极拓展古树保护内涵和外延；压实责任，构建四级管护责任体制机制；依法行政，努力加强古树名木全生命周期管理；发挥优势，积极支持和服务中央有关单位古树名木保护管理工作；挖掘内涵，全方位开展古树名木保护宣传；积极探索，广泛动员社会力量参与古树名木保护。第三，几点建议。进一步完善健全本市古树名木法规、标准体系。发挥规划引领作用，全面实施《北京市古树名木保护规划》，推进区级古树名木保护规划编制工作。进一步压实属地责任，明确各级林长责任和每株古树"护树人"。积极处理好超大型都市人类生产生活空间与古树名木生长空间交织关系，努力形成市民生产生活环境与古树相存相依、共生共荣的格局。

【关于对持续推行园林绿化审批制度改革助力优化首都营商环境的实践与思考】 年内，完成关于对持续推行园林绿化审批制度改革助力优化首都营商环境的实践与思考。第一，主要实践做法。得益于坚持高位推动，系统推进；得益于坚持"顶层设计＋压茬推进"的改革模式；得益于坚持狠抓落实，打通政策落地"最后一公里"。第二，改革的重点内容。市场环境更加公开透明，法治环境更加公平公正，政务服务环境更加便捷高效。第三，目前存在的短板问题。服务理念意识还不够强、处理政府与企业群众之间关系的能力还不足；在改革动力、创新力度上还需加大，改革"不进则退"，慢进也是退；进一步确保"最后一公里"畅通，也就是解决政策"不到达"的问题。第四，工作方向。科技赋能，以数字化转型为牵引，利用市级审批平台和大数据库支撑，不断提升涉绿项目审批服务数字化智能化水平，打造数字服务模式，实现智能化协同创新服务；落实好本市优化营商环境5.0版改革涉绿任务；做好国家营商环境创新试点落地工作；充分发挥借助外脑、第三方作用和优势，研究学习先进经济体和先进省市优秀经验，进一步提升全市园林绿化领域改革成效，同时借鉴相关评估成果，发现本领域存在的各类问题，及时查漏，完善补缺；继续加强宣贯培训。

【关于北京市生物多样性工作思考】 年内，完成北京市生物多样性工作思考调研。第一，北京生物多样性保护取得的成效。政策法规体系初步形成，保护空间格局基本构建，综合监测逐步完善，执法监督逐渐加强，宣传教育不断深化。第二，北京生物多样性保护面临的挑战。生物多样性本底数据不清，城镇建设导致生态空间破碎，外来物种入侵仍然严峻，环境污染也是影响生物多样性的重要因素。第三，行动建议。进一步完善政策法规体系，构建综合监测体系，构建评价体系并开展定期评估，加快自然保护地体系建设，加强生态廊道建设，濒危物种抢救性保护，加大自然保护地执法监督，加强宣教和提升公众意识。

【关于林业碳汇在北京碳中和战略中的地位和潜力调研报告】 年内，完成关于林业碳汇在北京碳中和战略中的地位和潜力调研报告。第一，北京市林业碳汇工作进展。逐步构建应对气候变化综合管理体系，广泛开展应对气候变化技术研究和推广示范，全面构建科普宣传和公众参与碳中和平台。第二，北京市园林绿化增汇减排助力碳中和行动路径与潜力分析。稳步提升森林绿地资源碳汇功能，增汇减排主要途径，全市森林绿地碳汇量在碳中和目标中的占比分析。第三，未来发展建议。持续推进增汇减排"1+N"综合管理体系构建工作；不断扩大绿色空间，增强森林绿地生态系统碳汇功能；构建京津冀一体化跨区域林业碳汇交易和补偿机制；加强科普宣传，引导全社会践行碳中和行动。

【关于加强新形势下首都全民义务植树基地建设与管理的思考】 年内，完成关于加强新形势下首都全民义务植树基地建设与管理的思考。第一，开展专题调研全面摸清底数。经各区、各系统、有关单位调查并与历史资料比对，现在全市保留有传统义务植树基地61个，管护面积7246.67公顷，共有在职人员218人，基地内共有建筑面积31.11万平方米，其中有27个基地（三结合基地24个）建筑物有征地和土地证手续。建立最早的基地是共青团中央1958年建于海淀区四季青镇魏家村的基地和原一机部建于昌平区南口镇虎峪村的南口绿化基地。最晚的基地是2009年北京市直机关在六合庄林场建立的义务植树基地。2000年以前建立的基地占到总数的70%。第二，基地当前面临的困难及主要问题。基地管理机构不健全，基地缺少相应政策支持，基地用地手续不规范，基地需要从造林向管护转变。第三，加强新形势下义务植树基地建设管理的对策和建议。逐步将有条件的基地打造成为"互联网＋全民义务植树"基地，移交一批已完全纳入各区生态林管护的基地，积极出台支持政策办法，规范传统基地建设与管理，加强宣传发动。

（调查研究：袁定昌 供稿）

科技 大数据 宣传

科学技术

【概　况】 2021年是"十四五"的开局之年，北京市园林绿化科技工作以服务园林绿化高质量发展为主线，以强化平台、机制、建设为统领，围绕科技处职能，加大科技攻关，聚力科技创新，保障了各项工作的顺利开展，并取得显著成效。

（孙鲁杰）

【绿色科技多彩生活科普系列活动】 4月8—20日，"绿色科技 多彩生活"科普系列活动在北京园林绿化新优植物品种推介会上启动，活动以"园林新科技 共助碳中和"为主题，集中展示蜜源、乡土地被、夏季开花、冬奥观赏、增彩延绿等新优植物品种426个，同步举办2次专家对话，促成15家科研院校与协会、企业之间达成10项合作协议；开展"从乡土走向自然的植物""古树守

4月2日，第九届北京森林文化节在西山国家森林公园举办，共组织"森林与人"系列活动73场（科技处 提供）

4月8日，北京园林绿化新优植物品种推介会在北京市园林绿化科学研究院举办（市园林绿化科学研究院 提供）

护小卫士""花繁色艳，绚丽春天""城市绿地中的昆虫保育""蝴蝶的一生"5期科普活动。全市园林绿化科普基地同步启动全年活动，北京八达岭森林公园"初夏之约·我为大树浇浇水画画像""守护森林，让我们一起碳汇吧"活动传递保护森林、低碳生活的理念；北京永定河休闲森林公园"保护生物多样性，低碳生活更文明"，翠湖国家城市湿地公园"保护生物多样性，我是行动者"，永定河绿色港湾的"游园辨认植物及观鸟"活动受到社会公众积极参与及好评。

（孙鲁杰）

【大众长走活动倡导市民低碳生活】 4月17日，以"参与林业碳汇、助力碳中和"为主题的大众长走活动在北京城市绿心森林公园举办。活动中，首次启用"碳中和计算"微信小程序，让市民朋友随时随地

计算碳排放、了解碳排放；发出"参与林业碳汇、助力碳中和"行动倡议书，倡导市民朋友们自觉践行低碳生活，减少碳排放，参与碳中和行动；开展杨柳飞絮、垃圾分类、园林绿化废弃物循环利用等主题宣传。同时，活动在北京园林绿化科普基地、首都自然体验产业国家创新联盟、首都生态文明宣传教育基地、"互联网+义务植树基地"、北京园艺驿站以及各大森林公园、社区、学校启动"百园共促碳中和"开展系列宣传，100余家机构参与。

（孙鲁杰）

【北京园林绿化科技周宣传活动】 5月22日，以"保护生物多样性、助力中国碳中和"为主题的北京园林绿化科技活动周启动仪式在西山国家森林公园启动。活动以弘扬林草科学精神、普及科学知识为目标，

重点打造"一式、三点、多活动"宣传模式，"一式"即一个启动仪式，"三点"即绿色科普市集、科普宣传长廊、生物多样性主题展览三个区域，"多活动"指包括现场和园林绿化科普基地的多项互动体验活动，让社会公众共享林草科技发展成果。

（孙鲁杰）

【科学技术研究及平台搭建】 年内，市园林绿化局做好6项在研项目管理工作，分别为生态廊道生物多样性保护与提升关键技术研究与示范、基于植被种群选育优化的城市生态系统功能提升、城市副中心绿色景观应用场景建设科技示范、北京花卉质量标准化研究与现代化交易体系创新和示范、主要果品真菌霉素分布规律和形成机理及控制技术研究与示范、水果制品加工危害物形成规律与控制技术研究；做好2021年度科研项目的征集和申报工作，其中，市科委科技课题9项，获批国家林草局自筹科研项目1项，中央财政预算专项项目1项，认定局自筹科研项目65余项。同时，加大科技创新平台搭建，建立国家林业草原科技创新产业联盟3个，国家林业草原工程中心1个，林业和草原青年拔尖人才1人，科技创新团队2个，长期科研基地1个。

（刘松）

4月17日，以"参与林业碳汇、助力碳中和"为主题的大众长走活动在北京城市绿心森林公园举办（科技处 提供）

【科技人才评价】 年内，市园林绿化局承接市人力社保局工程技术系列（园林绿化）专业技术职称社会化评审工作，完成评审委员会换届备案和2021年度职称评审工作，1969人通过评审，其中，初级职称通过849人、中级职称通过855人、高级职称通过265人。

（刘松）

【园林绿化知识产权保护】年内，市园林绿化局做好园林绿化知识产权保护工作。新增列入北京市属地重点保护植物新品种89个。成立"双打"工作小组开展检查工作，重点抽查苗木质量以及植物新品种使用情况。每月采取"双随机、一公开"方式对全市林木种子生产经营单位进行监督检查，未发现制售假冒伪劣种苗和侵犯植物新品种权违法行为。参与营商环境知识产权专项考评、国家知识产权局对北京市知识产权专项考评、世行对北京市知识产权专项考评及国家林草局对北京市专项考评工作。

（张博）

【节水型园林绿化建设】 年内，市园林绿化局编制印发《北京市园林绿化局〈北京市节水行动实施方案〉落实方案》；加强日常养护用水巡查检查，杜绝"跑冒滴漏"和雨天灌溉等浪费水行为；加大非常规水的利用，全市实现再生水使用面积2324万平方米；应用园林绿化废弃物覆盖裸露地100万平方米，覆盖树坑40万个；实施果园田间管网节水灌溉设施建设20公顷，实施"果园生草"46666.67公顷；推进公共机构节水，开展"光瓶行动"，张贴宣传海报200张，设置提示牌120个，设立节水劝导员100人。

（刘松）

【杨柳飞絮综合防治】 年内，市园林绿化局持续加强杨柳飞絮综合防治。推行联防联动、监督巡查、30分钟反馈及应急服务机制。抓好"整、注、喷、湿、清、堵、疏、改、换、滞"10项措施，累计出动防治人员26.66万人次、车辆23.48万辆次，清扫湿化69.46亿平方米，整形修剪18.9万株，生物防治2.54万株，繁育雄性杨柳树20余万株，柳树高接换头1500余株，利用宿根地被治理裸露地80余万平方米。加强宣传引导。举办飞絮防治现场会和2场专题科普活动，集中对外发布全市精准施策治理详情；联合市气象局发布首期、三个高发期预报，20多家主流媒体积极发声，刊发稿件190余篇；制作微视频2部，在首都园林绿化官方微博、微信按照飞絮规律发布16篇文章，阅读量5.1万人次，营造了良好的社会氛围和舆论环境。

（张博）

【生活垃圾分类】 年内，市园林绿化局推进生活垃圾分类工作。抽查公园、果园、苗圃基础硬件设置；抓好西山森林公园"无痕西山"垃圾不落地模式和通州西海子公园垃圾分类示范区建设；按照"落叶化土、枯枝还田"思路，园林绿化废弃物通过有机覆盖物、艺术化利用等形式基本实现科学处置利用，初步形成收集暂存点—临时处理点—小型处理站—大型处理厂为主线的处置体系，"园林绿化废弃物利用国家创新联盟"（筹建）正式启动。年内，市园林绿化局入选"北京市2020年度市级党政机关生活垃圾分类工作成效显著单位名单"，1家单位荣获"北京市生活垃圾分类推进工作先进集体"称号，6名个人荣获"北京市生活垃圾分类推进先进个人"称号，局机关"五分四定"模式和西山国家森林公园"无痕西山"垃圾不落地模式入选《北京市生活垃圾分类典型经验汇编》。

（张博）

【生态系统监测网络建设项目】 年内，市园林绿化局推进生态系统监测网络建设项目。初步建成"北京园林绿化生态监测网络"运维与数据平台，接入十三陵、密云等7个监测站点监测数据，累计记录量量数据65050条、物候照片892张、红外照片3697张；加强技术支撑，将中国科学院生态环境研究中心野外监测平台纳入北京市园林绿化生态监测网络，共享监测网络相关资源，在林业碳汇计量与监测、园林绿化生态价值评估等领域开展合作，同时组织技术支撑单位对建设单位管理和技术人员开展专业技能培训。加快推进《园林绿化生态系统 监测网络建设规范》地方标准编制；建立进度督查制度，要求各建设单位每月报送建设工作进度情况，确保建设过程中各项问题得到及时梳理和解决。提出生态系统监测网络建设的重要产品"森林体验指数"。

（张博）

【"揭网见绿"专项行动技术支撑】 年内，市园林绿化局加大调查研究，组织专家团队编制印发《北京城市"揭网见绿"简易绿化技术指南》，与市发展改革委联合组织开展"揭网见绿"简易绿化技术专题线上培训，各区园林绿化局、发展改革委及相关乡镇（街道）2033人参加。组建专家团队给予技术培训和现场指导。

（张博）

【园林绿化标准化顶层设计】年内，市园林绿化局按照首都标准化委员会要求，完成第二届北京市园林绿化标准化技术委员换届；组织学习标准化会议精神，更新服务理念；开展标准复审和标准实施效果评

价，高标准地完成涉及园林绿化行业复审范围的《林木采种基地建设技术规程》《平原生态公益林养护技术导则》等55项北京市园林绿化地方标准的审查工作，审查结果为继续有效37项，修订17项，废止1项，保证标准质量；按照标准管理要求，重点从经济效益、社会效益等方面对2019年发布的实施满一年的《近自然森林经营技术规程》《矿山植被生态修复技术规范》等14项北京市园林绿化地方标准实施情况进行总结、分析与评估，高标准完成园林绿化地方标准实施情况报告。

（王建军）

【园林绿化标准编制】 年内，市园林绿化局重点编制《森林植物与凋落物测定第2部分：全量元素》等林业和草原行业标准；《园林绿化有机覆盖物应用技术规程》《古柏养护与复壮技术规程》京津冀三地标准；《园林绿化生态系统监测网络建设规范》《大规格容器苗陪育技术规程》《鸟类生态廊道设计与建设规范》等北京市地方标准，为首都园林绿化工作提供技术支撑。

（王建军）

【园林绿化标准示范推广】年内，市园林绿化局积极宣传推广《规模化苗圃生产与管理规范》。通过发放标准手册、新媒体发送标准电子版、参观

标准化展示区、技术指导等形式，推介苗圃标准化技术，规范株行距、提升育苗理念，开展推介标准活动5次，面对面宣讲推介规模化苗圃11家，发放标准手册100本，开展针对技术人员的培训讲解50余人次。加大《美丽乡村绿化美化技术规程》的宣传应用，规程是北京市首个关注乡村原生态环境绿化提升实施的技术标准，为美丽乡村、生态宜居建设发展提供关键的技术支持。推动《山区森林质量提升技术规程》实施，深入八达岭、西山等山区林场，指导技术人员和施工人员在不同应用场景下开展科学施工。针对《春季开花木本植物花期延迟技术规程》，开展专业解读培训7次，累计培训专业技术人员123人次；结合春节、"十一"等重点节日，第十届花卉博览会、2021年北京秋季新优花卉品种展示推介会等平台向首都市民及业内同行展示标准实施效果。

（王建军）

【园林绿化标准服务】 年内，市园林绿化局组织各有关单位完成2021年度园林绿化标准的申报、初审和编制工作，督促承担单位高质量完成标准编写和修订。按照国家标准化管理委员会有关要求，组织相关部门抓好北京市承担的第10批国家农业标准化示范区建设项

目——"国家花卉种苗高效生产标准化示范区"和"国家生态节约型宿根植物生产标准化示范区"有序推进，建设情况年度考核均达到优秀。加强宣传，组织园林绿化标准化宣贯培训，线上线下累计1280人参加，印刷《美丽乡村绿化美化技术规程》《规模化苗圃生产与管理规范》等12项标准单行本共22000册，供全市行业人员使用，充分发挥标准对首都园林绿化建设的指导和推动作用。

（王建军）

【"森林与人"系列活动】 年内，累计开展"森林与人"系列活动73场。其中，绿色市集宣传活动以嘉年华和森林音乐会为主要形式，将生物多样性和零碳理念在市民中进行推广；森林大篷车系列活动在原有课程基础上增加"二十四节气""碳汇与减排"等主题；森林"悦"读和森林手工活动以动物、植物等为主题。宣传自然、生态、环境保护知识，参与活动的家庭对活动设计满意度达到100%。

（孙鲁杰）

【科普宣传培训】 年内，市园林绿化局围绕"森林与人""北京科技周""爱鸟周""湿地日"等系列主题，开展科普活动、讲座、展览等各类线上线下活动千余场。邀请专家围绕碳汇主题，讲解国

9月15日，北京市第五届自然解说员培训活动在百望山举行（科技处 提供）

内外林业碳汇政策和实施情况、碳中和理念知识等内容，提升科普基地对碳中和理念认知，100余人参加培训；9月12—16日，开展第五届自然讲解员培训，通过"室内+室外""线下+线上""理论+实践""培训+考核"方式，来自29家单位的30名学员全部通过考核并获得结业证书，5年以来，自然解说员达到180人。

（孙鲁杰）

【获奖情况】 在2021年5月在国家林草局开展的2021年全国林业和草原科普讲解大赛中，市园林绿化局推选北京麋鹿生态实验中心、天坛公园、香山公园的3位选手代表北京市参加比赛，3位选手代表荣获二等奖并被认定为金牌讲解员，市园林绿化局获优秀组织奖。

（孙鲁杰）

（科学技术：孙鲁杰 供稿）

大数据建设

【概 况】 2021年，北京市园林绿化大数据工作坚持以习近平新时代中国特色社会主义思想为指导，着眼于首都园林绿化"十四五"发展任务目标，以数据驱动"北京智慧园林"建设为主线，开展智慧园林建设、推进园林绿化大数据基础建设，完善园林绿化大数据管理与应用体系创新，加强数据的汇聚管理，推进数据分析利用，夯实大数据基础，不断提升信息化服务支撑能力，推进首都园林绿化高质量发展。

【园林绿化大数据基础建设】 年内，市园林绿化局不断完善园林绿化大数据基础建设，挖掘数据应用价值。初步建立政务数据"汇管用评"管理机

制，印发《北京市园林绿化局政务数据管理办法》，指导完成公园、无公害认证果园、行政审批等20多类100多万条数据更新维护；推进园林绿化生产、管理、科学研究领域以及相关行业数据资源整合，构建包括遥感影像数据、物联网数据、视频图像等九大类数据的首都园林绿化大数据资源体系，为园林绿化提供数据支撑服务；梳理杨柳飞絮、病虫害防治、公园景区等重点业务场景，开展园林绿化气象服务；依托局舆情监测系统，快速采集微博、微信等新媒体舆情信息，为舆情防控提供支撑服务。

【编制完善公共数据目录】 年内，市园林绿化局完成71项数据公众开放服务，比2020年增加40%。持续做好"上云""入链""汇数""进舱"各项工作，实现信息系统和数据的实时动态更新维护，各项指标完成较好。在重点10项考核指标中，职责目录完成率、数据目录完成率、信息系统"交钥匙"率等7项指标得分100%。完成276项职责目录、282项数据目录、891个数据项梳理完善与维护。

【智慧园林建设】 年内，市园林绿化局编制"十四五"时期智慧园林发展行动纲要、数字经济标杆城市落实方案、数字政务工作方案等系列规划和方案，明确建设业务管理平台、决策支撑平台、公共服务平台，实现园林绿化"一张网""一张图"工作目标。

【园林绿化感知体系建设】 年内，市园林绿化局完成527套森林防火监控、200套各类感知传感器、红外相机等终端摸查工作，完成生态感知数据库服务器部署。

【全市公园游客量智能监测】 年内，市园林绿化局开展200家重点公园智能监测服务，汇集公园实时人流量、市民热线、视频图像、环境感知等数据，绘制各公园内游客热力图，通过数据分析，提供公园游人情况、游园舒适度和公园周边交通等服务。

【完善公园统一预约平台建设】 年内，市园林绿化局完成公园统一预约平台建设，提供全市59家公园预约统一入口，方便公众"多端一口"预约，满足公园常态化疫情防控"限量、预约、错峰"要求，实现常态化疫情防控期间游客限流措施的科学管理。

【开发建设北京市园林绿化局"领导驾驶舱"】 年内，市园林绿化局开发局"领导驾驶舱"，展现园林绿化资源现状、领导重要指示、重大项目跟踪和社会重点关注等信息，为领导科学决策、指挥调度提供支持。

【建设园林绿化企业信用管理系统】 年内，市园林绿化局建设园林绿化企业信用管理系统，完成992个企业基本信息、12859个人员信息、8320项工程项目信息、2931条良好行为及537条不良行为信息采集及核验，并将信用评价结果与北京市住房和城乡建设委员会电子招投标系统共享，构建以信用管理和事中事后监管为核心的新型市场监管机制。

【科技助力杨柳飞絮防治】 年内，市园林绿化局应用移动互联网技术，助力杨柳飞絮防治精准化、科学化，各区利用杨柳飞絮防治App完成全市83200个点位4953187株杨柳雌株巡查工作，重点采集雌株生长情况、胸径、注射情况等数据，掌握杨柳雌株分布、生长情况，为精准化、科学化治理杨柳飞絮提供数据依据。

【市园林绿化局（首都绿化办）政府网站建设】 年内，市园林绿化局及时更新发布国务院及北京市主要领导活动、重要会议以及政务信息等各类信息3704条，公开园林绿化各类数据1663条；优化原有专题（专栏）27个，新建"'小小红船到巍巍巨轮'建党百年长安街主题花坛"等10个专题（专栏），定期开展网站自查工作，整改和优化存在问题，提升政府网站管理水平，市园林绿化局（首都绿化办）网站在全年四个季度全市网站考核检查中均取得满分好成绩。

（大数据建设：韩冰 供稿）

新闻宣传

【概 况】 2021年，北京园林绿化宣传工作以庆祝中国共产党建党100周年为主线，以营造首都园林绿化实现"十四五"良好开局为目标，围绕市园林绿化局（首都绿化办）中心工作，召开新闻发布会72次，在新闻媒体刊发园林绿化宣传稿件2000余篇（幅、条），制作宣传片（短片、动画）10余部，新浪政务微博发布1236条，政务微信公众号发布694条，今日头条发布文章及视频455条，为首都园林绿化事业发展提供良好舆论氛围。

（高雨禾）

【野生动植物保护主题宣传】
3月3日，市园林绿化局发布《北京陆生脊椎野生动物增至500余种》新闻。3月10日，配合全市开展的打击涉野生动物违法犯罪的"清风行动"发布

新闻通稿。4月13日，配合全国"爱鸟周"40周年纪念活动暨北京市"爱鸟周"启动，发布新闻通稿《〈北京陆生野生动物名录——鸟类〉公布》。6月5日，在奥林匹克森林公园开展《北京市野生动物保护管理条例》实施一周年宣传活动。

（高雨禾）

【义务植树40周年宣传】 3月11日，市园林绿化局发布《大地植绿、心中播绿，义务植树40载全民动手绿京华》新闻，助力全市掀起植绿、爱绿、护绿新高潮。3月22日，发布《2021年义务植树尽责接待点》，引导市民就近履行义务植树义务。4月3日，发布《北京迎来第37个首都全民义务植树日 121万市民通过多种形式播绿京华》。5月25日，配合首都全民义务植树40周年纪念林落户昌平开展宣传。义务植树宣传期间，在中央及市属主

流媒体发稿100余篇。

（高雨禾）

【重点工程项目宣传】 3月29日，市园林绿化局向全市主流媒体发布《北京将在年底前建立市、区、乡、村四级林长体系》新闻通稿。5月30日，在东小口城市休闲公园召开一道绿隔城市公园焕新升级现场会，展示园林绿化高质量绿化建设成果，突显公园生态惠民功能。6月17日，在西山国家森林公园开展第27个"世界防治荒漠化与干旱日"主题宣传活动，邀请北京电视台、《北京日报》等媒体现场采访报道。

（高雨禾）

【杨柳飞絮科普宣传】 4月5日，市园林绿化局联合市气象局发布首个杨柳絮高发时段预报，引导广大市民科学面对杨柳飞絮自然现象，指导政府相关部门精准开展防控工作，降低飞絮对市民生活影响。4月9日，

4月13日，北京市"爱鸟周"活动启动仪式在市植物园举办（何建勇 摄影）

4月9日，北京市园林绿化局在海淀区五棵松公园举办杨柳飞絮治理宣传发布会（何建勇 摄影）

为应对杨柳飞絮首个高发期，在西四环五棵松公园举办杨柳飞絮治理现场会，集中对外发布全市精准施策治理杨柳飞絮情况。4月23日，联合市气象局发布2021年北京杨柳飞絮第二个高发期预报，介绍第二次高发期时间以及全市各部门联动治理杨柳飞絮情况。5月17日，发布杨柳飞絮第三个高发期预报。相关发布活动邀请《人民日报》、中央电视台、北京电视台、《北京日报》等20多家媒体参加，宣传报道杨柳飞絮产生原因、危害情况、治理措施、治理成效，回应社会关切，在中央和市属主要媒体刊发稿件190余篇，网络转发数万次。

（高雨禾）

【花卉文化宣传】 年内，市园林绿化局围绕花卉研发、绿色生产、市场消费、花卉文化等方面全方位宣传北京花卉产业，在《中国花卉园艺》杂志主要刊发以北京百合、花坛花境类植物育种研发与产业发展主题的宣传报道。编写9期《北京花讯》，在市园林绿化局官网、官方微博等媒体刊登转载，宣传北京花卉、即时花讯及相关花卉知识；借助北京广播电台，组织行业专家专题座谈，集中2次宣传北京花卉科技与北京菊花文化。

（李美霞）

【新媒体发布与线上线下活动】 年内，市园林绿化局围绕北京园林绿化重点工作、推进北京生态文明建设以及回应社会关切等内容开展宣传活动，首都园林绿化新浪微博发布微博1236条，阅读数1100万次，粉丝量16.9万人；微信公众号共发布文章694条，阅读数50万次，粉丝量3.5万人；今日头条发布文章及视频455条，展现量1362.5万次。全年发布科普文章80篇，举行线上线下活动20场，直接参与体验人数96000人次。

（高雨禾）

（新闻宣传：高雨禾 供稿）

党群组织

党组织建设

【概　况】 2021年，市园林绿化局（首都绿化办）机关党委在局（办）党组坚强领导下，坚持以习近平新时代中国特色社会主义思想为指导，深入贯彻党的十九大及十九届四中、五中、六中全会精神，紧紧围绕市委市政府工作大局和全局党建重点任务，认真落实管党治党责任，不断提高党建工作水平，为推动园林绿化事业高质量发展提供坚强思想政治和组织保障。

（任慧朝）

【全面从严治党】 年内，市园林绿化局（首都绿化办）机关党委持续加强政治建设，坚决做到"两个维护"，协助市园林绿化局（首都绿化办）党组研究制订《全面从严治党主体责任清单》《2021年全面从严治党工作要点》和重点任务分工方案，召开全面从严治党工作会议和机关党委会，坚持把全面从严治党工作与业务工作同研究、同部署、同推进。组织党组理论学习中心组学习24次，其中，开展研讨交流8次、专题辅导4次；每半年专题研究全面从严治党和意识形态工作，每季度召开1次党风廉政建设形势分析会，对直属单位开展全面从严治党工作落实情况动态检查，抓好上级巡视、巡查等问题整改。圆满完成庆祝中国共产党建党百年各项工作，以学史力行检验党史学习教育成效，制订印发党史学习教育、"我为群众办实事"和"机关接地气、干部走基层"活动工作方案，成立领导小组和6个指导组，完成171项办实事项目（其中局领导牵头23项），形成"五个一"成果；广泛开展"两优一先"评选表彰、发放"光荣在党50年"纪念章、慰问困难党员、组织主题征文等系列活动。

（任慧朝）

【基层党组织建设】 年内，市园林绿化局（首都绿化办）机关党委不断强化组织建设，全面加强事业单位改革中党的领导，重新调整设置形成10个党委、5个总支和8个支部，党组织书记均由行政负责人一肩挑，18个单位专设党建工作科或党建人事科；指导10个新成立单位党组织和2个任期届满党组织完成选举工作，指导基层党组织完成二级支部设置。开展党支部标准化规范化建设突出问题集中整改。做好党员发展和教育培训工作，制定《关于研究发展党员工作规则（试行）》，新发展党员43人。举办入党积极分子和党员发展对象培训班2期50人次；完成全体党员轮训；举办基层党组织书记和党务干部培训200多人次。严格党费使用管理，制定印发《党费收缴、使用和管理办法（试行）》；按照市委组织部、市直机关工委要求，开展近5年党费收缴和使用管理情况自查自纠工作。

（任慧朝）

【团员青年工作】 年内，市园林绿化局（首都绿化办）团委把学习宣传贯彻习近平新时代中国特色社会主义思想作为首要政治任务，及时传达学习党的十九届六中全会精神，全年组织开展团员团干部培训班1期，聘请专家开展专题辅导3场，组织团员参加市级视频宣讲报告会2场，组织青年参加党史学习教育市委宣讲团报告会2场，开展专题党史学习教育主题团课49期；组织机关青年开展党史主题影片观影活动5次；组织开展"永远跟党走"歌曲传唱及快闪拍摄活动；全年开展"四史"宣讲、红色基地宣讲、冬奥宣讲等14次；2名优秀青年参加市直机关青年技能大赛红色基地宣讲能力竞赛，其中1名同志获得一等奖，局团委获得优秀组织奖。以事业单位改革为契机，对原有设置不科学的团委、总支团等组织进行调整，重新设置团支部，13个所属团支部完成选举工作。4个团支部开展"对标定级"工作。62名团员全部完成志愿者注册，完成率100%。北京市野生动物救护中心救护饲养组和北京西山国家森林公园被评为2020—2021年度北京市青年文明号。持续开展"我为改革献一策"

活动，围绕首都园林绿化高质量发展提出4项优秀议案。落实为民办实事，联合北京城市广播"副中心之声"，推出书香园林系列访谈节目11期。通过直播访谈等老百姓喜闻乐见的形式，传播绿色文化，服务市民生活。

（乔妮）

（党组织建设：乔妮 供稿）

干部队伍建设

【概　况】 2021年，在北京市委、市政府正确领导下，市园林绿化局（首都绿化办）党组坚持以习近平新时代中国特色社会主义思想为指导，深入贯彻落实新时代党的组织路线，贯彻落实市委组织部2021年工作要点和全市组织部长会议要求，统筹推进领导班子和干部队伍建设、干部监督管理和事业单位改革等工作，为建党100周年、新一轮百万亩造林、园林绿化高质量发展、京津冀协同发展等重点工作、重大任务提供坚强的组织和人才保障。

（王超群）

【机构改革】 年内，市园林绿化局落实中央关于深化党和国家机构改革精神，落实市委深化事业单位改革部署，圆满完成事业单位改革。局属事业单位由33个精简至22个，140名处级干部同步安置到位，职能配置、结构布局和班子结构整体优化，生态建设、资源保护、"四个服务"以及为机关提供支持保障能力全面提升，实现强基础、补短板。以改革为契机，精准对接、精细落实，完成8个分类划转单位2100余名职工养老保险移（入）库工作，解决历史遗留问题，切实把为群众办实事落到实处。

（陈朋　王超群）

【组织建设】 年内，市园林绿化局严格落实《干部任用条例》和处级领导干部选拔任用工作流程，严格执行干部政治素质考察、轮岗交流等制度要求，坚持好干部标准，立足优化干部队伍建设，树立正确用人导向，调整处职干部150人，包括平职交流17人、提拔任职7人、转任1人、调任1人、聘任管理岗保留待遇25人、转专业技术岗7人、套转职员岗1人、免职9人、免职退休7人、因改革重新履行任职程序75人。注重统筹兼顾、公平公正，强化正向激励，有序开展职级晋升工作，晋升二级巡视员3名、一至四级调研员17名。加强局属单位领导班子分工调整指导，优化各单位班子分工，提升工作科学化水平，分管同一工作时间较长的副职全部调整到位。招录事业编制人员28人，接收军转干部2人，进一步充实新生力量。

（陈朋　王超群）

【干部教育培训】 年内，市园林绿化局坚持把学习贯彻习近平新时代中国特色社会主义思想摆在干部教育培训最突出的位置，组织参加市委组织部调训37人次，优秀年轻干部专题培训28人次，"园林绿化干部知识拓展大讲堂"三期1600余人次，选派63名干部参加建党100周年、冬奥会筹办等重大活动历练，努力通过加强思想淬炼、专业训练和实践锻炼，引导各级干部不断提高适应新时代中国特色社会主义发展要求的能力。针对疫情防控特殊情况，组织全局党员干部利用"北京干部教育网""学习强国"等平台及订阅的报纸杂志，开展"互联网+"学习教育，做好在线学习的日常监督管理工作。

（杨道鹏　王超群）

【干部监督管理】 年内，市园林绿化局配合完成市委巡视和选人用人专项检查，组织开展领导干部在社会组织和企业兼职管理、因私出国境管理及干部人事档案管理自查，严格执行干部报告个人有关事项"两项法规"，组织全体填报对象完成及时报告工作，通报典型问题。完善局属单位检查考核，研究制订《局（办）机关公务员平时考核实施方案（试行）》，全面优化考核周期、考

核内容、指标体系、考核程序、结果运用等关键内容，开展机关公务员平时考核，强化结果运用。研究制订《北京市园林绿化行业社会组织监管工作暂行办法》，强化管理13个业务主管单位社会组织和6个行业管理单位社会组织。

（杨道鹏　王超群）

（干部队伍建设：姚立新　供稿）

工会组织

【概　况】 2021年，北京市园林绿化局（首都绿化办）工会坚持以习近平新时代中国特色社会主义思想为指导，用习近平总书记关于工人阶级和工会工作重要论述武装思想，以思想引领为核心，以服务大局为主线，以维权服务为抓手，勇于担当、主动作为、凝心聚力、奋斗向前，为推进首都园林绿化高质量发展提供保障。

【"职工技协杯"绿心公园花境设计暨造园大赛】 3月15日至4月26日，市园林绿化局、市总工会、北京城市副中心投资建设集团有限公司在北京城市绿心公园联合举办2021年北京"职工技协杯"绿心公园花境设计暨造园大赛。大赛由北京绿心园林有限公司、北京京彩弘景园林工程有限公司具体承办，35家园林绿化企事业单

位的38支团队参赛，500人参与活动。参赛团队分别在38块300平方米的比赛场地内，围绕"庆祝中国共产党成立100周年、培育绿色工匠、建设美丽北京"主题，结合城市绿心公园园林植物现状，呈现出"红船礼赞·美好生活""星火燎原·园林新章""锦绣百年·砥砺前行"等38个花境作品，以优异的园艺作品向中国共产党成立100周年献礼。

【市第三届"金剪子"竞赛】 4月29日，全国园林绿化职业技能竞赛暨北京市"职工技协杯"职业技能竞赛第三届"金剪子"大赛决赛在北京京彩燕园规模化苗圃开展。本次大赛分为城镇园林植物修剪、平原生态林修剪、郊野公园树木修剪3个项目，全市1500多名选手，经过30多场初赛、3场复赛，3个竞赛项目各有30名选手进入决赛。决赛现场，通过理论考试、植物识别、树木修剪3个环节比拼，赛出10名金剪子、10名银剪子、10名铜剪子。

【庆祝中国共产党成立100周年系列活动】 5月27日，市园林绿化局领导班子成员、市公园管理中心党员代表，基层党支部书记、"两优一先"、劳动模范、优秀青年和离退休干部等群体代表200多人，在西

山无名英雄纪念广场，以快闪方式，唱响《没有共产党就没有新中国》，用心中最美的旋律唱响对党的无限热爱。根据市总工会要求，经过层层筛选、严格把关，推荐系统内19名代表参加庆祝中国共产党成立100周年大会。9月8日，北京市园林绿化行业"奋斗百年路启航新征程"庆祝建党100周年文艺汇演网络直播在顺义区委党校报告厅举办，28.28万人点击收看，27.11万人点赞直播。

【市园林绿化局（首都绿化办）工会三届三次会员代表大会】 12月18日，市园林绿化局（首都绿化办）工会第三届委员会第三次会员代表大会以视频会议形式召开。会议设主会场1个，分会场5个，119名代表参加。大会依照法定程序替补市园林绿化局（首都绿化办）工会第三届委员会委员7名、市园林绿化局（首都绿化办）工会女职工委员会委员1名。大会期间，召开市园林绿化局（首都绿化办）工会三届十六次委员会，选举出局（办）工会第三届委员会主席、专职副主席；在市园林绿化局（首都绿化办）工会第三届四次女职工委员会上，选举出第三届女职工委员会主任。

【慰问职工】 年内，市园林绿化局（首都绿化办）工会筹集资金86.99万元，慰问一线职工1474人，劳动模范50人次，看望困难职工131户，外来务工人员和护林员538人。

【局属事业单位改革期间工会工作】 年内，按照市园林绿化局事业单位改革总体工作部署，工会按照市园林绿化局（首都绿化办）党组要求，制订在事业单位改革期间工会工作计划，召开专题会议，部署涉及更名、撤销、整合组建基层工会工作，下发工作流程，为18家撤销工会单位暂存账户资金，办理撤销工会法人、工会账户相关手续，圆满完成9家基层工会更名和18家基层工会撤销工作。

（工会组织：孙树伟 供稿）

社会组织

【概况】 2021年，市园林绿化局有社会组织13个。分别为北京林学会、北京园林学会、北京屋顶绿化协会、北京果树学会、北京野生动物保护协会、北京市盆景艺术研究会、北京生态文化协会、北京绿化基金会、北京林业有害生物防控协会、北京花卉协会、北京树木医学研究会、北京中华民族园管理处、北京酒庄葡萄酒发展促进会。

（荣岩）

【北京林学会】 北京林学会于1955年由北京地区林业科学技术工作者自愿发起成立，1962年正式更名为北京林学会，1987年3月经北京市民政局核准注册登记，学会致力于推动首都林业的发展，主要负责开展林学科学研究、学术交流、专业培训、咨询服务、编辑专业刊物。截至2021年底，有会员单位17个、个人会员3138人。年内，组织生物多样性保护培训、山区生态林管护员监管能力提升、林业碳汇能力建设高级研修班等"西山森林讲堂"学术研讨7场，受众718人。开展森林音乐会、大众长走、森林大篷车、"悦"读森林、森林大课堂、植树护绿活动、"双碳"冲冲冲等"森林与人"系列活动90场。创新"线上+线下"新型活动模式，宣传自然、生态、环境保护，增设碳汇与减排系列课程，普及碳达峰、碳汇等知识，提高参与者节能减排意识与能力。

（荣岩）

【北京园林学会】 北京园林学会于1992年8月获准成立，是北京地区园林科技工作者的学术性群众团体，是发展北京园林科学科技事业的重要社会力量。截至2021年底，有团体会员单位82个、个人会员695人。年内，围绕"科学绿化的首都实践"主题开展论文征集活动，共征集论文109篇。完成《2020北京园林绿化建设与发展》论文集和2021年《北京园林》的编辑、出版工作。举办2021年"北京园林优秀设计奖"评选活动，参评56个项目中41个项目获奖，同时完成《2009—2016年北京园林优秀设计作品集》编辑、出版工作。启动园林绿化专家库，包括规划设计、施工、养护、植物4个专业子库，共有307名专家入选。围绕"园艺与家庭"主题，开展科普宣传活动4场。采取线上形式开设"云课堂"，聘请行业专家在线授课，开展送服务下基层活动6场，受益2000余人。组织北京地区园林绿化工程项目负责人人才评价工作，400余人完成报名培训（受疫情影响考试延期进行）。联合北京树木医学研究会，派出5名选手组成北京队参加中国风景园林学会"新盛杯"首届全国园林绿化职业技能竞赛，职业技能组获奖4人，专业技术组获奖4人。

（荣岩）

【北京屋顶绿化协会】 北京屋顶绿化协会于2006年3月12日获准成立，致力于建设生态环保节约型、宜居靓丽绿色城市的崭新领域，涉及城市规划设计、建筑结构、建筑防水、农业、林业、园艺、环保、市政管理等诸多相关专业学科。5

月21日，完成换届选举，产生第三届理事会理事33人，副会长11人，监事会监事3人。截至2021年底，共有单位会员77个，个人会员102人。年内，主要配合市园林绿化局（首都绿化办）工作，加强与各区联络，开展"上门"服务，树典型，以点带面，总结梳理"十四五"期间屋顶绿化工作开展情况。积极跨界交流，拓展为会员服务职能，加强行业技术、产品的研发、推介和施工工艺检查督导。助力家庭园艺种植典型，通过接待新闻媒体采访、与市农业技术推广站合作在通州区以学校为试点，通过种植粮食作物、蔬菜作物和观赏作物及栽培观测区示范科普屋顶小农庄模式，全面提高全社会对屋顶绿化和家庭园艺种植的认识。坚持广泛联络和宣传，通过新闻媒体、协会网站、课题调研，不断建言献

策，谋求发展。组织专家和有实际经验的同仁，进行考察调研，不断完善技术规范，修订屋顶绿化投资标准。参加《种植屋面在碳中和中的效能研究》开题报告会，为《京津冀立体绿化经典案例》和《北京市屋顶绿化研究报告》申报2021年度中国风景园林学会科学技术进步奖。

（荣岩）

【北京果树学会】 北京果树学会最早成立于1956年，1981年重新登记注册，由北京果树科技工作者自愿联合发起成立。学会主要开展果树学术交流及教学活动，举办各种形式的专业培训，接受有关科学技术政策和问题咨询；开展国际科技交流。截至2021年底，共有单位会员9个，个人会员215名。年内，承办2021北京花果蜜乐享季之北京市精品梨大赛，推动全市林果产业供给侧结构性

9月17日，北京果树协会在大兴区庞各庄镇梨花村承办2021北京花果蜜乐享季活动（何建勇 摄影）

改革，提升北京本地果品的知名度和影响力，促进产业高质量发展，助力乡村振兴。依托北京市科协科技套餐项目，开展平谷大华山镇李家峪村山楂良种引进及提质增效栽培技术示范，高枝改接门头沟区斋堂镇白虎头村现有低产劣质枣树，开展低产劣质枣树改造和优质、丰产、无公害病虫防治等栽培技术培训。为河北省提供技术指导和帮扶，为承德市高新区陈家沟村引进优良鲜食枣树新品种并提供技术培训，与滦平县开展杏产业调研和技术对接，针对杏产业发展规划提供科技支撑。协办香山林果学术论坛，开展学术交流，加强学术引导。

（荣岩）

【北京野生动物保护协会】 北京野生动物保护协会于1986年12月获准成立，由野生动物保护管理工作者、科研教育、经营利用、宣传工作者、愿为保护野生动物资源做出贡献的单位和个人自愿组成。截至2019年底，单位会员181个，个人会员20863个，理事29人。年内，承办全国"爱鸟周"40周年纪念活动暨北京市第39届"爱鸟周"启动仪式及系列科普展览。开展第八个"世界野生动植物日"科普宣传活动。参与保护生物多样性、建设和谐宜居之都科普展览暨"全国林业和草原科技活动周"启动仪式。参与"实施《北京市野生

动物保护管理条例》主题日"科普宣传活动。线上进行"宪法日"主题宣传活动。举办第九届北京市中小学野生动物保护知识论坛，开展线上野生动物保护知识大讲堂公益讲座，制作自然北京——我们身边的野生动物大型手绘图，开发线上版；举办2021年北京秋季观鸟月活动，观察到19目，56科，261种野生鸟类。开展雨燕、鸳鸯、珠颈斑鸠科学调查，利用微信公众号平台进行宣传推广，关注人数3万余人，发表文章61篇，累计阅读次数35万余次，阅读人数达25万余人；利用哔哩哔哩、腾讯会议App等直播平台进行科普讲座，《新京报》发表《数雨燕的人》文章，新华社客户端发布《北京：爱鸟四十年》文章，参与由光明日报全媒体总编室主办的雨燕日记——全球首个北京雨燕5G高清慢直播活动，参与央视纪录频道合作拍摄纪录短片，看春天第二季之《阳台晒斑鸠》《北京雨燕》，看夏天之《守护雨燕》主题纪录片，与中国之声合作制作《听见：与伟大的飞行家为友》雨燕主题广播节目，宣传雨燕科学调查工作。

（荣岩）

【北京市盆景艺术研究会】 北京市盆景艺术研究会于1992年6月30日获准成立，由北京盆景艺术专家学者、盆景艺术爱好者和赏石收藏鉴赏家及收藏

爱好者自愿联合发起成立，致力于推动首都盆景赏石传统文化的发展。年内，代表北京完成中国第十届花卉博览会盆景、赏石参展任务，获得三金、六银、十三铜；参加中国花卉协会盆景分会"中国杯"盆景大赛，获得两个银奖。完成换届改选，依法依规选举产生北京市盆景艺术研究会第七届理事会领导成员。参观调研通州区大运河森林公园、张家湾公园、绿心公园，围绕园林与盆景、赏石开展交流活动。

（荣岩）

【北京生态文化协会】 北京生态文化协会于2013年6月注册成立。协会由北京地区从事生态文化建设、经营、管理、研究的企事业单位、科研院所、大专院校、新闻、出版单位以及关心和有志于推动首都生态事业发展的社会各界人士组成，主要开展生态领域的政策宣传、专业培训、专题调研、对外交流、咨询服务、组织考察、承办委托、编辑专业刊物。截至2021年底，有单位会员21个，个人会员107个。年内，围绕北京生态文明建设要求开展各项生态文化研究工作。与《中国青年报》、北京世园投资发展有限责任公司签署三方战略合作协议，搭建深度合作平台。三方联合浙江清华长三角研究院、北京第二外国语学院共同启动"每一朵雪

花都温暖"文化创意征集；联合主办首届北京世园红叶文化节。协办《绿化与生活》杂志，全年出刊13期，首次制作"首都全民义务植树40周年增刊"，刊登400余篇稿件，65万字，650余张图片。完成换届选举，产生新一届理事会及领导班子，市园林绿化局副局长高大伟当选会长，吴志勇当选秘书长，现有副会长4名、常务理事17名、理事67名、监事长1名、监事4名。

（荣岩）

【北京绿化基金会】 北京绿化基金会于1996年获准成立，协会依靠募集资金开展绿化活动，是社会性的公募基金会。基金会主要接受政府资助和热心绿化事业的国内外团体和个人捐助资金，通过基金的运作，组织开展"互联网＋全民义务植树"、治理沙漠、认建认养、保护古树名木、助力乡村振兴等活动，改善首都生态环境。

（荣岩）

【北京林业有害生物防控协会】协会成立于2016年12月，主要开展林业有害生物防控领域的政策宣传、专业培训、对外交流、科普宣传、展示展览、咨询服务、承办委托、编辑专业刊物。2021年度北京市市级社会团体评估工作，协会评估等级为"3A"。截至2021年底，协会有单位会员103家，个人会员100余人，专家200余人，

志愿者107人。年内，注重发挥专家智库作用，注重科技创新能力，以"三诊一报告"等为主要形式指导北京市有害生物防控工作，会员单位"林业有害生物智能防控装备研发"项目成果获得2021年国家林草局梁希林业科学技术奖技术发明二等奖。广泛发展志愿力量，维护首都生态安全，组建北京林业有害生物防控协会志愿者总队、志愿者延庆分队，在"绿色知识进学校、绿色文化进社区、绿色技术进企业"的"三进活动"基础上，新增生物多样性昆虫标本展览展示活动，在北京各区建设志愿者实践基地并挂牌，建立长期志愿合作关系。组织线上线下科普科技培训，10万余人次参加；面向林业部门和社会化服务企业开展更全面专业技能培训，鼓励广大从业人员参与国家职业技能标准《林业有害生物防治员》学习，逐步推进林业有害生物防控从业人员持证上岗。制定发布《平原人工林地面精准施药作业规范》（T/JLFX 001—2020）、《害虫天敌昆虫（螨）产品质量标准》（T/JLFX 001—2021）、《果园统防统治——桃树病虫害社会化服务规范》（T/JLFX 002—2021）3项团标。配合市园林绿化局组织人员参加首届全国林业有害生物防治员职业技能竞赛，北京队取得团体第一名。

（荣岩）

【北京花卉协会】 北京花卉协会于1987年6月成立。主要由北京地区花卉及相关主管行政部门、企事业单位、科研院校、社团及个人组成。协会主要是制定行业标准，建立行业自律机制，推广花卉生产新技术，开展国内外交流合作，维护行业利益。截至2021年底，单位会员有205个。年内，主

9月20日，北京林业有害生物防控协会组织开展居民区美国白蛾防控工作（北京林业有害生物防控协会 提供）

办北京迎春年宵花展、北京郁金香文化节、北京牡丹文化节、北京月季文化节、北京菊花文化节活动，持续整合首都花卉产业优势资源；开展北京新优花卉品种展示推介，搭建成果转化平台；筹备组织第十届中国花卉博览会北京参展工作，荣获奖项490个；与生活好课堂携手助力地区创建首都花园式社区，邀请专家讲授种植技术园艺课程；编写9期《北京花讯》，在市园林绿化局官网、官方微博等媒体刊登转载，宣传北京花卉、即时花讯及相关花卉知识。

（荣岩）

【北京树木医学研究会】 北京树木医学研究会于2020年12月17日成立。研究会成立后按照核定章程中的宗旨和业务范围积极开展工作。研究会的宗旨是：团结和组织树木医学工作者，推动树木医学的科技进步、科学普及、技术推广和繁荣发展，促进树木医学人才队伍的健康成长；整合树木医学领域的科技成果、专家资源、市场资源，搭建产、学、研、推一体化平台，充分发挥政府与科研机构、企业和个人的桥梁和纽带作用。研究会的业务范围是：开展树木医学领域的宣传普及、科学研究、学术交流、咨询服务、会议服务、专业培训、制定团体标准、对外交流、承办委托。业务范围中

属于法律法规规章规定须经批准的事项，依法经批准后开展。截至2021年底，北京树木医学研究会有单位会员50家，个人会员300人申报入会。

（荣岩）

【北京中华民族园公园管理处】 北京中华民族园1992年经北京市政府批准建立，1994年6月北园建成并对外开放，1996年纳入北京市公园行业管理，2001年9月29日南园建成对外开放，是市园林绿化局为业务主管部门的民办非企业单位，坐落在北京市亚运村西南，占地28.2公顷。中华民族园是京城第一座大型民族文化基地，旨在展示民族文化传统，增强国民爱我中华的民族意识，促进青少年对民族文化的认知。年内，移栽植物380株，其中竹子130株、灌木65株、月季125株、攀缘植物60株，种植各类草花和宿根花卉11000丛。注重日常管护，春季全园性喷洒石硫合剂配合埋施药剂，"五一""十一"前全园喷洒广谱性药物，针对局部病虫害随发生随处理。举办《我们的文化遗产——中秋味道》传统月饼、糕点模具展览，重新布置《中华百姓传统生活饰品展》（21个专题）、《中国—东盟文化旅游》摄影作品展、《我们的文化遗产——晋韵留芳》文物与书画作品展。

（荣岩）

【北京酒庄葡萄酒发展促进会】 北京酒庄葡萄酒发展促进会于2018年成立，由中国葡萄酒杂志社有限公司、北京市房山区葡萄种植及葡萄酒产业促进中心、北京市房山区酒庄葡萄酒协会等单位共同发起，旨在推动北京及周边酒庄葡萄酒的生产、流通、销售、推广、科技水平的不断提高以及与国际交往的不断扩大，为北京酒庄葡萄酒发展作贡献。年内，完成银行开户、注资、税务登记、发票等手续；完善工作人员管理制度、财务管理制度、档案管理制度等相关日常工作规范文件；启动北京酒庄葡萄酒团体标准编制，完成全国团体标准信息平台注册，为发布北京酒庄葡萄酒团体标准做好准备工作。截至2021年底有理事成员45人，单位会员50家，个人会员100人。

（荣岩）

（社会组织：杨道鹏、荣岩 供稿）

纪检监察

【概 况】 2021年，市园林绿化局（首都绿化办）机关纪委依据《市直机关2021年党的纪律检查工作要点》《驻局纪检监察组2021年工作要点》《局（办）党组2021年全面从严治党工作要点》，把政治监督放

在首位，强化监督意识，聚焦重大决策部署贯彻执行、重大政治任务服务保障、首都园林绿化事业发展建设、市园林绿化局（首都绿化办）政治生态净化，突出政治监督责任，做实做细日常监督，为推动首都园林绿化事业高质量发展提供纪律保障。

【中央巡视问题整改】　年内，市园林绿化局紧盯中央巡视北京反馈意见和中央环保督察涉及园林绿化问题、市委常委会2020年度民主生活会、北京市政府党组2020年民主生活会指出的23项整改任务，制订整改方案，明确牵头领导、责任处室、整改目标、整改措施、完成时限等要求，按时完成整改任务。按照《中共北京市委关于落实中央第十一巡视组对北京市开展巡视反馈意见的整改方案》，研究制订《关于中央巡视反馈意见涉及我局相关问题的整改工作方案》，针对6项整改任务，细化整改措施，明确责任部门，完成《潮白河国家森林公园概念规划》编制工作和潮白河森林生态景观带（四期）建设工程全部绿化任务，累计绿化栽植面积164.85公顷；完成八达岭—十三陵风景名胜区详细规划（昌平部分）编制工作，及时报送至国家林草局审批；完成3项"党建外包"及退休领导干部占用

办公用房、市属小院专项清查等整改任务。同时，完成第二轮中央环保督察2项反馈问题整改，有序推进其余8项任务；完成市委常委会2020年度民主生活会7项整改任务，完成北京市政府党组2020年民主生活会4项整改任务，整改任务全部落实。

【专项监督检查】　年内，市园林绿化局针对驻局纪检监察组《关于对市园林绿化局系统处级单位党员领导干部，民主生活会实施监督情况的反馈意见》指出问题，加强监督检查各单位组织召开的党史学习教育专题民主生活会，现场监督工程管理事务中心重新召开的民主生活会。针对驻局纪检监察组《关于对局属林场、苗圃林业项目开展专项监督检查的情况报告》指出的五类九方面问题开展专项整顿，监督指导各单位认真排查内控制度建设、政府采购管理、资金管理、方案编制、项目实施验收、干部队伍管理五方面存在的违反管理规定行为及隐患风险点，及时进行整改。开展局（办）系统党员、干部和公职人员涉违法占地、违法建设行为报告专项工作，耐心细致做思想工作，讲明政策和纪律要求，反复核查核实上报数据，实际填报14367人，包括中共党员4622人，公务员179人，

参公管理人员115人，事业单位工作人员7528人，离退休人员6545人，按时按要求完成报告工作。

【强化日常监督】　年内，市园林绿化局结合党史学习教育，组织全局系统1473人参与"学党史、强党纪、转作风"党规党纪知识竞答活动，强化党性观念和遵规守纪意识。动态抽查检查局属站院、场圃党史学习教育开展情况，参与督导研究室、工程管理中心等10家直属单位主要领导讲党课和支部组织生活会开展情况。制定印发《局（办）党组关于加强对"一把手"和领导班子监督的工作细则》，对标对表党章党规，加强对"一把手"和领导班子监督，把"关键少数"管住用好。组建2个疫情防控监督检查小组对13家直属单位抽查检查常态化新冠肺炎疫情防控工作，强化疫情防控意识。按月向驻局纪检组报送"三重一大"决策制度落实情况以及落实市领导指示批示精神情况，杜绝以批示落实批示的形式主义官僚主义问题。做好廉政鉴定意见回复工作，全年办理廉政鉴定意见123人次。

【"以案为鉴、以案促改"警示教育】　年内，市园林绿化局深入学习贯彻习近平总书记关于家风建设系列重要论述，

为党员干部购买家风建设读本《清风传家》《严以治家》，加强日常警示教育。印发《北京市纪委市监委市直机关纪检监察工委警示教育典型案例读本》，通过具体案例开展经常性警示教育，做到警钟长鸣。组织市园林绿化局（首都绿化办）2021年度"以案为鉴、以案促改"警示教育大会，播放《贪欲的"洪水"》《青山之殇》两部警示教育片，传达学习全市警示教育大会精神，从六个方面剖析8起违纪违法案例，通报追责、问责、党纪政务处分12名违纪违法人员，用身边事警示教育身边人。

【严肃执纪问责】年内，市园林绿化局持续坚持"严"的主基调，严肃执纪问责。继续开展信访举报问题线索处置工作，每月向驻局纪检监察组上报信访情况，全年未收到反映局（办）系统党员干部违纪问题信件。针对局属事业单位改革，制订印发《关于严明纪律要求确保事业单位改革顺利开展的通知》，明确"六个严守"纪律要求，做到"七个不准"，监督把关基层党组织换届选举，强化监督执纪问责。贯彻落实《北京市实施〈党组讨论和决定党员处分事项工作程序规定（试行）〉细则》，规范市园林绿化局（首都绿化办）党组讨论和决定党员处分事项

工作，对高洪歌、崔勇、董会妥、李福厚、胡永5名同志进行党纪和问责处理。

【巡察工作】年内，市园林绿化局（首都绿化办）党组按照市委巡视工作领导小组工作部署和要求，成立3个巡察组，对首都绿色文化碑林管理处、天坛公园等12家单位进行巡察，累计查阅各类资料10915份（套），进行个别谈话327人次，列席会议26次，开展问卷调查1051人次，现场调研48次，发现问题398个。抓好2020年巡察问题整改"回头看"，督促颐和园、八达岭林场等6家单位完成第三轮巡察中的问题整改落实，督促检查12家单位341项问题整改，整改率97%，逐步解决涉及林地争议、基础设施提升等未整改的历史遗留问题。

【巩固作风建设成效】年内，市园林绿化局贯彻落实中央八项规定精神、市委贯彻落实办法及市园林绿化局（首都绿化办）相关规定要求，以管钱管人管物的党员领导干部为重点，以"四风"问题新表现、变异新动向、隐匿新方法为重点，强化监督检查，印发节假日期间坚决防止"四风"问题反弹通知，转发中纪委、市纪委曝光的典型案例，加强廉洁教育和

监督提醒，实地检查局属单位贯彻落实情况12次。印发《锲而不舍落实中央八项规定精神，纠"四风"树新风工作措施》，开展违规配备使用公务用车、违规发放津补贴或福利、违规收送名贵特产和礼品礼金、违规吃喝等违反中央八项规定精神问题教育整顿，专项整顿公共资源停车场领域腐败和作风问题。印发《北京市园林绿化局关于进一步整治形式主义官僚主义问题持续改进工作作风的若干措施》，持续开展整治形式主义、官僚主义问题，提出有效措施20项，巩固拓展作风建设成效。

【队伍建设】年内，市园林绿化局开展纪检干部专题培训，部署全年纪检工作，辅导党员领导干部个性化廉政责任书签订、风险点查找及权责清单编制等工作，召开纪检监督重点工作研究会，梳理分析两年以来巡察工作发现的13类共性问题，未巡先改，不断提高监督能力素质。组织开展党史学习教育活动，开展2次党史学习读书会和研讨交流，组织5次党史学习教育主题党日活动，召开1次支部专题组织生活会。集中组织收听收看习近平总书记在庆祝中国共产党成立100周年大会上的重要讲话及大会活动盛况，"七一勋章"颁授

仪式，增强党性观念，坚定理想信念。学习党的十九届六中全会精神，参加理论学习和宣讲报告会，深刻领会《关于党的百年奋斗重大成就和历史经验的决议》精神，强化使命担当，提高监督能力水平。

（纪检监察：苏岩 供稿）

离退休干部服务

【概　况】 2021年，市园林绿化局离退休干部服务工作深入学习贯彻党的十九大和十九大历届全会精神，贯彻落实习近平总书记关于老干部工作重要指示和全国老干部局长会议精神，坚持精准服务理念，求真务实作风，着力抓好离退休干部党的建设、服务管理、优势作用发挥，扎实开展党史学习教育，实现让局党组放心、让老干部满意工作目标，以优异成绩庆祝建党100周年。

【组织建设】 年内，市园林绿化局（首都绿化办）离退休干部党支部全面落实党支部规范化建设，严格执行《中国共产党支部工作条例》，换届改选出新支部书记和支部委员；认真落实"三会一课"、组织生活会、主题党日等制度；加强对离退休干部党员的教育、管理和监督，关心爱护家庭困难的老党员，组织离退休干部党员充分发挥好先锋模范作用。组织党员开展学习研讨，撰写心得体会，充分领会习近平总书记重要讲话精神的深刻内涵、精神实质、时代要求。

【学习制度】 年内，市园林绿化局（首都绿化办）离退休干部党支部以党史学习教育为契机，制订学习计划，依托离退休干部服务中心阵地，组织集体学习3次，参加市老干部局组织的在线学习3次，撰写学习体会100余份。退休干部韩英俊同志在"两学一做"教育活动中，累计撰写学习体会180多篇，获得庆祝建党一百周年征文活动一等奖。

【阅读文件制度】 年内，坚持学习文件制度。坚持每季度组织局级老干部集体阅读有关文件，为老干部阅览室订阅《人民日报》《中国老年报》《北京日报》《大讲堂》等报刊。在第三季度阅读文件时，邀请市园林绿化局人事处处长杨博通报市园林绿化局（首都绿化办）事业单位改革调整情况。

【慰问制度】 年内，市园林绿化局领导在春节前通过录制视频形式问候离退休干部，离退休干部工作领导小组向离退休干部发放春节慰问信，上门慰问机关处级以上离退休干部。"七一"前夕，走访慰问机关离退休老党员，为不便出行及生病住院的老同志送去"光荣在党50年"纪念章、学习资料、防疫物品、消暑纳凉食品。

【庆祝建党100周年活动】 年内，市园林绿化局（首都绿化办）离退休干部党支部围绕庆祝建党100周年组织系列活动。组织党史学习教育老干部宣讲团开展"弘扬伟大精神、赓续红色血脉"和"听党话、跟党走、做贡献"主题宣讲。组织讲党课、参观红色教育基地、手工串珠编制党旗、作品展览、献爱心捐款等活动，收到征文、书法、手工、摄影、微视频、音频112件，129人捐款46521元。编制"永远跟党走"征文汇编，拍摄制作老干部庆祝建党100百年系列活动宣传片，推选退休干部接受北京电视台采访。参加市直机关工委、市委老干部局组织的向党说句心里话、入党志愿书展览、征文、推送先进典型等庆祝活动。召开优秀党员表彰会，100多名党员重温入党誓词，会上颁发"光荣在党50年"纪念章。

（离退休干部服务：李占斌 供稿）

市公园管理中心

北京市公园管理中心

【概　况】 北京市公园管理中心（简称市公园管理中心）为市园林绿化局归口管理的副局级事业单位，负责市属公园和其他所属机构的规划、建设、管理、保护、服务、科技工作，以及财务管理审计、劳动人事、安全保卫等工作。中心机关设办公室、计划财务处、规划建设处、文物保护处、服务管理处、安全应急处、组织人事处、宣传处、科技处、审计处、党建工作处、工会12个处室。下辖颐和园管理处、天坛公园管理处、北海公园管理处、中山公园管理处、香山公园管理处、景山公园管理处、北京植物园管理处、北京动物园管理处、陶然亭公园管理处、紫竹院公园管理处、玉渊潭公园管理处、中国园林博

物馆北京筹备办公室、北京市园林学校、综合事务中心14个直属单位。截至2021年底，有在编人员6241人，直属基层党委13个，党总支1个，党员3360人。中心所属11家公园全部列入北京首批历史名园，均为国家4A级及以上旅游景区，其中包括2家世界文化遗产单位、9家全国重点文物保护单位、10家国家重点公园。

2021年，市公园管理中心服务游客7228万人次，接待中央单位、驻京部队参观332批次，承办人大代表、政协委员建议提案6件，办理市领导批示和督办事项189件，便民咨询78.5万件，承办市"12345"转办群众诉求4086件，全年总收入31.65亿元，其中自创收入5.75亿元，实现"十四五"良好开局，新冠肺炎疫情防控做到"零感染"。

（张维）

【北京颐和园博物馆"园说Ⅲ"展览】 9月28日，北京颐和

园博物馆挂牌成立，博物馆首展"园说Ⅲ——文物中的福寿文化与艺术特展"同日开幕。联合国内18家单位展出各类文物286件，展厅面积2777平方米，接待游客6万余人次。国庆期间在《北京日报》客户端、抖音等平台推出云看展直播，《人民日报》等60家媒体转发，全网播放量820万次。同步推出《颐和园福寿文化日历》，出版《园说Ⅲ》展览同名图录等书籍，加快文物资源研究成果利用与转化。

（潘安）

【筹建国家植物园】 12月28日，经国务院批准，设立国家植物园。年内，市公园管理中心全力开展筹建国家植物园前期准备工作。积极做好国家植物园挂牌申报准备，筹备召开国家林草局、中国科学院和北京市人民政府三方领导签约仪式和小组会议，签署《合作共建国家植物园框架协议》，编制国家植物园总体规划，完成

环境布置、景观提升、导览系统更新、科普馆改造、票务平台建设等23项任务清单，基本完成重要游览区域的花卉环境布置、园林景观提升、设施设备维修、导览导示系统更新、统一票务平台等工作。国家植物园位于北京西山，依托中国科学院植物研究所和北京植物园，由国家林草局、住房和城乡建设部、中国科学院和北京市人民政府合作共建，包括南园（中国科学院植物研究所）和北园（北京植物园）两个园区，开放面积300公顷，收集植物15000种（含种及以下单元）。

（张旭）

【建党100周年服务保障】 年内，市公园管理中心专门成立重大活动服务保障领导小组，主动对接市领导小组指挥部开展工作。按照"庄重、准确、适当、安全"要求，11家市属公园和园博馆摆放立体花坛21组、地栽花卉18000平方米，用花量146万株，布展面积10万平方米。中山、北海、景山、陶然亭、玉渊潭、天坛等公园出色完成驻园指挥部驻扎保障和嘉宾接待、制高点管控、空中梯队迫降保障、远端集结疏散等任务。

（韩可）

【历史名园保护工程】 年内，市公园管理中心以中轴线申遗保护为重点，举中心之力推进老城整体保护、西山永定河文化带、大运河文化带保护建设工作。启动实施各类项目28个，圆满完成年度任务计划。一是完成颐和园须弥灵境建筑群遗址保护与修复、颐和园画中游建筑群彩画保护项目、景山兴庆阁修缮工程、社稷坛内坛门坛墙修缮等一批重点古建修缮工程。二是完成社稷坛内坛环境整治提升、景山西区景观提升一期，拆除社稷坛内坛东西排房、外坛游乐设施，核心区内景山西区、社稷坛内坛景观风貌显著提升。三是大力推进实施北海漪澜堂建筑群修缮工程、天坛神乐署保护修缮工程、景山绮望楼修缮工程、景山西区景观提升（二期）、颐和园东宫门外广场文物修缮工程。

（毕然）

【科技创新】 年内，市公园管理中心着力提升科技创新质量。推进重点课题研究。北京植物园"园艺体验技术产品研发与应用示范"课题立项，完成85项课题研究，其中6项科技成果获中国风景园林学会科学技术奖，10项获中国花博会科技成果奖，30项获国家专利及软件著作权；发表学术论文151篇，其中《科学引文索引》（SCI）收录30篇；北京动物园攻克鸳鸯人工繁育、招引及野化放归技术，创建野生鸳鸯种群复壮技术体系。加强"一园一品"科普品牌建设。开展夏令营"云课堂""古树寻踪"等系列线上科普体验活动600余场次；植物园28类种子搭载"神州十三号"飞船进入太空，全年开展特色科普活动545项1153场次。持续推广智慧导赏系统。颐和园、香山等6家公园推出颐和园金光穿洞、天坛赏月、香山赏红、景山雪景等上云直播，天坛无人清扫车、动物园无人售卖车、陶然亭智慧游船管理、玉渊潭智慧导览等15个场景应用；在香山公园打造首个5G应用场景试点，上线"5G+AR"游览体验场景。

（林轩露）

【市公园管理中心机构改革】 年内，市公园管理中心认真落实归口管理工作制度机制。调整中心机关处室设置，厘清处室职责，顺利完成园林科学研究院划转、中心党校撤销、综合事务中心组建等工作。落实党政不再分设规定，完成所属单位主要领导岗位调整，12名处级干部实行实名制管理。北京动物园、中山公园制订政事权限清单，完成岗位设置调整，进一步优化人员队伍结构。事企分开取得重大进展，18家企业关停注销，1家企业收回国有投资，一批历史遗留问题得到解决。

（姚硕）

【公园服务品质提升】 年内，市公园管理中心结合开展"我为群众办实事"实践活动，全面提升公园服务品质。延长公园开放时间，4月29日起每日开放15小时，70余处景点院落和展室展馆每日开放10小时，园区商业、餐饮、保洁等配套延时服务，满足群众游园需求。爱国教基地全部面向未成年人免费开放。完成民生卡多卡合一真人真卡测试工作，实现外国人永久居留身份证预约市属公园门票功能。新增及改造无障碍设施11处，无障碍游览路线达94.5千米。助力北京2022年冬奥会和冬残奥会城市文化活动，开放11处冰雪场地，设置冰上运动、雪地运动、冬奥主题展三大类40余项活动。

（韩可）

【不文明游园行为治理】 年内，市公园管理中心持续开展不文明行为整治，针对攀折花木、采摘果实、翻越绿篱、黑导黄牛等不文明行为处罚21人，全部列入旅游不文明记录。加大吸烟管控力度，发挥不文明治理专席作用，确保及时发现、及时预警、及时治理。不断深入强化宣传引导，制作曝光台，在公园显要位置进行曝光，提高游客文明游园的思想认知和行为自觉，制作安保人员行为规范手册，进一步加强安保人员教育培训和规范引导。全年出动人员4万余次，劝阻不文明行为25万余次，与公安、城管等相关执法部门开展联合执法138次，有效扼制不文明行为频发势头。

（王永存）

【红色文化传承保护】 年内，市公园管理中心高质量完成公园红色文化传承与保护利用。1处全国爱国主义教育示范基地——中共中央北京香山革命纪念地（旧址）和8处北京市爱国主义教育基地（陶然亭公园慈悲庵、高君宇烈士墓、中山公园来今雨轩、中山公园中山堂、北京植物园"一二·九运动纪念地"、颐和园耕织图水操学堂和益寿堂、天坛公园神乐署外广场、玉渊潭公园中国少年英雄纪念碑）接待230万市民游客学习参观。中共中央北京香山革命纪念地（旧址）服务团体600余批次，志愿讲解3700余场次，完成70余批次部级领导接待任务。同时，开展"红色讲解大赛"，录制"公园中的红色故事"电视节目，青年宣讲团赴国家发展改革委宣讲，筹办"走向光明——北京公园中的红色印迹"专题展等系列红色文化活动。

（陈浇）

【文化创意活动】 年内，市公园管理中心实现文创总产值2.4亿元，文创产品销售金额为1.85亿元，同比2019年分别增长10.5%和34.1%，市属公园游客人均消费1.6元。在售文创产品5400余种，改造更新文创空间21处，11家市属公园文创空间共计56处5000余平方米。

（张弘）

【领导班子成员】

党委书记　主任　张　勇
副　主　任　张亚红（女）
总会计师　赖和慧（女）
副巡视员　李爱兵

（姚硕）

（北京市公园管理中心：李妍供稿）

2021年，中山公园启动来今雨轩饭庄修缮工作（中山公园 提供）

园林绿化综合执法

行政执法

【概况】2021年，园林绿化综合执法工作严格执行市委、市政府和市园林绿化局（首都绿化办）党组决策部署，强化"守土有责、守土担责、守土尽责"责任担当，健全执法体系，规范执法行为，提升执法效能，保护首都森林资源安全。严格按照接诉即办、未诉先办、主动治理的要求，着力回应化解人民群众对破坏林地林木、野生动物保护高度关注的烦心事、揪心事。办理园林绿化综合执法批示71件、129次，累计出动执法人员794人次、车辆223台次，现场检查点位220个，督导各区行政执法立案186件，结案146件。

（朱小娜）

【区级执法队伍建设】年内，森林公安转隶后，督促组建区级园林绿化行政执法机构队伍，提升综合行政执法效能。除东城、西城、石景山3个区以外，全市13个区，经各区委编办正式批复园林绿化行政执法专项编制213人。

（朱小娜）

【依法查办重大疑难案件】年内，完成北京玉盛祥石材公司擅自改变林地用途案后续执行程序。启动任某擅自改变西山林场林地用途案恢复强制执行程序，完成追缴罚款。完成北京三和药业有限公司骗取行政许可出售及加工利用穿山甲甲片一案行政执法程序。

（王荣川）

【督查督办违法案件】年内，督导查处全市挂牌破坏森林资源案件14起；督导野生动物行政案件39起，处理违法行为人46人，罚没救护各类野生动物80只，收缴猎捕工具90件，累计罚款金额50余万元；督导查处涉及种苗类案件8起。

（朱小娜）

【林政专项执法行动】年内，针对审计发现绿隔地区侵占林地毁坏树木问题，重点在朝阳、海淀、丰台三区开展整改专项行动，累计出动180人次，核查点位50余个。针对第二轮中央环保督察问题整改和局落实中央环保督察废林废绿问题，核查苗木成活等总体恢复情况。针对2018年、2019年国家林草局反馈问题图斑，对朝阳、海淀、丰台、大兴等10个区完成两轮现场核查。针对打击毁林、破坏草原违法行为，对14个区开展两轮专项联合督查。

（王荣川）

【野生动植物保护专项执法行动】年内，按照国家林草局、市委、市政府部署，采取市级协同、区级联动模式，协同市场监管、农业农村、网信、公安、城管执法等主管部门，开展室内动物园专项检查、清风行动、整治自发鸟市行动、人工繁育单位野生动物安全检查、秋冬季鸟类等八轮野生动物保护专项执法行动。查办野生动物违法行政案件39起，处理违法犯罪人员38人，查处违法经营主体1家。出动14万余人次，检查7721处点位。开展宣传活动60余次，宣传教育公众300余万人次。

（胡玥）

【"双打"专项执法行动】 年内，按照"双打"（打击制售假冒伪劣种苗、打击侵犯植物新品种权）要求，全年联合检查种子集贸市场6个，经营主体20个。联合各区园林绿化执法部门对13个区的19家进出口林草种子企业开展专项检查，及时发现未取得许可生产经营种子、未及时变更许可证、未及时备案及缺少植物检疫调运单证等违法行为。

（贾喆）

【探索京津冀有害生物执法协作】 年内，首次参加京津冀有害生物防治联席会议，参与制订《2021年京津冀协同发展林草有害生物防控协同联动工作方案》，探索三地检疫违法案件执法协同机制，共筑三地生物安全屏障。

（贾喆）

【多举措履行普法责任】 年内，成立"八五"普法工作领导小组，制订"八五"普法规划，全面落实"2021年度园林绿化普法计划"。通过"蓝心普法"微信公众号推送12期法律法规宣传文章，阅读量上万人次，举办一期"普法云课堂"，以"野生动植物日""爱鸟周""湿地日"等主题宣传日为契机，开展公众普法宣传，发放园林绿化行政执法宣传材料1.2万份。举办一期行政执法人员培训班，培训全市绿化系统执法人员134名，编制《北京市园林绿化行政处罚案例指引》《北京市园林绿化综合执法参考资料汇编（一）》，印发300本。

（孟庆明）

【疫情督导检查】 年内，按照市委疫情防控指导组部署要求，督导检查石景山、门头沟、东城、顺义等区疫情防控情况，累计出动2000余人次，检查700余个点位，发现问题28类，提出有效建议210条。

（朱小娜）

（行政执法：朱小娜 供稿）

北京市园林绿化综合执法大队

【概　况】 北京市园林绿化综合执法大队（简称市园林绿化执法大队）是市园林绿化局管理的正处级行政执法机构，以市园林绿化局名义执法。主要职责：负责集中行使法律、法规、规章规定应由省级园林绿化主管部门行使的行政处罚权以及与之相关的行政检查、行政强制权；负责相关领域重大疑难复杂案件和跨区域案件的查处工作；监督指导，统筹协调各区园林绿化执法工作；完成市委、市政府和市园林绿化局交办的其他任务。2021年，根据《中共北京市委机构编制委员会办公室关于同意为市园林绿化综合执法大队增加人员编制的函》，同意接收军队转业干部增加行政执法专项编制1名，共核定专项执法编制31名，其中大队长（正处级）1名，副大队长（副处级）2名。

2021年，市园林绿化执法大队严格按照接诉即办、未诉先办、主动治理要求，着力回应化解人民群众对破坏林地林木、野生动物保护高度关注的烦心事、揪心事。截至2021年底，办理领导批示71件、129次，累计出动执法人员794人次，出动车辆223台次，现场检查点位220个，督导各区行政执法立案186件，结案146件。

【野生动物联合执法行动】 2月26日，市园林绿化执法大队对朝阳区天骄文化城、华声天桥市场、丰台区京深海鲜市场、十里河桥等自发市场开展联合执法行动，严厉打击非法猎捕、非法食用、非法出售、收购、利用野生动物及其制品等行为，出动执法人员70人次，执法车辆16台次，检查点位12个。

【首次开展种子市场专项执法检查】 3月1日至4月30日，市园林绿化执法大队联合市园林绿化局有关单位对林草种子集贸市场首次开展专项执法检查。集中抽查丰台区花乡花卉创意园、新发地种子交易市场、东风花卉市场等10余家林草种子生产经营个体工商户和苗木花卉企业，督查问题商户及时整改，向商户宣传《中华人民共和国种子法》《植物检疫条例》等法律法规，提高从业者依法经营意识，推进合法经营。

【清风专项行动】 3月19日，市园林绿化执法大队协同市市场监督管理局、市农业农村局、市互联网信息办公室、市公安局、市城市管理综合行政执法局等主管部门开展"清风行动"，联合执法检查海淀区锦绣大地物流港、石景山区玉泉花鸟鱼虫市场、丰台区岳各庄批发市场，确保春季候鸟安全迁徙。本次行动出动执法人员134人次，执法车辆29台次，检查点位5个。

【送法进企业活动】 4月9日，市园林绿化执法大队赴北京城市副中心绿化企业宣传植物新品种权保护法律法规知识，提示企业加强知识产权保护，提高防范意识，合理使用法律手段捍卫正当权益，鼓励企业深入学习知识产权法律知识及企业信用政策，主动与行业主管部门沟通，共同做好植物新品种权保护工作。

【种质资源保护执法调研】 4月19日，市园林绿化执法大队与门头沟区园林绿化局联合开展林木种质资源保护执法摸底调研。结合《北京市重点保护天然林木种质资源目录》，就"北京槭叶铁线莲事件"引发的执法问题，要求各区掌握辖区内重点保护天然林木种质资源分布，通过执法巡查加强正面宣传，强化市民种质资源安全意识，倡导文明观赏，有效保护首都天然林木种质资源。

【京冀两地野生动物保护宣传执法活动】 7月8—9日，市园林绿化执法大队协同市农业综合执法总队、河北省张家口市林草局等10家单位，在官厅水库国家湿地公园野生动物放归点科学放归6只鸳鸯；在京藏高速沙城收费站现场联合救助国家二级重点保护野生动物猎隼1只，逐步健全跨部门跨区域联合协同执法机制。

【打击毁林和非法占用草原专项执法行动】 8月，市园林绿化执法大队对全市打击毁林和开垦、非法征占用草原两个专项工作开展督导检查行动，对标对表国家林草局关于打击毁林和非法占用草原专项行动部署要求，督促各区对疑似图斑及时摸清底数、排查整改、立案查处。

【种质资源联合执法巡查】 8月，市园林绿化执法大队在百花山开展天然林木种质资源执法巡查，摸清天然林木种质资源底数，掌握管辖区内资源分布情况，确保精准执法。巡查采

8月25日，市园林绿化执法大队对通州区图斑问题整改情况进行现场核查（市园林绿化执法大队 提供）

取市区联动、属地主责、合力整治，加大协同联动执法力度，形成打击非法破坏天然林木种质资源违法现象的高压态势。

【林草种子进出口企业专项执法行动】 9月13日，市园林绿化执法大队协同延庆区园林绿化局启动"打击制售假劣种苗和保护植物新品种权"林草种子进出口企业专项执法行动，有效遏制生产经营假劣种苗、侵犯植物新品种权等违法行为。

【不文明拍鸟行为整治专项行动】 9月11—16日，市园林绿化执法大队在全市公园景区和郊野公园地区开展整治诱拍野生鸟不文明行为专项执法行动，并对整治成效开展"回头看"。重点对天坛公园、玉渊潭公园、动物园、老山公园等公园景区进行核查，督导房山区、密云区对十渡景区、不老屯等地加强巡查检查，向拍鸟爱好者进行宣传提示，倡导爱鸟护鸟、文明观鸟，强调禁止引诱拍摄、闪烁射灯等干扰鸟类生息繁衍行为。

【打击整治鸟市非法交易专项行动】 9月27日，市园林绿化执法大队根据舆情反映，在朝阳区双桥通双里市场、东直门鸟市，检查涉及出售鸟笼、鸟食商铺和点位，告知提醒市场经营者、商户、顾客已列入保护名录的常见笼养鸟，加强执法宣传和科普教育。

【处置野生动物舆情】 10月，市园林绿化执法大队结合秋冬季候鸟迁徙特点开展跨区域联合打击非法交易鸟类等野生动物专项执法行动。拉网式全覆盖检查媒体曝光的13个自发市场，发挥"让候鸟飞""北京护鸟小队"等社会组织监督作用，曝光非法交易鸟类行为。宣传《北京市野生动物保护管理公众参与办法》《北京市禁止猎捕陆生野生动物实施办法》，普及国家重点保护野生鸟类知识，营造爱鸟护鸟舆论氛围。

【自发鸟市执法整治行动】 11月，市园林绿化执法大队对东直门自发市场、"断头路自发市场"和"爱玛峪自发市场"非法交易鸟类行为开展重点打击整治执法行动，从根源上整治自发鸟市违法交易野生鸟类行为。采取"便衣"执法和"制服"执法相结合，摸排自发鸟市规律，精准"掐尖"。针对养鸟、遛鸟等重点人群开展宣传教育，发放宣传册，提升公众学法、懂法、守法和爱护野生动物意识，营造自觉抵制非法交易野生动物的良好社会氛围。行动期间，累计出动执法人员200余人次，车辆50余台次，发放宣传彩页200余份，批评教育和劝离遛鸟人员100余人次，查处涉及野生动物违法案件2起，收缴野生鸟类5只，其中国家重点保护鸟类2只。

【冬季候鸟保护执法检查】 11月26日，市园林绿化执法大队协同通州区园林绿化局开展市区两级联合执法检查。重点巡查台湖镇水南村国家一级重点

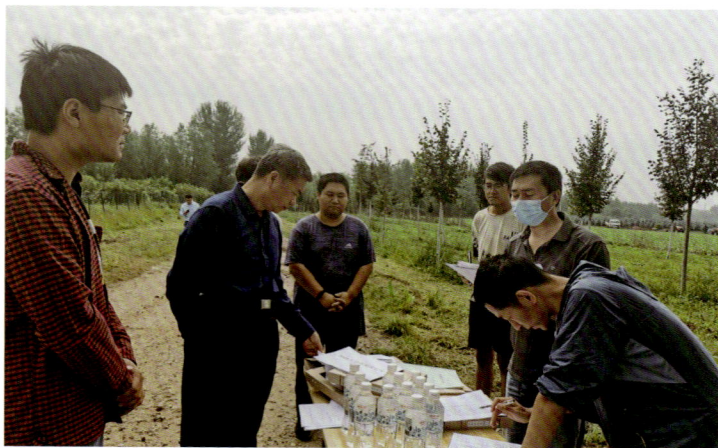

9月13日，市园林绿化执法大队协同延庆区园林绿化局开展"打击制售假劣种苗和保护植物新品种权"林草种子进出口企业专项执法行动（市园林绿化执法大队 提供）

保护野生动物大鸨越冬地，督促属地加大巡查频次和力度，加强现场观看秩序维护，确保栖息地附近没有追逐、惊扰、随意投食、引诱拍摄等干扰生息繁衍等违法行为发生。同时通过设立警示牌、张贴宣传海报等方式，向摄影和观鸟爱好者宣传普及野生动物保护相关常识和法律法规知识。

【"绿剑行动"专项执法检查】 12月，市园林绿化执法大队协同市市场监督管理局、市农业农村局、市公安局、市城市管理综合行政执法局等部门对石景山区京西玉泉花卉市场和琅山自发鸟市等开展联合执法检查行动，抽点督导检查全市"绿剑行动"执法情况，出动执法人员60人次、执法车辆11台次。

【园林绿化行政执法业务培训】 10月，市园林绿化执法大队围绕新修订的《中华人民共和国行政处罚法》，组织全市开展为期4天的行政执法培训，发放《案例指引》《执法参考资料汇编（一）》等学习辅导资料300份。全市16个区130余名执法人员参与培训，了解行政执法理论在实践中的运用、常见违法问题及司法判例，以及执法办案经验和技巧。

【党建工作】 年内，市园

9月15日，市园林绿化执法大队在北京动物园开展野生动物专项执法行动，整治诱拍野生鸟等不文明行为（市园林绿化执法大队 提供）

林绿化执法大队党支部印发《2021年全面从严治党工作要点》，落实理论学习中心组学习制度，签订各级岗位廉政风险责任书，召开执法大队全面从严治党形势分析会、党风廉政建设和意识形态分析会、民主生活会、党员组织生活会，严格贯彻落实中央八项规定，依据市园林绿化局（首都绿化办）警示教育大会要求，按照市园林绿化局（首都绿化办）巡察要求深入查摆问题并整改。落实《综合执法大队党史学习教育方案》，坚持收听收看党史故事共100讲；踊跃参加"党在我心中"主题征文、编排文艺节目；组织"在党50年"老党员恳谈会、参观"'不忘初心、牢记使命'中国共产党历史展览"；开展"建党百年歌曲颂唱""青年云诵读""党，我想对您说"等庆祝建党100周年宣传活动。

党政主要领导分别以《继承革命传统、传承红色基因、发扬革命精神，做一名知责于心、担责于身、履职于行的执法者》《学史力行提高履职尽责能力》为题讲专题党课。新发展预备党员1名。

【获奖情况】 年内，王怀民被国家林草局评选为全国林草系统"七五"普法表现突出个人。

【领导班子成员】
大队长 向德忠
党支部书记 牛树元
二级调研员
谷伟学（2021年7月任，2021年8月免）
副大队长 王国义 杜德全
四级调研员
王怀民 王刚 滕玉军
薛杰喜
（北京市园林绿化综合执法大队：
王岚 供稿）

直属单位

北京市林业工作总站（北京市林业科技推广站）

【概　况】 2021年5月，根据《中共北京市委机构编制委员会关于市园林绿化局所属事业单位改革有关事项的批复》，同意整合北京市林业工作总站（北京市林业科技推广站）、北京市水源保护林试验工作站（北京市园林绿化局防沙治沙办公室），组建北京市林业工作总站（北京市林业科技推广站），为正处级公益一类事业单位。主要职责是：承担本市园林绿化生态保护修复工程、重点林业生态工程、防沙治沙、退耕还林、生态林养护管理等方面事务性工作；承担林业技术推广体系建设等具体工作。现有在编人员72人。内设机构12个，分别为办公室、人事科、党建工作科、计划财务科、平原生态林管理科、防沙治沙科、绿隔公园管理科、山区森林经营科、工程管理科、资源管理科、科技推广科、基层林业机构管理科。在职职工具有高级职称22人，中级职称17人。

2021年，北京市林业工作总站紧紧围绕市园林绿化局（首都绿化办）重点工作和中心任务，以党史学习教育和事业单位机构改革为契机，开展生态林养护经营，完成京津风沙源治理工程年度任务，服务市民生态需求，积极响应市民关切，促进科技成果转化应用，年度任务圆满完成。

【平原生态林养护管理】 年内，北京市林业工作总站完成平原生态林林分结构调整7200公顷，建设生态林示范区50处、保育小区116处，完成林下补栎68.8万株，补植补种乔灌木幼苗51.5万株。推进平原生态林养护管理数字化，更新2022年度平原生态林地块数据汇总、GIS数据库，完成养护方案网络填报、审核，以及养护日志填报工作；全面开展平原生态林养护单位巡护员注册定位管理，全市累计注册巡护、养护人员7197名，巡护注册人员人均面积16.47公顷；开展养护就业台账月度填报、统计工作，推进本地农民就业，全市平原生态林养护单位共计实现就业4.2万人，其中本地农民就业3.4万人，占比75.88%。组织平原生态林养护经营管理培训2期，全市14个区及市有林单位养护管理技术人员参加培训，累计2400余人。完成月度地块抽查、春秋季平原生态林养护管理综合检查，检查全市14个区和市有林单位277个地块。持续开展废林废绿专项整治及环保督察和审计问题整改，针对列入持续整改的问题地块，加强监督管理确保整改到位。开展重要干线和城区周边、公园等平原生态林环境整治专项检查工作，做好党的二十大、冬奥会和残奥会、国庆节等重大活动和重要节点环境保障。

【退耕还林政策兑现】 年内，北京市林业工作总站编写《退耕还林后续政策50问》，督促各区园林绿化局、有关乡镇设置24小时热线电话，有效回应退耕农户诉求；督促各区兑现补助资金，惠及门头沟、房山、昌平、平谷、怀柔、密云、延庆7个区89个乡（镇）1158个村8.44万农户。

【绿隔公园养护】 年内，北京市林业工作总站配合市园林绿化局生态保护修复处调研昌平区、朝阳区50处绿隔公园近3年养护成本运营情况，完成全市75个绿隔公园功能分区管理，建设112处生态保育小区。加强监督考核管理，每月巡查30%绿隔公园，对全市纳入养护政策的6个区56处绿隔公园开展养护管理半年检查。配合生态保护修复处印发《关于加强本市绿化隔离地区公园建设和管理的指导意见》《北京市绿化隔离地区公园建设和管理规范》《北京市绿化隔离地区公园设施建设管理实施细则》《关于进一步加强第一道绿化隔离地区公园养护管理工作的通知》。

【基层林业站建设】 年内，落实2021—2022年度10个标准化林业站建设项目实施，完成市级验收；举办基层林业站（乡镇涉林机构）负责人能力提升培训及本底调查培训班1期，396人参加。

【科技成果应用】 年内，北京市林业工作总站完成林分密度调控、林下更新保护与促进、树种补植补种、林业有害生物绿色防控、园林绿化废弃物综合利用和生物多样性保育6项技术应用；开展杨柳飞絮预测预报及杨柳雌株详查工作，联合市气象服务中心发布全市杨柳飞絮预报信息3次；开展和完成中央财政林业科技推广示范项目3项，北京市财政林业科技推广项目2项，共完成科技推广示范区建设336.58公顷。编制地方标准和技术规范，修订沙化土地监测指标体系标准。组织开展技术培训，完成城镇园林植物和平原生态林修剪技术培训的线上理论培训，参加人数达数万人次，点击量达5.6万人次。开展园林绿化科普教育专项活动，举办交流展会及"提升生态碳汇 助力碳中和"科技成果讲座活动。开发"园林科创"微信小程序，打造园林绿化科技成果推广线上平台。

【事业单位改革】 年内，北京市林业工作总站严格落实市园林绿化局（首都绿化办）党组关于机构改革工作部署要求，围绕新增职能和"三定"方案，理顺科室职责，优化机构设置，调整人员配备，新增内设科室3个，调整处级干部8人，科级干部14人。现有核定人员编制72人，在岗72人，其中领导班子1正3副，现有1正2副，科级领导职数12正7副，现有11正3副，改革任务顺利完成。

【党建工作】 年内，北京市林业工作总站选举产生第一届站党总支委员会及新一届总支委书记，成立二级党支部8个；严格按照"三重一大"制度要求召开会议，审议"三重一大"事项；坚持党建工作和年度中心工作共同谋划推进，逐级签订全面从严治党主体责任清单及岗位廉政风险防范责任书，形成层级抓落实工作格局；开展党史学习教育和庆祝建党100周年系列活动，组织干部职工观看党史学习教育视频《党史故事100讲》、参加"党在我心中"主题征文、唱红歌活动；开展"我为群众办实事"实践活动；做好职工、平原生态林养护务工人、基层林业站疫情防控工作。

【领导班子成员】
北京市水源保护林试验工作站

（北京市园林绿化局防沙治沙办公室）

站长（主任） 党支部书记

胡俊（2021年7月免）

副站长（副主任）

续源（女）（2021年7月免）

四级调研员

翁月明（2021年7月免）

张俊民（2021年7月免）

北京市林业工作总站（北京市林业科技推广站） 站长

杜建军（2021年7月免）

党支部书记（二级调研员）

张继伟（2021年7月免）

二级调研员

王连军（2021年7月免）

副站长

秦永胜（2021年7月免）

吴根松（2021年7月免）

三级调研员

李荣桓（2021年7月免）

张小龙（2021年7月免）

徐记山（2021年7月免）

北京市林业工作总站（北京市林业科技推广站）

站长 党支部书记

杜建军（2021年7月任）

正处级（保留待遇）

胡俊（2021年7月任）

二级调研员

张继伟（2021年7月任）

王连军（2021年7月任）

副站长

秦永胜（2021年7月任）

续源（女）（2021年7月任）

吴根松（2021年7月任）

三级调研员

李荣桓（2021年7月任）

张小龙（2021年7月任）

徐记山（2021年7月任）

四级调研员

翁月明（2021年7月任）

张俊民（2021年7月任）

（北京市林业工作总站：于青 供稿）

北京市园林绿化资源保护中心（北京市园林绿化局审批服务中心）

【**概　况**】 2021年5月，根据《中共北京市委机构编制委员会关于市园林绿化局所属事业单位改革有关事项的批复》，整合北京市林业保护站（以下简称市林保站）、北京市林业种子苗木管理总站（以下简称市种苗站）、北京市野生动物保护和自然保护区管理站（以下简称市野保站），组建北京市园林绿化资源保护中心（北京市园林绿化局审批服务中心），为正处级公益一类事业单位。主要职责是：承担本市林木、绿地、草地有害生物防治、检疫、预测预报等事务性工作；承担林木种质资源管理、林木良种和先进育苗技术推广、林木种苗信息服务等事务性工作；承担野生动植物和古树名木保护管理、园林绿化土壤污染防治等事务性工作；承担市园林绿化局行政审批相关技术性、事务性工作。

北京市园林绿化资源保护中心设办公室、党建人事科、计划财务科、综合防治科、植物种质资源保护科、监测预报科、检疫检验科、种苗科、审批服务科、野生动物保护科10个科室。现编制54人，在职

5月19日，北京市园林绿化资源保护中心组织中国林业科学研究院、北京市农林科学院等单位开展北京市城区枣疯病树治疗（解晓军 摄影）

44人，其中处级领导编制1正3副，高级工程师14人，中级工程师11人，助理工程师2人，专业技术人员28人。博士1人，硕士24人，本科、专科学历19人。

2021年，北京市园林绿化资源保护中心以党建为引领，以改革为契机，统筹疫情防控和业务工作开展，紧紧围绕建党100周年、新一轮百万亩造林绿化、林木品种审定、政务服务、冬奥会、城市副中心建设等多项重点任务开展工作，圆满完成全年各项工作任务，进一步提高园林绿化资源保护工作科学化、智慧化和信息化水平，全面推进北京市园林绿化资源保护工作高质量发展。

（周在豹）

【林业保护培训】 3月24—25日，市林保站、北京市林业工作总站和北京林业有害生物防控协会联合举办"林保大讲堂"（第二期）线上直播培训，主要从林业有害生物防控经验交流、园林绿地综合养护技术、北京春夏季园林病虫害测报与生态治理、北部山区林业有害生物识别监测及防治四方面进行培训。培训课程采取线上与线下有机结合，夯实林业有害生物科学化、标准化、规范化监测与防治的基础。市林保站通过官方微信公众号与抖音公众号对云课堂进行现场直播，全国29个省（区、市）近

2万人次观看直播培训课程。

（郭莺）

【飞机防治林业有害生物】 8月25日，北京市园林绿化资源保护中心到顺义区检查飞机防治有害生物安全生产工作。重点围绕机组疫情防控、临时起降点、加药混药设备运转、油料农药、空中飞行、安全管理制度执行情况进行检查，要求认真排查安全隐患，做好出入库管理、完善消防、防汛物资储备和日常设施维护，从源头上梳理防范各类风险，确保完成全年飞防任务。年内，北京市飞机防治作业从4月7日启动，在9个区完成飞防作业907架次，作业面积约90700公顷，实现疫情防控和飞防作业"双安全"目标。

（赵佳丽）

【北京市园林绿化资源保护中心（北京市园林绿化局审批服务中心）举行揭牌仪式】 9月15日，北京市园林绿化资源保护中心（北京市园林绿化局审批服务中心）举行揭牌仪式，北京市园林绿化局局长邓乃平参加。市园林绿化资源保护中心（北京市园林绿化局审批服务中心）由原北京市林业保护站、北京市种子苗木管理总站、北京市野生动物保护和自然保护区管理站3家单位整合组建。

（周在豹）

【助力北京麋鹿生态实验中心

疫情防控和精细化管理】 10月17日，北京市园林绿化资源保护中心到北京麋鹿生态实验中心（以下简称实验中心）开展实地调研，就野生动物经营利用行政许可政策问题进行现场解答，对提交许可申请材料进行指导，建议实验中心采取网上办理方式来缩短办理时限、提高办事效率。同时要求实验中心严格落实疫情防控措施，做好环境消杀、检疫免疫、体温监测、台账管理，严格监控动物饲料供应渠道、配送、饲喂等环节，严格内部人员隔离防护和外部人员参观管理，筑牢疫情"防火墙"。

（高婷婷　闻淼）

【北京市野生动植物类行政许可全部实现全程网上办理】 11月，北京市野生动植物类15项行政许全部实现全程网上办理。通过实行电子证照，完善网上办理流程及模版，推行网上通办，使行政许可服务再升级，全面对接市政务服务中心行政审批系统，申请人可通过行政审批系统便捷获取行政许可结果文书，提高办事效率，进一步优化营商环境，提升群众获得感。

（高婷婷）

【对接北京市园林绿化科学研究院搭建合作机制】 11月8日，北京市园林绿化资源保护中心与北京市园林绿化科学研究院，就重点领域协作、重点

科技创新项目谋划、科普宣传等工作进行座谈，形成初步工作合作机制。

（周在豹）

【2022年北京市林业有害生物发生趋势会商会】 12月7日，北京市园林绿化资源保护中心开展2022年北京市林业有害生物发生趋势会商会。专家组认为2022年市林业有害生物发生面积总体呈平稳态势、轻度发生，其中美国白蛾等检疫性、危险性有害生物，蚧壳虫等刺吸类害虫及杨树炭疽病、锈病等病害发生呈现上升趋势，增幅分别是19.04%、17.78%、62.39%，栎纷舟蛾、栎掌舟蛾等呈现下降趋势。

（郭蕾）

【事业单位改革】 年内，北京市园林绿化资源保护中心完成机构调整组建、党组织建设、内设机构设置、工会组织建设、内部制度建设以及中心账

户设立和公章使用等工作；制定印发中心事务、财务和人事等各项制度36项。成立办公室、党建人事科、计划财务科；保留1个科室名称（种苗科），变更3个科室名称（综合防治科、监测预报科、野生动物保护科），合并且更名部门1个（检疫检验科），新设科室2个（植物种质资源保护科、审批服务科）。选拔任用科级领导职务4人，晋升二级调研员1人、四级调研员3人、一级主任科员6人。

（周在豹）

【林业有害生物绿色防控】 年内，北京市园林绿化资源保护中心推进生物、物理及人工等绿色防控新技术新产品应用推广，建立绿色防控示范区22个，累计释放天敌61.77亿头，使用有害生物诱芯18.96万个、诱捕器9.37万套、塑料胶带4.3万卷、诱液2261千克、

粘虫色板16.12万张、粘虫胶3172千克。5月下旬，在密云水库周边释放蝎蜂3万头防治榆蓝叶甲危害；针对昌平区苹果主产区受冰雹灾害，支持施用植物诱抗免疫激活蛋白306.67公顷。

（赵佳丽）

【绿色生态综合防控技术助力大兴区梨产业发展】 年内，北京市园林绿化资源保护中心在大兴区庞各庄镇梨花村梨园悬挂梨小食心虫迷向丝40万根，通过迷向技术防治梨小食心虫，实现不打药、不杀虫、不蛀果成效，全年减少4次农药使用，蛀果率由2018年的30%~40%下降至2021年的0.4%，梨果产量显著提高；梨果提高2.5个糖度，果面洁净率提高16.8%，有效改善梨果品质。据统计，与2018年相比，每公顷商品果产量提高9510~17325千克，每公顷增收28530~51975元，实现产量增加、果品提质、果农增收。

（赵佳丽）

【林业有害生物越冬基数调查】 年内，北京市园林绿化资源保护中心通过线上培训班和实操视频制作分享，指导全市16个区及经开区开展2021年林业有害生物越冬基数调查及2022年发生趋势预测，重点检查居民小区和舆情热点地区，督促各区按要求完成越冬基数调查，为科学谋划2022年林业

11月9日，北京市园林绿化资源保护中心在通州区开展林业有害生物越冬基数调查（郭蕾 摄影）

有害生物防控对策提供支撑。

（郭蓍）

【线上线下联合培训新模式】
年内，北京市园林绿化资源保护中心组织全市举办"林保大讲堂"线上线下培训班10期，其中线上云课堂8期，线下培训2期。培训主题涵盖药剂药械规范使用、检疫技术等方面。课程设置兼顾线上与线下双形式、理论与实践双融合、专业技术人员和普通市民双参与、京津冀联防联控防治实际。云课堂辐射京、津、冀、鲁、豫等共计29个省（区、市），近11.3万人次观看直播培训。

（周在豹）

【禁食野生动物处置及相关补偿】 年内，市野保站为贯彻落实《全国人民代表大会常务委员会关于全面禁止非法野生动物交易、革除滥食野生动物陋习、切实保障人民群众生命健康安全的决定》精神，配合相关部门完成相关陆生野生动物处置工作，涉及放生收容狍11只。

（闻森）

【陆生野生动物危害补偿】 年内，北京市共有9个区申报野生动物造成损失，发放补偿款546万元，其中财产损失补偿544.6万元、人身伤害补偿1.4万元。对全市野猪等野生动物致害的基本情况、种群分布、工作举措、相关舆情进行摸底调查，

完成《北京市野猪等野生动物致害情况摸底调查报告》。

（闻森）

【野生动植物制品接收】 年内，市园林绿化局是罚没野生动植物制品移交接收工作专班成员单位，配合完成对北京海关等执法单位移交象牙等野生动植物制品的接收工作，配合做好《北京市罚没陆生野生动物及其制品接收处置办法》制定，制定印发《北京市园林绿化局接收、保管及处置罚没野生动植物制品工作制度》。

（苗健）

【野生动物人工繁育单位疫情防控】 年内，市野保站协同各区园林绿化局对北京市各陆生野生动物人工繁育单位存栏的动物种类、数量、疫病情况进行梳理，对重点人员进行健康情况动态监测，指导有关单位在疫情防控期间规范野生动物保护与防疫、人工繁育动物疫情报告程序、繁育利用档案建立与管理、应急处置制度建设等工作，实现精准防控。

（闻森）

【组织专家研究城区古枣树枣疯病治疗和康复问题】 年内，市园林绿化局组织中国林业科学研究院、北京市农林科学院、北京农学院有关专家研讨城区古枣树枣疯病治疗和康复问题，专家一致建议对古枣树及土壤进行检测，掌握所用药剂降解情况；因地制宜，采

用叶面喷肥、增施有机肥等措施，增强树势；引进植物疫苗等新技术，提高树体抗性。北京市连续13年对患疯树木进行治疗。

（袁菲）

【优化营商环境做好行政审批服务】 年内，北京市园林绿化资源保护中心内设部门审批服务科进驻六里桥政务服务中心。按照市委编办、市政务服务局对权力清单和政务服务事项清单融合统一要求，对承办的42项政务服务事项进行梳理，缩短审批时限，将"申请野生植物进口行政许可审批事项"从20个工作日压缩至10个工作日，"对野生动物造成人身伤亡的补偿审批事项"从365个自然日控制在18个工作日内，对国外引进林木种子、苗木检疫的审批和省、自治区、直辖市间调运林业植物和植物产品检疫（即调运检疫）审批由原来20个工作日压缩至15个工作日。年内，全市共办理野生动物政务服务事项478件，其中法定本级事项212件，受国家林草局委托事项266件。完成执法部门查询函回复88件；全市共签发产地检疫合格证2204份，签发植物检疫证书（出省）231份，签发森林植物检疫要求书26473份，签发引进林木种子、苗木检疫审批单1675张；全市共完成草种苗进出口审批266件，林木种子生

产经营许可证3件，从事林木种子进出口许可证初审3件，采集或采伐本市重点保护林木天然种质资源审批2件。

（高婷婷）

【党建工作】 年内，北京市园林绿化资源保护中心把"我为群众办实事"实践活动作为党史学习教育重要内容，以为民初心迎接建党百周年。组织参加北京市"永远跟党走"党史知识竞赛活动、"学党史、强党纪、转作风"党规党纪竞答、参观中国共产党历史展览馆、邀请老党员讲党课，为老党员颁发"在党50周年纪念章"等一系列主题宣传教育系列活动，制作宣传展板，组织横幅签字，营造庆祝建党100周年浓厚氛围。制作完成"我为群众办实事"实践活动项目清单8份，落实全面从严治党主体责任，抓好党风廉政建设。召开"以案为鉴、以案促改"警示教育大会，做好常态化疫情防控，动员广大干部职工积极参与核酸检测和疫苗接种，同时持续抓好垃圾分类、光盘行动和爱国卫生运动等活动的落实工作。9月15日，资源保护中心召开第一次全体党员大会，29名党员参加，正式选举产生新一届总支部委员会，黄三祥、潘彦平、闫国增、贺毅、肖海军、张运忠6名同志当选总支委员。

（周在豹）

【领导班子成员】
北京市林业保护站
站长　一级调研员
朱绍文（2021年7月免）
副站长
潘彦平（2021年7月免）
二级调研员
闫国增（2021年7月免）
陈凤旺（2021年7月免）
三级调研员
王　合（2021年7月免）
肖海军（2021年7月免）
北京市林业种子苗木管理总站
站长　党支部书记
姜英淑（女）（兼职）（2021年7月免）
副站长　沙海峰（2021年2月免）
二级调研员
贺毅（2021年7月免）
三级调研员
张运忠（2021年7月免）
北京市野生动物保护和自然保护区管理站
站长　党支部书记
张志明（兼职）（2021年7月免）
副站长
张月英（女）（2021年7月免）
北京市园林绿化资源保护中心（北京市园林绿化局审批服务中心）
主任　党总支书记
黄三祥（2021年8月任）
二级调研员
闫国增（2021年7月任）
陈凤旺（2021年7月任）
贺　毅（2021年7月任）
副主任

潘彦平（2021年7月任）
张月英（女）（2021年7月任）
三级调研员
王　合（2021年7月任）
肖海军（2021年7月任）
张运忠（2021年7月任）

（周在豹）

（北京市园林绿化资源保护中心：周在豹 供稿）

北京市园林绿化大数据中心

【概　况】 2021年5月，根据《中共北京市委机构编制委员会关于市园林绿化局所属事业单位改革有关事项的批复》，同意将北京市园林绿化局信息中心更名为北京市园林绿化大数据中心，为正处级公益一类事业单位。负责承担本市园林绿化大数据相关工作，承担园林绿化感知体系建设、行业预约平台建设运营等事务性工作。核定财政补助事业编制30名，内设科室5个，分别是：办公室、计划财务科、数据应用科、公共服务科、政务服务科。截至2021年底，北京市园林绿化大数据中心实有在职职工16人，其中研究生以上学历9人，本科学历7人；具备高级职称资格的3人，其中教授级高工1人；退休干部2人。

2021年，北京市园林绿化

大数据中心坚持以习近平新时代中国特色社会主义思想为指导，以数据驱动"北京智慧园林"建设为主线，开展智慧园林建设和园林绿化大数据基础建设，为园林绿化高质量发展提供信息化保障。

【优化行政办公系统】 年内，北京市园林绿化大数据中心完成市园林绿化局行政办公系统适配和迁云工作，做好行政办公系统的公文归档及历史数据整合、检索。新增信息报送视频会议申请模块，优化通知公告、印章申请、数据查询、数据共享等模块，完成与数字档案系统对接。

【基础设施建设和网络安全保障】 年内，北京市园林绿化大数据中心将市园林绿化局（首都绿化办）互联网带宽由150M提升至240M，更新局网络设备，确保网络性能和稳定性。实时监控信息系统状态，梳理信息系统台账，定期开展巡检和全网病毒查杀，扫描信息系统漏洞12次，测试5个信息系统1次。规范、细化办公系统应急处置，开展应急演练，完成重要时期和重大活动期间的网络安全保障工作。组织网络安全和数据安全培训，完成7个信息系统网络安全等级备案工作。

【视频会议系统服务保障】 年内，北京市园林绿化大数据中心将市园林绿化局（首都绿化办）视频会议系统设42个分会场。根据不同需求，采取多形式完成局视频会议保障892场次，实现"能不集中开会尽量不集中开会"目标。

【事业单位改革】 年内，北京市园林绿化大数据中心严格落实市园林绿化局（首都绿化办）党组关于机构改革工作部署要求，围绕变更职能和"三定"方案，理顺科室职责，优化机构设置，调整人员配备，内设科室新增2个，现有干部职工16人，管理岗12人，专技岗4人。

【党建工作】 年内，北京市园林绿化大数据中心党支部落实"三会一课"等制度，深入学习宣贯十九届六中全会精神，多种形式开展党史学习教育和庆祝建党百年系列活动，不断提高党支部建设标准化规范化水平。严格落实意识形态责任制，定期研究分析意识形态、党风廉政建设形势。做好舆情监测，围绕局重点工作及重点项目收集舆情信息3510条次。认真组织落实"我为群众办实事"实践活动，完成200家重点公园的实时人流量数据、游客热力图及周边交通拥堵情况分析，为公众提供公园拥挤度、周边交通情况的同时，也为公园疫情防控、在园人数限流等工作提供数据支撑。

【领导班子成员】

北京市园林绿化局信息中心

主任 党支部书记

一级调研员

胡永（2021年7月免）

副主任

赵丽君（女）（2021年7月免）

北京市园林绿化大数据中心

主任 党支部书记

胡永（2021年7月任）

副主任

赵丽君（女）（2021年7月任）

（北京市园林绿化大数据中心：

韩冰 供稿）

北京市园林绿化宣传中心

【概　况】 2021年5月，根据《中共北京市委机构编制委员会关于市园林绿化局所属事业单位改革有关事项的批复》，同意保留北京市园林绿化宣传中心，为正处级公益一类事业单位。主要职责调整为：负责本市园林绿化宣传工作的政策研究、规划拟定并组织实施的具体工作；负责网络宣传、局政务新媒体运行和维护，承担网络舆情的研判、处置；承担本市园林绿化意识形态领域精神文明创建和宣传具体工作；负责全市园林绿化重点工作及重要成果的宣传品制作及影像资料拍摄留存；承担园林绿化通讯员和网评员队伍管理培训；承担本市生态文化相关项目的策划和实施工作；承担全国文化中心及"三条文化带""中轴线申遗"项目实施的事务性工作；承担园林绿化年鉴、大事记编纂和出版的事务性工作。核定财政补助事业编制25名，内设科室5个，分别是：新闻科、宣传策划科、党建人事科、生态文化科和综合办公室。

2021年，北京市园林绿化宣传中心以庆祝中国共产党建党100周年为主线，加强新媒体平台建设，全方位宣传首都园林绿化事业贯彻习近平生态文明思想的生动实践，累计召开主题新闻发布会12次、专题新闻发布60余次，在各大新闻媒体刊发园林绿化宣传稿件累计达2000余篇（幅、条），制作宣传片（短片、动画）10余部，首都园林绿化官方微博微信发布条数超过1700条，阅读量超1100万人次，为园林绿化主要工作营造了良好的舆论氛围。

【党史学习教育宣传】 3月17日，北京市园林绿化宣传中心配合市园林绿化局（首都绿化办）党组开展党史学习教育，发布《市园林绿化局对党史学习教育活动进行动员部署》新闻通稿。邀请《北京日报》、北京电视台结合全局党史学习教育情况开展系列专题宣传。

【建党100周年主题宣传】 年内，北京市园林绿化宣传中心发布《市园林绿化局对党史学习教育活动进行动员部署》新闻通稿，邀请《北京日报》、北京电视台等媒体开展建党百年专题宣传。

【宣传视频拍摄】 年内，北京市园林绿化宣传中心制作《首都绿化美化建设汇报片》《首绿办工作汇报片》《北京市园林绿化援藏工作汇报片》《文明游园"九不要"》，拍摄向党说句心里话、全民义务植树日、杨柳飞絮科普、美国白蛾防治、生物多样性等主题宣传短片、动画10余部。累计拍摄图片资料6000余张，制作视频资料近百小时。

【事业单位改革】 年内，北京市园林绿化宣传中心严格落实市园林绿化局（首都绿化办）党组关于机构改革工作部署要求，围绕新增职能和"三定"方案，理顺科室职责，优化机构设置，调整人员配备，新增内设科室1个。现有人员编制25人，在岗21人，其中核定领导班子职数1正2副，现有1正1副，核定科级领导职数5正1

副，现有5正，改革任务落实到位。

【党建工作】 年内，北京市园林绿化宣传中心根据事业单位改革需要，加强党的领导。9月17日，召开党员大会和党支部第一次全体会议，选举产生中心党支部委员会及新一届支部书记；结合党史学习教育，组织党史知识线上答题、视频拍摄、诗朗诵等活动；结合宣传工作特点，围绕建党百年华诞，组织中心组理论学习21次，交流研讨12次，班子成员参加市园林绿化局（首都绿化办）理论中心组扩大学习辅导18人次，召开支委会、支委扩大会25次，党员大会29次，党小组会15次，支部书记及支部成员讲党课2次，主题党日活动12次，党员干部集中学习24学时。

【领导班子成员】
主任　党支部书记
马红（女）（2021年7月任）
吴志勇（2021年7月免）
**副主任　**胡淼
五级职员
袁士永（2021年7月任）
六级职员
郑蓉城（女）（2021年7月任）
（2021年7月免四级调研员）

（北京市园林绿化宣传中心：
高雨禾 供稿）

北京市园林绿化局综合事务中心

【概　况】 2021年5月，根据《中共北京市委机构编制委员会关于市园林绿化局所属事业单位改革有关事项的批复》，同意整合北京市园林绿化局后勤服务中心、北京市园林绿化局离退休干部服务中心、北京市园林绿化局干部学校，组建北京市园林绿化局综合事务中心，为正处级公益一类事业单位，主要承担市园林绿化局机关综合服务保障、干部教育培训、园林绿化专业职称评审、离退休干部服务等事务性工作，以及"接诉即办"相关工作，下设办公室、党建工作科、人事科、计划财务科、房屋管理科、安全管理科、公车管理科、物业服务科、培训科、离退休干部服务一科、离退休干部服务二科、接诉即办科12个科室，截至2021年底，北京市园林绿化局综合事务中心实有在编在岗人员84人。

2021年，北京市园林绿化局综合事务中心以事业单位改革为契机，加强党的建设，配强干部队伍，凝心聚力，强弱项补短板，团结协作，在营造合群合力合拍良好氛围的同时，不断推进各项业务工作深度融合，完成了机关综合服务保障、干部教育培训、园林绿化专业职称评审、离退休干部服务等事务性工作，较好完成各项年度任务。

【新冠肺炎疫情防控】 年内，北京市园林绿化局综合事务中心落实人员进出、环境消杀、食堂就餐等管控措施；完成门禁管理系统改造升级，全年清理无效门禁891张；做好外来货物、快递消杀登记进楼，全年累计登记货物4182件、快递7925件；执行疫苗接种及定期核酸检测制度，全年开展核酸检测15次2663人次，物表检测32点位，干部职工及外协人员完成疫苗接种700余名，为干部职工身体健康和办公区、家属区安全平稳运行做好服务保障。

4月13日，北京市园林绿化局综合事务中心对局办公区环境进行集中整治和绿化美化（罗霜 摄影）

5月7日，北京市园林绿化局综合事务中心组织党员赴西山国家森林公园无名烈士广场开展主题党日活动（北京市园林绿化局综合事务中心 提供）

北京市园林绿化局综合事务中心对后勤工作人员进行例行新冠肺炎核酸检测（北京市园林绿化局综合事务中心 提供）

2月9日，市园林绿化局领导带队慰问春节留京外协人员（高琪 摄影）

医疗保险知识，开展查询医保定点医疗政策、医保定点医疗机构名称、变更医保定点单位等项目宣讲及服务。

【节约型机关建设】 年内，北京市园林绿化局综合事务中心持续做好爱国卫生运动、垃圾分类、"光盘行动""光瓶行动"等节约型机关建设工作。通过多渠道宣传，完善监督提醒机制，更新硬件设备等措施，顺利通过市机关事务管理局、市节约用水办公室、首都精神文明建设委员会办公室等多家单位开展的节约型机关创建工作验收检查，并赢得好评。

【安全防范管理】 年内，北京市园林绿化局综合事务中心主要领导组织安全检查5次，督促整改落实；加强各责任区域内消防、安防设备设施更新和管理，不断提高"三防"（防火、防盗、防事故）能力。

【办公服务保障活动】 年内，北京市园林绿化局综合事务中心对西办公区环境进行集中整治和绿化美化，200余名干部职工参与绿化改造，植绿2万余株，绿化面积约1675平方米；在东、西办公区分别设置便民服务站，常备雨伞、打气筒、平板车、急救包、针线包等物品，方便干部职工日常应急使用；为西办公区各楼层更换8台饮水器，全面提升西办公区干部职工日常饮水质量；聘请车辆修理厂技师现场为广大干部职工进行车况初检，保障干部职工出行安全。

【健康服务保障活动】 年内，北京市园林绿化局综合事务中心开展"四季养生我先行"活动，推出四季养生、传统节日菜品，在食堂张贴海报，宣传健康养生知识；设立"医保专项服务日"，为干部职工宣传

【老干部服务保障】 年内，北京市园林绿化局综合事务中心为离退休老同志提供多样化服务保障。通过线上线下相结合的方式，组织书法、手工等兴趣班，组织局级干部阅读文件8次，分批组织180多人进行健康体检，做好重大节日期间"送温暖、送关怀"走访慰问活动，组织楼房维修和日常后勤保障。

【接诉即办】 年内，北京市园林绿化局综合事务中心承办"12345"市民服务热线诉求派单193件，办理首都之窗政民互动交流信件291件，接听市民来电6993个。及时受理各类问题，按期办结，综合考评成绩在市级部门排名20名（约50余个市级部门）。

【干部职工教育培训】 年内，北京市园林绿化局综合事务中心配合市园林绿化局（首都绿化办）相关部门组织开展线上线下视频同步培训班14班次，培训学员1550人次，全系统410名干部学员通过北京市组工网完成干部在线学习任务。

【事业单位改革】 年内，北京市园林绿化局综合事务中心严格落实市园林绿化局（首都绿化办）党组关于机构改革工作部署要求，围绕新增职能和"三定"方案优化机构设置，新增内设科室2个，调整处级干部13人。现有核定人员编制85人，在岗84人，其中领导班子1正3副，现有6正4副，科级领导职数12正11副，现有10正9副，改革任务顺利完成。

【党建工作】 年内，北京市园林绿化局综合事务中心选举产生中共北京市园林绿化局综合事务中心第一届委员会及委员和第一届纪律检查委员会及委员，下设二级党支部13个；以庆祝建党100周年、习近平总书记"七一"讲话、十九届六中全会精神等内容为抓手，不断拓宽学习教育模式，采取月集中、季交流、年培训、参观见学、辅导领学及线上线下相结合的学习教育方式，学习习近平新时代中国特色社会主义思想；通过举办"庆祝建党100周年征文、书画、摄影、手工、微视频作品展"、诵读活动、知识竞赛活动等方式，助力压实主题教育实效。

【领导班子成员】
北京市园林绿化局后勤服务中心
主任 一级调研员
米国海（2021年7月免）
党支部书记 二级调研员
崔东利（2021年7月免）
二级调研员
赵志强（2021年7月免）
副主任 杨彦军（2021年7月免）
闫琰（女）（2021年7月免）
四级调研员
赵德安（2021年7月免）
赵淑芳（女）（2021年7月免）
北京市园林绿化局离退休干部服务中心
主任 一级调研员
赵伟琴（女）（2021年7月免）
党委书记 二级调研员
张宝珠（女）（2021年7月免）
副主任
朱晓梅（女）（2021年7月免）
赵兰（女）（2021年7月免）

四级调研员
王宇生（2021年7月免）
北京市园林绿化局干部学校
校长 蒋薇（2021年7月免）
党支部书记
佟永宏（2021年7月免）
北京市园林绿化局综合事务中心
主任、党委书记
米国海（2021年7月任）
管理五级（保留原待遇）
佟永宏（2021年7月任）
赵伟琴（女）（2021年7月任）
五级职员
崔东利（2021年7月任）
张宝珠（女）（2021年7月任）
赵志强（2021年7月任）
管理六级（保留原待遇）
朱晓梅（女）（2021年7月任）
副主任
赵兰（女）（2021年7月任）
杨彦军（2021年7月任）
闫琰（女）（2021年7月任）
（北京市园林绿化局综合事务中心：贾迪 供稿）

北京市园林绿化局财务核算中心

【概　况】 2021年5月，根据《中共北京市委机构编制委员会关于市园林绿化局所属事业单位改革有关事项的批复》，同意整合北京市园林绿化局物资供应站和北京市林业基金管理站，组建北京市园林绿化局财务核算中心，为正处级公益一类事业单位。主要职责为：承担市园林绿化局所属单位财务管理、会计核算、资产管理、审计和绩效考评等事务性工作。核定编制30人，内设科室6个，分别为办公室、党建人事科、计划财务科、稽查审计科、绩效评价科、资产管理科。

2021年，北京市园林绿化局财务核算中心在市园林绿化局（首都绿化办）党组领导下，严格执行各项制度，按时完成森林保险和会计核算服务，做好财务事务性工作，落实好离退休职工政治生活待遇，完成企业改制更名等工作。

（李玉霞）

【党支部委员会成立】 9月17日，北京市园林绿化局财务核算中心顺利完成党支部选举工作。周荣伍、宋涛、陈宝义、吴忠高、张彩成5名同志当选支部委员。支部委员会召开新一届委员会第一次会议，选举周荣伍同志为支部委员会书记，明确委员分工。新党支部成立3个党小组，党员领导干部带头参加党小组活动。

（陈永胜）

【事业单位改革】 年内，北京市园林绿化局财务核算中心严格落实市园林绿化局（首都绿化办）党组部署要求，统筹推进各项改革和日常工作，适当引进人才，优化完善工作职能

和人员配置，圆满解决部分在职职工养老保险参保问题、退休职工退休费社会化发放问题，改革任务顺利完成。

（李玉霞）

【新冠肺炎疫情防控】 年内，北京市园林绿化局财务核算中心根据市园林绿化局（首都绿化办）相关要求，落实防控责任和联防联控措施，成立新冠肺炎疫情防控领导小组，及时传达、落实局系统疫情防控领导小组相关工作部署和防控措施。建立内部职工疫情防控台账，动态掌握职工健康情况；积极做好疫苗接种工作；引导干部职工提高公共卫生安全法治意识、自觉遵守各项法律规定；做好垃圾分类和爱国卫生运动，为疫情防控工作营造更有利的环境和基础。

（李玉霞）

【森林保险】 年内，北京市园林绿化局财务核算中心持续推进森林保险工作，将全市平原生态公益林和城市绿化林纳入森林保险保障体系。修改完善生态公益林保险实施方案，按照《北京市山区生态公益林保险统保协议》，保险总面积77.27万公顷。16个参保单位分别与人保财险支公司签署北京市森林综合险（山区生态公益林专用）保险单；组织参保单位和有关保险支公司召开防灾防损工作会议；对有关区园林

绿化局、国有林场开展防灾防损项目调研；完成2015—2017年防灾防损建设项目资产评估工作，启动2018年防灾防损建设项目资产评估工作。

（何丹）

【财务管理工作】 年内，北京市园林绿化局财务核算中心安排专业技术人员负责北京市园林绿化综合执法大队等五个单位的出纳、会计核算、财政预算和决算工作，配合各单位完成资产清查、产权登记及税务年审，完成财务核算和政府部门财务报告。结合改革发展实际，做好预算编制与支出等事务性工作。

（崔晓舟）

【事业单位所办企业清理规范和公司制改革】 年内，北京市园林绿化局财务核算中心根据市园林绿化局（首都绿化办）党组工作部署，全力配合计财（审计）处完成北京市园林绿化局所属事业单位所办企业清理规范和公司制改革任务，清理和注销14家企业，企业数量由2021年初的51家减少到34家；完成30家企业公司制改革或注销工作。完成市园林绿化局所属31家事业单位、24家事业单位所办企业产权登记主管部门审核事务性工作。北京市园林绿化局财务核算中心所办企业北京市林工商公司因涉及人员安置和社保费用缴拨账户等问题，按照市园林绿化局（首都

绿化办）党组企业改革要求，先行进行公司制改革，企业名称变更为北京市林工园林绿化有限公司。

（李玉霞）

【落实职工福利待遇】 年内，北京市园林绿化局财务核算中心持续做好离退休职工服务工作。按照实事求是原则，做好职工政策解读和思想疏导，帮助离退休职工出具证明5人次，征求意见和建议289人次，探望走访职工68人次；依法合规为退休职工发放福利待遇，调整基本养老金；为全体职工（含市林工商公司）按时报销医疗费、缴纳五险费用和住房公积金，发放物业补贴和供暖费；为市林工商公司退休职工发放节日慰问金；慰问离退休职工，发放专项慰问金，慰问住院有病职工，发放大病补助，慰问困难职工，发放困难补助；为两名因病去世离退休职工申请并发放抚恤金，协助办理后事。

（李玉霞）

【制度建设和执行】 年内，北京市园林绿化局财务核算中心领导班子加强制度建设和执行。成立内部控制领导小组，以巡视巡查、监督检查及审计发现问题为导向，查找风险点，研究制订内部控制实施方案，审议通过"三重一大"（即：重大事项决策、重要干部任免、重要项目安排、大额资金的使用）

12月3日，市园林绿化局财务核算中心党支部成立

决策制度、收入支出管理办法、合同管理办法以及培训费及差旅费管理办法。完成工会选举，吴忠高、尹兆荣、李佳子、崔晓舟、陈曦5名同志当选第一届工会委员。制定完善12项制度和工作流程，扎实推动各项工作开展。

（陈永胜）

【党建工作】 年内，北京市园林绿化局财务核算中心加强政治思想建设。加强理论武装，组织学习《论中国共产党历史》《习近平新时代中国特色社会主义思想学习问答》《党章》等指定材料，重点学习《习近平总书记在庆祝中国共产党成立100周年大会上的重要讲话》。加强学习研讨，制定《党史学习教育工作方案》，开展"传承红色基因、共忆光辉历程"主题党日活动，组织全体党员参观"中国共产党历史展览馆"，组织党员和入党

积极分子观看《警示教育片》《生命重于泰山》等系列宣传教育片。通过谈心谈话等多种形式，统一思想行动，凝聚共识，着力解决群众反映强烈的社保衔接、专业技术等方面的热点难点问题。

（陈永胜）

【领导班子成员】

北京市林业基金管理站

副站长　二级调研员

李军（女）（2021年7月免）

四级调研员

宋欣（女）（2021年7月免）

北京市园林绿化局物资供应站

站长　周荣伍（2021年7月免）

党支部书记　陈宝义（2021年7月免）

副站长　吴忠高（2021年7月免）

北京市园林绿化局财务核算中心

主任　党支部书记

周荣伍（2021年7月任）

管理五级（保留原待遇）

宋涛（2021年7月任）

183

陈宝义（2021年7月任）

五级职员

李军（女）（2021年7月任）

副主任

吴忠高（2021年7月任）

张彩成（2021年7月任）

六级职员

宋欣（女）（2021年7月任）

（李玉霞）

（北京市园林绿化局财务核算中心：李玉霞 供稿）

北京市绿地养护管理事务中心

【**概　况**】 2021年5月，根据《中共北京市委机构编制委员会关于市园林绿化局所属事业单位改革有关事项的批复》，同意整合北京市大东流苗圃和北京市绿化事务服务中心两家单位，组建北京市绿地养护管理事务中心，为正处级公益一类事业单位。主要职责为承担全市重要节日、重大活动期间重点地区的环境景观服务保障工作，以及重要绿地建设和养护管理的事务性工作。重点地区范围涉及天安门广场、长安街沿线、中央重点机关、副中心行政办公区、首都机场辅路等绿地景观。

北京市绿地养护管理事务中心位于北京市昌平区小汤山镇大东流村南，占地153.33公顷，拥有现代化自控温室3万平方米、日光温室1万平方米、炼苗场2万平方米、球根花卉专用冷库2300平方米、组培车间626平方米等基础设施。培育乡土树种共计10万余株，品种涵盖28个科49个属。内设机构10个，分别是办公室、人事科、党建工作科、计划财务科、工程管理科、养护管理科、景观环境科、苗木保障科、古树名木科和科技科。共有在职职工62人，大、中专以上学历人员50人，具有中级以上专业技术职称34人。其中正高级职称2名、副高级职称13名、中级职称19名，专业技术人员中林业、园林绿化、植物保护相关专业占比达到82%。

2021年，北京市绿地养护管理事务中心结合新的职能定位，强化公益属性，以提高"四个服务"水平为工作重点，顺利完成了重要节日、重大活动期间重点地区的环境景观服务保障工作，以及重要绿地建设和养护管理的事务性工作。

【**苗木保障**】 年内，北京市绿地养护管理事务中心完成油松、银杏、元宝枫、国槐、流苏树、金银木等15个树种不同规格的栽植任务，栽植苗木949株，栽植面积2.32公顷，配合完成首都重大植树活动所需物资、苗木、人员等各方面的服务保障。

【**重要绿地工程及养护**】 年内，北京市绿地养护管理事务中心完成城市副中心行政办公区年度绿化建设任务45.5公顷。其中，路县故城遗址公园一期绿化39公顷，栽植各类乔木8133株，灌木1.7万株，地被35公顷；A5庭院及镜河水系绿化6.5公顷，栽植各类乔木1637株，灌木4026株，地被

9月14日，北京市绿地养护管理事务中心党总支部召开第一次全体党员大会（张岳 摄影）

3.88公顷。同时做好市直属绿地养护管理工作。

【花卉生产】 年内，北京市绿地养护管理事务中心温室各品种盆花种苗及半成品留床数量471132株（穴）。引进红掌品种5个、457盆。菊花生产小菊7000株，遭冰雹灾害，未成成品。荷花存圃20余个品种、420盆。组培室转交温室玉簪生根苗400580株，西伯利亚鸢尾生根苗193719株，慷慨蕨12006株，细叶肾蕨30276株，转接苗1539907株。做好天安门广场及周边、长安街沿线、副中心行政办公区在重要节日活动期间的景观服务保障。

【古树名木保护】 年内，北京市绿地养护管理事务中心持续推进古树种质资源收集保存工作。整合优化场区功能，完成古树名木研究保护办公区、种质资源圃、良种繁育中心等区域规划。截至2021年底，收集京津冀地区古树名木15个树种，134份种质资源，其中保存银杏、国槐、流苏树、玉兰、毛白杨等树种的无性系种质122份，保存无性系苗木6450株；保存银杏、国槐等树种家系种质12份，保存家系苗木530株。完成73个古树种质资源二维码电子版制作，详细展示古树母株的图片、地址、年份、文化等信息。与北京市

园林绿化科学研究院、中国林科院林业研究所签订《古树名木无性繁育合作协议》《技术咨询合作协议书》，围绕古树种质资源设施保存库建设，编制项目建议书。

【科技发展】 年内，北京市绿地养护管理事务中心有序开展种质资源收集与品种选育工作。收集流苏树、椴树、红花山楂、车梁木、晚花栾树种质资源；总结梳理2020年物候及枝叶、冠性等性状观测记录，综合香型检测数据，初步筛选出28份表现出众的种质资源（含一级古树9份，二级古树4份），通过枝条比色、枝条性状、开花性状等数据测量，进一步了解资源特性；开展沙藏嫁接试验，嫁接流苏1150株，另单芽低接流苏资源226株，平均嫁接成活率为62.5%，为后期古树生长季采样嫁接保存

积累经验；开展红花山楂杂交试验、晚花栾树干性遗传与品种选育，为筛选优良种质积累基础数据。

【科普宣传】 年内，北京市绿地养护管理事务中心组织接待有关单位人员参观苗圃建设展，参加北京城市广播副中心之声FM107.3城市帮帮团节目、"家中养花有妙招儿"科普分享，开展园艺科普、植树科普、共建主题团日、助力碳中和科技周等科普宣传活动，接待各界人士700余人次。

【新冠肺炎疫情防控】 年内，北京市绿地养护管理事务中心坚持常态化疫情防控不放松，建立397人监测台账、240人疫苗接种台账、密接次密接重点人员台账，做到底数清、情况明。

11月8日，市园林绿化局领导到市绿地养护中心调研，实地察看新一轮百万亩造林地块和栓皮栎种子收集育苗情况（吴文波 摄影）

【后勤保障】 年内，北京市绿地养护管理事务中心签订《垃圾清理、消纳及化粪池清掏协议》《厨余垃圾清理协议》等协议，保证环境整洁卫生，确保垃圾分类工作顺利推进；完成大田灌溉供水管道、温室水泵及用水管道维修、污水处理站升级改造、生活水井清洗、配电室高压送电变压器更新改造等水电基础设施更新改造工作。

【苗圃建设展】 年内，北京市绿地养护管理事务中心以"与时俱进、奋发作为"为主题，筹备开展局属苗圃建设展。各苗圃利用现有资源，以展板和种质资源展示相结合的方式，呈现发展历史、成果积淀、未来规划。展览取得良好的宣传效果，累计参观人数百余人。

【事业单位改革工作】 年内，北京市绿地养护管理事务中心落实市园林绿化局（首都绿化办）党组关于机构改革工作部署，完成内设机构设置，调整人员配备，提拔任用年轻正科级干部2人、副科级干部4人。单位核定人员编制70人，实有62人，其中处级领导核定职数1正3副，实有1正2副，科级领导核定职数10正11副，实有12正9副。有序推进事企分开，北京市北亚园林公司更名为北京北亚园林有限责任公司，企业性质由全民所有制改制为国有独资公司。

【党建工作】 年内，北京市绿地养护管理事务中心完成机构改革后中心党总支首届委员会委员的选举工作和二级支部设立及书记选举工作，设党支部6个，现有在职党员34人；按照全面从严治党工作指导思想、主要任务及工作要求，制订责任清单，签订个性化责任书，落实主体责任和监督责任；通过市园林绿化局（首都绿化办）党组从严治党综合检查，开展领导干部述职述德述廉；召开民主生活会，查摆问题并制订整改方案；按照局党史学习教育领导小组办公室通知要求，班子成员分别制订"我为群众办实事"实践活动项目清单。

【工会工作】 年内，北京市绿地养护管理事务中心工会走访慰问大病在职及退休职工11人，举办庆祝"三八"国际劳动妇女节、"学党史·颂党恩·跟党走"知识答题、"美丽鲜花装点美好生活"插花技艺展示等系列主题活动，邀请森林疗养师为女职工组织策划女性健康养生体验。

【领导班子成员】
北京市绿化事务服务中心
主任　党支部书记
张军（2021年7月免）
北京市大东流苗圃

主任　贺国鑫（2021年7月免）
党委书记
宋涛（2021年7月免）
副主任
方志军（2021年7月免）
薛敦孟（2021年7月免）
王瑛（2021年7月免）
纪委书记
张波（女）（2021年7月免）
北京市绿地养护管理事务中心
主任　党总支书记
吴志勇（2021年7月任）
副主任
方志军（2021年7月任）
王瑛（2021年7月任）
（北京市绿地养护管理事务中心：
赵玲 供稿）

北京市园林绿化工程管理事务中心

【概　况】 2021年5月，根据《中共北京市委机构编制委员会关于市园林绿化局所属事业单位改革有关事项的批复》，同意保留北京市园林绿化工程管理事务中心（以下简称市园林绿化工程管理事务中心），为正处级公益一类事业单位。单位职责变更为：负责对本市使用国有资金投资或者国家融资的园林绿化工程质量监督方面的辅助性、事务性工作；承担园林绿化工程招标投标活动监督管理的辅助性、事务性工作；承担园林绿化施工企业信用信息管理的辅助性、事务性工作。内设工程质监科（质监一科）、绿地质监科（质监二科）、质监服务科（质监三科）、质监信息管理科（质监四科）、招投标事务科、企业服务科、党建人事科、办公室8个科室。目前，中心编制35人，在职干部33人，高级职称12人，中级职称11人，硕士研究生学历7人，本科学历24人、专科2人。

2021年，市园林绿化工程管理事务中心受理报监施工项目44个，对天安门摆花、行政副中心建设、冬奥及残奥项目等重点工程，通过日常监督和"双随机一公开"、大气污染防治、全覆盖检查等方式开展质量监督检查166次、526人次。受理新入场项目455宗项目。受理334宗施工项目（公开和邀请），计划投资额约65.97亿元，建设面积约48719.19公顷，中标额58.37亿元。据执法数据记录统计，完成资格预审文件、招标文件审核量706项。全年累计完成线上核查人员证书5199人次、线上核查类似业绩项目1920个。审核41家企业、3512人次的技能提升补贴申请，共有34家企业、2184人次符合要求，涉及补贴资金约62万元。对5家新申报园林绿化安全标准化证书的施工企业进行复核，对30家已取得证书的施工单位进行复评，对6家已

达标企业进行年度核查，开展现场检查39次，83人次。2021年底，安全生产标准化达标企业达101家。

【北京冬奥会项目竣工验收】6月28—30日，市园林绿化工程管理事务中心会同专家对延庆冬奥会景观及生态修复工程7个项目开展同步监督竣工验收。建设单位、设计单位、监理单位、施工单位等12家单位参加验收工作。8月25日，会同专家对"北京2022年冬奥会延庆赛区场馆建设工程国家高山滑雪中心山体设计项目景观及生态修复工程——建筑周边、索道及C1雪道工程"开展同步监督竣工验收，标志着延庆冬奥会景观及生态修复工程全部完成。

【城市绿心工程竣工验收】9月1日，市园林绿化工程管理

事务中心组织专家对城市绿心园林绿化建设工程七标段（施工）开展竣工验收同步监督。该标段通过竣工验收，标志着城市绿心森林公园核心区景观工程全部完成，进一步丰富游客游园体验。

【企业走访调研】9月1—3日，市园林绿化工程管理事务中心联合市园林绿化局城镇绿化处开展企业走访调研活动，倾听企业心声、了解发展诉求，为企业送政策、送规范、送服务，答疑解惑、排忧解难，创造良好的发展环境。

【评标业务培训会】12月1日，市园林绿化工程管理事务中心会同市园林绿化局城镇绿化处以视频形式组织召开市园林绿化招标投标业务培训会。邀请相关管理部门领导和专家以评标专家管理及纪律规定、评标

9月1日，市园林绿化工程管理事务中心联合市园林绿化局城镇绿化处开展企业走访调研活动（市园林绿化工程管理事务中心 提供）

12月1日，市园林绿化工程管理事务中心组织2021年首都园林绿化行业评标专家培训会（任磊 摄影）

中常见问题、电子标评审操作技术为重点，对评标专家进行业务培训。以行业政策及示范文本解读、电子招标文件编制及电子标系统操作技术为重点，对代理机构进行业务培训。600余名园林绿化行业评标专家、106家代理机构的近200名业务人员在线参与培训。

【居住区专项检查】 12月22—24日，市园林绿化工程管理事务中心检查东城区、西城区、海淀区、丰台区、石景山区、门头沟区、房山区、大兴区和亦庄经济开发区9个地区居住小区绿地，详细梳理居民关切度高、诉求量大的重点小区绿地管护问题，实地检查截干去冠、侵占绿地、树木遮光、危险树木四大类突出问题。涉及34条街道、79个居民小区，发现问题695项。

【新冠肺炎疫情防控】 年内，市园林绿化工程管理事务中心严格落实"外防输入、内防反弹"各项措施，按照"依法依规、属地管理、完善机制、合理应对"原则，建立制度，完善措施，做好动态管理。严格疫情报告制度，畅通信息渠道。动员职工做好疫苗接种。全年疫情排查43次，核酸检测150余人次，消毒消杀700余次，下发疫情防控工作通知及防疫提醒100余次，职工疫苗接种率91.4%。

【造林绿化项目招投标】 年内，市园林绿化工程管理事务中心依法受理进入市交易平台和公共资源交易平台招标的造林绿化项目，2021年度第一批入场施工招标共计48个项目111个标段，入场监理招标共计13个项目16个标段，入场设计招标共计26个项目26个标段；

2021年度第二批入场施工招标共计19个项目35个标段，入场监理招标共计5个项目7个标段，入场设计招标共计8个项目8个标段，均完成招投标工作。

【监理项目电子化招投标】 年内，市园林绿化工程管理事务中心稳步推进监理电子标系统与工具开发建设，同步修订监理招标文件示范文本电子化版。组织招标代理机构和监理企业模拟正式项目招投标流程试标工作，根据招标代理及监理企业意见及时修正完善，打造适用性强的电子标系统。10月8日，园林绿化监理项目全面实行全流程电子化招投标。

【普法宣传活动】 年内，市园林绿化工程管理事务中心针对园林绿化企业信用管理、招投标、安全文明施工等专业特点，组织开展宪法进企业活动，突出宣传"法治是最好的营商环境"。为企业发放《中华人民共和国宪法》《园林绿化相关法规文件汇编》，宣传习近平法治思想及诚信经营、依法施工、公平竞争等法律法规，现场解答企业在法律法规、生产经营中遇到的问题。

【大气污染防治检查】 年内，市园林绿化工程管理事务中心依据《北京市园林绿化行业大气污染防治2021年行动计划落实检查办法》及责任分工，考核东城、西城、海淀、丰台、石景山、通州、亦庄经济开发区的大气污染防治落实情况，全年检查4次，检查工地42个。

【"双随机一公开"检查工作】 年内，市园林绿化工程管理事务中心从3月开始，每月开展一次"双随机一公开"（即：在监管过程中随机抽取检查对象，随机选派执法检查人员，抽查情况及查处结果及时向社会公开）检查，9次随机抽取项目54个，现场检查项目44个，有8个项目尚未开工，2个项目已竣工验收未进行检查。对海淀区1个项目开具整改单。首次完成市园林绿化局和市市场监管局双随机联合检查，与市场监管局沟通方案、维护局端口，对项目库和人员库录入并开展抽取任务的抽取和分派，对朝阳区、顺义区、大兴区3个项目开展现场检查，结果录入监管平台并进行公示。

【全覆盖检查】 年内，市园林绿化工程管理事务中心配合市园林绿化局城镇绿化处，对北京市入库在建园林绿化工程进行全覆盖检查。采取市区联动、以查代训方式，深入工地现场，对项目整体建设情况进行评分和评价，现场指导项目存在的技术、质量、管理等问题。检查历时11个工作日，检查施工企业154家，施工项目553个（其中公园绿地129个、道路绿地93个、居住区绿地86个、单位附属绿地27个、设施空间绿地5个、小微绿地12个、景观生态林项目61个、平缓地造林项目65个、浅山台地项目23个，其他52个），检查地块遍布全市16个区、2个管委会、213个乡镇（街道）。

【景观保障项目管理】 年内，市园林绿化工程管理事务中心完成建党100周年天安门广场及长安街环境布置项目管理工作，花卉布置工程量35043平方米。

【事业单位改革】 年内，市园林绿化工程管理事务中心严格落实市园林绿化局（首都绿化办）党组关于机构改革工作部署，制订完成小"三定"方案和岗位设置方案，调整处级干部3人次。单位现有核定人员编制35人，在岗33人，其中核定领导班子1正2副，现有3正2副，核定科级领导职数8正，现有9正1副，改革任务顺利完成。

【党建工作】 年内，市园林绿化工程管理事务中心召开全体党员大会和新一届党总支委员会，张军、马彦杰、郭永乘、耿晓梅、史京平5位同志当选新一届党总支委员会委员，张军当选为新一届党总支书记；举行"永远跟党走"活动，组织全体党员干部前往门头沟区冀热察挺进军司令部旧址陈列馆参观，重温入党誓词；召开"党的光辉，照亮你我"庆祝建党100周年座谈会，为退休老党员颁发"光荣在党50年"纪念章；组织党史学习教育专题组织生活会，组织班子成员、支部书记讲党史专题党课7次，班子成员开展研讨交流4次，报送学习教育信息14篇；购买党史学习资料200余册，制作宣传教育展板20余块；通过"我为群众办实事"活动，解决企业集中反映的2个突出问题；结合党史教育，及时学习传达党的十九届六中全会精神。

【获奖情况】 年内，市园林绿化工程管理事务中心荣获"首都精神文明单位"称号。

【领导班子成员】
主任　党总支书记
张军（2021年7月任）
管理五级（保留原待遇）
马彦杰（2021年7月任，2021年7月免主任）
五级职员
郭永乘（2021年7月任，2021年7月免党总支书记）
副主任
耿晓梅（女）
史京平（女）
（北京市园林绿化工程管理事务中心：李优美 供稿）

北京市园林绿化产业促进中心（北京市食用林产品质量安全中心）

【概　况】　2021年5月，根据《中共北京市委机构编制委员会关于市园林绿化局所属事业单位改革有关事项的批复》，同意整合北京市食用林产品质量安全监督管理事务中心和北京市蚕业蜂业管理站，组建北京市园林绿化北京市园林绿化产业促进中心（北京市食用林产品中心），为正处级公益一类事业单位。主要职责是：承担全市林果、花卉、蚕蜂、林草种苗、林下经济、森林资源利用等园林绿化产业发展促进等方面事务性工作；承担食用林产品质量安全监督管理等

事务性工作。编制27名，在编25名，其中管理人员21名，专业技术人员4名。内设机构6个：办公室、计划财务与科技科、林果花卉科、蜂业种苗科、质量安全监管科、发展合作科。

2021年，北京市园林绿化产业促进中心紧紧围绕建党100周年、北京冬奥会与冬残奥会等重大活动保障，推进事业单位改革、食用林产品质量安全监管、蜂产业发展、优化营商环境、科技成果转化、"京字号"花果蜜产品宣传等中心工作，保障食品安全，助力乡村振兴，圆满完成各项工作任务。

【中华蜜蜂生态功能研讨会】　9月2日，北京市园林绿化产业促进中心召开北京市中华蜜蜂生态功能研讨会。围绕中华蜜蜂促进生态安全和生

物多样性作用、中华蜜蜂保护与利用、打造中华蜜蜂特色产品品牌、助力乡村振兴和蜜蜂授粉生物防控等方面进行研讨交流。

【行业管理】　年内，北京市园林绿化产业促进中心印发《北京市食用林产品质量安全管理办法》《北京市食用林产品质量安全监测管理办法》《北京市食用林产品质量安全生产技术推广管理办法》《北京市食用林产品质量安全信息收集发布管理办法》4个管理办法；指导各区出台产业扶持奖励政策，以项目带动、直接补贴等方式，加大对蜜蜂授粉、蜂群扩繁、龙头企业和产品检测等方面的补贴力度。

【北京2022年冬奥会和冬残奥会食品安全保障】　年内，北京市园林绿化产业促进中心制订《2022年冬奥会、冬残奥会食用林产品质量安全事件应急预案》《北京2022年冬奥会和冬残奥会水果干果供应服务和质量安全保障工作方案》，遴选出梨和苹果品类4家备选果品供应基地，对备选基地成熟期的果品进行20批次抽样检测，确保产品入库农残达标，组织1300余人参加果品供应保障和食品安全培训，为北京2022年冬奥会和冬残奥会胜利举办提供食品安全保障。

11月30日，北京市园林绿化产业促进中心在顺义区开展熊蜂授粉技术规程应用示范现场会（王星 摄影）

【"双随机一公开"检查】 年内，北京市园林绿化产业促进中心联合各区管理机构组织"双随机一公开"检查30次，出动执法检查人员66人次，通过首都园林绿化政务网公开结果。联合市场监管部门抽查食用林产品生产主体，抽查检测合格率100%。

【行政审批】 年内，北京市园林绿化产业促进中心办理蜂、蚕种生产经营许可证2件，批准建立中华蜜蜂种蜂场2家，受理新申报和加扩项认定无公害生产主体98家，产品146个，完成168家无公害产地304个品种的复查换证工作。

【果园有机肥替代化肥项目】 年内，北京市园林绿化产业促进中心开展"果园有机肥替代化肥项目"，制订《2021年果园有机肥替代化肥试点项目实施方案》，采购有机肥10万吨，对3333.33公顷鲜果园进行土壤改良，覆盖全市13个涉农区，推进北京市果树产业向绿色生产方式转变。

【国家蜂产业技术体系北京试验站工作】 年内，北京市园林绿化产业促进中心开展北京地区蜜蜂病虫害流行病学调查和蜂药、农药使用情况调查。在12个蜜蜂病虫害监测点开展蜜蜂病虫害和农药对蜜蜂健康的数据监测；在3个示范点进行基于智能终端的蜂产品质量安全控制系统示范应用。

【蜂业行业标准化】 年内，北京市园林绿化产业促进中心制定修订北京市地方标准《食用农产品质量安全信息追溯 林产品》《食用农产品质量安全追溯导则 林产品》，加大《巢蜜》《蜜蜂饲养综合技术规范》《设施草莓蜜蜂授粉技术规范》等已经颁布实施标准的培训和宣贯力度。

【行业人才培养】 年内，北京市园林绿化产业促进中心围绕林果、花卉、蜂产业等行业发展趋势、育种研发、新品种新技术推广、生产管理技术、现代营销手段、食用林产品安全监管、无公害认证等方面，通过线上培训和线下指导多种形式，加大企业管理人员、产业专业技术人员、一线生产人员培训力度，全年举办各类培训班15期，培训规模3万余人次。

【产销对接服务】 年内，北京市园林绿化产业促进中心搭建营销平台，促进产销对接，组织经营主体与金融机构对接，推动社会化资本进驻，拓宽食用林产品销售上行空间；在北京市100个园艺驿站开展蜂产品常态化展销活动，为北京市蜂业企业打开销路。

【打造"京字号"花果品牌】 年内，北京市园林绿化产业促进中心举办"5·20世界蜜蜂日"系列庆祝活动、全国成熟蜜生产现场观摩会、割蜜节、海峡两岸蜂产业发展视频会、北京市首届蜜蜂文化节等主题宣传活动，承办北京花果蜜文化遗产资源展示推介和花果蜜乐享季系列活动，宣传园林绿化产业在乡村振兴中的重要作用，推介北京市高端优质蜂产品，打造"蜂盛蜜匀"品牌和"京字号"花果蜜品牌。

【事业单位改革】 年内，北京市园林绿化产业促进中心严格落实市园林绿化局（首都绿化办）党组关于机构改革工作部署要求，强化管理，优化组织结构和人员结构，内设科室6个，调整科级干部1人次，发挥人才特长，提升工作效能。现有核定人员编制27人，在岗25人，其中核定领导班子1正2副，现有3正2副，核定科级领导职数6正，现有3正1副，改革任务顺利完成。

【党建工作】 年内，北京市园林绿化产业促进中心党支部召开全体党员大会及新一届支部委员会，选举产生中心新一届支部委员会委员以及新一届支部委员会书记；开展党史学习教育活动，组织理论中心组学习 12 次，党员集中学习 20 次，主题党日活动 12 次；开展"我为群众办实事"项目 4 项；围绕庆祝建党 100 周年开展形式多样庆祝活动；落实"三会一课"制度，组织好民主生活会、组织生活会和民主评议党员工作，做好巡察反馈问题整改工作。

【领导班子成员】

北京市蚕业蜂业管理站

站长　党支部书记

方锡红（2021 年 7 月免）

副站长

汪平凯（2021 年 7 月免）

北京市食用林产品质量安全监督管理事务中心

主任　张增兵（2021 年 7 月免）

党支部书记

袁士永（2021 年 7 月免）

副主任

4 月 13 日，北京市野生动物救护中心在北京植物园参与"爱鸟周"宣传活动（奥丹　摄影）

史玉琴（女）（2021 年 7 月免）

北京市园林绿化产业促进中心（北京市食用林产品质量安全中心）

主任　党支部书记

方锡红（2021 年 7 月任）

管理五级（保留原待遇）

张增兵（2021 年 7 月任）

朱国林（2021 年 7 月任）

副主任

汪平凯（2021 年 7 月任）

史玉琴（女）（2021 年 7 月任）

（北京市园林绿化产业促进中心：梁崇波　供稿）

北京市野生动物救护中心

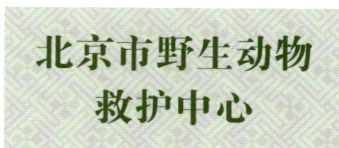

【概　况】 2021 年 5 月，根据《中共北京市委机构编制委员会关于市园林绿化局所属事业单位改革有关事项的批复》，同意保留北京市野生动物救护中心，为正处级公益一类事业单位，主要负责全市陆生野生动物救护的组织、协调和指导的事务性工作，负责各区陆生野生动物救助站点建设技术指导；负责全市执法罚没活体陆生野生动物的接收与处置的具体工作；负责本市陆生野生动物疫源疫病监测的组织、协调和指导的事务性工作；负责野外濒危珍稀陆生野生动物种群恢复的具体工作；负责陆生野生动物及制品鉴定和陆生野生动物损害物种鉴定具体工作；负责参与制定本市陆生野生动物救护、疫源疫病监测、种群恢复相关技术规程，开展相关研究、培训与技术推广；负责开展陆生野生动物保护、救护的宣传和科普教育；承办局党组交办的其他任务。内设机构 5 个：办公室、后勤管理科、救护管理科、疫源疫病监测科、科研宣教科。在职职工 22 人，其中高级职称 4 人，中级职称 11 人。

2021 年，北京市野生动物救护中心在疫情防控的背景下，围绕野生动物救护体系和疫源疫病监测体系建设工作思路，接收市民救护以及公安等执法部门罚没野生动物 252 种 3157 只（条），放归野生动物 114 种 1283 只，完成全市 16 个区园林绿化局监测主管部门以及 10 个国家级、33 个市级陆生

野生动物疫源疫病监测站的协调管理工作，圆满完成年内各项重点工作任务。

【野生动物救护】 年内，北京市野生动物救护中心接收市民救护以及公安等执法部门罚没野生动物252种3157只（条），其中：国家一级重点保护野生动物9种33只、国家二级重点保护野生动物47种519只、《濒危野生动植物种国际贸易公约附录Ⅰ》物种14种83只、《濒危野生动植物种国际贸易公约附录Ⅱ》物种30种497只、列入《国家保护的有重要生态价值、科学价值、社会价值的野生动物名录》的野生动物和其他野生动物141种2117只。

【野生动物移交放归】 年内，北京市野生动物救护中心移交野生动物至相关保护部门43种231只。组织开展科学放归活动，本地放归野生动物114种1283只，其中国家一级重点保护野生动物3种3只、国家二级重点保护野生动物24种264只，对雾灵山市级自然保护区放归的11只狍子进行跟踪监测。积极参加江西鄱阳湖国际观鸟周活动，放归斑头雁、斑嘴鸭、赤麻鸭等野生动物25只。

【动物救护体系建设】 年内，

北京市野生动物救护中心做好各区野生动物临时收容指导工作，印发实施《北京市陆生野生动物收容技术规范》《北京市野生动物保护管理公众参与办法》。梳理北京野生动物救护繁育平台功能，全面导入相关数据，新增救护放归野生动物统计报表生成功能、常用饲料和药物数据库功能，全面优化死亡登记审核流程。

【野生动物疫源疫病监测】年内，北京市野生动物救护中心编制《北京市野生动物保护管理条例》配套文件《北京市野生动物资源和疫源疫病监测办法》，并于3月23日正式印发实施。与各区野生动物主管部门协同开展冬奥会场馆周边疫源疫病监测工作，先后到奥森公园、首钢工业园及延庆野鸭湖等重点地区进行疫源疫病监测检查和陆生野生动物样品

采集检测，共采样200余份。做好全市16个区园林绿化局监测主管部门以及10个国家级、33个市级陆生野生动物疫源疫病监测站的协调管理工作，维护野生动物资源监测平台每日监测数据审核、统计、分析相关工作，严格执行监测信息日报告制度。全年接收到各监测站上报监测记录8万余条，监测到野生鸟类约366万只次。开展全市疫源疫病监测主动预警工作，收集检测北京地区野生动物疫源疫病样品，评估主要野生动物疫病的发生风险和流行趋势，全年完成采集鸟类等野生动物咽拭子、肛拭子、血清和环境样2500份。

【野生动物保护科普宣传】 年内，北京市野生动物救护中心参与"爱鸟周"宣传活动、世界野生动植物日科普宣传活动、科技周宣传活动、《北京

6月20日，北京市野生动物救护中心在北海公园召开雨燕调查总结会（张亚琼 摄影）

市野生动物保护管理条例》实施1周年宣传活动以及秋季观鸟月活动等，全面开展野生动物保护知识宣传。组织第九届北京市中小学生野生动物保护知识论坛，16个区300余所学校1.7万余人参与。制作"自然北京——我们身边的野生动物"大型电子手绘图，并将野生动物科普知识、高清视频及鸟类叫声等内容与电子手绘图进行融合，实现沉浸式体验北京特色的生态自然，6000余人参与活动。

【特色动物调查工作】 年内，北京市野生动物救护中心选取北京雨燕以及鸳鸯为特色动物调查对象，通过调查物种数量、分布等信息，充实北京地区野生动物基础资源数据。设立30个调查点，招募社会各行业志愿者300人次，调查结果呈现北京雨燕总体数量较为平稳，鸳鸯总体数量呈逐步上升趋势。全面调查珠颈斑鸠繁殖、生活习性、人类对珠颈斑鸠的影响，与央视合作拍摄短片在纪录频道播出。

【事业单位改革】 年内，北京市野生动物救护中心严格落实市园林绿化局（首都绿化办）党组关于机构改革的工作部署，完善制度建设，健全工作机制，完成中心"三定"方案及岗位设置方案，优化机构设置，调整内设科室3个，科级干部7人次。现有核定人员编制30人，在岗22人，其中核定领导班子1正2副，现有1正2副，核定科级领导职数5正3副，现有1正4副，改革任务顺利完成。

【党建工作】 年内，北京市野生动物救护中心开展"青年文明号"创建及开放月活动，组织青年团员到北海公园、首都师范大学附属小学等地开展野生动物知识大讲堂活动。与大东流苗圃团总支开展"共建美好生活 歌颂党的恩情"主题团日活动。召开2020年度组织生活会以及2021年度党史学习教育专题组织生活会，每月组织开展"三会一课"及主题党日活动，每季度召开一次支部党员大会。党员献爱心活动捐款750元。全年收缴党费1884元。完成双报到服务40人次。对违规配备使用公务用车问题、违规发放津补贴或福利以及形式主义、官僚主义4个方面12类突出问题进行专项整治，分批次组织党员干部参加警示教育学习。2021年5月接收一名预备党员。

【领导班子成员】
主任 党支部书记 杜连海
副主任 胡严 纪建伟

（北京市野生动物救护中心：

汤佳 供稿）

北京市园林绿化局森林防火事务中心（北京市航空护林站）

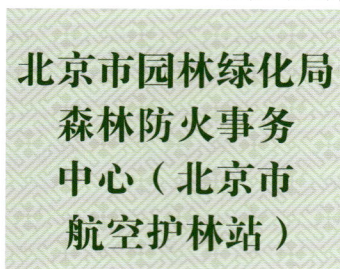

【概　况】 2021年5月，根据《中共北京市委机构编制委员会关于市园林绿化局所属事

2月17日，北京市园林绿化局森林防火事务中心驻防队伍在延庆区开展巡护工作（朱林 摄影）

业单位改革有关事项的批复》，北京市园林绿化局直属森林防火队（北京市航空护林站）更名为北京市园林绿化局森林防火事务中心（北京市航空护林站），为正处级公益一类事业单位。主要职责：承担本市森林防火相关事务性工作；承担森林防火航空护林具体工作；承担市级森林防火物资储备库建设与管理、森林防火相关队伍指导培训等事务性工作。

森林防火事务中心内设办公室、计财装备科、防火安全科、航护通信科、宣传教育科5个科室。现在编16人，其中管理人员6人，专技人员10人。研究生4人，本科、专科学历12人。森林消防员60人。

2021年，森林防火事务中心围绕全市森林防火，完成事业单位改革、"相约北京"系列冬季体育赛事森林防火保障、航空护林、森林防火重大项目建设任务。

【靠前驻防保障冬奥】 2月16—26日，北京市园林绿化局直属森林防火队根据《关于做好2021年下半年相约北京测试赛安全应急保障工作的通知》、市园林绿化局《相约北京测试赛森林防火保障工作方案》要求，安排2名干部带领中队20名森林消防员在延庆区赛事周边巡查重点防火区域，未发生森林火情，圆满完成靠前驻防任务。

9月1日，市园林绿化局（首都绿化办）局长（主任）邓乃平（前排左四）出席市园林绿化局森林防火事务中心（北京市航空护林站）揭牌仪式（李智浩 摄影）

【北京市园林绿化局森林防火事务中心（北京市航空护林站）举行揭牌仪式】 9月1日，原北京市园林绿化局直属森林防火队（北京市航空护林站）更名为北京市园林绿化局森林防火事务中心（北京市航空护林站）。市园林绿化局局长邓乃平为北京市园林绿化局森林防火事务中心（北京市航空护林站）揭牌。

【事业单位改革】 年内，北京市园林绿化局森林防火事务中心根据市园林绿化局（首都绿化办）党组关于印发《北京市园林绿化局森林防火事务中心（北京市航空护林站）主要职责和内设机构设置》的通知，核定财政补助事业编制30名，原办公室、作训（航护）科、物资科和财务科4个科室更新调整为办公室、计财装备科、防

火安全科、航护通信科、宣传教育科5个科室。按照选优配强科级干部、科学推进干部平职交流、用好用活专业技术岗位、科学规范调配科室原则，完成科级干部选拔任用、专业技术岗位聘用、内设机构人员调整等工作。

【航空护林】 年内，"相约北京"系列冬季体育赛事、清明节、"五一"小长假等重点时期，北京市园林绿化局直属森林防火队在延庆、松山、京西林场等重点防火区域，开展无人机航空护林任务，累计飞行800余架次，累计巡护面积约4800平方千米。

【森林防火视频监控系统重大项目】 年内，北京市园林绿化局森林防火事务中心继续开展森林防火视频监控项目后续

建设。进场施工420个点位，完成年度建设任务100%，完成整体建设任务80%。提前完成延庆冬奥赛区周边森林防火视频监控预警系统基站建设18处，全天候24小时360度探测森林火情。森林防火视频监控项目共498套。

【京冀森林防火合作项目】 年内，北京市园林绿化局森林防火事务中心推进京冀森林防火合作，完成河北省承德市滦平县森林防火通信系统建设，建设县级通信调度平台1个、通信基站18座、移动基站1套、车载台35个及手持台180个，实现环京周边地区通信网络化，滦平县林区通信覆盖率80%，与北京森林防火通信系统实现互联互通；完成森林防灭火装备采购，验收入库风力灭火机、高压细水雾、油锯、防火服等物资3710台（件、套），10月18日调拨至河北省林草局，提高2022年张家口冬奥赛区森林防火能力。

【领导班子成员】
北京市园林绿化局直属森林防火队（北京市航空护林站）
队长（站长） 党支部书记
张克军（2021年7月免）
副队长（副站长）
向群（2021年7月免）
北京市园林绿化局森林防火事务中心（北京市航空护林站）

主任（站长） 党支部书记
张克军（2021年7月任）
副主任（副站长）
向群（2021年7月任）

（北京市园林绿化局森林防火事务中心：宋泽 供稿）

北京市园林绿化规划和资源监测中心（北京市林业碳汇与国际合作事务中心）

【概 况】 2021年5月，根据《中共北京市委机构编制委员会关于市园林绿化局所属事业单位改革有关事项的批复》，同意整合北京市林业勘察设计院（北京市林业资源监测中心）、北京市林业碳汇工作办公室（北京市园林绿化国际合作项目管理办公室），组建北京市园林绿化规划和资源监测中心（北京市林业碳汇与国际合作事务中心），为正处级公益一类事业单位，主要职责是：承担本市园林绿化规划编制的技术性、事务性工作；承担森林、湿地、绿地、草地和陆生野生动植物等园林绿化资源调查、监测、评价等事务性工作；承担园林绿化领域应对气候变化、国际合作交流、高质量发展等事务性工作；承担自然保护地体系建设的事务性工作。

2021年，北京市园林绿化规划和资源监测中心紧紧围绕北京园林绿化发展需求，推动森林资源调查监测、重大项目核查、规划设计、生态监测、冬奥碳中和、国际合作交流等各项工作有序开展，全力服务园林绿化高质量发展。

【北京市第九次园林绿化资源专业调查】 年内，北京市园林绿化规划和资源监测中心编写完成《2019年度北京市园林绿化资源情况报告》。该报告是北京市第九次园林绿化资源专业调查成果质量的最终体现，客观反映全市绿化资源现状。报告分森林资源规划设计调查和城市绿地资源调查两部分，共十二个章节。

【北京市园林绿化资源年度监测体系建设】 年内，北京市园林绿化规划和资源监测中心资源监测、调查等各项工作顺利开展。完成2019—2020年和2020—2021年2个时间段的园林绿化资源变化图斑监测工作和2021年国家重点造林完成任务上图工作，涉及图斑349.06万块，其中更新资源变化图斑83.28万块，全国第三次土地（国土）调查融合图斑265.78万块。完成国家级森林样地595块，草地样地61块，湿地样地12块，市级加密的森林样地1519块，草地样地540块。优化调整国家公益林范围，通过内业区划及现地核实调查，优化涉及变化图斑13.61万块。以全国第三次土地（国土）调查数据为底版，完成森林资源"一张图"林草湿园边界的矢量数据对接，印发并核实图斑25.23万块。编制《北京市园林绿化资源年度监测实施方案（试行）》，完成林地（森林）、绿地、湿地等资源监测相关基础数据的标准化和监测平台系统框架的构建及移动软件开发。其中，北京市园林绿化资源智慧管理平台上线运行，各区依托平台全面开展2021年监测结果录入工作，初步完成2020年度监测工作。为满足全市园林绿化资源分区监测需要，在全市范围内布设加密样地，外业调查与市级核查工作顺利开展。

4月21日，北京市园林绿化规划和资源监测中心在市园林绿化局举办北京市园林绿化高质量发展行动计划研究会（北京市园林绿化规划和资源监测中心 提供）

【森林资源综合监测高分遥感技术动态监测】 年内，北京市园林绿化规划和资源监测中心依据市园林绿化局《北京市利用卫星遥感技术加强园林绿化资源监测监管工作方案》要求，通过高分辨率卫星遥感影像提取出林地变化图斑，再通过地面核实调查，确定图斑变化原因，加强林地资源动态监测及监督管理，及时发现和处置破坏林地资源行为，提升林地资源保护管理水平，为开展林地资源监测监管工作提供有力支撑。

【北京市湿地资源监测监管】 年内，北京市园林绿化规划和资源监测中心依托高分辨率遥感影像开展湿地监测，调查和评价湿地资源及其环境，摸清北京市湿地资源及其环境现状，了解湿地资源的动态变化规律，逐步实现对全市湿地资源进行全面、客观的分析评价，为湿地资源的保护、管理与合理利用提供统一完整、及时准确的基础资料和决策依据。此外，通过查清北京市湿地的面积、分布、数量及类型，掌握湿地资源动态变化规律，建立并完善北京湿地资源数据库，及时发现违法破坏湿地行为，为管理部门及时开展执法提供技术支撑。

【森林资源管理监督平台】 年内，北京市园林绿化规划和资源监测中心完成平台数据支撑

服务规范及数据流程，更新部分数据对比分析，进行项目中期评审工作。完成平台网址初步迁移工作。完成多源数据综合分析对比、行政审批数据规范化、变化图斑数据规范化、外业调查数据规范化和违规图斑整改台账规范化五个方面的服务工作。

【北京市第六次荒漠化和沙化土地监测】 年内，北京市园林绿化规划和资源监测中心完成北京市第六次荒漠化和沙化土地监测项目，并按国家林业和草原局的要求与全国第三次土地（国土）调查数据进行全面对接，形成北京市沙化、荒漠化调查数据库，编制完成北京市第六次荒漠化和沙化土地监测报告。

【2020年绿化资源动态监测】

年内，北京市园林绿化规划和资源监测中心完成2020年度绿化资源监测的数据收集和处理工作，编制完成2020年园林绿化综合统计年报。

【北京市森林资源监测试点】 年内，北京市园林绿化规划和资源监测中心协助国家林业和草原局完成北京市森林资源监测试点，取得《国家森林资源年度监测评价北京市试点成果》。

【百万亩造林工程市级核查】 年内，北京市园林绿化规划和资源监测中心开展北京市平原地区百万亩造林工程及新一轮百万亩造林绿化工程市级核查工作。完成大兴区2015年、2016年、2017年、2018年平原造林及新一轮百万亩造林绿化工程市级核查。完成通州区2016年平原地区造林绿化工程市级核查。完成顺义区2017

年平原造林和2018年新一轮百万亩市级核查。完成密云区2018年新一轮百万亩造林市级核查。完成延庆区2018年新一轮百万亩市级核查及2019年和2020年已通过区级验收的造林核查。完成丰台区2019年平原重点区域造林绿化工程市级核查报告。完成房山区2018年、2019年和2020年造林核查。完成昌平区2020年京张高铁昌平段绿色通道建设工程及浅山台地造林工程市级核查。完成昌平区2020年平原重点区域造林绿化工程及市郊铁路怀密线昌平段景观提升工程核查。完成昌平区2021年浅山拆迁地造林工程市级核查。完成海淀区2019年和2020年平原地区重点区域造林工程市级核查。完成北京市十三陵林场2019年浅山区腾退地造林工程核查。完成京西林场2020年新一轮百万亩造林绿化工程市级核查。

【2018年度京冀生态水源保护林核查】 年内，北京市园林绿化规划和资源监测中心完成2018年度京冀生态水源保护林项目核查，涉及河北承德和张家口2个市8个县，总面积6666.67公顷，其中承德3000公顷，张家口3666.67公顷。

【退耕还林后续政策落实情况市级核查】 年内，北京市园林绿化规划和资源监测中心完成门头沟区、房山区、昌平区、密云区、延庆区、平谷区、怀柔区7个区退耕还林后续政策落实市级核查，总面积19039.1公顷，其中申请流转面积5615.73公顷，申请补助面积13423.37公顷，总地块数176861个。外业和内业总抽查比例不低于10%，流转土地抽查面积为587.77公顷，抽查地块793块，补助土地抽查面积为1395.49公顷，抽查地块数量3280块。

【编制《北京市"十四五"时期园林绿化发展规划》】 年内，北京市园林绿化规划和资源监测中心继续推进《北京市"十四五"时期园林绿化发展规划》编制。起草《北京市园林绿化高质量发展行动计划（2021—2025年）》《北京市园林绿化高质量发展行动计划（2021—2025年）任务分工方案》。起草《北京市园林绿化局关于加强"十四五"时期园林

6月8日，北京市门头沟区林地保护利用规划专家评审会在国家林业和草原局召开（北京市园林绿化规划和资源监测中心 提供）

绿化高质量发展的意见》，下发各区园林绿化局和相关单位。

【编制《北京市新一轮林地保护利用规划》】 年内，北京市园林绿化规划和资源监测中心编制北京市新一轮林地保护利用规划。成立编制工作组，完成《北京市新一轮林地保护利用规划编制工作方案》《北京市新一轮林地保护利用规划编制技术方案》，完成与全国第三次土地（国土）数据初步对接情况分析研究报告、关于林地保有量和森林保有量的初步研究方案等。

【北京市森林经营方案后续工作】 年内，北京市园林绿化规划和资源监测中心继续推进北京市森林经营方案后续工作。对已完成评审的市属国有林场和部分区级森林经营方案进行最终审查，同时，对未完成评审的区级和国有林单位的森林经营方案给予指导，提出详细修改意见和建议，协助各单位组织专家评审。年内所有单位均已完成森林经营方案编制及评审工作。

【密云区国土绿化试点示范项目实施方案】 年内，北京市园林绿化规划和资源监测中心开展北京市密云水库周边国土绿化试点示范项目实施方案编制，为密云区编制《北京市密云水库周边国土绿化试点示范项目实施方案》，以更好保护涵养密云水库水源为总目标，充分发挥森林保水、净水、缓水、调水和美水功能，提升森林生态系统质量，丰富生物多样性，为保护好首都"一盆水"筑牢水源涵养面，为首都国土绿化高质量发展做好示范。

【开展三北工程总体规划修编工作】 年内，北京市园林绿化规划和资源监测中心开展三北工程总体规划修编工作。按照工程区退化林调查的相关要求，对北京市三北工程退化林的数量、退化成因、退化程度和分布状况进行全面系统的调查分析，提出科学合理的修复措施，编制北京市三北工程退化林调查成果报告，相关内容纳入规划。

【北京园林绿化生态系统监测网络建设】 年内，北京市园林绿化规划和资源监测中心协调督促北京园林绿化生态系统监测网络建设项目工作进度，完成财政评审、办理林服手续及采购招标工作，协助监测站点完成监测站的仪器设备采购和支撑设备建设，联合北京林业大学建设完善北京园林绿化生态系统监测网络物联网管理平台，开展北京园林绿化生态系统监测网络新建站数据收集诊断处理与分析项目。全市11个监测站点完成开工建设，其中7个监测站点完成设备安装调试。全年完成两次线上线下培训。

【行业碳中和专项调研】 年内，北京市园林绿化规划和资源监测中心开展北京市园林绿化应对气候变化工作现状及发展建议专项调研，总结北京市林业碳汇管理制度、交易试点、重点工程碳汇计量、标准

三北工程总体规划修编成果（北京市园林绿化规划和资源监测中心 提供）

制定、技术推广示范、行业碳排放统计、公众宣传引导、碳基金管理等方面工作成效，分析系统统筹规划、监测体系完善、碳汇交易拓展、社会参与提升等方面尚存在的不足，并从增汇、减排、适应三个层面统筹提出行业碳中和工作的下一步工作路径。

【北京2022年冬奥会和冬残奥会碳中和计量监测与核证】
年内，北京市园林绿化规划和资源监测中心结合2021年新一轮百万亩造林绿化工程，开展苗木种类、数量、规格、造林地块等工程碳计量基础数据信息收集，编制碳计量监测报告，与具有国际资质的第三方机构对接项目核证工作，将项目经核证的碳汇量捐赠2022年冬奥会和冬残奥会，圆满完成冬奥碳中和任务。

【国际合作与交流】 年内，北京市园林绿化规划和资源监测中心配合外交部及北京市人民政府外事办公室，圆满完成在金盏森林公园开展的"使节友谊林"植树活动和温榆河公园参访活动，140余家在京使馆近150名驻华使节（包括26名大使）参与活动；参加由大自然保护协会与美国加州大学伯克利分校联合主办的"基于自然的解决方案"国际线上对话会；协助雾灵山自然保护区成功申报联合国森林文书履约示范单位，加强北京市涉林履约能力建设、向国际展示北京森林可持续经营最佳实践；配合北京市人民政府外事办公室工作部署，提交5家具有外事接待能力的场地资源信息填报，为服务国家及北京市重大外交活动做好现地保障。

【事业单位机构改革】 年内，北京市园林绿化规划和资源监测中心严格落实市园林绿化局（首都绿化办）党组关于机构改革工作部署要求，围绕新增职能和"三定"方案，理顺科室职责，优化机构设置，调整人员配备，核定财政补助事业编制62名，在岗57人，其中核定处级领导职数4名，1正3副，现有1正2副。内设机构11个科室，核定科级领导职数11正4副，现有7正7副。

【党建工作】 年内，北京市园林绿化规划和资源监测中心选举产生北京市园林绿化规划和资源监测中心党总支部委员会委员，共有党员39人，下设8个党支部。

【领导班子成员情况】
北京市林业勘察设计院（北京市林业资源监测中心）
院长 刘进祖（2021年7月免）
党支部书记
薛康（2021年7月免）
副院长（正处级）
杜鹏志（2021年7月免）
副院长
闫学强（2021年7月免）
北京市林业碳汇工作办公室（北京市园林绿化国际合作项目管理办公室）
党支部书记 主任
马红（女）（2021年7月免）
副主任

11月26日，北京市园林绿化规划和资源监测中心在市园林绿化局召开冬奥碳中和造林工程计量监测与核证工作专家论证会（北京市园林绿化规划和资源监测中心 提供）

朱建刚（2021 年 2 月免）

李伟（2021 年 7 月免）

北京市园林绿化规划和资源监测中心（北京市林业碳汇与国际合作事务中心）

主任　党总支书记

刘进祖（2021 年 7 月任）

管理五级（保留原待遇）

蒋薇（女）（2021 年 7 月任）

副主任　李伟（2021 年 7 月任）

（北京市园林绿化规划和资源监测中心：王欢 供稿）

北京市园林绿化科学研究院

【概　况】 2021 年 5 月，根据《中共北京市委机构编制委员会关于市园林绿化局所属事业单位改革有关事项的批复》，同意整合北京市园林科学研究院与原北京市黄垡苗圃，组建北京市园林绿化科学研究院，为正处级公益二类事业单立。主要职责为：开展本市园林绿化中长期发展战略、重大改革等基础研究，提供决策咨询；承担园林绿化科技攻关、技术咨询服务、科研成果推广、科学技术普及等具体工作。北京市园林绿化科学研究院占地面积 177.44 万平方米，现有在职人员 170 名，其中高级工程师以上职称人员 65 名，博士生学历人员 23 名，硕士研究生学历人员 47 名。拥有"园林科创"国家级星创天地、北京乡土观赏植物育种国家长期科研基地、国家彩叶树种良种基地、园林绿地生态功能评价与调控技术北京市重点实验室等 21 个行业领先的科技创新平台。

2021 年，北京市园林绿化科学研究院开展国家级、市级课题 59 项；起草发布地方标准和行业标准 9 项；撰写专业书籍 4 部；提供土壤检测、古树保护复壮、景观提升及管护、苗木培育、标准编制、行业管理等多项技术服务，承办科普活动 50 场次，接待党政机关、学校、社会团体 1000 余人次。

【出版《城市园林绿化对细颗粒物消减作用研究》】 1 月，北京市园林绿化科学研究院高级工程师李新宇主编的图书《城市园林绿化对细颗粒物消减作用研究》由中国林业出版社正式出版。图书综合评述植物滞留大气颗粒物的规律研究进展及方向，多角度分析不同植物及群落的滞尘能力及影响植物滞尘能力的因素，对进一步理论研究及园林生态建设提供借鉴意义。

5 月，北京市园林绿化科学研究院获批筹建古树健康保护国家创新联盟和园林绿化废弃物利用国家创新联盟（北京市园林绿化科学研究院 提供）

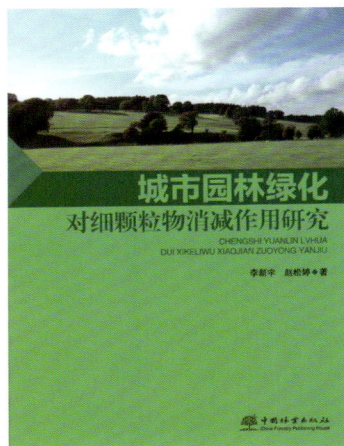

《城市园林绿化对细颗粒物消减作用研究》（北京市园林绿化科学研究院 提供）

【集雨型绿地重金属污染特征与生态风险评估研究课题完成验收】 3月，北京市园林绿化科学研究院主持研究的国家自然基金课题"集雨型绿地重金属污染特征与生态风险评估研究"完成验收。研究通过采样调查北京地区不同功能区集雨型绿地表层土壤以及下沉广场灰尘，测定重金属含量并评价污染现状，有助于全面了解北京地区集雨型绿地土壤和下沉广场灰尘环境质量，为城市环境重金属控制、监管提供技术支撑，为集雨型绿地维护管理提供科学参考。

【"城市绿地生态环境服务功能评价软件"取得计算机软件著作权登记证书】 3月11日，北京市园林科学研究院与中国农业大学共同开发的"城市绿地生态环境服务功能评价软件"，经中国版权保护中心审核，取得计算机软件著作权登记证书，实现城市绿地生态环境服务功能在景观尺度和植物尺度上快速量化评估，为城市绿地规划设计与优化实践提供参考。

【重点园林绿化工程土壤检测服务】 1—3月，北京市园林绿化科学研究院检测中心接收北京市重点园林绿化工程土壤检测授权63份，检测土壤样品152个。

【北京市地方标准发布】 4月1日，北京市园林绿化科学研究院编写的北京市地方标准《美丽乡村绿化美化技术规程》（DB11/ T 1778—2020）、《节水评价规范第13部分：公园》（DB11/ T 936.13—2020）发布实施。标准规定美丽乡村绿化美化设计、施工与验收、养护等技术内容，规定公园节水评价基本要求、评价指标及评分细则。

【"一种抑制银杏雌株花芽分化的方法"发明专利通过审查】 4月2日，北京市园林绿化科学研究院申请的发明专利"一种抑制银杏雌株花芽分化的方法"通过国家知识产权局审查，被授予发明专利权。有效解决银杏雌株因大量结实造成的树势衰弱、产生异味以及掉落在地面上难以清理问题。

【北京园林绿化新优植物品种推介会】 4月8—18日，北京市园林绿化科学研究院举办北京园林绿化新优植物品种推介会。40家参展单位展出426个新优品种，北京电视台等多家媒体进行宣传采访，"北京林木种苗可视化数据管理平台"首次面向全行业发布，直观展示种苗产业现状。活动期间，围绕种业科技创新等问题举办研讨会及系列科普活动。

4月8日，北京市园林绿化科学研究院举办北京园林绿化新优植物品种推介会（科技处 提供）

【科普活动】 4月9—18日，北京市园林绿化科学研究院组织开展"从乡土走向国际的植物""古树名木小卫士""花繁色艳绚丽春天""城市绿地中的天敌保育""蝴蝶的一生"5场科普活动，百余组家庭通过聆听科普讲座，参观科学实验室和实验基地，制作思维导图、压花吊坠、蝴蝶标本等方式认识园林植物、昆虫，了解古树等科普知识。

【"一种抑制树种产生飞絮或飞毛的方法"发明专利通过审查】 4月23日，北京市园林绿化科学研究院申请的发明专利"一种抑制树种产生飞絮或飞毛的方法"通过国家知识产权局审查，被授予发明专利权。公开一种通过施用药物抑制树种产生飞絮或飞毛的方法。

【月季产业国家创新联盟2021年年会】 4月28—29日，北京市园林绿化科学研究院月季研究所主持召开的月季产业国家创新联盟2021年年会在江苏省泗阳县举行。月季产业国家创新联盟成员、月季生产研究与应用等70多个单位参加。同期举办第十一届中国月季展览会，月季产业联盟参与主要工作。

【"一种促进杨柳树干部伤口愈合的涂抹剂及制备方法和应用"发明专利通过审查】 5月7日，北京市园林绿化科学研究院申请的发明专利"一种促进杨柳树干部伤口愈合的涂抹剂及制备方法和应用"通过国家知识产权局审查，被授予发明专利权。涉及一种促进杨柳树干部伤口愈合涂抹剂，具有杀菌广谱、低毒、无残留、安全可靠、保护伤口等优点。

4月9—18日，北京市园林绿化科学研究院组织开展"从乡土走向国际的植物""古树名木小卫士"等系列科普活动（北京市园林绿化科学研究院 提供）

【"一种毡状地丝霉菌菌株及其在生物防治中的应用"发明专利通过审查】 5月7日，北京市园林绿化科学研究院申请的发明专利"一种毡状地丝霉菌菌株及其在生物防治中的应用"通过国家知识产权局审查，被授予发明专利权。提供一种毡状地丝霉菌菌株及其在生物防治中的应用，有效降低黄栌枯萎病发病率。

【"一种泛菌菌株及其在生物防治中的应用"发明专利通过审查】 5月7日，北京市园林绿化科学研究院申请的发明专利"一种泛菌菌株及其在生物防治中的应用"通过国家知识产权局审查，被授予发明专利权。提供一种泛菌菌株及其在生物防治中的应用，有效降低黄栌枯萎病的病情指数。

【获批筹建两个国家创新联盟】 5月，北京市园林绿化科学研究院获批筹建古树健康保护国家创新联盟、园林绿化废弃物利用国家创新联盟。

【出版《园林植物对雾霾的消减作用》】 6月，北京市园林绿化科学研究院高级工程师李新宇等主编的《园林植物对雾霾的消减作用》由中国建筑工业出版社出版。图书选取在北京市园林绿化中应用频率较高的60种植物（32种乔木、26种灌木、2种藤本）进行植物叶片滞留颗粒物能力评价研究。针对不同绿地类型内典型植物配置群落对消减大气中$PM_{2.5}$浓度能力进行研究，优化与构建消减$PM_{2.5}$能力较强的典型植物配置模式。

【完成"西城区广阳谷城市森

林公园生态环境监测与自然科普教育"课题】 7月16日，北京市园林绿化科学研究院主持的北京市科委科研课题"西城区广阳谷城市森林公园生态环境监测与自然科普教育"完成验收。课题对广阳谷城市森林公园生态环境变化进行量化分析，科学评价公园建设生态成效。研究成果包括广阳谷城市森林公园生物多样性监测年报和评价报告、绿地生态环境指标监测年报与生态效益评价报告，编制生物汇编手册、有害生物防控技术指南，开展摄影绘画比赛、科普讲座等多场次科普活动。

【北京市园林绿化科学研究院举行揭牌仪式】 8月20日，北京市园林绿化科学研究院举行揭牌仪式。市园林绿化局（首都绿化办）局长（主任）邓乃平、市园林绿化局二级巡视员

8月20日，市园林绿化局（首都绿化办）局长（主任）邓乃平（右二）出席市园林绿化科学研究院揭牌仪式（北京市园林绿化科学研究院 提供）

王小平参加。

【完成"分子标记辅助培育抗旱月季新品种及其在世园会的示范"课题】 9月24日，北京市园林绿化科学研究院主持研究的北京市科委科技世园重点课题"分子标记辅助培育抗旱月季新品种及其在世园会的示范"完成验收。课题通过引进国内外抗旱月季品种231个，利用品种间杂交、远缘杂交等技术手段培育出抗旱新品种15个，建立月季新优品种繁育、生产基地14公顷，繁殖适宜京津冀地区应用的月季苗木50万株，在北京世园会建立企业展示区1.33公顷。研究成果对京津冀地区推广应用新优抗旱月季品种具有指导意义。

【月季新品种获植物新品种权】 10月21日，北京市园林绿化科学研究院培育的'燕京

彩虹''赤壁''燕山粉''飞燕'4个月季新品种，经国家林业和草原局植物新品种保护办公室审查，被授予植物新品种权。

【"基于高光谱技术的叶片滞尘量测定系统"实用新型专利通过审查】 11月19日，北京市园林绿化科学研究院申请的实用新型专利"基于高光谱技术的叶片滞尘量测定系统"通过国家知识产权局审查，被授予实用新型专利权。提供一种基于高光谱技术叶片滞尘量测定系统及方法，无须人工参与，减少人为因素影响，提升叶片滞尘量测试效率和测定精度。

【"首都园林科创园艺驿站"挂牌成立】 11月24日，首都第100家园艺驿站在北京市园林绿化科学研究院挂牌成立。占地面积3000余平方米，设置科普教室、慢享阅读区、北京生态礼物推广区、综合活动区、园艺五感体验区、芳香植物体验区、温室展厅等多功能复合型空间，配套室外广场、免费停车场设施，可容纳30~150人开展活动。

【"故宫博物院养心殿古树生境与生长势监测研究"项目通过验收】 11月25日，北京市园林绿化科学研究院完成"故宫博物院养心殿古树生境与生长

势监测研究"项目，并通过验收。项目对施工区域内古树周边环境及古树生理状况进行连续监测。对建筑施工前、施工中古树健康诊断、保护，施工后古树周边环境恢复和古树复壮等工作提供技术方案。

【"一种草坪灌溉系统"实用新型专利通过审查】 12月10日，北京市园林绿化科学研究院申请的实用新型专利"一种草坪灌溉系统"通过国家知识产权局审查，被授予实用新型专利权。提供一种草坪灌溉系统，对草坪进行精准水量灌溉，整个过程灌溉时间和灌溉水量得到合理分配，提高水资源利用率，自动化过程节约人工成本，提高灌溉作业效率。

【"飞行性昆虫截获装置"实用新型专利通过审查】 12月31日，北京市园林绿化科学研究院申请的实用新型专利"飞行性昆虫截获装置"通过国家知识产权局审查，被授予实用新型专利权。涉及一种飞行性昆虫截获装置，操作简便，对环境友好，用于准确客观地反映环境昆虫种群多样性。

【完成"城市绿地生态保健功能及其心理生理耦合保健效应研究"课题】 12月14日，北京市园林绿化科学研究院主持研究的北京市科委科研课题

"城市绿地生态保健功能及其心理生理耦合保健效应研究"完成验收。研究成果包括：在系统调查北京市园林植物与绿地监测基础上，筛选与研发出具有滞尘杀菌、降温增湿、释放有益分子及吸音降噪四大生态保健功能型的优势植物景观材料289种；首次构建一套包括19个三级指标评价体系与综合指数法的生态保健综合效应评价模型；通过评价分析植物景观对人的心理生理耦合保健效应关系，提出生态保健综合效应较优的15种植物景观配置模式，配有平面种植设计技术图。研究成果将绿地生态保健"功效"科学量化，有助于提高对绿地功能评价的全面性与"人性化"设计指导的科技支撑力度。

【北京2022年冬奥会和冬残奥会生态环境保障技术服务】

年内，北京市园林绿化科学研究院承担了国家重点研发计划"科技冬奥"重点专项"滑雪场道沿线抗寒、抗旱彩枝彩叶树成苗壮苗及景观营造管护技术研发与集成示范"课题。课题成果包括：建立适宜冬奥赛区绿化使用的彩枝彩叶大规格苗木带冠移植技术和容器苗快速培育技术，在场馆区绿化建设中示范应用；完成赛区示范区彩枝彩叶植物种植以及储备苗木培育工作。示范区累计种植白桦大规格单干和丛生苗600株，示范面积8700余平方米，栽植苗木总体成活率超过90%。

【北京市园林绿化科学研究院机构改革】 年内，北京市园林绿化科学研究院严格落实市园林绿化局（首都绿化办）党组关于机构改革工作部署要求，完成内设机构和"小三

北京冬奥会崇礼赛区冬景植物景观营造效果（北京市园林绿化科学研究院 提供）

205

定"编制工作，科学制订新"十四五"规划和2035年远景目标。设置科室21个，包括9个研究室、5个成果推广服务中心，重点开展生态保护修复、自然保护、生态系统评价与功能提升、土壤改良、有害生物防治、新优植物培育、绿地与公众健康、古树与树木健康等关键技术研发与推广。调整处级干部8人次，科级干部22人次。单位现有核定人员编制180人，在岗172人，其中核定领导班子1正4副，现有3正5副，核定科级领导职数21正5副，现有11正11副，改革任务顺利完成。

【党建工作】 年内，北京市园林绿化科学研究院选举产生新一届党委委员会和纪律委员会，完成10个党支部换届工作。全年党委理论中心组集中学习9次，召开党委会34次，规范细化"三重一大"事项；开展"回眸百年党史 凝聚奋进力量 共创绿色未来"主题系列活动13项。召开"两优一先"表彰大会，4个党支部、5名党务工作者、14名党员受到表彰，6名老党员荣获"光荣在党50年"纪念章；培养积极分子6名、发展对象2名、发展预备党员5名；组织召开2021年全面从严治党暨党风廉政建设工作会议，签订全面从严治

党责任清单24份，重点岗位廉洁自律责任清单6份，开展廉政三级谈话72人次；围绕疫情防控、"接诉即办"、"三公"经费等重要事项开展专项督查28次。

【科技成果获奖】 年内，承担课题"城市绿化对北京城市副中心热岛改善关键技术研究与示范"获得中国风景园林学会科技进步奖二等奖。

承担课题"北京通州区生态绿化城市建设关键技术集成研究"获得中国风景园林学会科技进步奖二等奖。

主持编写的图书《树木医生手册》获得中国风景园林学会科技进步奖二等奖。

参与编写的国家标准《城市古树名木养护和复壮工程技术规范》获得中国风景园林学会科技进步奖二等奖。

承担课题"绿地保育式生物防治技术"获得2020年度北京市园林绿化行业协会科技进步奖二等奖。

承担课题"北京市公园绿地生态保健功能效应研究"获得2020年度北京市园林绿化行业协会科技进步奖三等奖。

承担课题"自育草花良种及乡土花卉组合种子繁育与制种基地建设"获得2020年度北京市园林绿化行业协会科技进步奖三等奖。

【领导班子成员】
北京市园林科学研究院
院长 党委书记
李延明（2021年7月免）
管理五级
赵世伟（2021年7月免）
副院长
任桂芳（女）（2021年7月免）
于永法（2021年7月免）
郭佳（女）（2021年7月免）
北京市黄垡苗圃
主任 刘春和（2021年7月免）
党支部书记
梅生权（2021年7月免）
副主任
彭玉信（2021年7月免）
冯天爽（2021年7月免）
张彩成（2021年7月免）
李迎春（2021年7月免）
北京市园林绿化科学研究院
院长 党委书记
李延明（2021年7月任）
党委副书记 副院长
任桂芳（女）（2021年7月任）
管理五级（保留原待遇）
赵世伟（2021年7月任）
梅生权（2021年7月任）
副院长
彭玉信（2021年7月任）
于永法（2021年7月任）
郭佳（女）（2021年7月任）
管理六级（保留原待遇）
冯天爽（女）（2021年7月任）
（北京市园林绿化科学研究院：
李鸿毅 供稿）

北京市八达岭林场管理处

【概　况】2021年5月，根据《中共北京市委机构编制委员会关于市园林绿化局所属事业单位改革有关事项的批复》，将北京市八达岭林场更名为北京市八达岭林场管理处，为正处级公益一类事业单位。主要职责是：管理国有林场，促进林业发展；林场规划计划编制、森林培育经营、病虫害防治、护林防火、林业科技研究、林业技术和管理人员培训、林业技术服务、多种经营。内设办公室、人事科、党建工作科、计划财务科、森林经营科、资源保护科、森林防火科、科技科、项目管理科、后勤安全科、森林公园管理科、青龙桥分场管理站、三堡分场管理站、北分场管理站、石峡分场管理站、西拨子分场管理站等1室10科5站。编制105人，在编99人，其中管理岗位36人、专业技术岗位36人、工勤岗位27人，具有大专及以上学历92人，大专以下学历7人。

北京市八达岭林场位于延庆区境内，距市区60千米，东起延庆区井庄镇黄土梁西南坡分水岭，西至怀来县陈家堡西梁分水岭，北起八达岭镇岔道

村南水泉沟分水岭，南达延庆与昌平分界线。最高海拔1238米，最低海拔450米。实有土地面积2940.85公顷，其中林地面积2912.52公顷、非林地面积28.33公顷。林地面积中，有林地面积1722.2公顷、灌木林地面积1104.5公顷、未成林地面积77.65公顷、辅助生产林地面积8.17公顷。森林覆盖率58.56%，林木绿化率96.12%。

2021年，北京市八达岭林场管理处全面落实市园林绿化局各项工作部署，着力推进生态修复、资源管护和森林文化建设，顺利完成全年各项工作任务。

【2021年度森林管护项目】3月2日，北京市八达岭林场管理处上报项目实施方案，投资754.7万元，实施森林抚育347.93公顷，森林防火及林业有害生物监测2940公顷；3月

30日，实施方案获市园林绿化局批复。5—6月，购置林业有害生物监测及防治相关物资；6—9月，实施药剂防治面积123.33公顷，生物天敌防治面积266.67公顷，未发现大规模检疫性有害生物；6—10月，完成视频监测设备、通讯电台等设备设施维修及防火物资的购置、发放；7—11月，进行森林抚育施工，完成扩堰、修枝、抚育区简易道路修建与维护，处理抚育剩余物321.41公顷，间伐26.52公顷。10月15日起，生态管护员在防火期（10月15日至翌年6月15日）内每日提前到岗并通过智能巡更系统实时上报管护轨迹，森林防火指挥中心通过瞭望塔、电视监测设备对林区启动周期性（15分钟）持续监测，扑火队24小时备勤；10月20日至12月10日，经林场组织监理、施工单位进行自查，森林抚育

4月11日，北京航空航天大学守锷书院师生在北京市八达岭林场参与义务植树活动（王奥 摄影）

工程及病虫害防治服务各项建设内容合格。

【环首都国家公园体系建设关键技术研究与示范项目验收】 3月16日，北京中平建华浩会计师事务所为环首都国家公园体系建设关键技术研究与示范项目出具审计报告；3月18日，经北京市科学技术委员会组织召开课题验收会，项目通过验收。

【涉林案件】 3月23日至8月17日，北京市八达岭林场管理处辖区发生八达岭长城景区商户在第一林班违规硬化林地、倾倒垃圾，八达岭熊乐园景区商户在第四林班内砌墙，八达岭长城景区在第一林班挖沟修电缆、放置休憩座椅、设置垃圾池和移动集装箱房、堆放建筑垃圾和建筑材料，在第三林班内挖沟修电缆等8项涉林案件，均已立行立改，向涉嫌侵害森林资源单位下达《停止施工告知书》3件。

【北京市八达岭林场森林经营方案通过批复】 4月27日，《北京市八达岭林场森林经营方案（2021—2030年）》获市园林绿化局批复并准予实施。方案明确：2021—2030年为一个森林经理期，在森林经理期内，以构建健康森林生态系统为总目标，坚持发展和保护并重，增加森林资源、提高森林质量、增强森林综合生态功能，为林场在森林资源与经营评价、经营方针与目标、森林功能区划、森林经营类型组织、森林培育、森林多功能利用等方面提供可靠依据。

【北京市八达岭林场管理处机构改革】 5月24日，根据《中共北京市委机构编制委员会关于北京市园林绿化局所属事业单位改革有关事项的批复》，北京市八达岭林场更名为北京市八达岭林场管理处，为正处级公益一类事业单位。9月13日至11月22日，八达岭林场管理处根据《中共北京市园林绿化局 首都绿化委员会办公室党组关于印发〈北京市八达岭林场管理处主要职责和内设机构设置〉的通知》，完成内设机构调整和人员安置工作。

【2020年度中央财政森林抚育项目】 6—10月，在八达岭林场管理处第五、第八、第十林班内进行割灌除草、扩堰、疏伐、人工促进天然更新、修枝施工，施工总面积333.33公顷，其中割灌除草118.93公顷、疏伐6.26公顷，人工促进天然更新、修枝208.14公顷，修建作业路3.97千米。

【高压线路改造】 9月，北京市八达岭林场管理处借助八达岭镇"煤改电"工程，改造场部东侧部分高压线路，解决高压电缆安全隐患，节约资金约60万元。

【第十五届红叶生态文化节】 10月6日至11月1日，八达岭国家森林公园以"五彩红叶映长城·缤纷金秋迎冬奥"为主题开展第十五届红叶生态文化节，通过实行网上预约购票、

10月20日，北京市八达岭林场管理处举行揭牌仪式（索延军 摄影）

执行体温检测、持北京"健康宝"扫码入园、按照最大游客承载量的75%限流开放等措施严控游园秩序。活动期间，北京电视台《天气晚高峰》《北京新闻》栏目、"北京头条"等20余家媒体进行宣传报道，吸引游客3.4万人，收入33.5万余元。

【第三次全国土地调查数据差异图斑调查】 10月18—31日，北京市八达岭林场管理处组织12名专业技术人员开展差异图斑调查核实工作，核实图斑329个。

【北京市八达岭林场管理处举行揭牌仪式】 10月20日，北京市八达岭林场管理处正式挂牌，市园林绿化局一级巡视员朱国城、国有林场和种苗管理处主要负责人、八达岭林场管理处干部职工30余人参加揭牌仪式。

【分类划转事业单位养老保险关系衔接工作】 11月25日，北京市八达岭林场管理处根据市财政局《关于本市机关事业单位养老保险范围内部分单位养老保险关系衔接有关问题的通知》，完成职工（包括63名退休职工）养老保险入机关事业库的数据测算采集，并核算退休人员待遇，办理相关手续。

【林木采伐】 年内，北京市八达岭林场管理处办理2020年中央财政森林抚育项目采伐、2021年森林管护项目采伐、枯死树采伐等6项林木采伐手续，取得采伐证14件，合计采伐林木6535株，采伐蓄积量426.45立方米。

【林地审批手续办理】 年内，北京市八达岭林场管理处办理直接为林业生产服务项目占用林地审批手续3件，其中"市园林绿化局森林防火视频监控及通信系统基础设施建设工程"占用林地730平方米；"八达岭林场碳通量塔建设工程"占用林地49平方米；"八达岭林场修筑防火步道相关设施工程"占用林地1237平方米。

【森林防火】 年度防火期内，北京市八达岭林场管理处内部签订森林防火责任书6份，与八达岭地区联防单位、林区施工单位签订责任书15份；重要节点期间增加护林员43人看护进山入口；防火期看护辖区内零散坟头255个，跟随祭扫民众237人进出51批次，禁止野外吸烟1.3万次；清理防火隔离带64.9万平方米、可燃物面积28.34万平方米；布置防火宣传展板42块、宣传横幅及宣传旗帜各80面，配发防火袖标及胸牌180个。

【有害生物监测与防治】 年内，北京市八达岭林场管理处有害生物监测面积2940公顷，设置测报点29个、监测设备230套（个），监测病虫害14类，未发生大规模有害生物侵害林木情况；开展各类调查22次，实施天敌及药剂防治13次，举办调研、培训活动3次。1月，编制《八达岭林场2021年度有害生物防治方案》；3

北京市八达岭林场工作人员投放花绒寄甲卵（杜辰明 摄影）

月，开展油松毛虫普查；4月及9月，分两期（均为期一个月）开展鼠害调查；5月1日至10月31日，开展春秋两季（春季5月1日至6月10日，秋季9月1日至10月31日）松材线虫病普查；6—9月，实施药剂防治123.33公顷，释放赤眼蜂2000万头、周氏啮小蜂1000万头，投放花绒寄甲卵40万粒、异色瓢虫卵2万粒进行生物天敌防治266.67公顷；6月20日，举办林业病虫害防控培训；7月16日，开展虫害识别及巡查技术培训；11月4日，举办林业有害生物越冬调查培训；12月6—15日，布设标准地51处，随机调查各类标准树1150株，开展春尺蠖、油松毛虫、黄栌胫跳甲、松梢螟、梨卷叶象等林业有害生物越冬调查。

【黄栌枯萎病治理】 年内，北京市八达岭林场管理处与北京林业大学在红叶岭景区合作开展黄栌枯萎病治理课题实验，选择300株黄栌，通过灌根、注射等方式进行5次治理。实验将持续开展5年。

【2021年森林生态效益补偿项目】年内，实施2021年森林生态效益补偿项目。该项目由中央财政资金拨款41.4万元，通过抚育、病虫害防治、降低火险等级等进行公益林管护。

施工面积51.73公顷。10月29日，项目完工并通过林场检查验收。

【景观林综合管护项目】 年内，北京市八达岭林场管理处通过森林抚育、有害生物防治、园区设施设备维护等形式实施景观林综合管护项目，项目批复资金286.81万元，管护面积71.67公顷，其中，完成中幼龄林抚育71.67公顷；有害生物防治27公顷；派遣管护员3300人次；完成粉刷工程487.76平方米；修复道路21千米；维修场馆公共设施58处，维护长城文化路木质护栏桥、天坑和森林大课堂桌椅13处；更新园区座椅50把、公共设施电缆300米、电闸箱2个、太阳伞3个；更换杏花沟吊桥木桩1处、木撑3处，森林之家水龙头8套、马桶配件3套、热水器3台、双桶洗衣机2台、不锈钢架子3个，大本营上下水3套、15千瓦浇水泵1台、灭火器40个；保洁园区旅游道路40千米、森林体验活动区500平方米。项目的实施保障了公园核心区域的园林景观质量和公园运营。

【实施工程项目】 年内，北京市八达岭林场管理处完成2020年森林抚育工程、2021年森林管护项目、2021年森林生态效益补偿、2021年景观林

综合管护4个营林项目，抚育总面积804.66公顷；完成青龙桥综合办公楼隐患治理、山体滑坡治理、新场部高压线路改造3个基础设施项目，改造屋顶1184.84平方米、外墙122.5平方米，加固山体421.5平方米；完成2021年森林体验中心运维、2021年后勤保障项目、2021年森林防火扑火队保障经费、业务用车更新4个运维保障更新项目。

【森林体验中心运维项目】 年内，北京市八达岭林场管理处实施森林体验中心运维项目。项目批复金额117.3万元，包括劳务派遣、森林文化宣传、购置公园日常运营物资等内容。该项目派遣解说、售票员14人；拍摄公园照片2113张，制作四季景观视频4个、自然文化教育视频3个、森林疗养宣传视频2个；举办"印象八达岭森林公园"摄影比赛及摄影展览各1次，开展红叶主题体验活动3次；通过2家电视媒体和15家网络媒体宣传报道第十五届红叶文化节15次；定制公园纪念水杯500套，碳素笔、笔记本1000套；更新标牌12块，制作安全警示牌14块、垃圾分类宣传牌2块、党史宣传牌10块。

【森林防火指挥中心改造项目】 年内，北京市八达岭林

场管理处完成森林防火指挥中心改造项目。该森林防火指挥中心位于场部2楼，完成室内装修后，将原位于八达岭森林公安派出所院内的森林防火视频监控、视频会议、通讯电台、智能巡更系统等设备迁移至此，设备调试后，指挥中心正式投入使用。

【八达岭林场生态数据监测】 年内，北京市八达岭林场管理处三套自动监测站正常运行，收集生态因子数据13.6万条。经过对比分析全年数据，林场年平均颗粒物浓度处于中华人民共和国《环境空气质量标准》（GB 3905—2012）二类区限值，其中PM$_{2.5}$（细微颗粒物）年均浓度为每立方米32微克、PM$_{10}$（可吸入颗粒物）年均浓度为每立方米46微克；负（氧）离子平均值为每立方厘米1506个，负（氧）离子浓度达到中华人民共和国气象行业标准《空气负（氧）离子浓度等级》（QX/T 380—2017） Ⅰ级标准。

【新冠肺炎疫情防控】 年内，北京市八达岭林场管理处严格落实各项疫情防控举措，转发上级文件及回复办理情况文书34份，印发疫情防控相关文件15份；全面掌握305名监测人员健康动态，归档疫情防控档案6卷；按时组织

职工、外聘用工进行疫苗接种，"应接尽接"人员疫苗接种率90%，督促食堂、保洁、物业等重点人员定期核酸检测；辖区各出入口严格执行体温检测和验码登记制度；实施职工分散就餐措施，严控会议和现场活动。北京八达岭国家森林公园对社会公众开放期间（6月1日至11月1日）实行线上实名预约购票入园，严格进行公共空间消毒，确保人员和工作场所安全。

【森林文化活动】 年内，北京八达岭国家森林公园编制森林疗养课程菜单23项、精品课程2套；通过官方微信平台发布宣传视频及风景图文帖79篇；组织开展森林疗养活动5次、自然教育活动17次，累计参与人数1000余人，收集自然笔记88份。举办3场主题摄影展览、3场"迎冬奥赏红叶"主题森林体验活动以及1场义务植树和"无痕山林"宣传活动，扩大八达岭森林文化社会影响。

【义务植树活动】 年内，北京市八达岭林场管理处接待各级机关、企事业单位、团体及个人开展"互联网+全民义务植树尽责活动"92批次、10901人次，共栽植黄栌、白皮松、油松、栾树等乔灌木3092株、抚育1765株，颁发首都全民义

务植树尽责证书和国土绿化证书1030份，升级改造义务植树宣传牌36块。

【接待参观考察】 年内，北京市八达岭林场管理处接待中央、市属、驻区机关企事业单位和团体参观考察33批、1168人次。

【固定资产管理】 年内，北京市八达岭林场管理处完成固定资产清理盘点，报废老旧固定资产31件，新增固定资产412件，现有固定资产879件（套）。

【领导班子成员】
北京市八达岭林场
场长 党委书记
朱国林（2021年7月免）
副场长
赵广亮（2021年7月免）
裴军（2021年7月免）
陈庆合（2021年7月免）
吴晓静（女）（2021年7月免）
李黎立（2021年7月免）
北京市八达岭林场管理处
主任 党委书记
刘春和（2021年7月任）
副主任 裴军（2021年7月任）
陈庆合（2021年7月任）
吴晓静（女）（2021年7月任）
李黎立（2021年7月任）

（北京市八达岭林场管理处：
刘云岚 供稿）

北京市十三陵林场管理处

【概　况】 2021年5月，根据《中共北京市委机构编制委员会关于市园林绿化局所属事业单位改革有关事项的批复》，将北京市十三陵林场更名为北京市十三陵林场管理处，为正处级公益一类事业单位。主要职责是：管理国有林场，促进林业发展；林场规划计划编制、森林培育经营、病虫害防治、护林防火、林业科技研究、林业技术和管理人员培训、林业技术服务、多种经营。内设办公室、人事科、党建工作科、计划财务科、森林资源管理科、防火安全科、科技科、森林公园管理科、蟒山分场管理站、南口分场管理站、长陵分场管理站、牛蹄岭分场管理站、沟崖分场管理站、龙山分场管理站、四桥子分场管理站、燕子口分场管理站、沙岭分场管理站、上口分场管理站，共1室7科10站。现有编制110个，职工总数175人，在册正式工作人员95人、退休人员80人。在册正式工作人员中，管理人员45人、专业技术人员33人、工勤人员17人；具有大专（含）以上学历82人，大专以下学历13人。

北京市十三陵林场管理处管辖林区范围东至半壁店、南接昌平城区、西至四桥子、北至上口，平均海拔400米，林区最高峰为沟崖中峰顶，海拔954.2米。年内，北京市十三陵林场管理处实有各类土地面积8561.29公顷，其中：林地面积8485.88公顷，非林地面积75.41公顷。林地面积中，有乔木林地面积6931.63公顷，灌木林地面积1100.72公顷，苗圃地面积14.69公顷，疏林地面积409.81公顷，宜林地面积8.68公顷，未成林造林地面积20.35公顷。森林覆盖率80.96%，森林绿化率91.08%。

2021年，北京市十三陵林场管理处认真落实市园林绿化局（首都绿化办）各项工作要求部署，顺利推进机构改革，彻底解决办公用房问题，完成百万亩造林等重要生态修复工程项目。

（丁小玲　李杨）

【《北京市十三陵林场森林经营方案（2021—2030年）》落地实施】 4月，北京市十三陵林场管理处编制的《北京市十三陵林场森林经营方案（2021—2030年）》获得批复并实施。方案统筹考虑林场生态地位和林业建设任务，以森林生态系统经营、近自然经营和多功能森林经营为基本理念，以2019年的二类调查数据为基础，划定新一轮经理期内森林资源生态功能分区和森林经营类型。

（张咏）

【十三陵国家森林公园蟒山景区收回任务】 4月27日，北京市十三陵林场管理处正式收回北京十三陵国家森林公园蟒山景区。景区建设实名制预约系统、入园防疫测温系统、售检票系统，完善水电供应、防火应急、游客服务中心、标识标牌等服务设施。景区于5月1日开园，年内共接待游客83108人次，成为为市民提供休闲游憩服务、宣传森林文化的重要窗口。

（张宇）

【对外合作项目】 5月31日，北京市十三陵林场管理处与世界自然基金会（瑞士）北京代表处签署森林生态系统可持续经营合作协议（3年），建设可持续森林经营示范基地。合作内容主要包括：对26.67公顷试点森林制订森林生态系统植被恢复判定方案，依据判定结果种植有益于森林植被恢复和生态系统恢复的树种；根据森林经营现存问题，采取适当的人工干预方式促进森林景观恢复；通过补植、疏伐、巡护设备采集，提高生物多样性。

（张咏）

【建立生态系统监测数据库】 6月，北京园林绿化生态系统监测网络——十三陵林场监测站建设完成，对固定监测塔、对照监测点的生态系统进行长期连续的动态数据监测，科学获取森林特征、生态系统服务功能、生物多样性、植物物候、气象、水文、土壤等森林指标数据。该监测站是北京园林绿化生态系统监测网络之山地人工林生态系统综合监测站，实时监测景区氧离子浓度、气温、湿度等72个生态系统指标，为首都园林绿化资源生态监测、管理决策、公共服务、科技创新、国际合作提供数据支撑。

（张咏）

【北京市十三陵林场管理处举行揭牌仪式】 8月25日，北京市十三陵林场管理处在北京市昌平区城南十三陵林场管理处新场部正式挂牌，市园林绿化局局长邓乃平、副局长朱国城，局机关有关处室负责人、十三陵林场管理处干部职工代表参加揭牌仪式。

（贾婉）

【2021年牛蹄岭（十三陵林场）生态修复项目】 年内，北京市十三陵林场管理处按照《北京市贯彻落实第二轮中央生态环境保护督察报告反馈问题整改方案》要求，完成牛蹄岭（十三陵林场）生态修复项目。项目实施红线投影面积16.47公顷，施工主要内容包括岩坡治理投影面积4.61公顷、平台绿化面积9.06公顷、原生灌丛面积2.8公顷。项目于3月15日获得批复，4—6月完成施工，9月28日通过实体验收后，上报完成整改情况并进行整改销号

情况备案。

（张咏）

【2021年森林管护项目】 年内，北京市十三陵林场管理处在长陵分区、大水泉分区、沟崖2分区、康陵分区、半壁店分区、泰陵分区、上口西沟分区完成森林抚育面积945.93公顷。完成38棵古树名木日常养护，1000公顷有害生物防控，投入诱剂、诱芯2000个，打除防火隔离带538.87公顷。

（张咏）

【中央财政森林生态效益补偿项目】 年内，北京市十三陵林场管理处完成2021年中央森林生态效益补偿项目。项目位于麻峪房子、半壁店等分区地块，通过修枝、割灌、修建人工作业路等方式，完成森林抚育159.72公顷。

（张咏）

【中央财政森林抚育补贴项目】 年内，北京市十三陵林场管理处完成2020年中央财政森林抚育补贴项目。项目位于花园、居庸关、东园、四桥子等分区，通过割灌、浇水、人工促进天然更新等方式，完成抚育面积333.33公顷。

（张咏）

【北京市新一轮百万亩造林工程】 年内，北京市十三陵林场管理处完成百万亩造林工程——浅山荒山造林项目，建设面积129.6公顷，涉及上口、上口京西沟、龙山和牛蹄岭4个分区。建设任务包括新植常绿乔木40209株，落叶乔木22492株，亚乔木10428株，攀缘植物4248株，修建配套作业道、灌溉工程。该工程于4月27日进场施工，6月底完成所有栽植任务，共栽植白皮松、油松、元宝枫等各类苗木约7.74万株。

（张咏）

【文物修缮工程】 年内，北

8月25日，市园林绿化局（首都绿化办）局长（主任）邓乃平（前排左五）出席市十三陵林场管理处揭牌仪式（贾婉 摄影）

京市十三陵林场管理处对北京市昌平区沟崖玉虚观遗址保护及娘娘庵修缮工程中涉及林场辖区部分进行施工。施工面积包括文物修缮和遗址保护面积95.92平方米，木栈道面积约417.8平方米，护坡加固约600平方米，石构件保护区域约45平方米，排洪沟约73.4米，不锈钢围栏约134.6米。同时，建立视频监控系统、避雷系统、消防系统等安防技防设施。截至年底，完成工程总量的50%。

（王纯）

【林政资源管理】 年内，北京市十三陵林场管理处根据中央环保督察"举一反三"台账，积极落实巡查整改，摸排梳理问题207件，完成整改172件，完成率83%；2021打击毁林专项行动查处核实7类问题，第一时间进行处理整改，收回林地8.4公顷。

（张咏）

【森林防火】 年内，北京市十三陵林场管理处加大先进设备投入，森林防火模式逐步由原来的"人防+技防"向"技防为主、人防为辅"转变。构建完善的森林防火队伍网络，组织正式职工、护林员、防火队员三方进行防火巡查，12座防火瞭望塔、14路视频监控设备24小时运行，强化森林防火监测。

（王纯）

【北京市十三陵林场管理处机

构改革】 年内，北京市十三陵林场管理处按照事业单位改革要求，成立改革工作专班，召开5次党委会、2次干部工作会、6次专题调研，推动改革工作稳妥落地。根据"小三定"方案，优化部门设置和人员配置，新增1个科室、4个管理站，目前下设8个科室、10个管理站（蟒山分场管理站、南口分场管理站、长陵分场管理站、牛蹄岭分场管理站、沟崖分场管理站、龙山分场管理站、四桥子分场管理站、燕子口分场管理站、沙岭分场管理站、上口分场管理站）。

（丁小玲）

【分类划转事业单位转库工作】 年内，北京市十三陵林场管理处完成事业单位转库工作。按照市财政局《关于本市机关事业单位养老保险范围内部分单位养老保险关系衔接有关问题的通知》，完成单位入库、80名退休职工签字确认、在职和退休职工标识工作，并进行相关补缴。

（王晓燕）

【解决办公用房问题】 年内，北京市十三陵林场管理处依托分场及防火指挥中心基础设施改造项目，改善十三陵林场管理处机关和分场管理站办公场所综合服务设施，彻底解决14年以来场部机关没有独立办公用房问题。

（贾婉）

【接诉即办工作】 年内，北京市十三陵林场管理处制订《关于群众重点领域"未诉先办、主动治理"工作方案（试行）》，学习《北京市接诉即办工作条例》，规范接诉即办工作。年内办理"12345"市民热线46件，其中，退回不符合实际诉求41件，接办5件，满意率100%。统筹完成4次社会矛盾纠纷排查调处工作。

（贾婉）

【新冠肺炎疫情防控】 年内，北京市十三陵林场管理处根据市级疫情防控要求，及时调整疫情防控措施和应急预案。累计下发疫情防控通知65份，摸排管控人员484名；严格来访人员登记，增加食堂等重要场所消杀频次；结合十三陵国家森林公园景区疫情防控管理，制订《十三陵国家森林公园景区新冠肺炎疫情常态化防控工作指引》，通过预约入园、错峰游园、查验健康宝和核酸证明等措施，确保游客安全。

（李杨）

【领导班子成员】

北京市十三陵林场　场长
党委副书记
王浩（2021年7月免）
副场长
于洋（2021年7月免）
任本才（2021年7月免）
胡东阳（2021年7月免）
王玉雯（女）（2021年7月免）
北京市十三陵林场管理处

主任　党委书记

王浩（2021年7月任）

副主任

于洋（2021年7月任）

任本才（2021年7月任）

张波（女）（2021年7月任）

胡东阳（2021年7月任）

管理六级（保留原待遇）

王玉雯（女）（2021年7月任）

（张咏）

（北京市十三陵林场管理处：
张咏 供稿）

北京市西山试验林场管理处

【概　况】 2021年5月，根据《中共北京市委机构编制委员会关于市园林绿化局所属事业单位改革有关事项的批复》，同意将北京市西山试验林场更名为北京市西山试验林场管理处，为正处级公益一类事业单位。主要负责：管理国有林场，促进林业发展；林场的计划规划编制，林木种苗生产供应，森林培育经营，护林防火，林业技术人员和管理人员培训，病虫害防治，林业科技研究，林业信息服务，森林旅游，多种经营。内设办公室、人事科、党建工作科、计划财务科、森林经营科、资源保护科、防火安全科、森林公园管理科、科技科、项目管理科、文化建设

科、温泉种质资源站、卧佛寺分场管理站、魏家村分场管理站、福寿岭分场管理站、黑石头分场管理站、三家店分场管理站、黑龙潭分场管理站、东北旺分场管理站、香峪分场管理站1室10科9站。现有职工153人，其中管理岗位54人，专业技术岗位62人，工勤岗位37人；正高级工程师1人，副高级工程师26人，工程师47人，助理工程师26人。

林场位于北京市近郊小西山，地跨海淀、石景山、门头沟三区，所处小西山属太行山系的低海拔石质山，山区平均海拔200~400米，最高峰克勒峪海拔800米。林场经营总面积5767公顷，森林覆盖率93.29%，林木绿化率96.94%。

2021年，北京市西山试验林场管理处积极落实上级各项工作部署，立足实际，突出重点，务求实效，平稳完成林场机构改革，着力推进资源管护和森林特色文化建设。

【全国政协领导义务植树活动】 3月30日，全国政协副主席张庆黎、刘奇葆、马飚、陈晓光、杨传堂、李斌、巴特尔、何维和全国政协机关干部职工100余人，到西山国家森林公园参加义务植树活动。栽下白皮松、侧柏、栾树、流苏等乔灌木400余株。市政协主席吉林，副主席杨艺文、程红、林

抚生、燕瑛，秘书长严力强，首都绿化办以及海淀区主要领导一同参加植树活动。北京市西山试验林场管理处完成任务保障工作。

【林政资源管理】 年内，北京市西山试验林场管理处开展"绿卫2019"森林执法专项行动整改情况再核查，全面排查辖区内非法破坏森林资源行为。配合市园林绿化局完成森林资源管理"一张图"数据库更新。对重点项目办理使用林地审批，办理3件占用林地手续，占用林地面积3915平方米；办理5件采伐手续，采伐林木134921棵，采伐林木总蓄积量为3571.53立方米。处理8起林政事件，涉及周边部队林政事件6起，处理接诉即办事件2起，处理林地边界纠纷案件1起，配合律师处理民事诉讼2起。

【建立林长责任制】 年内，北京市西山试验林场管理处设立林长制办公室，加强与属地的对接协作，配合海淀区、石景山区和门头沟区完成资料对接和重大问题协商机制，以及各级林长专题会议，推进林权争议重点难点问题协商解决。开展镇级林长巡查100余次，村级林长巡查1000余次。

【森林防火】 年内，北京市西山试验林场管理处严格落实

"五包"（五包指一把手包主管领导，主管领导包各分场级单位，场级单位领导包职工，职工包管护员，管护员包地块）责任制，召开森林防火工作部署会13次，上报市森防办信息60余条，出动巡查人数约3500人次，出动巡查车辆约1200车次，巡查总里程4万余千米，无人机累计有效飞行104架次，防火码累计登记43208人次，累计发放宣传材料500余份，张贴海报200余张，集中开展护林防火活动49次，累计受众1万余人。

【有害生物防治】 年内，北京市西山试验林场管理处开展有害生物巡查57次，悬挂各类生物诱捕器108套，监测面积5742.52公顷，利用天敌防治面积累计2725.16公顷。针对松材线虫病防治，制订普查方案、布置日常普查任务，邀请中国林科院专家张星耀老师为工作人员讲解松材线虫病的危害及最新研究成果和防治策略。

【美国白蛾防治】 年内，北京市西山试验林场管理处研究制订美国白蛾防控技术措施，做到生物和物理防治相结合，必要时采取化学防治。其中生物防治中释放周氏啮小蜂0.9亿头；物理防治中发现受害木15株，网幕23处，均已剪除；化

学防治中发现网幕的林班小班进行科学消杀。

【古树名木保护管理】 年内，北京市西山试验林场管理处对辖区内古树名木建立"一树一档"建档管理，其中二级名木78株，二级古树2874株。巡查古树名木生长状况7次，修补古银杏树干筑巢树洞13处。针对黄栌跳甲、缀叶丛螟、黄栌黄萎病等进行多次人工敲打及修剪防治，对美国红枫、秋紫白蜡、北美红针栎等引进树种进行灌根、喷干、调节酸碱度等防治措施。

【科学技术推广利用】 年内，北京市西山试验林场管理处编制西山国家森林公园常见昆虫图册、牡丹图册、观花日历、园内花期预测图，编写《园林绿化废弃物多种利用模式技术指导手册》。建设可移动集装箱堆肥、纳米膜堆肥等展示区2处，拓展园林废弃物深度利用新思路。

【常绿树国家林木种质资源库建设】 年内，北京市西山试验林场管理处与北京林业大学建立长期合作实验室，构建栎类种质资源圃，播种栓皮栎、槲栎种源共14个家系，嫁接繁育优质栓皮栎50份，开展栎类基础研究3项，完成科研论文1篇，开展华山松新品种选育等

6个试验项目。

【森林管护项目】 年内，北京市西山试验林场管理处完成森林管护项目（中幼龄林抚育），抚育面积562公顷，其中间伐448.27公顷，补植130.73公顷，割灌113.73公顷，扩堰113.73公顷，修枝435.47公顷，处理抚育剩余物538公顷，清理林地113.73公顷。

【中央财政森林生态效益补偿项目】 年内，北京市西山试验林场管理处完成2021年中央林业改革发展资金（森林生态效益补偿）项目，抚育面积61.1公顷，分别在黑石头分场管理站、黑龙潭分场管理站实施。

【中央财政森林抚育项目】 年内，北京市西山试验林场管理处完成森林抚育项目（中央），抚育面积333.33公顷，分别在黑石头分场管理站、魏家村分场管理站、卧佛寺分场管理站实施，森林资源质量稳步提升。

【履行《联合国森林文书》项目】 年内，北京市西山试验林场管理处通过开展宣传、职工培训、合作交流等工作，履行《联合国森林文书》项目约定内容，使用20公顷林区用于展示景观型侧柏林抚育技术，购买红外监测设备拍摄到10种

哺乳动物、26种鸟类，其中，野猪、果子狸、褐头鸫、丘鹬为小西山地区首次记录。

【西山国家森林公园重点区域景观提升】 年内，西山国家森林公园以重点纪念林功能提升项目为抓手，在公园核心地段栽植乔、灌木共31株，地被2000平方米。结合森林管护项目和公园经营收入，补植各类小乔木、灌木3817株，播种野花组合3500平方米。

【西山国家森林公园园容绿化】 年内，西山国家森林公园按照北京市垃圾分类要求和公园管理实际，设立分类垃圾桶611个、垃圾转运站1处、垃圾分类亭及宣传栏8座，悬挂宣传条幅20条，发放宣传折页2万张、可降解垃圾袋7万个，全面做好垃圾分类宣传工作。针对公园及林区防火路边坡管涵等进行清淤整改，疏通排水沟并在危险地段拉设警戒线，隐患治理9处，共计2836.5平方米；对园区内裸露坡面进行综合治理工作，修复面积约1000平方米。

【西山国家森林公园旅游接待情况】 年内，西山国家森林公园严格落实常态化疫情防控措施，接待游客150万人次，整体游园秩序良好，未发生重大安全事件。

【西山国家森林公园开展红色阵地宣传活动】 年内，西山国家森林公园以西山无名英雄纪念广场为依托，开展红色教育，生态文明教育宣传活动。西山森林公园组建服务保障领导小组和工作专班，并把具体工作与"我为群众办实事"深度结合。圆满完成中央军委、国防大学等单位重点接待任务，累计接待参观团体700余个，7.8万人次，提供讲解服务400余次，收到表扬信1封、锦旗2面。经过认定，无名英雄广场被评为首批北京市级党员教育培训现场教学点。

【系列森林文化活动】 年内，西山森林公园开展第九届森林文化节、第九届北京西山森林音乐会、第十届踏青节、牡丹文化节、科技周、森林大课

6月5日，"森林与人"森林音乐会在西山森林公园启动（西山试验林场管理处 提供）

4月2日，北京第九届森林文化节暨西山国家森林公园第十届踏青节开幕式在西山国家森林公园举办（何建勇 摄影）

堂、"爱绿一起"等一系列经典生态文化体验活动。

【西山方志书院文化活动】 年内，北京市西山试验林场管理处西山方志书院举办"西山森林讲堂"第一讲，邀请沈国舫院士以线上线下形式作专题学术报告，累计受众1万余人次。建设王九龄书屋，获北京灯火公益基金会捐赠生态、林业类书籍4000余册，分类整理现有书院藏书11000余册。编制并印刷《森林大课堂课程手册》《追记台湾隐蔽战线的忠诚战士徐懋德》《万安山宝葫芦钩沉》，营造"藏书西山"浓厚氛围。

【法华寺遗址保护】 年内，北京市西山试验林场管理处配合文保单位完成法华寺遗址测绘工作，制订并实施林场碑刻文物保护工作方案，及时清除林区内乱刻乱画190处、68平方米。

【野生动植物保护工作】 年内，北京市西山试验林场管理处结合新颁布的《国家重点保护野生动物名录》以及相关法律法规，开展专题培训和宣传教育活动，强化依法保护意识。布设的红外监测设备拍摄到哺乳动物10种及鸟类26种，其中野猪、豹猫、果子狸、褐头鸫、丘鹬为小西山地区首次记录。

【北京市西山试验林场管理处机构改革】 年内，北京市西山试验林场管理处优化科室设置和干部队伍岗位设置，确立职能科室和管理站共20个，同步完成科级干部调整任命和场属二级支部的设置和换届选举工作。

【分类划转事业单位养老保险关系衔接工作】 年内，北京市西山试验林场管理处推进养老保险关系衔接，完成153名职工信息采集、215名退休职工养老待遇核算工作。建立职业年金台账，在职职工、离退休职工全部进入事业库。

【新冠肺炎疫情防控】 年内，北京市西山试验林场管理处党政一把手任疫情防控领导小组组长，落实专人专班负责制，建立健康监测台账、疫苗接种台账（包括在职职工、日常用工、离退休人员、下属企业员工及项目用工人员共计1041人）。常态化管理办公区域、森林公园、家属院等重点场所，定时清洁消杀无名英雄纪念广场，执行重点人群定期核酸检测制度。悬挂各类防疫宣传条幅44幅，抗击疫情宣传海报100余张，发放《新型冠状病毒疫情防控告知书》300余张、组织核酸检测2次、发放口罩100余箱、发放洗手液消毒剂等应急防疫用品78箱。

【安全生产】 年内，北京市西山试验林场管理处召开11次安全生产专题会议，参与主题宣讲、安全生产专题培训人数150余人次。开展安全生产专项整治三年行动、有限空间管理、电动自行车充电管理、沈家山林区护坡大墙隐患治理等专项活动。与香山派出所、武警北京总队、海淀交通支队建立联动机制，在重要节日、重大活动期间争取警力保障，共同确保区域安全。

【党建工作】 年内，北京市西山试验林场管理处完成党支部标准化规范化建设任务，增设党建工作科，配备专职党务干部5名，完成场属19个二级支部的设置和换届选举工作。落实"三会一课"制度，党委理论学习中心组通过自学、集中学习、交流研讨等方式学习15次。认真落实"接诉即办"工作，接到群众诉求96件，响应率、办结率、满意率均达到100%。与属地香山街道签署关于建立党员活动室、改造西山林场家属院小区战略合作协议。开展"党史知识答题"和"党在我心中"主题征文活动，组织党员观看《悬崖之上》《革命者》等爱国题材影片，实地参观中国共产党历史展览馆等重要红色教育基地。

【党风廉政建设】 年内，北京市西山试验林场管理处党委积极落实党风廉政建设责任书工作，签署各类责任书143份，深刻查找问题10项，均已制订整改方案。

【工会送温暖】 年内，北京市西山试验林场管理处工会全力服务职工群众，组织"当好务林人 红心永向党"摄影活动、"登顶西山 祝福祖国""强身健体 喜迎冬奥"健步走等系列活动，增强职工集体意识。开展"送温暖""送清凉"活动，看望慰问生病职工，让职工切实感受到工会组织的关怀。

【领导班子成员】

北京市西山实验林场

场长 姚飞（2021年7月免）

党委书记

蔡永茂（2021年7月免）

副场长（正处级）

白正甲（2021年7月免）

副场长

安玉涛（2021年7月免）

邵占海（2021年7月免）

王金钢（2021年7月免）

张文荣（2021年7月免）

总工程师

梁浩柱（2021年7月免）

北京市温泉苗圃

主任 党支部书记

白正甲（2021年7月免）

副主任

邵占海（2021年7月免）

王金钢（2021年7月免）

北京市西山实验林场管理处

主任 党委书记

姚飞（2021年7月任）

管理五级（保留原待遇）

白正甲（2021年7月任）

蔡永茂（2021年7月任）

副主任

邵占海（2021年7月任）

张文荣（2021年7月任）

王金钢（2021年7月任）

（北京市西山试验林场管理处：闫梦禹 供稿）

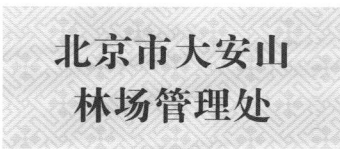

北京市大安山林场管理处

【概　况】 2021年5月，根据《中共北京市委机构编制委员会关于市园林绿化局所属事业单位改革有关事项的批复》，同意将北京市蚕种场更名为北京市大安山林场管理处，为正处级公益一类事业单位。主要承担管辖范围内森林资源和生物多样性保护、森林防火和林业有害生物防治等事务性工作；承担植树造林、低效林改造和森林抚育管理等森林资源培育工作；承担林业科技推广示范、科普教育、社会宣传、森林公园管理等事务性工作。

内设办公室、人事科、党建工作科、计划财务科、安全生产科、森林保护科、森林经营科、森林防火科8个科室和良乡管理站、长沟峪管理站、溪沟管理站、瞧煤涧管理站、天竺管理站5个管理站。核定人员编制93人，处级领导职数1正3副，科级职数13正13副。现有编制87人，其中处级领导编制1正3副，管理五级1人，管理六级3人，科级干部11正11副。

北京市大安山林场管理处林权证登记在册总面积2222.3公顷（房山区发证）；根据北京市2019年森林二类调查数据成果显示，总面积2256.45公顷（涉及355个小班），包含乔木林地总面积937.06公顷，森林覆盖率为41.54%（其中长沟峪林区乔木林地面积315.27公顷，森林覆盖率为29.14%；大安山林区乔木林地面积621.79公顷，森林覆盖率为52.96%）。瞧煤涧管理站经营面积646.26公顷，溪沟管理站经营面积527.9公顷，长沟峪管理站经营面积1081.9公顷。

2021年，北京市大安山林场管理处深入贯彻落实市园林绿化局（首都绿化办）工作部署，着力推进生态修复、资源管护和基础设施建设，圆满完成各项工作任务。

【北京市大安山林场管理处举

行揭牌仪式 】 9月2日，北京市大安山林场管理处正式揭牌。市园林绿化局党组书记、局长邓乃平，副局长、一级巡视员朱国城为大安山林场管理处揭牌，并对有关工作进行调研指导。

【北京市大安山林场管理处分场建设】 11月1日，北京市大安山林场管理处长沟峪分场、大安山分场正式入驻办公。北京市大安山林场管理处多次和京煤集团以及属地政府进行对接，结合森林防火、监控点、交通等要素，实地踏勘20余次，走访30余次，做好资源接收和分场建设工作。

【森林防火 】 年内，北京市大安山林场管理处强化森林防火工作。组建防火队伍，护林员增加到38人，筹建50人扑火队，分配给长沟峪分场20人，大安山分场30人；针对极端天气和突发状况，建立应急响应机制，同时与京西林场、属地防火部门形成联防联控机制；加强宣传引导，通过主题党日活动悬挂横幅2条、发放宣传品700余份；在极端天气和重要时间节点加强应急值守，领导班子带领各科室支援一线，强化林区防火意识。

【财政项目实施】 年内，北京市蚕种场严格内控制度，按计划组织实施4个财政项目，项目资金393万元。分别是北京市蚕种场2021年桑树新品种培育项目174万元，北京市蚕种场2021年桑蚕科普展示项目96万元，北京市蚕种场2021年办公设备更新项目5万元，北京市蚕种场2021年后勤保障经费项目118万元。项目于12月完工，并完成验收工作。

【有害生物监测与防治 】 年内，北京市大安山林场管理处针对松材线虫病、美国白蛾等重大林业有害生物，针对松梢螟、松毛虫、黄栌胫跳甲等常发性林业有害生物、林业检疫性植物，在林场范围内布设6条巡查线路，开展人工地面日常巡查工作。实施悬挂美国白蛾诱捕器10套，双条杉天牛诱捕器9套，松褐天牛诱捕器

9月2日，市园林绿化局（首都绿化办）局长（主任）邓乃平（右一）出席大安山林场管理处揭牌仪式（大安山林场管理处 提供）

9月2日，北京市京西林场管理处与北京市大安山林场管理处举行工作交接仪式（北京市大安山林场管理处 提供）

8套，红脂大小蠹诱捕器3套，油松毛虫诱捕器3套。

【安全生产】 年内，北京市大安山林场管理处成立北京市大安山林场管理处安全生产工作委员会，制订安全生产检查工作方案，针对重要时间节点和极端天气，各小组按照职责分工，对施工现场等重点区域，检查易燃易爆危险品处置情况、燃气用电使用情况、消防设施维护情况、交通安全情况等内容，及时下达整改通知书，排除安全隐患。

【北京市大安山林场管理处机构改革】 年内，北京市大安山林场管理处根据市编办批复，研究制订大安山林场管理处"三定"方案，完成内设机构设置、领导班子成员分工、人员安置，以及大安山、长沟峪林区移交接收工作。修订完善《中共北京市大安山林场管理处委员会"三重一大"决策制度（试行）》《中共北京市大安山林场管理处委员会议事规则》《北京市大安山林场管理处行政办公会议事规则》。

【分类划转事业单位养老保险关系衔接工作】 年内，北京市大安山林场管理处推进养老保险关系衔接，完成87名职工信息采集、88名退休职工养老待遇核算工作。建立职业年金

台账，在职职工、退休职工全部进入事业库。

【新冠肺炎疫情防控】 年内，北京市大安山林场管理处成立以主要领导为组长的疫情防控领导小组，研究制订疫情防控和应急工作方案，建立定期研究和检查机制，全年召开疫情防控部署会20余次，开展专项检查30多次，加强管理站、公共区域、关键地点卫生清洁和消毒杀菌，做好干部职工及共同居住人员的疫苗接种和定期核酸检测监督工作。严格天竺管理站区域京林大厦酒店疫情防控监管，实施进门体温检测和健康扫码等管控措施，加强宣传引导。

【党建工作】 年内，北京市大安山林场管理处积极开展党史学习教育。通过集中学

习、研讨交流、外出学习等多种形式，教育引导广大党员干部落实好"看北京首先从政治上看"的要求；落实党委理论中心组制度，全年组织集中学习12次。深入开展"我为群众办实事"活动，完成改革人员分流安置、充电桩设置等9项实事。9月16日，北京市大安山林场管理处召开全体党员大会，选举产生中共北京市大安山林场管理处委员会和纪律检查委员会；10—11月，成立专职党建工作科，完成6个二级支部选举组建工作。

【党风廉政建设】 年内，北京市大安山林场管理处持续强化日常监督，坚持民主集中制原则，保障"三重一大"问题科学决策，推动各项工作健康有序开展。召开党委会7次，讨论议题30个，研究部署改革发

11月11日、12日，大安山林场管理处分别在大安山、长沟峪组织开展以"预防森林火灾，保护美丽家园"为主题的党日宣传教育活动（北京大安山林场管理处 提供）

展等各项工作，发挥党委把关定向作用；召开大安山林场管理处党员领导干部警示教育大会，结合市园林绿化局（首都绿化办）系统典型案例，从10个方面16小项进行通报剖析，警示和教育党员领导干部警钟长鸣、廉洁自律；在元旦、春节、"五一""十一"等重要时间节点，加强监督检查和提醒预防，密切关注"四风"问题新动向。

【领导班子成员】

北京市蚕种场

场长　党总支书记

张俊辉（2021年7月免）

副场长

康继光（2021年7月免）

马健（2021年7月免）

北京市天竺苗圃

主任

姜浩野（2021年7月免）

党委书记

杨君利（2021年7月免）

副主任

李艺琴（女）（2021年7月免）

刘海龙（2021年7月免）

纪委书记　工会主席

王瑞玲（女）（2021年7月免）

北京市大安山林场管理处

主任　党委书记

杨君利（2021年7月任）

管理五级（保留原待遇）

张俊辉（2021年7月任）

副主任

安玉涛（2021年7月任）

刘海龙（2021年7月任）

马健（2021年7月任）

管理六级（保留原待遇）

李艺琴（女）（2021年7月任）

王瑞玲（女）（2021年7月任）

康继光（2021年7月任）

（北京市大安山林场管理处：
郎建伟　供稿）

北京市共青林场管理处

【概　况】 2021年5月，根据《中共北京市委机构编制委员会关于市园林绿化局所属事业单位改革有关事项的批复》，同意将北京市共青林场更名为北京市共青林场管理处，属正处级公益一类事业单位。主要负责管理国有林场，促进林业发展；林场规划计划编制、林木种苗供应、森林培育与经营、病虫害防治、护林防火、林业技术和管理人员培训、林业信息服务、多种经营等。内设办公室、人事科、党建工作科、计划财务科、公园管理科、资源保护科、森林经营科、防火安全科、罚没品管理科、宣传教育科10个科室和李遂分场、河南村分场、郝家疃分场3个分场。现有编制85个，在岗职工71名，其中专业技术人员26名，高级工程师4名，工程师（中级职称）11名，助理工程师（初级职称）11名。

北京市共青林场成立于1962年。1978年，林场归属市林业局。1979—1982年林场更名为潮白河试验林场，属林业部与北京市双重领导。1982年又归属市林业局领导，1984年，重新命名为共青林场，时任中共中央总书记胡耀邦亲笔题写场名。共青林场沿潮白河（顺义段）两岸分布，是北

5月11日，北京市共青林场管理处开展党史学习教育活动（北京市共青林场管理处　提供）

京地区最大的平原生态公益林场。2013年9月30日正式建成共青滨河森林公园，并成立公园管理科。现实有各类土地面积1003.16公顷，其中林地面积945.18公顷、非林地面积57.98公顷；林地面积中，乔木林地面积754公顷、疏林地面积108.37公顷、灌木林地面积14.83公顷、宜林地面积67.98公顷；森林覆盖率75.16%，林木绿化率77.98%。

2021年，北京市共青林场管理处深入落实市园林绿化局（首都绿化办）整体工作部署，坚持"文化引领，场园一体"发展理念，围绕"四个林场"建设，强化森林资源培育管理，筑牢生态安全保障体系，持续提升基础设施水平，完成2021年平原重点区域造林绿化工程、国家珍稀濒危野生动植物制品（北方）储藏库运行开放等为重点的各项工作任务。

【北京市共青林场管理处举行揭牌仪式】 9月26日，北京市共青林场管理处举行揭牌仪式。北京市共青林场管理处书记、主任律江和荣获局系统2021年优秀共产党员张志松共同为北京市共青林场管理处揭牌，班子成员、正科级干部参加揭牌仪式。

【分类划转事业单位养老保险关系衔接工作】 10月，北京

市共青林场管理处完成分类分人测算227名退休人员企业和事业办法支付退休费工作，组织全体退休人员分批分类签订承诺书；11月，逐人逐项录入227名退休人员基础信息，初步计算事业办法退休费；11月25日至12月28日，完成在职74人和退休34人社保差额和职业年金入库补缴工作。12月底完成机关事业单位养老保险入库工作。

【平原重点区域造林绿化工程】 年内，北京市共青林场管理处以平原重点区域造林绿化工程为契机，更新改造近熟、过熟速生林34.27公顷，栽植乔灌木2.03万株，花卉地被7.8万株。工程以雄性无性系毛白杨为景观骨架，组团式搭配白皮松、流苏、丝棉木、卫矛等植物，延续以杨林为主的共青特色林貌，营造针阔混交、

乔灌草结合、复层异龄的近自然精品生态景观林，全面提升生态质量和景观效果。

【共青滨河森林公园运营维护项目】 年内，北京市共青林场管理处共青滨河森林公园补植林窗4.87公顷，栽植白皮松、丝棉木、山桃等乔灌木1504株，花草地被4185平方米。其中，在复兴工区选取2小班建设2.47公顷流苏景观园，栽植流苏249株，栾树409株，元宝枫140株，法桐21株，常绿乔木192株。同时，探索建立具有共青特色的管护技术操作规程，规范完成浇水、修枝、除草、清理园林废弃物等森林抚育1633.33公顷次。

【国家珍稀濒危野生动植物制品（北方）储藏库运行情况】 年内，北京市共青林场管理处在国家珍稀濒危野生动

9月26日，北京市共青林场管理处举行挂牌仪式（北京市共青林场管理处 提供）

植物制品（北方）储藏库库区新栽植乔灌木106株，灌木篱230平方米，地被9839平方米；在库区东侧增设宣传海报箱3套，动物雕塑4个，铺装彩色环路214平方米作为室外文化宣传区，使库区绿化景观与国家级储藏库的定位相匹配。以事业单位改革为契机，优化配强储藏库两个科室共10人的管理团队。合理配置储藏库48台冰柜、543个货架、30台执法记录仪等硬件设施，安装调试展示投影、门禁、安全监控、消防中控等软件系统，并开始试运行。

【林长责任制落实】 年内，北京市共青林场管理处按照顺义区林长制办公室工作要求，编制并实施《北京市共青林场管理处林长制实施方案》《北京市共青林场管理处林长制调度制度》《北京市共青林场管理处林长制巡查制度》等7项配套管理制度。全部林地纳入党政同责、属地负责、部门协同、源头治理、全域覆盖的林长制责任体系，加强与区属部门协调联动，完善森林资源保护管理长效机制。

【林政资源管理】 年内，北京市共青林场管理处编制并实施《北京市共青林场森林资源巡查制度》。将每日巡查与市园林绿化局关于打击毁林、平原生态林养护管理整治、园林绿化资源年度监测、森林督查暨森林资源管理"一张图"年度更新等巡视督查专项行动相结合，核查林地1000公顷、房屋设施24处、疑似图斑18块，未发现有侵害群众利益、非法侵占林地绿地、违建超建、裸露林地以及其他违规违纪违法问题。依法依规完成更新采伐及林业服务设施占地审批工作。更新采伐平原重点区域造林绿化工程、枯死树和风倒树等7046株，总蓄积量2336.57立方米。办理占地审批0.19公顷，用于共青滨河森林公园卫生间、三级路和机井等林业服务设施改造提升。

【森林防火】 年内，北京市共青林场管理处健全完善《北京市共青林场管理处森林防火管理制度》，建立权责明确、信息互通、协作通畅、执行高效的三级协调联动机制。春冬两季防火期严格落实《北京市共青林场森林火灾应急预案》，出动人员约6800人次，机械约800台班，春季共巡查1800余千米，完成湿化作业300公顷，冬季清理园林废弃物960公顷，圆满完成年初制订"零火情"工作目标。

【林业有害生物防治】 年内，北京市共青林场管理处采取物理、生物、化学等措施，防治春尺蠖、杨潜叶跳象、白蜡窄吉丁、美国白蛾等有害生物面积1600公顷次。按照环保、高效、低成本原则探索试验对春尺蠖进行围环，对杨潜叶跳象进行胶带防治，使春尺蠖和杨潜叶跳象发生数量较往年分别降低95%和50%。

【共青城市森林公园管理】 年内，共青城市森林公园接到"12345"市民诉求64件，其中有效诉求53件，解释答疑19件，办理解决问题34件。公园认真研究管理漏洞和不足，构建"日排查、周例会、月分析、季总结"沟通机制，加强协调联动，结合市民诉求，整改公共服务、园容卫生、飞絮治理等方面漏洞和不足35项，提升公园管理能力和服务水平。全年累计接待游客量53.87万人次，接待胜利街道、顺义区第一中学、北京汽车股份有限公司等各机关企事业单位活动40批，4240人次。

【义务植树尽责全年化】 年内，北京市共青林场管理处结合工作实际，细化八大类37种义务植树尽责形式，探索"春植、夏护、秋抚、冬防"四季尽责共青品牌，变一季植树为全年尽责。在严格落实好各项疫情防控措施情况下，配合水利部、国家林草局等46批义务植树尽责活动，累计参与人数约5080人次，折算尽责株数约1.52万株，发放尽责证书1500余张。

【北京市共青林场管理处机构改革】 年内，北京市共青林场管理处进一步落实事业单位改革政策，优化内设机构，加强干部队伍建设。新增罚没品管理科和宣传教育科，将资源管护科调整为资源保护和森林经营科。开展科级干部选拔任用工作，选拔任用科级干部3名，调整干部15名。

【新冠肺炎疫情防控】 年内，北京市共青林场管理处结合工作实际，严格落实"三防、四早、九严格"和"四方责任"，严格执行健康监测、门区扫码登记测温、食堂分时错峰用餐和公园限流等防控措施，结合爱国卫生运动和垃圾分类工作，加强门区、办公区、会议室、卫生间等重点区域垃圾清运、卫生死角清理和消毒消杀力度，确保防疫工作无死角、全覆盖。

【党建工作】 年内，北京市共青林场管理处制订《北京市共青林场委员会2021年全面从严治党工作方案》《北京市共青林场委员会2021年全面从严治党工作要点》，召开全面从严治党工作会议，部署安排年度全面从严治党工作。管理处坚持支部联系点制度，党

委班子以普通党员身份参加所在支部组织生活，通过突出问题导向、注重行动示范、严格督促指导、讲授主题党课等方式，帮助支部理清发展思路，补齐工作短板，提升党建工作标准化、规范化水平。制订《北京市共青林管理处党委关于开展党史学习教育的实施方案》，召开党史学习教育动员部署会，落实党组织书记讲党课，以多种形式组织党员学习，开展主题党日10次，圆满完成7项"我为群众办实事"实践活动。

【党风廉政建设】 年内，北京市共青林场管理处制订领导班子及班子成员个人全面从严治党主体责任清单，明确责任19项、细化措施66条，并签字背书。科级及以下工作人员全员签订岗位廉政风险防范责任书68份。在元旦、春节、"五一"、端午、清明等重要时间节点印发反"四风"廉洁自律通知，加强教育引导。开展"以案为鉴、以案促改"警示教育活动，第一时间学习贯彻全市警示教育大会、市园林绿化局（首都绿化办）系统警示教育大会精神，举一反三，查找六方面16条问题，完善整改措施，部门认领后及时整改到位。

【意识形态工作】 年内，北京市共青林场管理处结合党史学

习教育，深刻学习领会意识形态内涵，充分认识意识形态工作重要性，准确把握当前意识形态领域面临的风险和挑战，全面理解意识形态工作责任制。上、下半年分别召开一次党委专题会议对意识形态工作进行分析研判，安排部署相关工作。做好阵地建设，把握意识形态工作主动权，开辟《共青林场管理处工作动态》专刊。

【领导班子成员】
北京市共青林场
场长　党委书记
律江（2021年7月免）
副场长
徐小军（2021年7月免）
石云（女）（2021年7月免）
总工程师
邢长山（2021年7月免）
北京市共青林场管理处
主任　党委书记
律江（2021年7月任）
副主任
徐小军（2021年7月任）
石云（女）（2021年7月任）
邢长山（2021年7月任）
（北京市共青林场管理处：王博
供稿）

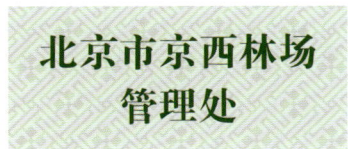

北京市京西林场管理处

【概　况】 2021年5月，根

据《中共北京市委机构编制委员会关于市园林绿化局所属事业单位改革有关事项的批复》，同意将北京市京西林场更名为北京市京西林场管理处，属正处级公益一类事业单位。主要职责是：负责管辖范围内森林资源的保护和培育，负责森林防火和林业有害生物防治，负责植树造林、低效林改造和森林抚育管理，负责林业科技研究、科普教育和社会宣传。内设办公室、党建人事科、计划财务科、森林经营科、资源保护科5个科室和木城涧、千军台、北港沟、曹家铺、斋堂山、雁翅、桃园7个分场管理站。实有在编在岗人员53人，其中管理岗35人，含正处级3人（其中正处1人、管理五级1人、正处职援藏干部1人）、副处级2人，正科级7人、副科级8人、科员15人；专业技术岗18人，含高级工程师2人、工程师9人、助理工程师7人。

2021年，北京市京西林场管理处将位于房山区的大安山林区和长沟峪林区2000余公顷移交至北京市大安山林场管理处。目前，北京市京西林场管理处管辖总面积9373.33公顷，由大台、斋堂山、珠窝、雁翅、河南台和二斜井5个林区组成。林地面积9080公顷，占林场总面积的96.87%；非林地面积293.33公顷，占林场总面积的3.13%。森林覆盖率26.88%。

2021年，北京市京西林场管理处深入贯彻落实市委、市政府和局（办）党组工作部署，扎实做好疫情防控工作，有序推进复工复产，圆满完成造林营林、森林防火、基础设施建设、林政资源管理、生物多样性保护与监测等重点工作，确保林场安全和生态资源的可持续发展。

5月12日，北京市京西林场管理处在门头沟区大台街道玉皇庙社区开展防灾减灾宣传活动（北京市京西林场管理处 提供）

6月25日，北京市京西林场管理处在京西林场北港沟分场开展建党百年义务植树活动（北京市京西林场管理处 提供）

【京西森林步道建设】 7—8月，北京市京西林场管理处完成北京森林步道京西林场管理处段建设工作，修建完成从木城涧分场至千军台分场大寒岭关城段15千米的建设任务及周边配套服务设施。具体实施内容为：在木城涧分场步道起点修建一座步道入口门头，设置27个指示宣传及警示标牌，修建120米木栈道和55米钢索吊桥，砌筑18米护坡挡墙，回填修复塌方路面200立方米，清理崩塌落石700立方米，加固清理山体道路隐患15处，清理维护路面3万平方米。10月，步道正式向社会公众开放。

【新一轮百万亩造林工程】 年内，北京市京西林场管理处完成2021年新一轮百万亩造林浅山荒山、浅山台地造林工程，造林面积506.67公顷，涉及木城涧分场、千军台分场、北港沟分场、原长沟峪分场。栽植乔、灌木22.15万株，攀缘植物1.77万株，地被1912平方米。穴状整地16.8万平方米，使用可降解无纺布6969平方米，施用菌根肥74101千克。同时修建配套作业道，做好灌溉工程管理。

【京津风沙源治理二期工程】 年内，北京市京西林场管理处完成京津风沙源治理二期工程2021年造林项目，完成困难立地造林400公顷。建设地点涉及木城涧分场、北港沟分场、千军台分场、原长沟峪分场，共计54个小班。栽植苗木27.5万株，其中针叶乔木204516株、阔叶乔木70484株。配套租赁PE管线8.8万余米，租赁水泵203台，修建临时蓄水池201座、作业道13.5万米，覆盖地膜27.5万平方米，施菌根肥100余吨。

【森林管护项目】 年内，北京市京西林场管理处完成森林管护面积11631.5公顷，其中，森林抚育926.12公顷，苗木补植3268株，打除防护隔离带92753.20平方米，林下可燃物清理79.38公顷，原有防火公路维护78579.50米，设置小班简介牌70块，防火标牌17块。建立30%抚育示范样地，调整树种组成和林分密度，改善林木生长环境条件，促进林分健康生长，不断提升森林质量。

【防火公路建设项目】 年内，北京市京西林场管理处实施2019年森林防火道路系统建设工程项目，改造防火道路43.13千米，改造防火步道49.5千米，建设完成总任务量的91%。

【林政资源管理】 年内，北京市京西林场管理处对部分林地进行抚育作业，采伐树木32442株，采伐蓄积量810.12立方米，移植林木129株，移植蓄积0.41立方米，涉及小班59个。通过遥感影像对全场5个疑似图斑969个小班进行研判和分析，并对"一张图"进行年度更新。成立京西林场管理处2021年度打击毁林专项行动领导小组，利用管护站、管护员、防火检查站严控入山人员和车辆，加强非法采集野生珍稀植物源头管理。

【森林防火】 年内，北京市京西林场管理处加强监管和巡护值守，着重夯实森林防火工作。通过防火码监测进山人员6544人次，车辆443辆，共劝返车辆9923次，劝返人员26053人次，制止熏肥燎地边462起。扑火队接处警5次，其中协助大台街道扑救火情2次，

11月9日，北京市京西林场管理处联合门头沟区消防救援支队、门头沟区大台街道办事处等单位，在门头沟区大台街道开展森林防火宣传活动（北京市京西林场管理处 提供）

组织森林火灾扑救处置演练4次。"森林防火宣传月"期间，发放各类宣传材料500余份，设置森林防火宣传横幅、标语、海报、警示牌、LED宣传屏等20余处，组织各类宣传、演练活动23次。全年没有火灾和人员伤亡事故，有力维护了生态资源安全。

【林业有害生物防治】 年内，北京市京西林场管理处完成有害生物自动测控系统基本框架搭建工作。搭建林业有害生物自动测控站点1个、虫情信息自动测控站6个、诱控系统50个。利用物联网技术中的模式识别、数据挖掘和专家系统技术，采用远程诊断和自动监控方法，建立林业病虫害自动测控大数据共享技术体系平台，实现管理人员远程实时监测、预警林情、病虫情、灾情，并自动防控。

【生物多样性保护监测】 年内，北京市京西林场管理处继续开展生物多样性保护监测工作。林区布设红外相机50台，监测到鸟类29种，兽类16种，其中首次发现棕腹大仙鹟。

【"十四五"规划编制】 年内，北京市京西林场管理处启动"十四五"规划编制工作。成立"十四五"规划编制小组，召开编制工作推进会10次，实地调研9次，召开专家座谈会1次，完成内部征求意见，根据专家组指导建议进行修改，同步剥离大安山林场管理处森林资源数据以及规划内容。

【林业项目管理】 年内，北京市京西林场管理处研究制订项目管理"1机构5制度5措施"管理体系。1机构：成立以场长为组长、主管副场长为副组长，科室、分场主要负责人为成员的项目建设领导小组，指挥项目建设。5制度：采取读图会、交底会、项目例会、苗木封样、样板引路5种制度，强化项目管理，弥补林场项目管理人员不足和经验不足问题。5措施：林区为煤矿采空区且立地条件差，通过选土球苗、营养钵苗，蘸生根剂，撒保水剂，覆可降解地膜，施菌根肥5项技术措施，提高造林成活率。

【财政项目管理】 年内，北京市京西林场管理处财务部门全程参与指导项目申报、评

北京市京西林场管理处实施2021年浅山台地造林工程前后景观对比（北京市京西林场管理处 提供）

审、资金批复、施工和资金支付，重点做好项目评审、采购管理、项目进度跟踪协调等工作，严格把关资金支付流程，认真审核资料。完善内控制度，结合林业项目整顿，梳理采购流程，根据实际情况制订非政府采购管理办法，做好内部控制报告编制及上报工作。年内开展8个项目建设，包括3个市财政项目、2个中央财政项目、3个市政府固定资产投资项目。

【安全生产】 年内，北京市京西林场管理处抓好防汛、交通、消防等安全生产宣传和隐患排查治理。制订印发安全生产、应急管理、防灾减灾、安全检查通知15项。结合"5·12防灾减灾日""安全生产月""消防安全月"等开展宣传、培训及演练活动5次，发布预警120余次，悬挂宣传标语16幅，张贴教育海报230张，发放宣传品1000余份，学习安全生产课件40余次。在节假日等重要时间节点开展安全大检查6次，深入施工一线开展安全生产综合大检查17次，排查安全隐患问题200余项。修订防汛应急预案，启动预警响应9次，下发通知4份，开展防汛安全检查5次，排查防汛隐患20余处。

【新冠肺炎疫情防控】 年内，

北京市京西林场管理处强化办公场所和进山沟口测温、扫码、登记、消杀等防疫措施，坚持每月开展一次爱卫活动大扫除，加强对食堂、项目部工地的食品卫生和健康防疫管理，定期开展督导检查。持续做好职工及经常性用工308人的健康监测和持续跟踪管理，疫苗接种做到"应接尽接"。

【北京市京西林场管理处机构改革】 年内，北京市京西林场管理处根据《中共北京市委机构编制委员会关于市园林绿化局所属事业单位改革有关事项的批复》，将长沟峪分场划归北京市大安山林场管理处，撤销长沟峪分场党支部。12月16日，完成管理处机关、木城涧分场管理站、千军台分场管理站3个党支部换届选举，选举成立北港沟分场管理站党支部，4个党支部均设立支委，支委委员3名，含支部书记1名，组宣委员1名，纪检委员1

北京市京西林场管理处实施京津风沙源治理二期工程2021年造林项目前后景观对比（北京市京西林场管理处 提供）

名。组织完成面向社会公开招聘，录用4人，完成4名正科级干部选拔任用和分场管理站4名副科级干部试用期满转正工作。

【党建工作】 年内，北京市京西林场管理处召开党委会41次，研究审议"三重一大"事项99项，传达学习贯彻落实上级工作部署51项，每半年开展1次全面从严治党形势分析和意识形态工作研判分析；党委理论中心组开展集中学习16次，专题交流研讨6次；接收预备党员2名，民主评议产生优秀共产党员10名。党支部每季度召开1次支部书记工作例会，推进党支部标准化规范化建设，开展主题党日集中学习及教育实践活动不低于16次，以学习、参观等形式开展党史学习教育，积极开展"我为群众办实事"实践活动。

【巡查整改工作】 年内，北京市京西林场管理处党委切实履行巡察整改主体责任，对局（办）党组第二巡察组指出12项26个问题立行立改，成立巡察整改领导小组和整改工作领导小组办公室，党委书记承担第一责任人职责，班子成员落实分管领域整改责任，研究制订整改方案，推动各项整改任务整改到位。

【纪检工作】 年内，北京市京西林场管理处纪委强化日常监督管理，抓好节假日重要时间节点检查提醒，严格落实中央八项规定，严防"四风"问题反弹回潮；强化清单引领，对照职责分工，查找班子和党员干部岗位廉政风险点，4名班子成员签订主体责任清单，47名科级以下干部签订个性化岗位廉政风险责任书，做到全覆盖；编制权责清单，重点对造林营林项目、固定资产、大额资金使用、干部选拔5项重点工作权力运行过程开展监督；召开"以案为鉴、以案促改"警示教育大会，每半年召开1次党风廉政建设形势分析会，做到预防为主、关口前移。

【团支部工作】 年内，北京市京西林场管理处团支部完成团费收缴、全体团员志愿者注册、团员回社区报到工作。建立团员青年联系群，组织青年参加青年大学习等网络学习活动；五四青年节，联合西山试验林场管理处团支部和碑林管理处团支部共同开展"青春向党、奋斗强国"党史学习主题团日活动；组织以团员青年为主的"学党史、知林情"听老职工聊林史访谈活动，并将访谈系列活动形成的4万余字报告整理成册；组织团员召开专题组织生活会，团员进行批评与自我批评，开展先进性评价。

【工会工作】 年内，北京市京西林场管理处工会为全体会员缴纳职工大额互助保险。组织开展"健康快乐生活 美丽幸福人生"趣味文体活动、安康杯知识竞赛。在建党100周年之际，开展"红心向党 筑梦京西"红歌传唱活动。组织完成全员健康体检，结合职工具体情况，逐一定制检查项目。看望慰问生病职工及直系亲属18人次。

【获奖情况】 年内，北京市京西林场管理处被评为首都绿化美化先进集体；京西林场木城涧分场被评为北京市森林防火先进集体、王海军被评为北京市森林防火先进个人。

【领导班子成员】
北京市京西林场
场长　苏卫国（2021年7月免）
党委书记
梁莉（女）（2021年7月免）
副场长
宋增兵（2021年7月免）
高杰　（2021年1月免）
祝顺万（2021年7月免）
北京市京西林场管理处
主任　党委书记
苏卫国（2021年7月任）
管理五级（保留原待遇）
梁莉（女）（2021年7月任）
正处职
李迎春（2021年11月任）
副主任

宋增兵（2021年7月任）

祝顺万（2021年7月任）

（北京市京西林场管理处：

徐银建 供稿）

首都绿色文化碑林管理处

【概　况】2021年5月，根据《中共北京市委机构编制委员会关于市园林绿化局所属事业单位改革有关事项的批复》，同意保留首都绿色文化碑林管理处，为正处级公益一类事业单位。主要职责是：承担首都绿色文化碑林管理和园林绿化文史资料收集整理，负责管辖范围内森林资源和生物多样性保护、森林防火、林业有害生物防治、林业科技推广示范、科普教育、公园管理等工作。内设办公室、党建人事科、计划（财务）科、文化管理科、资源管理科、防火安全科、游客服务科、宣传教育科8个科室。在编43人，在职34人，其中处级领导编制3人、高级工程师2人、中级工程师6人、助理工程师3人、高级技术工2人。博士1人，硕士9人，本科、专科学历22人。

首都绿色文化碑林管理处位于北京市海淀区黑山扈北口19号，面积246.34公顷，主峰海拔210米，森林覆盖率95%，建有特色景观——绿色文化碑林，镶嵌宣传绿化、生态、环保及爱国主题碑刻1000余通。碑林管理处管辖区百望山森林公园现为国家3A级旅游景区、首都生态文明宣传教育基地、北京市科普基地、北京市中小学生社会大课堂基地、北京园林绿化科普基地、北京红色旅游（爱国主义教育）景区。

2021年，首都绿色文化碑林管理处以党的政治建设为统领，以庆祝中国共产党成立100周年为契机，加强生态建设、文化建设、安全管理、服务接待及日常管理工作。全年接待游客97.52万人次，其中免票人数25.16万人次，全年游客量比2020年同期减少16.28%。门票收入345万元，比2020年同期减少5.76%。百望草堂接待会议119次。收集整理园林绿化文史资料11988件，提供资料查阅利用1732件次。举办

4月27日，全民义务植树40周年文史资料展在首都绿色文化碑林管理处举办（何慧敏 摄影）

4月25日，北京市园林绿化局森林扑火专业队在防火关键期协助支持碑林管理处开展森林防火工作（高源 摄影）

全民义务植树40周年文史资料展、碑林筹建35周年暨成立25周年回顾展。开展科普宣传教育活动37场。

【全民义务植树40周年文史资料展】 5月1日至7月24日，首都绿色文化碑林管理处利用园林绿化文史资料，在东门艺园馆举办"义务植树四十载 绿满山河披锦绣——全民义务植树40周年文史资料展"，展出展板72块、实物百余件，接待参观者1万余人，好评留言110余条。9月3日至11月25日，根据市民建议，增加植树前后效果对比照片，通过碑林微信公众号举办4期线上续展，阅读量1000余人。

【碑林筹建35周年暨成立25周年回顾展】 8月17日，首都绿色文化碑林管理处通过碑林微信公众号举办"文化碑林 绿色生态"——碑林筹建35周年暨成立25周年回顾展，阅读量436人次。9月20日至10月31日，展览在东门艺园馆开展，展出188张历史与现状对比照片、50余件实物，观众好评留言40余条。

【制作英模浮雕】 9月24日，首都绿色文化碑林管理处完成绿色国防文化建设，将中央军委政治工作部印制的10位全军挂像英模图，设计制作汉白玉浮雕，安装于一号路望儿台旁，他们是：张思德、董存瑞、黄继光、邱少云、雷锋、苏宁、李向群、杨业功、林俊德、张超。每幅浮雕规格1.5米×1.5米，并制作二维码向公众宣传英模事迹。

【制作小西山造林浮雕墙】 9月24日，首都绿色文化碑林管理处完成绿色国防文化建设，以军民造林人物为形象，设计制作小西山造林浮雕墙一面，规格3米×4米，汉白玉石材质，安装于朱德亭旁。

【森林健康经营】 年内，首都绿色文化碑林管理处开展森林健康经营，栽植乔木865株、花灌木1137株、攀缘植物3000余株、宿根草花6500株、补植草坪面积0.05公顷、撒播花籽面积130平方米、播种山杏315粒、播种栓皮栎种子3500粒；割除杂灌草面积36公顷、修剪树木及清理枯死枝面积50公顷、清理枯死竹木5000余根；对近三年共计1.6万株新栽树木和播种幼苗进行扩堰浇水；对友谊林和游击队之林处黄栌树进行叶面施肥2次；开展森林抚育间伐，取得林木采伐许可

8月13日，首都绿色文化碑林管理处在艺园馆内举办碑林筹建35周年暨成立25周年回顾展（何慧敏 摄影）

首都绿色文化碑林管理处工作人员在古树平台处释放管氏肿腿蜂，防治蛀干害虫（杨俊 摄影）

证后采伐林木1140株；对抚育剩余物进行粉碎还林处理418立方米；对1200株树木刷涂白剂防虫防寒、300余株重点树种裹防寒布防寒、2.1万株树木浇冻水；开展古树鉴定和保护工作，经专家鉴定，园内符合北京市二级古树标准7株。将胸径未达到古树标准，但与古树胸径接近并与古树集中成群分布的36株乔木（元宝枫、桧柏、国槐、榉树、油松）一同纳入古树大树养护管理。修复66株古树及近似古树树洞。

【有害生物及病虫害防治】 年内，首都绿色文化碑林管理处采取多种措施开展有害生物监测调查和病虫害防治面积265.2公顷次，其中开展虫情调查55公顷次、病虫害防治面积210.6公顷次。实施生物防治，释放管氏肿腿蜂16万头防治针叶树蛀干害虫、释放赤眼蜂2400万头防治油松毛虫及黄栌跳甲、释放周氏啮小蜂600万头防治美国白蛾、释放花绒寄甲1万头防治彩叶树蛀干害虫天牛。悬挂桃潜叶蛾诱捕器500套，更换诱芯2500个。实施物理防治，悬挂黄绿粘板200张预防监测白蜡窄吉丁，悬挂黄色粘虫板2800张防治蚜虫、木虱等刺吸害虫。人工剪除美国白蛾网幕300余处，通过剪除、敲打方式防治黄栌缀叶螟和黄栌跳甲。实施药剂防治，对秋

火焰、秋日梦幻、北美红枫等330株重点彩叶树喷施"透翠"药剂4次防治蛀干害虫。

【森林防火】 年内，首都绿色文化碑林管理处加强森林防火工作。逐级签订森林防火责任书21份，制订年度森林防火应急预案、森林防火宣传方案、清明节等重点节假日专项预案9份，建立安全隐患排查台账；3月1日至5月7日，市园林绿化局直属森林防火队派驻10名防火队员支持公园森林防火工作，每天分三组在园内巡逻，并指导公园护林员练习防火器材的使用，组织护林员集中培训15次、防火器材实际操作练习11次、进行森林防火演练2次；加强防火物资储备并分区存放，配备3辆汽车用于森林防火，值班司机24小时待命，出动巡逻车80余次；在门区等入口处设置4个防火检查点进行安检，防止游客携带打火机等火种入园；制作防火宣传牌30块，挂防火横幅4个，利用显示屏滚动播放防火条例，门区及主要景点处设置森林防火语音播放器不间断播放；加强护林员日常监督考核，规定护林员每天10—16点汇报当前位置及情况，利用运动软件记录护林员每日护林路线，每天做好森林防火巡查日志记录、山顶瞭望塔值守记录、值班室值班记录；打防火隔离带25.02

公顷。

【沟峪湿地恢复提升技术示范与推广项目建设】 年内，首都绿色文化碑林管理处依据国家林草局入库技术成果"退化湿地恢复技术体系"，在东门原荷花池区域开展沟峪湿地恢复提升技术示范与推广项目建设，建设规模总长度150米，面积约1.33公顷。项目拆除原有构筑物90.3立方米，利用拆除垃圾垒砌护坡44.4立方米；实施微地形整理114立方米，在水池、沟谷内铺设膨润毯857平方米；安装循环泵、爆气机各1套；实施道路透水铺装142.5平方米；安装水池护栏76米；安装木桩护坡16.5米；种植草格护岸108.5平方米，并在草格内回填种植土，砌生态带护坡30平方米；安置景观石13万千克，形成溪流跌水景观。项目的实施可改善公园内湿地生态质量，发挥涵养水源、净化水质、蓄洪抗旱、维护生物多样性等多种生态功能。

【宣传工作】 年内，首都绿色文化碑林管理处多形式开展文化宣传工作。6月7日，《环球时报》刊登采访报道《百望山解锁"氧气密码"》；6月20日，北京广播电视台新闻频道《北京您早》等栏目播出纪录片《百年历程——百望山森林

公园篇》，北京时间 App 同时播出，浏览量 1.9 万人次；6 月 29 日，中国青年报 App "青春探访"客户端发布宣传片《打卡红色遗址——百望山森林公园》。清明节及国庆节期间，在黑山扈战斗纪念园为团体游客提供电子讲解播放器。碑林微信公众号发布生态文明建设、园林绿化文化等主题文章 24 篇，百望山森林公园微信公众号发布防疫防火防汛、百望山四季风光等文章 90 篇，最高阅读量 1.89 万人次。

【园林绿化文史资料收集整理】 年内，首都绿色文化碑林管理处加强园林绿化文史资料收集整理，收集、整理 15 家单位和 23 位个人捐赠的文史资料 11988 件，其中图书文献类 679 件、文书类 350 件、实物类 475 件、照片类 1769 件、声像类 54 件、电子类 8659 件、图纸类 2 件。数字化处理文书类资料 3102 件、声像类资料 56 盘，翻拍实物资料 127 件。提供资料查阅利用 1732 件次。

【绿色文化碑林建设】 年内，首都绿色文化碑林管理处加强绿色文化碑林建设，共计刻碑 57 通。其中选取古代有关植树诗词名句，请书法家书写后刻碑 20 通，安装于 2 号路望乡亭附近；选取岳飞书法碑刻的拓片《前后出师表》2 幅刻

碑 37 通，安装于 2 号路东入口处；为留金园碑墙等 100 块碑刻作品制作二维码，方便游客欣赏。

【基础服务设施建设】 年内，首都绿色文化碑林管理处实施综合防控系统建设，建监控指挥中心一处，安装高清摄像头 40 路、智能语音杆 12 根并投入使用；完成东门、北门两处公共厕所翻新改造面积 198 平方米，其中东门厕所改建第三卫生间一处。完成山上友谊亭、游击队之林、西环路入口 3 处厕所保温改造，增加取暖设施和蓄水池储水量，改造面积 262 平方米；安装游客休憩桌椅 5 套、安装标志牌 20 块、更换科普宣教牌示 11 块；对朱德亭、望绿亭等游客休憩亭和休憩平台进行修缮，其中对木材面刷桐油养护面积 2070 平方米、更换木地板面积 210 平方米、对屋面进行除草除尘清理面积 300 平方米；对惠风桥和曲径烟深木栈道的钢结构进行除锈、粉刷养护面积 1528 平方米；对全园护坡围墙进行维修面积 6080 平方米，在黑山头、前山大道等处新砌护坡 113.4 立方米，修理路肩及路面 150 平方米，制作木质围栏长 220 米。

【旅游服务接待】 年内，首都绿色文化碑林管理处接待游客 97.52 万人次，其中免票人数

25.16 万人次，全年游客量比上年同期减少 16.28%。门票收入 345 万元，比上年同期减少 5.76%。百望草堂接待会议 119 次。

【垃圾分类】 年内，首都绿色文化碑林管理处开展垃圾分类宣传活动 7 次，组织职工进行垃圾分类知识答题 1 次，张贴宣传海报 10 份；更换加盖垃圾桶 10 套，在游客服务中心新增一处四分类垃圾桶，在办公区增加废弃口罩专用垃圾桶；全年收集游园垃圾 737030 千克，其中塑料类 51570 千克、纸类 48250 千克、厨余垃圾 40470 千克、金属 720 千克、玻璃 9980 千克、其他垃圾 586040 千克。

【节日景观布置】 年内，首都绿色文化碑林管理处围绕庆祝中国共产党成立 100 周年等节日，摆放各类花卉 1.82 万盆；春节期间，在东门和北门挂灯笼 112 个、中国结 10 个营造节日氛围。

【首都绿色文化碑林管理处机构改革】 年内，首都绿色文化碑林管理处按照市园林绿化局（首都绿化办）党组统一安排，顺利完成事业单位改革工作。改革后，本市园林绿化文史资料收集、整理、展示、利用工作正式写入碑林管理处工作职能，人员编制

由51人减至43人。调整部分科室名称和人员编制，新增党建人事科，取消资产管理科，将其职能划拨至办公室，计财（审计）科更名为计划（财务）科，园容绿化科更名为资源管理科，后勤保卫科更名为防火安全科，森林体验科更名为宣传教育科。

【党建工作】 年内，首都绿色文化碑林管理签订岗位廉政风险防范责任书28份；开展党史学习教育，开设党史学习专栏，发布学习专刊3期，组织党员集体学习11次，每名党员撰写学习心得体会4次；党支部书记讲党史专题党课1次，请原西山林场党委书记刘明义作党史专题宣讲一次；"七一"前，在黑山扈战斗纪念园放置中国共产党成立100周年庆祝活动标识；组织开展"党史知识答题"活动，党员"唱支山歌给党听"歌唱活动，带领团支部开展"跟总书记学党史"诵读活动，参加市园林绿化局机关党委"党在我心中"征文活动，5人获奖，参观中国共产党党史展览馆；做好发展党员工作，预备党员转正1名，接收预备党员1名、入党积极分子3名；全年召开党史学习教育专题组织生活会1次、支委会15次、党员大会5次、座谈交流会3次。

【获得荣誉】 年内，百望山森林公园被北京市人民政府评选为"北京市节约用水先进集体"；首都精神文明建设委员会授予百望山森林公园"首都文明单位"荣誉称号。

【领导班子成员】

主任　党支部书记

孙熙（2021年7月任党支部书记）

管理五级（保留原待遇）

高源（2021年7月任，2021年7月免党支部书记）

副主任　王文学（女）

　　（首都绿色文化碑林管理处：

　　　　　何慧敏　供稿）

北京松山国家级自然保护区管理处（北京市松山林场管理处）

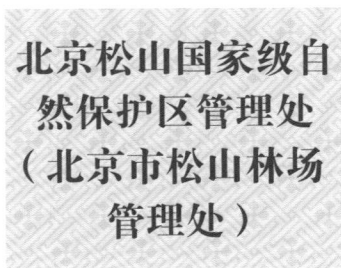

【概　况】 2021年5月，根据《中共北京市委机构编制委员会关于市园林绿化局所属事业单位改革有关事项的批复》，同意将北京松山国家级自然保护区管理处（北京市松山林场）更名为北京松山国家级自然保护区管理处（北京市松山林场管理处），为正处级公益一类事业单位，下辖北京松山国家级自然保护区和北京市松山林场。主要负责贯彻执行国家有关方针、政策和规定，加强管理开展宣传教育保护和发展珍贵稀有野生动植物资源，保护好自然生态环境。内设办公室、党建人事科、计划财务科、监测保护科、科研管理科、科普宣教科、防火安全科7个科室和塘子沟分场管理站、大庄科分场管理站、玉渡山分场管理站3个管理站。现有编制62个，在编人数49人，其中管理岗位27人、专业技术岗位21人、工勤岗位1人，研究生学历8人，大专及本科学历40人，大专以下学历1人。

北京松山国家级自然保护区位于北京西北部延庆区境内，距市区百余千米，地处太行山脉军都山中，北依北京地区第二高峰——主峰为海拔2241米的海坨山。自然保护区成立于1985年，1986年经国务院批准为森林和野生动物类型国家级自然保护区。总面积6212.96公顷，其中：国有林面积4371.68公顷，集体林面积1841.28公顷。重点保护对象是天然次生油松林森林生态系统、落叶阔叶林森林生态系统、丰富的野生动物资源和淡水生态系统。

2021年，北京松山国家级自然保护区管理处紧紧围绕建设一流保护区，促进高质量发展总体目标，奋发进取，不断推动保护区在队伍建设、森林防火、监测保护、

5月28日，以"保护生物多样性，助力中国碳中和"为主题的科技周活动在北京松山国家级自然保护区管理处举行（北京松山国家级自然保护区管理处 提供）

科普宣教等工作中取得新进展、实现新突破，全力做好冬奥服务保障工作。

【北京冬奥会和冬残奥会生态保障】 年内，北京松山国家级自然保护区管理处以高度的政治责任感、使命感和紧迫感，全力做好赛区生态修复等服务保障工作。根据《北京冬奥会延庆赛区松山林场生态修复工程实施方案的函》，修复面积328公顷，栽植常绿乔木1.1万株，种植穴客土5142立方米，施用有机肥21066千克，菌根肥10533千克，现状林抚育49200株，以及配套作业道、灌溉工程等。同时，为提升冬奥转播采访区冬季景观效果，以优先保护生态资源为基础，在施工过程中强化措施对原生植被保护，为绿色冬奥奠定生态保障。

【森林资源管理】 年内，北京松山国家级自然保护区管理处根据市园林绿化局《北京市2021年森林督查暨森林资源管理"一张图"年度更新工作实施方案》和《北京市2021年森林督查暨森林资源管理"一张图"年度更新工作操作细则》，全面排查环境问题，落实管理责任，根据变化图斑结合遥感影像判读，对4块变化图斑进行现场核查，均已完成整改。

【落实全市打击毁林专项行动】 年内，北京松山国家级自然保护区管理处开展打击毁林专项行动，积极推进松山地区森林资源日常巡护、公益林管护自查工作，对北京冬奥会延庆赛区用地情况现场检查60余次，对60个历年问题图斑"回头看"，确保问题图斑清零，保障松山地区森林生态安全，为

冬奥会举办营造良好氛围。

【园林绿化生态评价】 年内，北京松山国家级自然保护区管理处完成保护区（林场）与第三次国土资源调查数据对接融合，形成各类资源综合监测本底，包括排查国土非林地——专项林地图斑20块，国土林地——专项建设用地水域图斑176块，国土非林地——专项国家公益林图斑114块，同时开展国土林地——专项国家公益林以及国土林地范围内的二类数据等外业数据采集工作，并形成资源核查报告。

【野生动物疫源疫病监测及野生动物救护】 年内，北京松山国家级自然保护区管理处加强野生动物疫源疫病监测工作，提升野生动物栖息地环境质量，建立健全工作制度，明确岗位职责，落实到具体人员，实施24小时疫情报告制度，每天按时上报监测信息，累计上报数据2000余条，处理死亡动物7次，救助国家二级重点保护野生动物燕隼1只。

【古树名木体检】 年内，北京松山国家级自然保护区管理处全面启动2021年度松山古树体检工作，详细核查古树相关自然状况、历史文化等信息，梳理总结分析体检结果，对叶片、枝条、树干状态及长势情

况进行跟踪记录。

【林业有害生物防治】 年内，北京松山国家级自然保护区管理处通过物理、生物相结合的防治方式，累计布设美国白蛾、红脂大小蠹、松褐天牛等诱捕器399个，完成灯诱调查33次，释放周氏啮小蜂、赤眼蜂等鳞翅目生物天敌防控害虫。采用无人机、森林防火视频监控结合人工踏查方式，开展松材线虫病普查工作。实施美国白蛾日报告制度，连续55天进行巡查上报工作，确保报告及时性、准确性。

【森林防火】 年内，北京松山国家级自然保护区管理处多措并举，加强基础设施和队伍建设，持续提升森林火灾应急处置能力，全面做好冬奥期间森林火灾应对准备。充实完善防火队伍，设立防火安全科，组建由50名队员组成的松山森林消防中队，平均年龄结构30~50岁，实行半军事化管理。压实防火责任，与周边相关单位开展联防联控，与施工单位签订防火协议3份，与扑火队员和巡护队员签订森林防火责任书79份。完善基础设施建设，设立1个与市、区协同指挥的森林防火指挥中心、14路高清视频监控、2座森林防火瞭望塔、2座森林防火检查站、3条防火公路、3条11.2千米的防火隔

离带，在进山路口新建路口阻隔8处，共计220余米，新建一座加水泵站，有效容积80立方米。加强森林防火宣传，安排专人在重要路口发放防火宣传折页30000余张，提示过往车辆18000余辆，出动宣传人员450人次，在主要道路悬挂防火宣传条幅50条。加强巡查，强化火情监测，在重点路口安排不少于10人的巡查队员于每天8—22点不间断开展防火巡查，

在分场管理站设置9个防火监控巡查点，于每天8—15点开展森林防火巡护，冬季高火险期实施24小时值守；14路防火监控24小时360度不间断巡护，2架日常巡护无人机和1架可搭载10千克灭火弹的灭火无人机开展森林防火巡查。

【国有林场资源保护】 年内，北京松山国家级自然保护区管理处重新修订《北京松山国

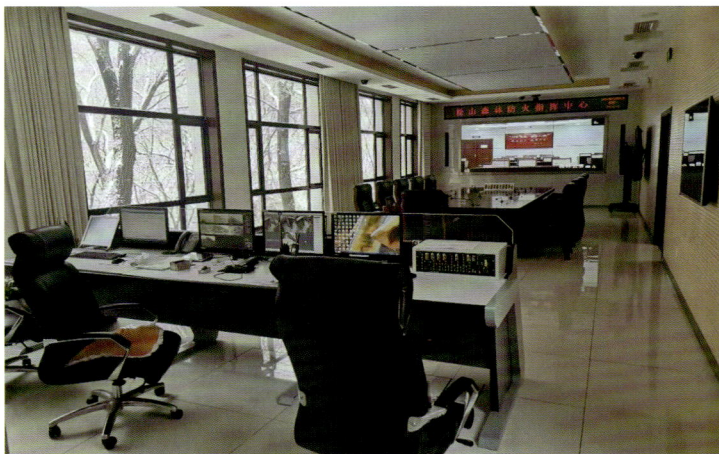

防火指挥中心（北京松山国家级自然保护区管理处 提供）

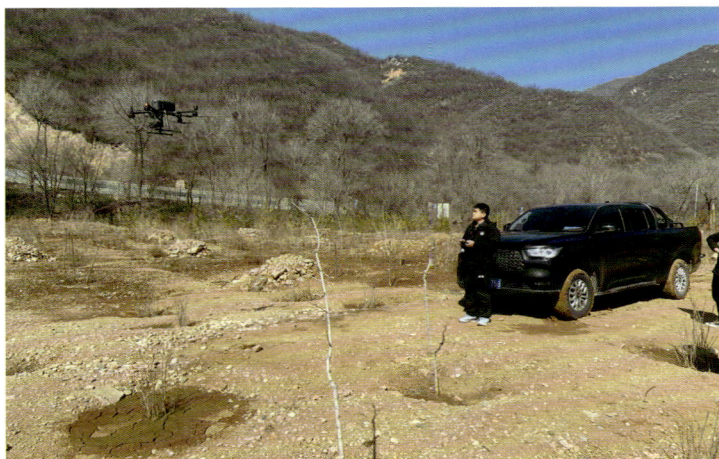

无人机巡护（北京松山国家级自然保护区管理处 提供）

家级自然保护区动植物名录》（2021版），其中，记录维管束植物830种，兽类31种，鸟类123种，两爬类16种，鱼类12种。重点保护植物64种，重点保护动物100种。

【自然保护地管理】 年内，北京松山国家级保护区管理处布设红外相机262台，拍摄照片数量从2020年的10万张上升到12万张，有效照片、视频数量从13000张上升到14240张，监测到29种动物（11种兽类、18种鸟类）。与2020年相比，新增北朱雀、鸳鸯两种鸟类。生态监测内容涵盖52项指标，采集数据60余万条，为冬奥赛区及外围环境、水质、气象等提供有效数据支撑。

【信息化重点项目实施】 年内，北京松山国家级自然保护区管理处开展智慧保护区系统提升工作，经过一年建设、数据训练和调试，动物AI智能识别率达90%以上，标志着物联网大数据新一代信息技术与野生动物监测保护深入融合。

9月23日，松山管理处党委成立（北京松山国家级自然保护区管理处 提供）

10月30日，2021中国自然教育大会"一起向自然"（北京松山国家级自然保护区管理处 提供）

【新闻宣传】 年内，北京松山国家级自然保护区管理处通过多种形式开展绿色冬奥宣传，普及科普教育。协助北京冬奥组委拍摄北京冬奥会历史遗产《绿色冬奥》1部，展示松山保护区林业工作者日常工作与成果；3—5月，开展"自然保护地在线学习"线下分享活动七期；4月，开展"绿色科技 多彩生活——垃圾分分类，资源不浪费"主题活动和"关爱自然 爱护鸟类 保护鸟类维护生态平衡爱鸟周"活动；5月，开展"呵护自然 你我有份"生物多样性主题活动和"保护生物多样性，助力中国碳中和"科技周主题活动；5—6月面向青少年学生组织开展2021年松山夏令营"森林体验"活动4期；6—7月，开展"北京冬季奥运会场馆周边生态监测"青少年野外科考活动2期；10月，举办"一起向自然·保护生物多样性，我们在行动"主题活动；12月，组织"12·4"国家宪法日暨宪法宣传周——宪法在我心主题活动周。

【北京松山国家级自然保护区管理处机构改革】 年内，北京松山国家级自然保护区管理处根据事业单位改革要求，完成干部职工岗位调整工作，核定科级领导职数10正9副，聘用4名林业工程师、1名高级工，提拔4名科级干部，公开招聘3名专业人才，办理7名干部职工调动手续。建立健全接诉即办、请休假等5项制度，切实做到用制度管人、管权、管事，用制度规范干部职工行为。

【新冠肺炎疫情防控】 年内，北京松山国家级自然保护区管理处全力做好冬奥赛区周边疫情防控工作。根据疫情防控形势及时修订《松山管理处应对新型冠状病毒疫情防控工作方案》，制订《松山管理处冬奥赛时疫情防控工作方案》《松山管理处异常情况应急预案》，建立物资采购发放管理台账，创建疫情防控情况日报微信群，按照应接尽接、科学统筹原则，组织职工及临时施工人员接种新冠疫苗3次，核酸检测3次，职工疫苗接种率达90%以上。

【党建工作】 年内，北京松山国家级自然保护区管理处召开北京松山国家级自然保护区管理处委员会党员大会，选举盖立新、王秀芬、田恒玖、刘桂林、蒋健5名同志为新一届委员，选举盖立新同志为新一届委员会书记，完成下设4个党支部书记选举工作。

【工会组织】 年内，北京松山国家级自然保护区管理处看望住院职工及家属7次，开展两节送温暖、夏季送清凉、端午节慰问、中秋慰问等活动。组织开展职工健步走及观鸟活动1次，三八妇女节插花活动1次，职工趣味运动会1次。组织职工观看爱国主义电影《长津湖》。

【领导班子成员】

北京松山国家级自然保护区管理处（北京市松山林场）
主任 胡巧立（2021年7月免）
党支部书记
王秀芬（女）（2021年7月免）
副主任（副场长）
刘桂林（2021年7月免）
田恒玖（2021年7月免）

北京松山国家级自然保护区管理处（北京市松山林场管理处）
主任 党委书记
盖立新（2021年7月任）
管理五级（保留原待遇）
王秀芬（女）（2021年7月任）
副主任
刘桂林（2021年7月任）
田恒玖（2021年7月任）

（北京松山国家级自然保护区管理处：陈惠迪 供稿）

北京市永定河休闲森林公园管理处

【概况】 2021年5月，根据《中共北京市委机构编制委员会关于市园林绿化局所属事业单位改革有关事项的批复》，同意保留北京市永定河休闲森林公园管理处，为正处级公益二类事业单位。内设办公

2月23日，永定河休闲森林公园管理处严格落实值班值守和疫情防控政策（赵建新 摄影）

室、党建工作科、人事科、计划财务科、宣传教育科、后勤保障科、游客服务科、安全保卫科、绿化管理科、资产管理科、科技科、湿地管理科12个科室，下属企业有北京市永定园林绿化有限公司、北京市林业送变电工程有限公司、北京市石景山区永定金属材料有限公司。现有编制82人，在编人数74人，其中处级领导职数1正3副，管理人员38人，专业技术人员13人，工勤人员23人。党委建制下设5个党支部，党员50人。

北京市永定河休闲森林公园管理处占地面积约141公顷，其中公园绿化区占地约121公顷。主要负责北京市永定河休闲森林公园的运行管理、绿化养护以及代管园博园北京园运维等工作。

2021年，北京市永定河休闲森林公园管理处坚决扛起全面从严治党主体责任，认真贯彻落实市园林绿化局（首都绿化办）党组各项决策部署，以永定河南大荒水生态修复工程、冬奥马拉松大本营建设以及两园养护运维三项任务为重点，坚持疫情防控不放松，强化为民意识，奋力前行，圆满完成各项任务。

【永定河休闲森林公园景观提升】 6—9月，北京市永定河休闲森林公园管理处加强公园景观提升工作。栽植丹麦草9000余平方米，引进玉簪、荆芥、胭脂红景天、西伯利亚鸢尾等植物11万余株，栽植地被12500平方米，引进20株蓝粉云杉。国庆节前夕，插种高羊茅约3250平方米，栽植孔雀草、海棠、矮牵牛、火炬等时令花卉6处7万余株、占地600余平方米。"五一"和国庆期间，在公园西门镇水牛广场、湿地防火景观塔、公园东门摆放花坛2个、花带4处，栽植花卉绿植4万余株300平方米。园区全年栽植地被1.66万平方米，公园景观得到提升。

【水生态湿地项目】 7月，北京市永定河休闲森林公园管理处完成永定河南大荒水生态修复项目施工建设。聘请专家严格把控工程质量，确保工程资料完整性。该工程自3月4日复工以来至12月8日竣工并完成工程验收。湿地试运行期间，在北京市永定河综合治理与生态修复领导小组统筹调度下，北京市水务局协调小红门再生水厂对湿地进行供水，按照设计方案有序调试，结合实际不断优化项目水质监测、配套设施等相关内容，湿地出水水质主要指标均优于地表水Ⅲ类标准，达到利用中水向永定河进行生态补水的目的。湿地吸引大批白鹭、苍鹭、喜鹊、野鸭等鸟类栖息，提升了周边宜居环境，生态效果显著。

【北京2022年冬奥运会马拉松大本营建设】 年内，北京市永定河休闲森林公园管理处配合石景山区冬奥整体规划及景观提升，统一规划整治东场区在租仓库、厂房等空间，妥善处理外租方与施工方关系，解决环境脏乱差等问题，为冬奥公园整体规划建设及后期运营

3月29日，园博园北京园古建筑维修工程（刘慧敏 摄影）

打下基础。马拉松大本营是冬奥公园重要亮点之一，设计多类型马拉松路线，全方位满足跑者要求，是将生态、体育、休闲功能叠加，借助自然风光、名胜古迹、城市记忆三种载体，打造独一无二的"跑马乐园"，全面更新传统公园概念，让公园成为市民娱乐健身的好去处。

9月25日，冬奥马拉松大本营试运行。（赵云 摄影）

【永定河休闲森林公园绿化养护】 年内，北京市永定河休闲森林公园管理处加强公园日常绿化养护巡查监管力度。成立绿化养护考核小组，每月对全园绿化养护情况进行考核评分，及时查找问题，提出整改意见，并对重点问题进行追踪检查，确保公园景观质量。协调引进2台新打药车，抓实松材线虫监测、美国白蛾等病虫害防治工作。积极开展杨柳飞絮防控，做好重点时期树木、地面喷水作业，杨柳飞絮防控效果显著。做好节日期间花坛、花带摆放工作，共计4万余株、约300平方米，烘托节日气氛。

9月29日，市园林绿化局领导到冬奥马拉松大本营参加北京冬奥公园开园仪式。（甄丽丽 摄影）

【北京园博园北京园景观提升和管理】 年内，北京市永定河休闲森林公园管理处顺利完成北京园博园北京园景观提升工作。对全园进行景观补植，种植春夏季时令花卉，对园区主阁东北部地被种植进行局部土壤改良，补种地被宿根花卉，移植较密落木和小乔木；全园安装喷灌系统，搭建植物防寒设备；维修局部破损严重的游廊木结构，加固全园屋顶瓦片，及时排查清除园区安全隐患。配合相关部门顺利完成"十一"戏曲文化周现场布置和演出工作；配合市园林绿化局义务植树处开展"全民植绿四十载，美丽北京谱新篇"大型主题展览。

【旅游服务接待】 年内，北京市永定河休闲森林公园管理处接待游客量49万余人次，承接各项森林文化活动，协调开展社会大课堂、定向越野、团建活动、健步走等活动38次，参与人数近2万人。

【事业单位所办企业清理规范工作】 年内，北京市永定河休闲森林公园管理处按照《市

241

属机关事业单位所办企业清理规范工作实施意见》的通知要求，按照市园林绿化局关于开展局属行政事业单位投资办企业清理规范工作部署安排，完成北京市永定林工商公司改制，稳步推进北京市林业送变电工程处的挂牌出售和北京市金属材料厂注销工作。

【安全生产】 年内，北京市永

定河休闲森林公园管理处坚决扛起安全应急属地主体责任。制订全年安全生产计划，逐级签订安全生产责任书，提出各项安全工作要求，落实主体责任。做好日常的巡查巡视以及值守工作，对发现的隐患落实督办，按月上报《安全生产专项整治三年行动工作开展情况》《安全生产监督检查台账表》。

11月9日，北京市永定河休闲森林公园管理处组织单位员工开展应急灭火宣传和演练活动（胡志忠 摄影）

11月16日，邀请园林专家对永定河休闲森林公园进行冬季修剪工作指导培训（宋顺 摄影）

【新冠肺炎疫情防控】 年内，北京市永定河休闲森林公园管理处坚持不懈抓好常态化疫情防控。认真落实局（办）系统防疫专班要求，起草印发《关于调整新型冠状病毒肺炎疫情防控领导小组成员的通知》，调整更新《管理处疫情防控相关工作要求及责任部门》，及时做好中高风险地区旅居史等人员调查，持续做好相关人员跟踪、每日体温监测上报工作。积极联系社区推进疫苗接种工作，做好在职、日常用工152人疫苗接种情况统计，全年疫苗接种的组织率达到100%，接种率达到81.65%，103人完成第三针疫苗集中接种。

【北京市永定河休闲森林公园管理处机构改革】 年内，北京市永定河休闲森林公园管理处根据市园林绿化局2021年度事业单位改革人事工作要求，调整领导班子，重新划分职责，梳理工作内容，优化部门设置和人员配置，做好事业单位法人登记工作。

【分类划转事业单位养老保险关系衔接工作】 年内，北京市永定河休闲森林公园管理处根据市园林绿化局人事处关于分类划转事业单位养老保险关系工作要求，逐一查对历年人事档案、人员花名册和工资变动表等材料，按时完成退休职工493人以及在职职工74人退休待遇前期测算、退休职工转库签字确认、养老保险关系转移、养老保险及职业年金补缴等工作。

【制度建设情况】 年内，北京市永定河休闲森林公园管理处认真贯彻落实国家和市园林绿化局组织开展的打击毁林专项行动，制订《森林资源督查监督检查办法》，杜绝违法占用林地和采伐林木现象；编制完成《永定河休闲森林公园森林经营方案（2021—2030年）》；建立单位房屋信息台账、房屋租赁管理台账及资产评估台账等，制订《管理处房屋管理办法》《房屋租赁制度》等相关

文件，制订《公园大客流应急预案》《公园防恐防暴及突发事件预案》《管理处综合安全工作应急预案》《电、火、充电桩等管理措施》等。

【党建工作】 年内，北京市永定河休闲森林公园管理处党委理论中心组组织学习16次，专题研讨6次，召开党委会23次。根据《开展党史学习教育的方案》，组织党员参观红色教育基地，观看红色电影，参加党史答题，开展健步等主题党日活动，为3名老党员颁发"光荣在党50年"纪念章。严格落实党风廉政建设，制订主体责任清单6份，逐级签订2021年党风廉政建设责任书47份，为

干部职工购买《十八大以来廉政新规定》《廉政提醒—公职人员不能越过的100条行为底线》等书籍。

【领导班子成员】
主任　党委书记
贺国鑫（2021年7月任）
主任
盖立新（2021年7月免）
管理五级（保留原待遇）
安永德（2021年7月任，2021年7月免党委书记）
管理六级（保留原待遇）
孙丽君（女）（2021年7月任）
副主任
谢维正　赵云　冉升明
（北京市永定河休闲森林公园管理处：靳韬　供稿）

各区园林绿化

东城区园林绿化局

东城区园林绿化局

【概　况】 北京市东城区园林绿化局（简称东城区园林绿化局）挂区绿化委员会办公室牌子，是负责本区园林绿化工作的政府工作部门，主要职责为负责全区绿化规划的编制监督实施，组织指导监督园林绿化美化、资源保护，进行园林绿化行政执法，负责园林绿化的行业管理，监督指导区管公园的管理和服务，承担区绿化委员会的日常工作等。区园林绿化局党组履行区委规定的职责。所属事业单位11个，其中直属管理3个单位：区公园管理中心、绿化一队和绿化二队。区公园管理中心下辖地坛公园、龙潭公园、青年湖公园、柳荫公园、永定门地区公园、明城墙遗址公园、南馆公园和龙潭西湖公园8个区属公园管理处。

2021年，东城区完成绿化美化任务，创建首都绿化美化花园式单位1个、花园式社区1个。完成复壮古树375株。

绿化造林　东城区改扩建绿地54公顷，公园绿地500米服务半径覆盖率93.99%。

资源安全　东城区向各街道、社区、驻区单位、居住区购置发放各类有害生物防治药品12095千克，悬挂叶柄小蛾、木蠹蛾等诱捕器3067个；多举措防控美国白蛾，释放天敌生物异色瓢虫12万头，释放天敌周氏啮小蜂3750万余头。完成7500余株柳树雌株飞絮药物治理。

【柳荫公园柳文化节】 4月3—5日，东城区柳荫公园开展以"红色百年　绿荫满园"为主题的第十一届柳文化节。通过传统文化小课堂、汉服游园、自然探索科普、全民义务植树尽责、党员能量站等系列活动，宣传传统文化知识，传播"让生存自然、让生活从容、让生

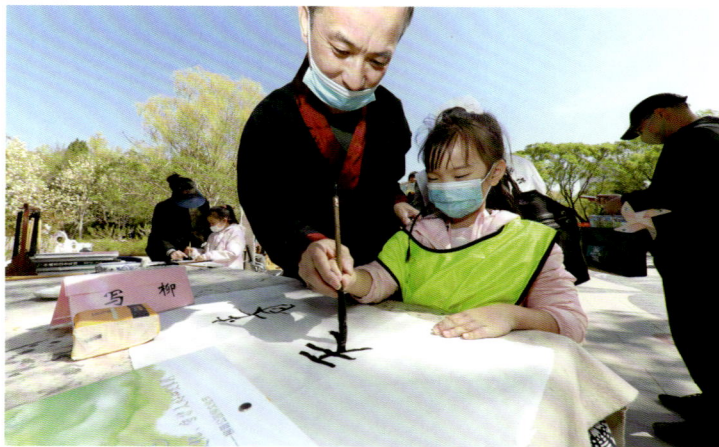

4月3日，东城区柳荫公园开展以"红色百年　绿荫满园"为主题的第十一届柳文化节（东城区园林绿化局 提供）

命优雅"生态理念。60余个亲子家庭、1000余人参加活动，发放宣传品2000余份。

【龙潭中湖公园改建工程】 年内，东城区完成龙潭中湖公园改建工程。项目位于东城区左安门内大街19号，总面积396743.92平方米。主要包括绿化、庭院、建筑、市政、场地拆除清理及摩天轮加固工程等。公园改造园区绿地面积20万平方米，建筑1.19万平方米。改建过程中充分尊重现有陆形水系，保留和利用现有大树5000余株，保留现状景观和设施20余处，通过设置雨水花园、铺设植草沟和透水铺装的形式最大限度实现雨洪利用，通过多种建设手段实现现有资源的再利用。园区建设突出"静自然、智海绵、亲湖面、野芳草、境文脉、零外运、隐建筑、悦民心"的八大亮点，呈现"三环十二景"的景观格局，为百姓打造一处自然宁静、生态野趣的绿色休闲空间，于2021年9月24日正式开园。

【龙潭西湖公园景观提升工程】 年内，东城区完成龙潭西湖公园景观提升工程。项目位于龙潭路甲1号，占地面积10公顷，因2020年龙潭西湖调蓄工程对公园部分绿地和湖岸造成破坏，公园原有设施、管线、铺装等存在严重老化等原因，需

4月3日，东城区园林绿化局组织北京各界200人在龙潭中湖公园参加第37个首都义务植树日活动（薛毅 摄影）

改造提升公园整体景观及设施。栽植乔灌木681株，栽植地被、草坪17000余平方米，水生植物2283平方米，铺设园路8755平方米。改建后公园成为区域性城市综合公园，既体现节约型园林和智慧公园理念，又满足广大人民群众休闲游憩、教育科普等功能需求，于2021年11月开园。

【林荫道路建设工程】 年内，东城区完成平安大街（东城段）、东四南北大街、两广路（东城段）林荫道路建设。平安大街（东城段）项目全长3.1千米，设计综合考量道路交通、市政管网、园林绿化等因素，通过优化道路断面结构，增设中央绿化隔离带，优化空间比例，提升绿化覆盖率，提升公共空间品质和出行环境的舒适度。东四南北大街环境整治提升项目总面积1万余平方米，通

过补种行道树，调整绿篱色带，改善树池品质，完善节点绿地座椅、铺装等基础设施，营造可进入式口袋公园，形成连续性景观效果，栽植乔灌木1714株、色带91331株、地被花卉15000余株、竹类1556株、草坪2064.4平方米。两广路（东城段）项目全长3.8千米，通过对城市干道林荫化改造，增加绿荫空间，提高林荫漫步道的连续性与舒适性，提高绿化覆盖率和绿视率，累计栽植乔灌木658株、绿篱色带30000余株、宿根花卉63200株，铺设草坪2400平方米，于2021年11月完工。

【地坛园外园全龄友好型公园建设】 年内，东城区完成地坛园外园全龄友好型公园建设。项目位于地坛公园东南侧，全长800米，总面积6.05公顷，绿化面积5.01公顷。园区改造突出环境生态功能，延续

地坛历史文脉，整体细化设施服务，更新地面破损铺装，保证连续、平整、防滑，营造舒适、安全步行环境，满足"一老一小"就近使用无障碍设计需求，增加坐凳木坐面等人性化设施，为居民提供便捷舒适公共空间，于2021年10月开园。

【建党百年环境布置及服务保障任务】 年内，东城区圆满完成建党100周年环境布置及服务保障任务。结合老城特色和街区特点，通过地栽花卉、立体花坛、装饰花球，在全区布置"两轴、一环、多周边、多节点"的景观格局，累计栽摆花卉35000平方米，240万株（盆），摆放花球185个，花箱、花钵2000个，布置立体花坛10组；结合平安大街、东四南北大街街区文化特色和商业业态，以点、线、面全面覆盖形式，专业花卉施工与居民商户参与相结合方式，累计栽摆宿根和时令花卉3900平方米，21万株（盆），摆放花堆123组、花球18个，悬挂花槽335个。完成北大红楼院内绿化景观提升，永定门公园远端集结点场地提供、物资准备、疫情防控等服务保障任务。

【疫情防控保障】 年内，东城区园林绿化局落实疫情防控常态化要求。完善制度预案，组织人员签订承诺书，建立管理台账；加强公园、工地监管，严格落实消杀、限流、测温、扫码、戴口罩、防聚集等防控措施，公园门区安装闸机41台，人脸识别测温终端45台；选派70名同志下沉东华门和东直门街道支援社区疫情防控，选派10名干部到金泰绿洲和大兴外研社集中医学隔离点参与疫情防控工作；系统内实现新冠疫苗应接尽接要求，在职、编外人员加强针完成率99.74%。

【所属事业单位分类改革】 年内，东城区园林绿化局完成区公园管理中心由纳入管理事业单位改为一般事业单位管理改革任务，签订正科及以下人员聘任合同51份。完成地坛公园、龙潭公园、青年湖公园、柳荫公园、南馆公园、永定门地区公园、明城墙遗址公园、龙湖西湖公园8个区属公园公益二类事业单位岗位设置方案、岗位设置核准、转岗审批备案、养老保险入库等工作。跟进完善制度机制建设，研究修订区公园管理中心"三重一大"和主任办公会等76项制度。

【群众绿化】 年内，东城区园林绿化局组织社会各界200人参加首都第37个义务植树日活动，栽植树木180余株；以"互联网＋义务植树基地"和各区属公园绿化专业队为阵地，举办40余场形式多样的绿化抚育、认建认养活动，认建认养树木2500余株、绿地3.67公顷；实施"一院一树"绿色惠民工程，首批60个院落植树400余棵，缓解老城院落林荫化不足问题；创建东花市街道忠实里社区为首都绿化美化花园式社区，创建东直门街道使馆壹号院为花园式单位。

5月13日，东城区园林绿化局在柳荫、地坛、青年湖等区属公园开展"乐享自然 快乐成长"生态文明宣传教育活动（东城区园林绿化局 提供）

【"乐享自然 快乐成长"系列

活动 年内，东城区园林绿化局在柳荫公园、地坛公园、青年湖公园等区属公园开展"乐享自然 快乐成长"生态文明宣传教育活动，举办各类活动100余场，参加人数近6400人次。

【林长制工作】 年内，东城区园林绿化局召开全区林长制工作培训暨前期工作对接会，邀请专家解读政策、梳理工作任务；制订印发《东城区关于全面建立林长制的工作方案》及相关配套制度，建立区、街道、社区三级林长工作体系，推进林长制网格化管理体系；建立"林长制＋检察"协同工作机制，探索部门联动、共管共治新途径。

【认建认养】 年内，东城区园林绿化局优选地坛公园、建国门大绿地等32个地块的177株古树、3万余株树木、近68万平方米绿地供社会认养。组织开展第五届皇城根遗址公园树木认养活动，11家区域化团建单位1000余人现场认养树木1083株。联合东四街道开展"共建微花园携手靓崇雍"活动，落实门前"三包"责任，认建认养绿地，携手共建微花园，打造花园式街区。全区共计认养树木2523株，古树名木13株，绿地3.67公顷。

【古树名木保护】 年内，东城

区园林绿化局通过地上和地下生长环境改良、围栏保护、有害生物防治、树冠整理、树洞修补、支撑加固以及宣传标牌设置等措施，完成375株濒危、衰弱古树名木复壮工作任务，全区6754株古树名木基础性和精细化体检覆盖率100%。

【防汛应急】 年内，东城区园林绿化局制订园林绿化系统

防汛方案预案，明确责任体系，组建应急抢险队伍，做好防汛物资准备、危险隐患点排查、防汛演练等工作。汛期共计处置各类险情72起，出动抢险队伍231人次，派出巡查人员万余人次，动用抢险设备97台次，处理倒伏树7株，修剪树木折枝68处，清理绿化垃圾146.7吨。

4月24日，东城区园林绿化局在皇城根遗址公园开展树木认养活动（东城区园林绿化局 提供）

东四南北大街林荫道路绿化景观（东城区园林绿化局 提供）

【水质治理】 年内，东城区园林绿化局加强龙潭、青年湖湖体运维管理，湖水水质达到地表水Ⅳ类或优于Ⅳ类标准，青年湖公园被评为"2020年度北京市优美河湖"。龙潭东、中、西三湖水系、柳荫湖与青年湖水系连通达到设备运行条件，柳荫湖水质达到优于地表水Ⅲ类标准，水质提升效果显著。

【领导班子成员】

局长　党组书记　区绿化办主任
苏振芳（女）

一级调研员　武建军

党组成员　副局长
徐莎（女）（2021年4月免）

党组副书记　副局长
辛晓东（2021年4月任党组副书记，2021年5月任副局长）

副局长　褚玉红（女）　徐永春
党组成员

驻区局纪检监察组组长
王军（2021年2月任）

区公园管理中心主任　陈雷

副局长　二级调研员
王士中（2021年4月免副局长，2021年4月任二级调研员）

三级调研员　赵伟　张德华
（东城区园林绿化局：程亚宏供稿）

西城区园林绿化局

【概　况】　北京市西城区园林绿化局（简称西城区园林绿化局），挂北京市西城区绿化委员会办公室（简称区绿化办）牌子，是负责本区园林绿化工作的区政府工作部门。主要职责是：制订区内园林绿化中长期规划和年度计划并组织实施；组织、指导和监督区内城市绿化美化养护管理；组织、协调重大活动的绿化美化及环境布置；管理和保护区内绿地和林木资源；负责区内公园、风景名胜区的行业管理；承担区绿化委员会的具体工作等。内设科室6个，分别为办公室、计划财务科、规划建设科、园林管理科、绿化科、法制科。在职人员28人。西城区公园管理中心（简称区公园管理中心），于2020年10月成立，为区园林绿化局所属副处级财政补助公益一类事业单位。主要职责是：负责区属登记公园的组织人事、劳动和社会保障、财务管理、审计、安全保卫工作；指导区属登记公园的规划、建设、管理、服务、科技等工作并监督实施。设办公室、公园管理科、公园建设科、安全应急科、综合服务科、检查科、组织人事科7个科室，事业编制64人，实有56人。

2021年，西城区绿地面积1101.28公顷，绿化覆盖率（含水面）31.80%，绿地率21.96%，人均绿地9.76平方米，人均公园绿地4.83平方米。公园绿地500米服务半径覆盖率97.61%。

绿化造林　年内，西城区新增城市绿地1.28公顷，改造绿地3.29万平方米，新建屋顶绿化5095平方米、垂直绿化1167延米。全区累计屋顶绿化总面积253760平方米、垂直绿化115302延米。累计创建花园式单位455个、花园式社区28个。古树名木1661株，其中一级古树253株、二级古树1407株、名木1株。

资源安全　年内，西城区开展执法检查78次，防治树木5.2万株，开展冬季挖蛹工作，最大限度减少翌年美国白蛾发生量。完成42株古树复壮保护工作。

【全民义务植树活动】　4月10日，西城区举办以"全民植绿四十载，美丽中国谱新篇"为主题的第37个首都全民义务植树日活动。区委、区政府、区人大常委会、区政协班子领导与园林行业先进人物、义务植树先进企业、社区志愿者代表等在西单文化广场城市森林二期现场参与义务植树。各街道、公园、园艺文化推广中心以多种形式开展纪念活动，全区2.6万余人参与植树1700株，设宣传咨询站95个，发放宣传材料6.8万份。在万寿、人定湖和双秀公园基地开展全民义务植树"互联网+尽责活动"30余场。对外公布11处公园、17处绿地中的林木、古树供社会单位、家庭、个人认建认养。宣传碳达峰、碳中和，举办"双碳"宣传活动30场，发放宣传材料6000余份。

【园艺文化推广】 年内，西城区采取多种方式推广园艺文化活动。园艺文化推广中心各驿站开展园艺体验活动688场，其中线上活动185场。举办"园艺文化推广月"，推出"庆国庆——鲜花水果篮"等多场活动。绿色西城微信公众号线上传播园艺知识820条，阅读人数8.1万。在首都绿化办《关于2020年度首都园艺驿站工作通报》中，区绿化办被评为园艺驿站优秀组织单位，宣武艺园承艺轩驿站和双秀公园园艺驿站被评为优秀园艺驿站，两名驿站工作人员被评为园艺驿站先进工作者。在北京国际花园节市民花园竞赛活动中，西城区荣获金奖1个、铜奖1个，区绿化办荣获优秀组织奖。

【花卉布置】 年内，西城区以"喜迎庆典，共谱乐章"为主题，在西城区中轴路设置5处大型立体主题花坛，庆祝中国共产党成立100周年。对北京李大钊故居、北京女子高等师范学校旧址、京报馆旧址（邵飘萍故居）等早期革命活动旧址，月坛北街

4月10日，西城区绿化委员会成员在西单文化广场参加第37个首都全民义务植树日活动（彭博 摄影）

（钓鱼台区域）和前门西大街等核心区域，布置"健康中国""相约2022"等主题花坛5组，庆祝中华人民共和国成立72周年。花卉布置形成点、线、面相结合布局，全方位、多层次打造立体花卉布置景观，为纪念日营造隆重、喜庆、祥和节日氛围。

【花园式创建】 年内，西城区按照花园式单位（社区）创建评比标准，加大宣传和投入力度，通过实地走访、加强业务指导、居民议事协调会等方式，发动社区、单位参与创建工作。年内，创建首都绿化美化花园式单位1个（西城区检察院）、花园式社区1个（金融街街道民康社区）。

【园林绿化管理】 年内，西城区持续推进园林绿化景观常态化、精细化管理。做好林木有

害生物防治。针对受气候因素影响第三代美国白蛾幼虫危害严重导致的扰民情况，街道巡绿员加强巡查宣传，指导市民开展简易防控，累计防治树木5.2万株；广泛开展冬季挖蛹工作，最大限度减少翌年美国白蛾的发生量。持续开展杨柳飞絮治理。协调相关单位，综合利用喷水、冲洗等措施，将飞絮影响降到最低，湿化绿地400万余平方米、道路路面128万余平方米；为中直机关提供杨柳飞絮防治实操视频、防治药物和器械设备。开展园林绿化环境整治专项行动，提升老旧小区绿化管理水平。排查解决树木修剪、树木病虫害和影响居住安全等问题292个。西城区在全市城镇绿地检查评比中综合排名位于前列。

【创新增绿】 年内，西城区新增平安大街等绿地1.28万平

方米，完成西单文化广场等绿地改造3.29万平方米。公园绿地500米服务半径覆盖率从97.57%提升至97.61%。新建屋顶绿化9处5095平方米、垂直绿化7处1167延米，改善区内园林绿化空间结构层次和城市立体景观艺术效果。

【林长制责任落实】 年内，西城区委办、政府办联合印发《西城区全面建立林长制实施方案》，建立区总林长令发布、调度、巡查、部门协作、督查、考核、信息共享和报送、培训等配套制度；开展5次林长巡林检查；按照市林长办加快建立"一长两员"网格化管理体系，夯实管护责任"最后一公里"要求，完成试点街道社区网格划分工作。

西城区广安南街"建党百年"主题花坛（西城区园林绿化局提供）

西城区马连道8号楼屋顶绿化景观（彭博 摄影）

【古树名木保护与管理】 年内，西城区完成全区3315株古树名木（含市属公园）全覆盖体检，古树名木保护规划编制和古树名木综合管理平台建设。宣传古树历史文化，利用"绿色西城"微信公众号推送西城古树故事12篇，收集整理100株西城古树故事资料；抢救复壮衰弱、濒危古树42株，做到"一树一策"，科学修复；开展古树名木安全隐患大排查，邀请古树专家会诊，督促属地街道和养护单位及时整改枝杈劈裂、生长环境差等问题；开展古树保护培训，提高管理人员专业技能。

【公园建设管理】 年内，西城区完成人定湖公园和宣武艺园全龄友好型公园改造，结合公园资源，充分考虑各年龄段人群使用需求，融入智慧、节约、海绵、生物多样性、健康等理念，增设儿童、老人休息活动区，补充完善休憩、无障碍等服务，因地制宜设置健身场地和生物多样性保护示范区，提升公园整体服务功能。结合文明城区创建开展公园行业检查，强化监督考核，全面提高绿化、服务、卫生、安全设施等方面管理水平。推进垃圾分类常态化，公园设置二分类、四分类垃圾桶和公示牌，实现容器全覆盖，做到垃圾日产日清、不积压、不溢满。完成月坛、顺城等18处区属公园无障碍设施建设改造。积极推进专项清理整治绿地认建认养及公园配套用房出租中侵害群众利益问题，完成万寿公园配套用房整改工作。

【依法行政与政务服务】 年内，区园林绿化局严格行政许可，提高办事效率，受理伐移树行政许可1271件。联合市场监管、城管执法等部门，对药店、餐馆、工艺品店和原官园鸟市等重点场所开展执法检查78次，有效打击野生动物非法贸易。落实《北京市接诉即办工作条例》，完善工作机制和办理流程，着力提升"三率"（响应率、解决率、满意率），办理"12345"市民热线诉求400余件，接待群众电话、网络、现场咨询2000余人次。办结人大代表建议2件、政协委员提案6件，承接并督办市、区折子、实事21件。主动公开信息1141条，依申请公开信息9条，组织会议开放、政务开放日、政府向公众报告活动，进一步畅通政民互动渠道，引导群众参与园林绿化管理。

【安全监管与应急处置】 年内，西城区园林绿化局加强园林绿化建设工程和有限空间作业安全监管，检查单位756家次，出动检查人员1510余人次，查出并整改隐患573处，

整改率100%，确保全年安全生产零事故。协调区园林绿化抢险队伍做好极端天气和汛期应急抢险，出动抢险人员1300余人次，处理树木倒伏、折枝等险情394处，排查处置危险树131株，有效保障人民生命财产安全。

【新冠肺炎疫情防控】 年内，西城区园林绿化局建立健全园林绿化行业疫情防控机制，严格落实四方责任（属地、部门、单位、个人），做好监测报告、宣传教育、应急准备和监督检查。公园严格执行客流管控、测温、扫码入园和环境消杀等措施，提醒游客科学佩戴口罩，及时劝阻扎堆聚集行为。加大野生动物疫源疫病监测和野生动物保护执法检查力度。严格落实办公区封闭管理措施，组织全员核酸筛查，推进疫苗接种，及时开展中高风险地区旅居史和举办聚集性会议活动等排查工作，保障各项工作安全有序运行。

【领导班子成员】

局长　党组书记　区绿化办主任　区公园管理中心主任（兼）一级调研员 吴立军

党组副书记　一级调研员 肖福来

二级调研员 王军

副局长　区绿化办副主任　二级调研员 朱延昭

副局长　三级调研员 王文智（2021年7月免）

（西城区园林绿化局：范慧英 供稿）

朝阳区园林绿化局

【概　况】 北京市朝阳区园林绿化局（简称朝阳区园林绿

西城区园林绿化工作人员为辖区内杨树注射"抑花1号"，治理杨柳飞絮（西城区园林绿化局 提供）

化局）挂朝阳区绿化委员会办公室牌子，隶属北京市朝阳区人民政府，是贯彻执行国家和北京市城市绿化及林业工作方针、政策、法律、法规，根据首都绿化总体规划制订并实施本区绿化建设发展规划和年度计划，负责本区园林绿化建设和管理，负责组织协调全民义务植树活动及群众绿化工作，并负责直属事业单位建设和管理的政府职能部门，职能业务归市园林绿化局监督指导。截至2021年底，全局在职职工663人，其中公务员32人，事业编631人；设置局机关科室10个；下设基层单位17个。

2021年，朝阳区大尺度绿化新增造林绿化面积346.33公顷，实施2个区级小公园建设、5处屋顶绿化、3个全龄友好型公园建设。"十三五"期间，全区新建改造绿化面积32.76平方

千米，新建改造大、中、小、微型公园绿地127处（已基本建成并开放的绿隔地区大、中型公园19个，中、小、微型公园绿地108个）。

绿化造林 年内，朝阳区新增造林绿化面积346.33公顷，实施"留白增绿"绿化40公顷、"战略留白"临时绿化17.33公顷。

资源安全 年内，朝阳区完成多规合一项目园林方案审核58项，附属绿地改造方案审查6件。审核占用林地项目27件、备案占用林地项目4件，涉及林地面积共91.24公顷；审批发放林（树）木伐移许可319件，涉及伐移林（树）木314395株。审核占用绿地项目74件，涉及绿地面积82148.5平方米；审批发放林（树）木伐移许可201件，涉及伐移林（树）木4588株。审核社会投资项目许可7件，审

批许可1件，涉及伐移林（树）木2206株。复壮古树83株。野生动物案件立案13起。

（魏冬梅）

【开展"清风行动"联合执法】 2月26日，市园林绿化局、市农业农村局、市委政法委、市公安局、市交通委员会、市委网信办、市市场监督管理局、北京海关和区园林绿化局、区森林公安大队等部门共同开展"清风行动"联合执法，检查十里河天骄市场及外围、华声天桥市场，出动执法人员20余人、车辆8台次，严厉打击破坏野生动物资源违法犯罪行为，坚决遏制非法猎捕、杀害、人工繁育、出售、收购、运输、食用、经营利用、进出口活动。

（英颀）

【"世界野生动植物日"宣传】 3月3日，朝阳区园林绿化局联合北京市朝阳区人民检察院、北京市公安局朝阳区公安分局森林公安大队、和平街街道办事处、和平街派出所等部门在高架桥公园组织开展以"森林与生计 维护人类和地球"及"推动绿色发展，促进人与自然和谐共生"为主题的2021年"世界野生动植物日"宣传活动。

（张晋峰）

【国家林业和草原局干部职工义务植树活动】 3月12日，国家林业和草原局党组书记、局长关志鸥到朝阳区孙河乡，与

2月26日，朝阳区园林绿化局会同市园林绿化局、市农业农村局等相关单位到朝阳区十里河天骄市场及周边市场开展"清风行动"联合执法检查（英颀 摄影）

百余名干部职工一起参加义务植树活动，栽种树木600余株。市园林绿化局党组书记、局长邓乃平，朝阳区区长文献，区园林绿化局党委书记、局长王春增等领导一同参加植树活动。

（张珊）

【森林督查专项行动】 4月，朝阳区开展打击毁林专项行动。成立由主管副区长领导，街道、地区办事处组成的工作组统一组织部署，市园林绿化局下发问题图斑148块，面积33.62公顷，判定有相关审批手续54块，面积9.8公顷，判定疑似违法地块94块，面积23.81公顷。整改、承诺整改及公园建设中未办理伐移手续地块76块，面积20.05公顷；未整改到位18块，面积3.77平方米，涉及地块硬化、有建筑、超审批等问题。北京市森林资源管理监督平台挂账图斑34块，面积7.34公顷，其中，市审计局审计出问题图斑28块，7月区政府会议决定列入持续整改地块。专项行动期间，立案处理涉林案件11起，包括擅自改变林地用途10起，毁坏林木1起。

（任雨晴）

【海棠花节服务保障】 4月3—18日，朝阳区元大都公园海棠花溪景区是海棠花开盛花期，吸引大量观赏游客。景区加大文明游园宣传引导和疫情防控检查，12名文明引导员在1名领队的带领下，倡导文明游园理念，整治不良游园陋习，引导公众文明游园。

（赖兴友　刘晖）

【所属事业单位分类改革】 4月25日，朝阳区园林绿化局根据区编委办机构编制文件，将原区园林绿化监督管理所、区园林绿化服务中心与区林业工作站（区林业保护站、区林木种子苗木管理站）整合组建北京市朝阳区园林绿化管理服务中心，加挂北京市朝阳区林业工作站牌子；将原北京市朝阳区郊野公园管理中心更名为北京市朝阳区公园和绿化建设管理中心，同属区园林绿化局公益一类事业单位，机构规格正科级，经费形式财政补助（全额）。根据区编委办机构编制文件，设立北京市朝阳区园林绿化综合执法队（简称区园林绿化执法队），以区园林绿化部门名义执法，主要负责执法巡查检查及行政案件处罚工作。

（魏冬梅）

【古树名木养护】 5月，朝阳区园林绿化局搭建古树名木智慧平台，安装智能树环，完成古树名木基础信息数据采集；推进古树社区建设，建立"一树一档"保护方案。全区古树名木679株，其中名木88株、古树591株。精细化体检149株、普通体检530株，总体树木生长情况良好率超过70%。区财政拨付古树名木专项保护资金80万元。

（刘洋）

【春季平原生态林养护管理综合检查】 5月7日和9日，朝阳区园林绿化局邀请林业专家、各乡林业管护负责人约60人开展春季平原生态林养护管理综合检查。此次检查涉及19个乡的38个地块，专家从林分质量、林地质量、养护措施及高质量发展等四个方面对各地块进行打分。检查结果排名前十的有：孙河乡、崔各庄乡、将台乡、黑庄户乡、高碑店乡、太阳宫乡、东坝乡、平房乡、南磨房乡、来广营乡等。

（黄珊）

【"爱绿一起·生态新征程"活动】 5月26日，"2021爱绿一起·生态新征程"首都市民生态体验活动在红领巾公园启动。首都绿化办、市公园管理中心、北京市野生动物救护中心主管领导、活动工作人员、首都生态文明宣传教育基地负责人等100余人参加活动。

（郝培）

【重大活动保障任务】 7月1日，朝阳区园林绿化局担任国家级建党百年重大活动外围保障任务。元大都公园、奥林匹克森林公园、中华民族园3个公园承担鸟巢主会场重大活动外围保障；红领巾公园、朝阳公园、窑洼湖3个公园作为水上救援迫降点位，活动保障任

7月31日，朝阳区红领巾公园在园内举办红领巾生态小课堂活动（刘晓波 摄影）

务圆满完成。

（杨行）

【公园荷花种植情况统计】 7月6日，朝阳区园林绿化局对全区公园荷花种植情况进行专项摸底统计。结果表明：朝阳区各类公园荷花种植总面积为9.54万平方米，荷花种植面积超1000平方米的公园有12处，分别是：日坛公园、团结湖公园、红领巾公园、大望京公园、望和公园、朝阳公园、奥森公园、望湖公园、朝来农艺园、中华民族园、古塔公园、将府公园。

（杨行）

【森林火灾风险普查】 8月17日，朝阳区园林绿化局印发《朝阳区森林火灾风险普查工作方案》，启动第一次朝阳区森林火灾风险普查工作。截至年底，完成森林可燃物调查、野外火源调查、重点隐患调查，配合市级专家组开展外业调查，获取油松、国槐、白蜡

等代表性树种地块环境因子、林分因子等数据，为区森林火灾危险性评估、重点隐患评估等打下基础。

（郝旗）

【朝阳区2020年平原重点区域造林绿化工程（二期）】 9月，朝阳区启动平原重点区域造林绿化工程（二期）建设。工程涉及崔各庄乡、孙河乡，施工面积50.92万平方米，施工内容包括绿化工程、庭院工程、灌溉工程及土方工程，截至年底，完成总工程进度65%。工程由北京市园林设计工程有限公司（一标段崔各庄乡）、北京福森园林绿化工程有限公司（二标段孙河乡）承建，北京中景恒基工程管理有限公司监理，北京易景道景观设计工程有限公司设计。

（杨孟佳）

【安全生产标准化】 9月2日，朝阳区园林绿化局系统具备安全生产标准化建设达标条件的

14家单位全部完成达标创建任务，其中，朝园弘公司、绿化一队等6家单位达到安全生产标准化二级；日坛公园、团结湖公园等8家公园达到安全生产标准化三级单位。

（郝旗）

【文明城区复检环境保障】 9月19—24日，朝阳区园林绿化局全面做好文明城区复检环境保障工作。对全区主次干道、主要交通路口、商业大街、商圈、地铁站出入口进行环境巡视检查，出动应急人员55人，车辆25台，各类应急抢险设备30余套，清理绿地7800平方米，补植补种植物350余株，确保文明城区复检工作顺利进行。

（黄珊）

【烈士纪念日公祭活动】 9月30日，朝阳区2021年烈士纪念日公祭活动在日坛公园马骏烈士墓前举行朝阳区委、区人大常委会、区政府、区政协四套班子主要领导以及来自社会各界群众代表、马骏烈士家属及区部分烈属代表、学校师生代表、武警官兵代表等100余人参加公祭仪式。

（孙琳）

【绿地林地管理工作培训】 10月21日，朝阳区园林绿化局在蓝调庄园会议中心组织召开2021年度绿地林地管理工作培训会，邀请专家围绕全面建立林长制推进园林绿化资源最严保护高质量发展和北京城市绿

地养护管理工作进行讲解。区街道（地区）办事处、区局属单位和社会单位绿化管理负责人160人参加培训。

（黄珊）

【绿地应急养护】 11月6—7日，朝阳区园林绿化局针对明显降雪和强降温天气，严格落实领导带班值班制度，提前做好应急准备。备勤428人，车辆39辆，高枝车2辆。清理冻雪树挂3826株、面积1.18万平方米；出动人员1806人次、车辆194台，处理树木折枝3处，处理倒伏树木160株，未出现倒树伤人情况，确保城市运行安全及道路畅通。

（黄珊）

【义务植树情况】 年内，朝阳区绿化办举办植树活动30余场，近万人次参与；发放首都全民义务植树尽责电子证书4300余份，义务植树尽责抚育15000余株，新植树木4000余株。发挥全市首家区级和街乡级"互联网＋义务植树基地"望和公园、太阳宫公园宣教作用，融合六里屯街道、太阳宫夏家园社区、崔各庄鲜花工厂3家园艺驿站等绿色宣教互动平台资源，开展生态宣教活动。创建望京街道办事处望京西园四区社区、大屯街道办事处育慧西里社区、八里庄街道办事处罗马嘉园社区等8个首都绿化美化花园式社区，评选孙河乡人民政府为"首都森

11月6日，朝阳区园林绿化局应对降雪和强降温天气进行绿地应急养护（常建超 摄影）

林城镇"，黑庄户乡铺村、来广营清河营村为"森林村庄"，强化全民共建共享共荣理念。朝阳区园林绿化局获2020年"首都全民义务植树先进单位"称号。

（张珊）

【公园结对帮扶活动】 年内，朝阳区园林绿化局开展公园结对帮扶工作。推出北京天坛公园和将府公园"二月兰"主题摄影作品联展；大望京公园对孙河乡开展技术帮扶，完成杨柳絮治理1660株、行道树遮阴挡光修剪577株、防治美国白蛾19215株；日坛公园与兴隆公园开展业务交流座谈；在落实防疫要求基础上，组织开展朝阳公园书市活动，温榆河公园冰雪活动和麦田音乐节，奥林匹克森林公园网球比赛和秋日向日葵观赏等文化活动。

（杨行）

【红领巾生态小课堂】 年内，

朝阳区红领巾公园举办主题形式多样的红领巾生态小课堂之《春的飞花令》《荷花的一生》《公园鸟类自然笔记》等活动12次，参与活动家庭在专业老师带领下，通过各种游戏、实验、做笔记等方式对大自然里的绿植及鸟类进行新的认知。全年201组家庭参与。

（郝培）

【森林防火宣传】 年内，朝阳区园林绿化局采购森林防火宣传牌900块，要求各森林防火单位悬挂在管辖林地醒目位置，起到提醒和警示作用，增强群众森林防火意识，保护林地安全，营造"人人防火，共同防火"良好氛围。

（英頔）

【行政审批】 年内，朝阳区园林绿化局依法依规完成多规合一项目园林方案审核58项，附属绿地改造方案审查6件。市园林绿化局使用林地审核8件，

使用林地面积69万平方米；使用林地审批5件，占用林地面积0.25万平方米。审批临时占用林地12件、9.23万平方米；批准修筑直接为林业生产经营服务的工程设施占用林地2件、5.65万平方米，林地备案4件、7.11万平方米。审核及审批林木采伐131件、7272株；林木移植188件、307123株。审核永久占用绿地21件、8116.8平方米；临时占用绿地46件、71783.2平方米；审核砍伐树木许可9件、223株；审核移植树木许可28件、3575株；审批临时占用绿地7件、2248.5平方米；树木砍伐115件、384株；树木移植49件、406株。社会投资项目涉及审核许可7件，涉及砍伐树木157株、移植树木2035株；审批许可1件，涉及砍伐树木7株、移植树木7株。

（任宇晴）

【野生动物保护】 年内，朝阳区园林绿化局加强野生动物救护和疫源疫病监测。根据《中华人民共和国森林法》《中华人民共和国野生动物保护法》，通过"爱鸟周"宣传和"清风行动"，打击非法鸟类市场，检查在册养殖单位养殖情况。出动检查人员264人次、车辆106辆次，每周六、周日配合市执法大队及街乡城管队对路边鸟市进行巡查检查。截至年底，全区在册陆生野生动物人工繁育单位8家，全部签订朝阳区野生动物保护管理责任书；全年接救助动物诉求30起，救助动物16只，立案15起。

（任雨晴　英頔）

【林长制工作】 年内，朝阳区园林化局制订印发《朝阳区关于全面建立林长制的工作方案》及相关配套制度。建立区、街道、社区三级林长工作体系，推进林长制网格化管理体系，建立健全"一长两员"（一长：社区村级林长；两员：林管员、护林员）末端管护队伍。全区划分网格总数1334个，最大网格面积近116万平方米、最小网格面积800平方米；设立林长总人数2639人，其中区级林长人数14人、街（乡）级林长259人、社区（村）级林长663人；林管员719人；护林员984人。年内，区总林长、区委书记王灏开展林长制巡林工作1次，调度工作1次。区总林长、区长文献开展巡林工作2次，调度工作1次，作出批示3次。区副总林长、副书记王旭开展巡林工作1次。区副总林长暴剑开展巡林工作1次，调度工作1次，作出批示20次。

（张森）

【领导班子成员】
局长　党委书记
区绿化办主任
二级巡视员　王春增
副局长　党委副书记　三级调研员
王国臣（2021年7月免）

区纪委派驻组组长
王泽民（2021年7月免）
崔大明（女）（2021年7月任）
副局长　一级调研员　王文胜
副局长　三级调研员
王涛（2021年4月免）
副局长　二级调研员
王礼先（女）
副局长　三级调研员
李大鹏（2021年4月任）
副局长
胡峭寒（2021年9月任）
二级调研员
李世喆（2021年3月免）

（魏冬梅）

（朝阳区园林绿化局：魏冬梅
供稿）

海淀区园林绿化局

【概　况】 北京市海淀区园林绿化局（简称海淀区园林绿化局），挂北京市海淀区绿化委员会办公室（简称区绿化办）、北京市海淀区林长制办公室（简称区林长办）牌子，是负责本区园林绿化工作的区政府工作部门。下辖4个事业单位：区园林绿化服务中心、区林业工作总站、区公园管理中心、区湿地和野生动植物保护管理中心。

2021年，全区森林面积15285.04公顷，湿地面积1125.96公顷，森林覆盖率

35.48%，湿地保护率34.55%；城市绿化覆盖面积13949.23公顷，绿地面积13703.42公顷，绿化覆盖率51.37%，绿地率50.48%，人均绿地面积43.76平方米，人均公园绿地面积14.63平方米（人均公园绿地面积按2020年常住人口数据计算），公园绿地500米服务半径覆盖率91.72%。

绿化建设　年内，海淀区完成造林绿化工程178.30公顷，其中新增造林绿化166.41公顷、改造11.89公顷，共23项绿化工程，栽植乔灌木13.5万余株。

绿色产业　年内，海淀区注册苗木生产企业36家，苗圃面积277.47公顷，实际育苗面积216.29公顷，苗木花卉总产量147.44万株。全区有本地蜂农户8户，蜂群311群，蜂蜜产量6200千克，年收入20.1万元。

资源安全　年内，海淀区推进全区三级林长制责任体系建设，落实森林火灾防控和以生物防治、物理防治为主的林木有害生物绿色防控措施，加强野生动植物保护和园林绿化综合执法，维护绿化资源和森林生态安全。

（史一然）

【全民义务植树】　3月30日，全国政协机关干部职工100余人在海淀区西山国家森林公园昌华地块参加义务植树活动，栽植白皮松、侧柏、栾树等乔木400株。4月3日，海淀区开展以"植树造林、科学造林、全面建设国家森林城市"为主题的第37个首都义务植树日活动，区委、区政府、区人大常委会、区政协四套班子领导及机关干部群众100余人，在永定路街道永金里小区北侧绿地，种植油松、白蜡、银杏、紫叶李、山桃等树苗400余株。4月11—12日，海淀区公安分局、海淀区供电公司团委、北京大学后勤党委、中关村科学城独角兽企业党建联盟7个单位300余人，在上庄镇白水洼村海淀区平原重点区域造林绿化工程地块开展义务植树活动，栽植油松、国槐、元宝枫、栾树、山桃等树苗400余株。年内，海淀区"互联网+全民义务植树"（海淀公园）基地开展多种形式的义务植树活动16场次，直接参与人数342人，抚育面积0.62公顷，折合义务植树株数共1026株，

发放宣传材料2500余份。以开展全民义务植树40周年为主题，发动社区居民开展全民义务植树尽责活动10场次，600人次在家门口完成义务植树尽责活动。北京植物园园艺生活馆园艺驿站和清华附中永丰学校小学部园艺驿站，开展线上线下多种类型的园艺活动41场，6000余人次参与活动。

（于帅宇）

【全面建立林长制】　6月10日，海淀区印发《海淀区关于全面建立林长制的工作方案》，设立以区委书记和区长为总林长的区级林长27名、镇（街道）级林长204名、村（社区）级林长714名，成立区、镇（街道）级林长制办公室31个，全面建立区级林长、镇（街道）级林长、村（社区）级林长三级责任体系。8月11日，海淀区园林绿化局正式加挂海淀

3月20日，海淀区翠湖国家城市湿地公园首次观测到12只国家一级重点保护野生动物白枕鹤（彭涛　摄影）

8月11日，海淀区园林绿化局加挂海淀区林长制办公室牌子
（周佳俊 摄影）

区林长制办公室牌子。7月1日，签发海淀区第1号总林长令《关于开展林长制巡林工作的通知》；年内，区级林长完成巡林27人次，街（镇）级林长完成巡林200余人次。9月24日，签发海淀区第2号总林长令《关于开展美国白蛾防控和松材线虫病疫情秋季防治工作的通知》；年内，7个镇、22个街道，266个社区（村、点）监测到美国白蛾成虫6484头，发现美国白蛾危害点位2060处，危害树木17374株，监测松墨天牛、红脂大小蠹、白蜡窄吉丁等其他20余种林木有害生物3622头。12月17日，签发海淀区第3号总林长令《关于全面加强森林防灭火工作的通知》；截至年底，森林火灾防控出车巡视215次，出动巡查人员645人次，检查防火岗亭492个，乡镇防火检查站211个，检查瞭望塔101处，巡视防火道8693千米，巡视林地366.67公顷，开展森林防火宣传活动9次，发放宣传单及宣传手册2500余份，受教育群众75000余人。

（周宇）

【印发《北京市海淀区园林绿化专项规划（2020年—2035年）》】 11月2日，海淀区政府印发《北京市海淀区园林绿化专项规划（2020年—2035年）》。规划明确，到2035年，全区森林覆盖率由"十三五"末期的35.78%达到37%，人均公园绿地面积由"十三五"末期的13.99平方米提升到20平方米，建成区公园绿地500米服务半径覆盖率由"十三五"末期的91.52%提升到不小于96%，绿道长度由"十三五"末期的195千米提升到不低于410千米，海淀将拥有"更自然、更精致、更创新、更共享、更有温度"的绿色空间，

让生活在海淀的市民"近"能推窗见绿、出门见园，"远"能徒步西山、漫步郊野，观鸟听虫，充分享受人与自然和谐共处的美好环境。

（马晓慧）

【新一轮百万亩造林绿化工程】 年内，海淀区完成造林绿化工程178.30公顷，其中新增造林绿化166.41公顷、改造11.89公顷，涉及23个项目，栽植乔灌木13.5万余株。建设类型为景观生态林和公园绿地，其中新建景观生态林73.24公顷、新建公园绿地93.17公顷、改造公园绿地11.89公顷。

（史一然）

【"留白增绿"专项行动】 年内，海淀区"留白增绿"专项行动完成绿化面积15.32公顷，涉及海淀镇、苏家坨镇等地区12个项目82个点位，利用拆违腾退地、城市边角地，建设北安河风景林、厢黄旗公园、北长河小微绿地等公园绿地。

（史一然）

【森林健康经营示范工程】 年内，海淀区完成山区森林健康经营项目任务200公顷，其中一级经营作业区77.87公顷、三级经营作业区122.13公顷。项目位于苏家坨镇车耳营村、徐各庄村和南安河村山区，建设内容包括林木抚育建设和附属工程建设。林木抚育完成人工补植37.27公顷，疏伐32.73公顷，割灌除

草7.13公顷，修枝24.73公顷，定株30.13公顷，附属工程完成作业道3000延米，增设指示标示5处、座椅10处、工程牌匾2块。

（徐薇）

【平原生态林多功能建设】 年内，海淀区开展平原生态林村头片林改造提升和生物多样性保育小区营造，完成3处村头片林改造提升12.52公顷，其中上庄镇2处、温泉镇1处，建成林下广场3个共360平方米、健身步道830延米，设置休闲座椅12个、标志牌2个、宣传栏5个、路灯66个、灌溉管道2600米，栽种植被6.3公顷；营建生物多样性保育小区4处26.67公顷，其中苏家坨镇3处、上庄镇1处，建成小微湿地8处、本杰士堆20个、人工鸟巢80个、昆虫旅馆20个、种植食源性蜜源性植物800株。

（徐薇）

【森林资源监测监管】 年内，海淀区园林绿化局完成北京市园林绿化资源智慧管理平台林地动态监测图斑核查，通过影像判读、外业核实、业务叠加分析等方式，核实全区2019—2021年的林地动态监测1292块图斑、面积365.94公顷，林木增加53个图斑、28.54公顷，林木减少599个图斑、189.65公顷，无变化633个图斑、459.61公顷，重复图斑7个、2.03公顷。

（徐薇）

【生态林管护】 年内，海淀区纳入生态林地补偿机制政策林地总面积6760.30公顷，其中精品公园面积209.80公顷、一般公园面积295.39公顷、一级林地面积136.94公顷、二级林地面积870.63公顷、三级林地1957.62公顷、四级林地758.68公顷、五级林地2482.76公顷、城区绿化无等级48.48公顷。落实生态林地补偿机制政策，拨付政策资金32974.89万元，其中东升镇2114.79万元、海淀镇1211.12万元、四季青镇7959.89万元、西北旺镇4842.60万元、温泉镇3834.56万元、上庄镇3779.11万元、苏家坨镇8440.94万元、西农公司479.31万元、北京市海淀区市政服务集团有限公司305.34万元、玉渊潭农工商总公司7.23万元。因新生违章建筑、征占用林地、养护不到位等问题扣减政策资金约1900万元。设立政策资金600万元用于镇、村两级年度考核奖励，按照年度镇级考核排名，分别奖励位列前三的西农公司75万元、苏家坨镇45万元、东升镇30万元；按照年度村级考核排名，分别奖励位列前十的草厂村16175.45元、台头村102961.79元、北安河村1105629元、聂各庄村38996.21元、小营村174808.89元、西埠头村231487.78元、辛庄村894495.35元、曙光村1072828.94元、高里掌村663302.56元、大牛坊村

199314.03元。完成林分结构调整227.8公顷，涉及西北旺镇（西玉河村）、西农公司、苏家坨镇（北京如景生态园林绿化有限公司）、温泉镇（东埠头村、太舟坞村）、上庄镇（后章村、西马坊村）、四季青镇（京香村、振兴村、西红门村）。完成林地巡查71.87万公顷、杂草清理4533公顷、乔灌木修剪251万株、乔灌木补植4.5万株、伐移乔木3600株、浇水7000公顷次、清理及粉碎绿化废弃物1.50万吨。开展冬奥会重要联络线两侧生态环境整治，出动作业人员3945人次、作业车辆106台，清理生态林地垃圾、枯枝干杈等绿化废弃物945立方米，清理危死树128棵，修剪苗木19327棵，抹芽除蘖3800余株，遮盖裸露地面9720平方米，清理杂草67.6公顷，浇水160吨。

（徐薇）

【农村街坊路绿化】 年内，海淀区纳入农村街坊路绿化管理涉及3个镇、26个村，绿地面积31.77公顷，下拨资金114.36万元。

（徐薇）

【花卉布置】 年内，海淀区园林绿化局投资1699万元，完成花卉布置工程48297.02平方米，涵盖玉泉山地区、西北三环沿线、中关村地区、山后地区等主要区域，其中地栽花卉工程28768.80平方米，草坪恢复8581平方米，涉及紫竹桥区和健翔

海淀区西三环路紫竹桥中央隔离带花卉景观（杨晓涛 摄影）

桥区2处重点桥区，中关村大街、北坞村路、北清路、后厂村路、三环路、四环路、复兴路、中关村西区7处重点道路；花钵花卉工程10947.22平方米，涉及西四环路中央隔离带、万泉河路中央隔离带、万泉河路主辅路隔离带、北四环中关村1、2、3桥主辅隔离带、长春桥路中央隔离带5处，布置花箱花钵3260个，栽植苏铁766株。

（于帅宇）

【森林防火】 年内，海淀区园林绿化局落实领导带班、24小时值班制度。建立森林防火联防联动机制，加强与森林公安、森林消防支队协调联动，森警消防支队105名官兵驻防四季青镇和北京林业大学实验林场。划定森林防火区20074.07公顷，其中一级防火区11759.67公顷、二级防火区8314.38公顷，并向社会公布划分成果。推广应用"互联

网+森林草原防火督查"系统和森林防火码，全区森林防火码启用率达100%。增大森林防火视频监控覆盖率，在林区新建5路视频监控。开展野外火源治理和违规用火查处专项行动，出动检查人员810人次，查处违规野外吸烟15人，制止违规用火8起，排查整改火灾隐患19处。开展森林火灾综合风险普查，完成11个标准地和2个大样地的森林可燃物调查以及森林野外火源数据采集。开展林下可燃物清理和隔离带打割，累计打割隔离20万延米，清理林下可燃物637.47公顷。加强巡视巡查，全年巡视264次，出动巡查人员735人次，检查防火岗亭2133个，检查瞭望塔159次，巡视防火道12500千米，巡视林地1300公顷，检查单位75家，下发隐患通知书50份，均整改完毕。加强森林防火宣传，在一级防火

区内7个公园景区门口、22个检查站入口张贴森林防火宣传画报，设置34个森林防火码扫码宣传提示，举办防火宣传活动22次，印发宣传手册3万份，发放宣传品1.2万个，制作宣传横幅150条，受教育群众达7万余人。本防火年度无森林火灾、无人员伤亡。

（郭银超）

【林木有害生物防控】 年内，海淀区园林绿化局落实依法防治、科学防治、统防统治、精准防治、群防群治防控措施，全区设置美国白蛾、白蜡窄吉丁、红脂大小蠹、松墨天牛等20种虫害区级监测点540个，在29个街（镇）的568个社区（村、公园）监测到美国白蛾成虫6483头，发现美国白蛾危害点位2070处，巡查发现危害树木17419株。推行以生物防治、物理防治为主的绿色防控措施，释放周氏啮小蜂、管氏肿腿蜂、异色瓢虫等生物天敌3亿余头，悬挂国槐小卷蛾诱捕器、粘虫板等物理防控用品3万余个（套），累计绿色防控面积2133.34公顷。完成春、夏、秋三季飞防作业130架次，累计防控面积1.3万公顷。开展有害生物应急处置99起，除治面积86.29公顷。出动巡防人员38721人次，巡视绿地22755块次，累计综合防治面积4.27万公顷。组织29个街（镇）开展林业有害生物识别与防控技

术、林木种苗企业依法生产经营与安全管理培训2期，参训人员300余人，现场技术指导100余次。

（徐薇）

【植物检疫监管】 年内，海淀区园林绿化局开展松材线虫病专项普查，涉及社区、公园等915个点位，发现死亡及高度疑似松材线虫病的松树19株，均未检出松材线虫。完成新一轮百万亩造林苗木质量监督检查，累计抽查42批次，涉及苗木2600余株。完成调入海淀区苗木随机检疫复检18批次，涉及苗木7600株。完成检疫出圃苗木7.8万余株、种子5800千克。开展林业有害生物执法检查592次。

（徐薇）

【野生动植物保护】 年内，海淀区开展生物多样性保护研究，建立野生动物、植物资源本底数据库。完成北京西山国家森林公园、百望山森林公园、北京植物园、玉渊潭公园、颐和园、翠湖国家城市湿地公园、鹫峰、圆明园、紫竹院公园、香山公园、北坞公园等11个调查样点、样线调查。经调查，海淀区野生植物120科421属755种，陆生野生动物403种，其中兽类41种，鸟类339种，爬行类23种；两栖类6种。加强古树名木保护，对全区15065株古树名木开展健康体检，体检覆盖率100%，

形成"一树一档"古树体检报告；对区管3533株古树实施专业性养护；建设世纪新景园古树社区；全年新增古树21株。加强野生动物保护管理，妥善处置野生动物救助事件308起，救助野生动物284只，处置死亡野生动物37只；设置野生动物疫源疫病监测点5个，观测野生动物40余万只；检查全区陆生野生动物人工繁育场所、陆生野生动物疫源疫病监测站、野生动物市场经营场所121次；与北京市生态环境局合作完成"北京市生物多样性观测和调查结果分析应用项目（2021）——翠湖智慧观测示范区试点建设项目"，通过融合无线传输红外相机、全景扫描摄像机和AI图像识别等技术，实现野生动物及过境鸟类全天候监测、现场实况回传。

（周宇　白云）

【湿地管理】 年内，海淀区园林绿化局开展全区湿地斑块资源现状摸底调查，建立湿地资源管理台账。完成湿地资源动态监测区级自查，现地踏勘面积大于400平方米的斑块73块。经市园林绿化局审核，认定海淀区湿地总面积1125.96公顷，占全区国土面积的2.61%，湿地保护率34.55%，在全市排第12位，在城六区中排第2位。推进翠湖湿地公园湿地生态修复和保护，调整局部绿地、道路坡度和改良土壤，搭建监测

设备监测土壤、大气、水文及生物多样性，完成2020—2021年中央财政项目"翠湖国家城市湿地公园湿地修复与生态监测项目"，实现翠湖湿地生态系统的持续监测。

（刘筱竹）

【园林绿化综合执法】 年内，海淀区园林绿化局严厉打击破坏森林和野生动物资源的违法行为，立案17起，其中涉林木案件5起、涉林地案件6起、涉野生动物案件5起、涉植物检疫案件1起，做出行政处罚13起，罚款56.45万元，没收野生动物6只，责令恢复林地1500平方米，补种树木429株。

（庞晓岚）

【行政许可】 年内，海淀区园林绿化局受理行政许可及服务事项1114件，办理行政许可及服务事项928件，承接市园林绿化局下放权限3项，接待咨询人员2885人、电话咨询3544次。审批林地征占用52件，其中区级办理45件；公共绿地占用136件，其中区级办理6件。办理建设工程附属绿地咨询项目44件，其中多规平台办结39件，园林绿化资源动态监管系统办结5件。批准猎捕野生动物3件，涉及野生动物995只；办理野生动物财产损失认定2件，认定金额7360元；办理野生动物财产损失补偿2件，补偿金额7360元。办理林木种子经营许可14件，办理专

门经营不再分装的包装种子备案1家，签发产地检疫合格证、植物检疫证书（出省）13份。办理公共绿地建设工程竣工验收9件。

（白云 徐薇）

【公共绿地绿化设计方案审查】 年内，海淀区园林绿化局审查阜石路景观廊道绿化建设工程、清河精品大街绿化景观提升工程、五塔寺路冬奥会保障区域环境建设项目绿化工程等21项公共绿地绿化设计方案，均取得市园林绿化局批复，总面积161.51公顷。

（马晓慧）

【绿化美化先进集体创建】 年内，海淀区创建"首都全民义务植树先进单位"7个，创建"首都绿化美化先进单位"1个，创建"首都绿化美化花园式单位"6个，创建"首都绿化美化花园式社区"3个，创建"首都森林城镇"1个，创建"首都森林村庄"4个。海淀区湿地与野生动植物保护中心获得"首都生态文明建设先进集体""2021年海淀区科普基地"称号。

（于帅宇 刘筱竹）

【代征绿地收缴】 年内，海淀区园林绿化局接收海淀区清河医院医疗卫生用地项目（一期）、苏家坨北安河东区定向安置房（二期）等代征绿地16项，总面积53.03公顷。取得北京市海淀区永丰产业基地代征

绿地Ⅲ-3地块等14个地块中华人民共和国不动产权证书，完成代征绿地土地确权18.51公顷。

（马晓慧）

【集体林权制度改革】 年内，海淀区拨付生态公益林促进发展机制资金142.89万元，涉及面积2268.2公顷，拨付苏家坨镇91.58万元、西北旺镇0.85万元、温泉镇19.71万元、四季青镇30.75万元。完成四季青镇、西北旺镇、苏家坨镇、温泉镇3443.53公顷山区生态公益林的综合保险，投入保险金92975.4元，总保险金额6198.36万元。

（白云）

【领导班子成员】

局长 党组书记
区绿化办主任 王志伟
副局长
张雅菊（2021年5月任）
云峰（2021年5月免）
邢晓燕 田文革
王家宝（2021年7月任）

（罗勇）

（海淀区园林绿化局：罗勇 供稿）

丰台区园林绿化局

【概况】 北京市丰台区园林绿化局（简称丰台区园林绿化局），挂北京市丰台区绿化委员会办公室（以下简称区绿化办）牌子，是负责本区园林绿

化的区政府工作部门，内设办公室、绿化工作办公室、林业科等12个职能科室，机关行政编制40名，实有33名；新成立园林绿化综合执法队，行政执法编制23名，实有人数5名。2021年3月，根据丰台区委编办批复，原有10个基层单位整合组建为3个事业单位：区林业工作站事业编制53名，实有46名（自然减员至30名）；区公园管理中心事业编制242名，实有238名（自然减员至180名）；区园林绿化服务中心事业编制189名，实有175名（自然减员至150名）。

截至2021年底，森林面积8520.86公顷，湿地面积1099.52公顷，森林覆盖率27.89%，湿地保护率11%；绿地面积7744.4公顷，公园绿地面积2436.08公顷，城市绿化覆盖率47.43%。

绿化造林 年内，丰台区完成新一轮百万亩造林年度任务296.25公顷，新增造林面积200.87公顷，改造提升95.39公顷。依托新一轮百万亩造林年度任务，栽植各类苗木52660株，平原造林93.73公顷。"留白增绿"完成38.99公顷，"战略留白"完成18.13公顷。通过城市代征地绿化、小微绿地、"留白增绿"建设等项目完成公园39处。

绿色产业 年内，丰台区花卉种植面积4560平方米，主要种植盆栽花卉及花坛植物

等，生产盆栽花卉3万盆，总产值240万元。

资源安全 年内，丰台区未发生森林火灾，林业有害生物成灾率、测报准确率、无公害防治率、敏感地区美国白蛾等食叶害虫平均寄主叶片保存率均达标。

公园风景区 年内，丰台区行业注册公园25家，占地面积1429.0855公顷，其中7个收费公园及风景区，其余18个为免费公园（其中5个是郊野公园）。共有精品公园11个，市级重点公园3个，4A级旅游景区5个。

【**全民义务植树活动**】 年内，丰台区园林绿化局完成全国人大常委会、北京市纪委监委、北京市审计局等单位以及社会各界人士义务植树活动服务保障工作。组织各类义务植树主题活动57次，接待2023人次，国家级领导参加1次、市级部门领导参加2次，新植树木2218株，养护树木1.2万株。在太平桥街道丽湾社区建成1处社区级"互联网+全民义务植树"基地，在花卉大观园建成1处街乡级"互联网+全民义务植树"基地。

【**新一轮百万亩造林工程**】 年内，丰台区园林绿化局完成新一轮百万亩造林任务296.25公顷，其中新增造林面积200.87公顷，改造提升95.39公顷。具体建设任务包括平原造杯建设93.73公顷；公园绿地建设32.16公顷，小微绿地建设17.57公顷；"留白增绿"完成38.99公顷，"战略留白"完成18.13公顷。

【**南苑湿地森林公园建设**】 年内，丰台区南苑森林湿地公园先行启动区A地块土方及水系工程完成总体工程量70%；B地块园林工程（槐园一期）全部完工通过竣工验收，并于国庆节期间试行对外开放；森林湿地片区59.73公顷完成方案批复、立项、招投标等工作，于10月进场施工；城市森林片区53.47公顷任务开始招投标；南苑森林湿地公园先行启动区森林湿地片区、城市森林片区智能管理系统项目取得区科学技术和信息化局技术立项批复。

【**创建国家森林城市**】 年内，丰台区创建国家森林城市工作稳步推进。全区涉及36项指标、206项任务，已完成163项，正在施工或推进任务43项。依托"中国水日""世界水周"、特色花果节、创森纪念树、绽放社区之美等创森主题宣传活动，发布创森信息、新闻稿数（含采访）3526条、悬挂条幅764条、张贴海报30160张、组织宣传活动224次，发放宣传折页1万份。

【**丽泽商务区绿化建设**】 年内，丰台区园林绿化局建成丽泽商务区城市运动休闲公园（一期）12.73公顷、核心区（南区）绿地（一期）2.93公顷，于11月底对外开放。启动并推进城市运动休闲公园（二期）、滨水文化公园（二期）（三期）前期手续办理工作。

1月28日，丰台区园林绿化局调研云岗森林公园防火情况（李斌 摄影）

6月10日，丰台区园林绿化局对万丰郊野公园开展养护检查
（谢乾瑾 摄影）

【绿化美化先进集体创建】 年内，丰台区创建4个花园式社区、5个花园式单位、2个首都森林村庄。花园式社区分别是新村街道三环新城第三社区、新村街道三环新城第二社区、太平桥街道万润社区、青塔街道长安新城第一社区。花园式单位分别是北京市凉水河管理处大红门闸站办公区、北京市凉水河管理处洋桥橡胶坝站办公区、审计署、北京新城康景物业管理有限公司、青塔街道蔚园22号院。首都森林村庄分别是南苑街道槐房村、卢沟桥街道大瓦窑村。

【林荫路建设】 年内，丰台区园林绿化局建设林荫路2条，分别为金中都南路、首经贸中街，建设面积1.3千米，绿化面积0.47公顷。

【全龄友好型公园建设】 年内，丰台区园林绿化局建设全龄友好型公园2处。其中，绿源公园项目改造面积10.5公顷，于年底完工并对外开放；莲花池公园项目建设内容主要是西门景区改造提升、北侧山区绿化景观提升及全园智能化建设，预计2022年5月1日对外开放。

【"十四五"时期丰台区园林绿化发展规划编制】 年内，丰台区园林绿化局修改完善《丰台区"十四五"时期园林绿化发展规划》；启动《丰台区园林绿化专项规划》编制并提出初步研究思路；牵头编制《南中轴绿廊公共空间规划实施方案》并形成初步思路；启动新一轮林保规划编制；编制2021—2035年古树名木保护规划。

【园林绿化资源管护】 年内，丰台区园林绿化局做好945公顷城市公共绿地及区管14条河道102千米、257公顷河道绿地的养护管理。完成城市专业绿地补植乔木508株，灌木7062株，地被55000平方米，绿篱色块160000平方米，月季70000株，攀缘植物750平方米，草坪123000平方米，苫盖、覆盖3617平方米，分栽宿根花卉28800平方米、分栽草坪5040平方米，乔木、花灌木移植310株；河道绿地补植乔木298株，灌木1261株，地被9500平方米；升为特级绿地2块、升为一级绿地21块、升为二级绿地5块。完成生态林、郊野公园等5800公顷养护任务。涉及1998个地块、80多家养护单位、3000余名生态林管护员落实各季度养护措施；完成67.07公顷山区森林健康经营林木抚育项目和33.33公顷国家级公益林管护项目。完成2021年森林督查及森林资源"一张图"修编工作，督促街镇整改问题图斑，完成两期遥感影像购置和自查图斑判读。完成8个街道13株古树复壮修复，组织相关专家对万年花城、射击场路南侧路2株古枣树进行枣疯病防治。

【代征绿地收缴】 年内，丰台区园林绿化局完成晓月苑住宅小区二期、全鑫园住宅小区、星河城住宅小区、丰台区南苑乡石榴庄村0517—659等地块住宅混合公建、基础教育及医疗卫生用地、张郭庄110千伏输变电工程、丽泽商务区E-08、E-09地块商业金融项目、金泰丽湾小区、丰台区南苑乡槐房村NY-019地块绿隔产业用房项目（万达用地）、北京丽泽金融商务区E区13、14地块、商业金融用地（楠溪大厦）、洋桥经济适用住房、马家堡东路7号、小瓦窑旧村改造项目、丰台园东区三期土地一级开发项目、和义14#仓库、多层车库、青龙湖文化会都核心区C地块、小瓦窑村E地块、夏家胡同旧村改造绿隔产业用地项目、青龙湖文化会都核心区B地块代征绿地收缴，面积827642.42平方米。

【重大活动景观保障】 年内，丰台区园林绿化局圆满完成纪念全民族抗战爆发84周年、建党100周年等重大活动、节日环境保障任务。纪念全面抗战活动景观布置主要在宛平城及其周边和联络线布置栅栏花槽、地栽花卉5处，栽摆花卉约54万株。建党100周年花卉景观布置8800余平方米，包括立体花卉8组，栽摆花卉约139.45万株。

【行政审批】 年内，丰台区园林绿化局完成行政许可审批件832件，伐移林木、树木80820株（林木77829株、树木2991

12月11日，丰台区园林绿化局与北京市森林公安共同开展成寿寺鸟市联合执法行动（陈磊 摄影）

株）；占用林地、绿地30.63公顷，其中清理危死树530件，采伐林木、树木3332株。完成"多规合一"行政审批类项目会商意见审核54件。签发林木种子生产经营许可证8份，"双随机"抽查8次；产地检疫苗木13.35万株、27.43公顷，签发产地检疫合格证8份。完成建设项目绿化审查26件，完成5个项目8.24公顷绿地复核。

【行政执法】 年内，丰台区园林绿化局立行政案件11件，野生动物类案件10件，种苗林保类案件1件。办结案件11件，处罚金额19.6万元，向市规划自然资源委丰台分局发函查询土地性质6件（涉及图斑14块）；发现疑似违法行为移交街道属地综合执法队线索函34件，其中回函30件，未回函4件持续跟进中。完成对行政审批批后现场核查1103次，开展林地巡

查183次，下达整改通知53件，完成整改37件，正在督促整改16件。处理"12345"市民热线举报等45件，其中涉及野生动物类12件、野生植物类3件、涉林涉绿类30件。经现场核实情况，已办结28件，退回属地17件。

【公园管理与服务】 年内，丰台区园林绿化局各公园持续做好大客流管控，重点时段、重点公园实施网上预约、无接触售票。完成"五一""十一"文明游园活动保障，接待游客861315人。完成6处公园景区及10处绿地广场63处无障碍设施设置及改造。6家公园和世界公园完成安装健康宝智能人脸识别测温终端14处，解决老年人刷老年卡、身份证及医保卡进园面临的"数字鸿沟"问题。联合属地、公安、交通、文旅等多个部门加强游园陋习

监管，100余名文明引导员参与不文明游园行为管控和游园秩序维护工作。

【森林防火】 年内，丰台区发生1起森林火情，得到及时有效控制。召开森林防火工作部署会4次，现场调度会6次，联合集中巡查巡护11次，排查各类隐患三大类共8项，组织全区集中清理林下可燃物127吨，签订防火责任书6份，开展森林防火集中宣传3次，发放各类宣传品1万余份，受众近万余人。制作森林防火警示牌125块，利用微信、微博和公众号发送森林防火宣传信息12条。森林公安转隶后，区园林绿化局成立森林防火科（安全生产科），健全制度机制、明晰责任体系，严格落实属地、部门、单位、个人"四方责任"；注重规范管理，加强一线队伍建设管理，根据行政区划边界调整，完成森林防火区域划分；扎实开展森防宣传，紧盯源头治理和林下可燃物清理，从源头上阻断火险发生。

【全面建设林长制】 年内，丰台区全面启动林长制建立工作，印发丰台区林长制实施方案及7项配套制度，组织各街（镇）完成实施方案和配套制度的制定印发，三级林长体系基本建立；颁发2道林长令，各级林长巡林6477次。完成全区林长制四级网格划分，全区26个街（镇）共划分一级网格1个，二级网格26个，三级网格436个，四级网格624个。完成"一长两员"信息采集工作，采集人员信息1494名，其中社区（村）级林长426人，林管员443人，护林员625人。实现全区资源"建、管、用、防、护"五位一体，资源管护模式得到进一步优化。林长制工作

年度考核在全市排第五名。

【林木有害生物防控】 年内，丰台区园林绿化局完成松材线虫病疫情春、秋季2次普查1046.67公顷次，发现枯死树410株，采样送检101个样本。监测到美国白蛾成虫8437头、橘小实蝇1796头，发现美国白蛾幼虫受害树3656株。采用悬挂诱芯、灯光诱集、剪枝和围环等措施防控面积6186.67公顷次；释放天敌昆虫421万头、生物防治286.67公顷，地面喷药防治6133.33公顷次，飞机喷药45架次、防治作业4500公顷次。同时，重点关注老旧小区、无主林木等无防控主体区域，现场检查、督查林木绿地有害生物发生情况154次，组织专家现场指导5次，多渠道防控技术指导217次。筹建监测检疫室1个，更新监测设备53台。

【果品安全】 年内，丰台区园林绿化局完成《北京市2021年区政府食品药品安全工作考核评价指标》，无公害果品产地、产品认证面积同比增加6%，果品安全抽检合格率达98%以上。完善果品质量安全监管实验室，抽样检测全区果园13类水果230多个批次，市级抽检20余次，果品安全抽检合格率100%。

丰台区丽泽商务区运动公园（一期）景观（周宗宝 摄影）

【野生动植物资源保护】 年

内，丰台区园林绿化局联合公安、城管等相关部门对野生动物人工繁育、展演展示和经营利用单位进行定期联合检查26次，出动车辆52车次，执法工作人员592人次，救助野生动物57只。开展野生动物保护宣传，发放宣传资料500册，制作悬挂警示标语26条。全面调查丰台区野生动植物和社会野生动物资源本底，建立本底资源数据库。全年出动救助野生动物70余次，成功救助保护动物50余只。全区市级监测站1个，区级监测站3个，报送监测报告200余份。加大5家陆生野生动物人工繁育单位疫情防控监测力度，不定时抽查野生动物检疫、免疫、防疫、环境消毒、死亡记录、病死动物无害化处理的记录台账，报送每日人工繁育场所及人员情况报告300余次。

丰台区南苑森林湿地公园先行启动区B地块绿化景观（丰台区园林绿化局 提供）

全龄友好公园——丰台区莲花池公园景观（尹宗汉 摄影）

【领导班子成员】

局长　党组书记　区绿化办主任

刘立宏

副局长　党组副书记

杨凯（女）（2021年9月免）

副局长

李建庆（2021年8月免）

边钰（2021年8月任）

林晶（女）

刘慧兰（女）（2021年9月免）

石金荣（女）（2021年9月任）

（丰台区园林绿化局：窦洁 供稿）

石景山区园林绿化局

【概　况】北京市石景山区园林绿化局（简称石景山区园林绿化局）成立于2009年8月31日，挂北京市石景山区绿化委员会办公室（简称石景山区绿化办）牌子，是负责本区园林绿化工作的区政府工作部门。主要承担城市园林绿化、林业行政管理职责和森林防火职责。有6个内设机构，分别为：综合办公室（主体责任办公室）、绿化发展科、规划审批科（法制科）、建设管理科（林业有害生物防疫检疫科）、资源执法科、财务审计科，行政编制 23 名。2021 年 3 月 24 日，根据《中共北京市石景山区委机构编制委员会关于北京市石景山区园林绿化局所属事业改革有关事项的批复》，重新核定各事业单位编制数及科级领导职数，下设 3 个全额拨款事业单位，分别为：综合服务中心、森林防护中心、绿化养护中心。目前共有干部、职工 95 人，其中行政编制人员 22 人，事业编制人员 73 人。

造林绿化　年内，石景山区超额完成新一轮百万亩造林绿化市级年度任务，绿化面积 17.84 公顷。新建改造公园绿地 15 处，新增绿化面积 28.62 公顷，开放衙门口城市森林公园等 4 处公园，全区公园绿地 500 米服务半径覆盖率 99.32%，人均公共绿地面积 24.16 平方米，城市绿化覆盖率 53.8%。完成"留白增绿" 6.68 公顷绿化、46 处"揭网见绿"及 92 处裸露土地治理。

资源安全　年内，石景山区园林绿化局铺设有机覆盖物 7.1 公顷。对石景山范围内 325 处点位、31182 株杨柳树注射"抑花一号"，有效抑制春季飞絮。持续加大古树管护工作力度。精准开展第三代美国白蛾防控工作。全面落实森林督查及打击毁林专项检查，组织开展"清风行动"野生动植物非法贸易联合执法。强化森林火灾风险点监控管理，实现林区视频监控覆盖率 90% 以上，连续 20 年未发生重特大森林火灾。

（郑文靖）

【**石景山区绿化委员会成员调整**】　3 月，石景山区完成区绿化委员会成员调整。区委副书记、区长李新任区绿化委员会主任，副区长李先侠、陆军政治工作部群工联络局联络工作处处长张玉国、中部战区联合参谋部直属工作局副局长蒋艳明、首钢总公司副总经理胡雄光任区绿化委员会副主任。区政府各委、办、局、处，各街道办事处，各人民团体，驻区有关单位主要领导为区绿化委员会委员，成员共计 45 人。

（郑文靖）

【**全民义务植树宣传**】　3—4 月，石景山区绿化办以第 37 个"首都全民义务植树日"为契机，结合首都全民义务植树开展 40 周年，组织发动全区 9 个街道及首钢系统开展 20 场义务植树宣传活动。活动通过社区 LED 显示屏、单位宣传栏、街道微信号等平台宣传中国植树节、"首都全民义务植树日"；向社区居民、单位职工发放义务植树宣传材料；社区组织居民、首钢组织干部职工开展义务植树、抚育管护等绿化相关活动，134 个社区 7000 人参与活动。

（黄乐）

【**"首都全民义务植树日"活动**】　4 月 3 日，北京冬奥办、北京冬奥组委、首都绿化办、石景山区政府在北京冬季奥林匹克公园共同举办"添绿冬奥 低碳有我"主题植树活动。北京市政府副秘书长韩耕，区人大常委会主任李文起，区政协主席吴克瑞等领导与干部职工、市民群众、环境志愿者代表 100 余人参加，栽植早樱、山杏、晚樱、垂柳 143 株。同

4 月 3 日，"添绿冬奥 低碳有我"主题植树活动在石景山区北京冬季奥林匹克公园举办（何建勇 摄影）

日，石景山区园林绿化局和石景山区鲁谷街道办事处在鲁谷半月园联合开展2021年石景山区创森春季公益宣传暨全民义务植树40周年活动，邀请市民100余人参加知识问答、垃圾分类换绿植等活动。

（黄乐）

【义务植树基地接待活动】 4月17日，石景山区委统战部组织全区各领域统战成员，在"互联网＋全民义务植树"衙门口城市森林公园基地开展"共植同心林 百人百树庆百年"植树活动，区委常委、统战部部长陈婷婷出席活动。各民主党派代表人士、无党派代表人士、民族宗教界代表人士、民营经济代表人士、新的社会阶层代表人士、港澳台侨代表人士等120余名统战成员和统战系统机关干部共同栽植树木100株。年内，石景山区以线上预约形式组织8场社会义务植树接待活动，20余家单位、团体和个人约2000余人积极参加，栽植白皮松、银杏、元宝枫、榆叶梅、黄栌、海棠等苗木1531株。

（黄乐）

【发布《石景山区"十四五"时期园林绿化发展规划》】 6月29日，石景山区发布《石景山区"十四五"时期园林绿化发展规划》。规划明确"十四五"园林绿化发展战略方向、总体定位、实现路径，

提出全面建成国家森林城市总体发展目标，聚焦锚固生态本底、提升生态品质、增强绿色惠民、营造魅力景观、完善支撑体系五个方面发展重点，形成17项主要工作任务和30项重大项目。

（潘岩）

【乡土植物"六进"活动】 9月9日，石景山区绿化办以首都全民义务植树40周年和"擦亮城市西大门，文明祥和迎冬奥"专项行动为契机，组织开展石景山区乡土植物"六进"（即：进单位、进学校、进社区、进乡村、进军营、进家庭）活动。向全区9个街道32个社区、3所学校、3家部队单位提供马蔺、玉簪、大花萱草10万余株。相关社区和单位组织老街坊、志愿者开展整地、卸苗、拔草、栽植等抚育管护劳动和争创首都绿化美化花园式社区等活动，治理黄土裸露和斑秃绿地，改善提升周边环境。

（黄乐）

【创建国家森林城市】 年内，石景山区加快实施创建国家森林城市总体规划，全区31项创建指标已经全部达标。全区人均公园绿地面积24.35平方米，城市绿化覆盖率52.42%，公园绿地500米服务半径覆盖率99.32%。创建中国瑞达集团、北方工业大学等10个森林式单位，创建远洋沁山水小区、时代花园社区璟公馆等10个森林

式社区。成立由30名青年骨干组成的石景山园林绿化青年志愿服务队开展绿化志愿活动。全年通过微信公众号、新闻客户端发布创森信息217篇，播出主题新闻65条，制作1部动画宣传片，拍摄1部实景宣传片，印发12期创森简报。

（王宏彬）

【古树名木保护】 年内，石景山区园林绿化局启动编制《石景山区古树名木保护规划（2021—2035）》并形成初稿。完成古树体检1543株，对135株古树进行精细化体检，形成全区古树体检报告。对13株长势衰弱古树实施保护性复壮，对生52株古树实施环境整治，加装围栏及警示标语。与全区9个街道、30余家古树管护单位签订石景山区古树名木保护管理责任书，落实四级管理机制，实现全区古树棵棵有人管。加大古树名木保护宣传力度，制作古树名木宣传画册，通过微信公众号、报刊等媒体平台讲好古树故事。

（郑文靖）

【花园式单位创建】 年内，石景山区创建花园式单位1个（北京华美天祥投资管理公司金府南路89号院），创建花园式社区1个（苹果园街道边府社区）。

（黄乐）

【园艺驿站】 年内，石景山6家园艺驿站举办园艺体验活动

92场，线上直播点击量6.98万人次，微信推文阅读量3.45万人次，线下参与人数3744人。活动包括传统插花、盆景制作，同时开展植物扎染、国韵拓印、非遗草编、园艺绘本共读、自然笔记制作、博物画赏析绘制、风景创意拍摄等，将园艺体验与传统文化、非遗手工艺、自然认知、美育启蒙相结合，深挖园艺精髓，延展园艺内涵。

（黄乐）

【参加首都全民义务植树40周年书画大赛】 年内，石景山区绿化办联合区文联参加首都全民义务植树40周年书画大赛活动。向区书画艺术团体征集反映义务植树、绿化美化、园艺生活等书画作品140件，其中，区书协29件、区美协25件、区老年书画研究院86件，通过"石景创森山"微信公众号进行线上展示。区园林绿化局、区文联、区老年书画研究会分别荣获大赛"卓越组织奖"，40位作者获得个人奖项，包括成人绘画一等奖2人、二等奖4人、三等奖12人，成人书法一等奖3人、二等奖6人、三等奖13人。

（黄乐）

【森林防火】 年内，石景山区园林绿化局制定完善区级《森林防火宣传方案》《森林防火预案》《森林火灾处置程序》等相关制度，与14家单位签订

森林防火承诺书、烟花爆竹禁放承诺书，制订下发《关于可燃物清理工作的通知》《林区输配电设施火灾隐患排查治理的通知》等通知19份。组织开展林区输配电设施火灾隐患排查治理行动，收集建账19处，治理完成19处，清理林下可燃物157.2万余平方米，清理1130余车次。对14家有林单位和冬奥场馆周边红光山、四平山等重点区域累计检查36次，检查单位53家，出动车辆52次，累计行驶里程540余千米，开具森林防火检查单15张。开展防火宣传活动32余轮次，发放森林防火宣传物品、宣传材料1.3万余份，宣传教育群众8000余人次，安装防火宣传牌360余块。开展森林火灾处置演练5次。

（唐晓晨）

【有害生物防治】 年内，石景山区园林绿化局开展越冬基数调查和春季病虫害监测，准确预测美国白蛾、春尺蠖、国槐尺蠖等食叶类害虫发生规律；针对虫情发生地点、树种、虫态、危害位置等不同情况，采取化学、物理、生物相结合的防治手段，出动3626人次、393车次，巡查里程4316千米，防治面积626.67公顷，使用药剂0.8吨。

（张莉菲）

【野生动物救助】 年内，石景山区园林绿化局开展野生动物

救助处置5次。救助鸭子1只、乌龟1只、刺猬1只、猫头鹰1只、喜鹊1只；查获救助鸽子和各种鸟14只，其中包括大山雀、珠颈斑鸠、黄雀、金翅雀、北红尾鸲5只国家"三有"（即：有重要生态、科学、社会价值的陆生野生动物）保护动物，其余9只分别为黄化玄凤鹦鹉1只、黄桃脸牡丹鹦鹉1只、蜡嘴雀2只、文鸟2只、普通朱雀2只、鹌鹑1只（人工）。

（常亮）

【野生动物疫源疫病监测】 年内，石景山区园林绿化局设有老山、法海寺、南大荒三处市级野生动物疫源疫病监测站，依托京津冀野生动物资源监管工作平台科学监测重点区域野生动物资源情况。累计开展监测活动360天，出动监测人员685人次，监测野生动物63948只，未发现疑似异常情况。

（常亮）

【野生动物执法检查】 年内，石景山区园林绿化局制订野生动物保护专项执法行动工作方案，会同区公安分局、区森林公安处、区市场监管局、区城管执法局、区卫健委和区集体资产监管办和属地街道，对辖区内商铺、药店、饭店、市场等处进行拉网式联合执法，出动人员3028人次、车辆695车次，巡

逻检查里程7586千米，检查野生动物经营场所528次。

（常亮）

【资源管理】 10月20日，石景山区园林绿化局完成森林督查及森林资源管理"一张图"年度更新工作，50个疑似图斑中48处图斑完成合法性审核，2个为疑似图斑。通过日常林地资源巡查，对部分疑似图斑进行外业调查，对易发侵占林地行为的重点地区（浅山区、集体林地和西山林场交接处、区界交汇处等）进行重点巡护。

（陈泽林）

【全面建立林长制】 年内，石景山区园林绿化局印发《关于全面建立林长制的实施方案》及7项配套制度。建立区、街道、社区的三级林长工作体系，设区级总林长2名，区级副总林长2名，区级林长11名，街道级林长20名，社区级林长156名，9个街道和2个处级单位建立林长制办公室。发布总林长1号令《关于开展林长制巡林工作的通知》、2号令《关于加强秋冬季森林防灭火工作的通知》，加强森林资源安全，强化森林防灭火工作。

（王苗苗）

【完成疏解整治促提升市级任务】 年内，石景山区超额完成"留白增绿"绿化任务6.68公顷，改造提升鲁谷大街1.9千米林荫路，两项任务在北京市疏解整治促提升综合调度信息平台任务图斑顺利销账，实现减量增绿发展目标，进一步拓展完善公园绿地体系。

（潘岩）

【绿化养护管理】 年内，石景山区园林绿化局加强绿地景观常态化维护，通过排患消隐、防寒防盐、树木修剪、病虫害防治、绿地保洁、安全作业等，养护绿地面积493.14公顷，其中特级绿地158.18公顷，一级绿地111.26公顷，二级绿地120.39公顷，三级绿地61.60公顷，行道树面积41.70公顷。

（张莉非）

【普法活动】 年内，石景山区园林绿化局开展"12·4"国家宪法日暨宪法宣传周系列宣传活动，结合新媒体平台"石景山创森"微信公众号发布宪法宣传相关视频，参与线上宪法知识竞答活动68人、100余次。组织468名职工参与园林绿化法律知识线上问答，其中3名同志组成代表队参加市级法律法规知识竞赛，取得团队三等奖。

（潘岩）

【生态科普教育场所建设】 年内，石景山区园林绿化局按照《城市（地级及以上）测评体系操作手册（试行）》要求，配套设置生态文化标识，开展生态文化活动，设立首钢综合生态文化教育基地、北京市石景山区古城小学、北京市黄庄职业高中园艺驿站等22处生态科普教育场所。

（王宏彬）

【领导班子成员】

党组书记 李元员

局长 区绿化办主任 毛轩

副局长

白建锋 王靖（2021年8月免）瞿源

二级调研员 杨占泉

三级调研员 任久生

（郑文靖）

（石景山区园林绿化局：郑文靖供稿）

门头沟区园林绿化局

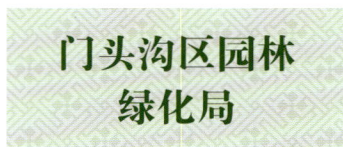

【概 况】 北京市门头沟区园林绿化局（简称门头沟区园林绿化局）挂门头沟区绿化委员会办公室（简称区绿化办）牌子，系统有职工183人。局机关内设10个机构，包括办公室、人事教育科、绿化科（义务植树办公室）、生态保护科、森林资源管理科、产业发展科（科技科）、计财科、城镇园林科、行政审批科、森林防火工作科。局管理行政执法机构一个，即区园林绿化综合执法队。直属事业单位6个（不含7个镇级基层林业工作站），包括区公园管理中心、西峰寺林场、区林业站（区林

业调查队）、森林防火事务中心、林长制事务中心、门城地区林业站。

2021年，门头沟区绿化覆盖面积2153.98公顷，园林绿地面积2194.92公顷；绿地率51.68%，绿化覆盖率50.70%，人均绿地面积55.87平方米，人均公园绿地面积26.29平方米。

绿化造林 年内，门头沟区义务植树36.3万株。完成新一轮百万亩造林工程489.06公顷。实施京津风沙源治理2000公顷。开展林木抚育6866.67公顷。新建城市绿地1.39公顷。

资源安全 年内，门头沟区悬挂横幅，安装指示牌300处、防火语音宣传杆200处，清理防火隔离带7.8万延米、可燃物845公顷、林下可燃物300公顷，防火期巡查、指导各镇防火40次。开展行政执法检查26次。查处行政案件21件，收缴行政罚款43.56万元。

确保全区林业有害生物成灾率控制在1‰以下，无公害防治率达95%以上，测报准确率达92%以上，种苗产地检疫率达100%，松材线虫病监测松林覆盖率达到100%。

绿色产业 年内，门头沟区经济林栽植面积5224.93公顷，结果面积4836.93公顷，直接从事果树生产果农5800人。全年果品产量14378.6吨，产值16615万元。市民采摘25.2万人次，采摘收入4095万元。蜜蜂饲养量15000群，蜂农410人。全年送检11个产品127批次，样品均合格，合格率100%。举办培训班12次，培训果农、蜂农、技术人员500余人次。在军庄、斋堂等集体林场试点发展林下经济37.33公顷，种植党参、黄芩等林药24公顷，养殖林蜂13.33公顷。

【永定河滨水森林公园正式开放】 4月1日，门头沟区永定河滨水森林公园正式开放。公园在拆违后留下的"脏乱差"地带和荒地上改建而成，建设总面积61.62公顷，新植乔木6319株、灌木1340余株、地被花卉27.49万平方米，种植白皮松、油松、国槐、白蜡等高大乡土乔木，金银木、丁香、波斯菊等灌木及地被花卉，形成了特色植物季相变化的景观风貌。

【极端天气应对】 5月27—28日，门头沟区公园管理中心对全区主要道路、公园、绿地进行巡视，出动巡视人员110余人、车辆20辆，处理倒伏树木16株、折断树木7株、折枝断杈150余处，未发现树木砸车、砸人问题。

【京西林场园艺驿站揭牌】 6月23日，门头沟区首家深山区园艺驿站——京西林场园艺驿站揭牌。首都绿化办、区园林绿化局、京西林场主要领导及属地群众20余人参加揭牌仪式。京西林场园艺驿站是全市第97家园艺驿站，是继黑山公园、临镜苑社区后建成的第三个区属园艺驿站。

【湿地变化图斑迎检工作】 6月9—10日，门头沟区园林绿化局通过2021年湿地变化图斑复核检查工作，市园林绿化局

6月23日，门头沟区首家深山区园艺驿站——京西林场园艺驿站举行揭牌仪式（刘彪 摄影）

4名技术专家通过查看内业和检查外业,对斋堂等6个镇20处变化图斑进行详细检查复核,全区湿地变化图斑工作符合相关技术规范要求,通过检查。

【林业有害生物工作】 8月7—9日,门头沟区园林绿化局组织开展飞机防治林业有害生物作业,防治药物均选用25%甲维·灭幼脲悬浮剂等高效、低毒、低残留药剂,确保人畜无害,环境无污染。此次飞机防治共作业10架次,喷洒药物0.73吨,防治面积1000公顷。

【"创森进校园 共建森林城"活动】 9月18日,门头沟区国家森林城市创建办公室以"心中播下一片绿 共筑美丽森林城"为主题,在大峪第二小学开展"创森进校园 共建森林城"活动,组织全校师生观看门头沟区创森动画宣传片,了解创建国家森林城市的目的、意义及成果。

【宪法宣传活动】 12月3日,门头沟区园林绿化局开展宪法宣传活动。以"深入学习宣传习近平总书记全面依法治国新理念新思想新战略,大力弘扬宪法精神"为主题,围绕创建国家森林城市和森林防火等重点工作,着重宣传《宪法》《森林法》《野生动物保护法》等林业相关法律法规,通过发放防火宣传单、海报、环保购物袋等10余种近千余份宣传品,弘扬宪法精神、树立宪法权威,传播宪法文化。

【绿化先进集体创建】 年内,门头沟区园林绿化局创建首都森林村庄4个,首都绿化美化花园式单位2个、社区2个,新建古树保护小区1个,古树公园1个,村庄休闲公园1个。

【森林防火工作】 年内,门头沟区园林绿化局悬挂横幅,安装指示牌300处、防火语音宣传杆200处,清理防火隔离带7.8万延米、可燃物845公顷、林下可燃物300公顷,防火期巡查、指导各镇防火40次。开展行政执法检查26次。

【国家森林城市创建】 年内,门头沟区园林绿化局完成实地检查29个指标,安装创城各类标识760个,完善学雷锋志愿服务站点6个,设置文明游园提示牌266块,发放各类宣传册800份。结合"我为群众办实事"项目,申请专项资金200万元,完成滨河公园、永定河公园等3个公园路面修复3800平方米、道路修复700延米、墙面修复2500平方米,维修亭子、牌楼3座,安装树池箅子95座,加装座椅木条80套,不断提高公园服务水平,满足群众游园需求。

【"接诉即办"工作】 年内,门头沟区园林绿化局办理"接诉即办"群众诉求944件,响应率99.50%,解决率85.23%,满意率91.62%,综合评分90.64分。较2020年同期增加231件,响应率降低0.34%,解决率提高7.11%,满意率提高7.59%,综合成绩提高3.31分。

9月18日,门头沟区创建国家森林城市办公室在大峪第二小学开展"创森进校园 共建森林城"活动(刘彪 摄影)

【审批工作】 年内，门头沟区园林绿化局批复临时占用林地16件，占用林地面积23.01公顷，收取植被恢复费3993.69万元；审批林木采伐117件，采伐林木141189株，林木移植65件，移植林木99210株。

【野生动物保护工作】 年内，门头沟区园林绿化局完成野生动物侵害农作物补偿346件，涉及补偿金40.36万元。指导各镇救助猴子、斑羚、狍子等保护动物30余只，接听各类野生动物咨询电话200余次。

【垃圾分类】 年内，门头沟区园林绿化局设置13个垃圾分类投放点，购置135个分类垃圾桶，垃圾分类硬质宣传横幅8块，展板9块，宣传橱窗4个，新更换果皮箱45个，印制海报100张、致市民的一封信5000张、宣传折页500份。

【新型集体林场建设】 年内，门头沟区园林绿化局协助9个镇组建新型集体林场，完成林场就业参保等工作。9个镇共有可纳入新型集体林场管护生态林2649.39公顷，年度市级管护资金4838万元。

【党建工作】 年内，门头沟区园林绿化局组织集中学习18次，讲党课2次，开展"七一"讲话精神和十九届六中全会精

神等专题研讨3次，开展7项学习活动。

【党风廉政建设】 年内，门头沟区园林绿化局开展年节假日廉政教育7次，主题廉政教育5项，主持召开警示教育大会1次，开展"八项规定"专项检查1次，健全完善制度7项，梳理支部规范化建设要求13项。

【领导班子成员】
局长 党组书记
区绿化办主任 一级调研员
周玉勤
副局长 一级调研员 王进亮
副局长 三级调研员
苏海联（女）
区绿化办副主任 杨东升
副局长 三级调研员 王绍辉
挂职副局长
高永龙（2021年4月免）
副局长
姚爱静（女）（2021年6月任）
二级巡视员 杨树国
一级调研员 孙龙 郭英帅
二级调研员
李宝锁（2021年4月免副局长，2021年4月任二级调研员）
三级调研员 陈文清
园林绿化中心主任（副处级）
王进恺（女）

（门头沟区园林绿化局：杨超 供稿）

房山区园林绿化局

【概　况】 北京市房山区园林绿化局（简称房山区园林绿化局），挂房山区绿化委员会办公室（简称区绿化办）牌子，是负责全区园林绿化工作的区政府工作部门，机关设置党政办公室（内部审计科）、人事科、园林管理科、绿化联络科、林政资源科、造林营林科、产业发展科、森林防火科及园林绿化综合执法队。直属事业单位14个，即公益一类（全额）事业单位14个；截至2021年底，编制人数360人，实有人数342人。

2021年，房山区完成新一轮百万亩造林1386.66公顷。完成京津风沙源治理二期封山育林2000公顷，困难地人工造林133.33公顷，人工种草666.67公顷；森林健康经营5933.33公顷；公路河道绿化30千米；彩叶工程200公顷；播草盖沙333.33公顷；完成"战略留白"临时绿化26.67公顷。

绿化造林 年内，房山区新建绿地24.13公顷。全区共移交代征绿地14公顷。建成公园绿地及小微绿地25.9公顷，完成口袋公园60公顷，公园绿地500米服务半径建设项目88公顷。完成"留白增绿"任务9.33公顷。全区33.28万人履行植树

义务，新植苗木10.09万株，义务植树多种形式折合完成93.32万株；接待70个社会单位约5800人。创建首都绿化美化花园式单位4个、首都森林村庄4个、首都绿化美化花园式社区2个、园艺驿站2个。完成全区1684株古树名木基础体检及39株精细化体检，建设古树村庄1个，古树保护小区1个。

绿色产业 年内，房山区新发展果树74.07公顷，栽植各类果树4.87万株，推广有机化栽培266.67公顷，施用有机肥800万千克。果品产量1396.65万千克、果品产值4247.4万元。全区79个观光果园采摘量49.22万千克，采摘收入620.50万元，接待游人14.70万人次。全区蜂群总数30157群，蜂蜜产量52.85万千克，总产值达到1359.82万元。全区育苗单位153家，办证面积772.36公顷，总产苗量849.86万株。全区鲜切花产量27.7万支，花卉企业24个，花卉市场2个，花卉从业人员401人。

资源安全 年内，房山区完成林木有害生物防治34645.7公顷，其中飞机防治2.01万公顷，飞行200架次；人工地面防治14545.7公顷，投入人工14.4万人次。实施科技项目13个（延续2个、新立11个）。办结行政处罚案件32起（处罚责任单位4个，违法行为人28人，罚款21.48万元，补种树

木2097株）。审核、审批征占用林地及林木、树木伐移许可1200件，占用林地面积37.49公顷，批准伐移树木34.90万株。办理IV级备案管理林地项目10件，占用林地面积65.86公顷。新建瞭望塔6座、检查站10座，新增防火公路25.56千米，开设防火隔离带178万延米，清理林间可燃物27000公顷，累计发放宣传画、宣传信和防火通告16.5万张。

（李晓鹏）

【所属事业单位分类改革】 1月，房山区园林绿化局组建北京市房山区园林绿化综合执法队，为正科级行政执法机构，承担房山区园林绿化局林木林地湿地保护、森林防火、野生动物保护、林木种苗和植物检疫、自然风景区保护等行政处罚、行政强制职能。3月，北京市房山区园林绿化局林业产业

发展服务中心更名为北京市房山区森林防火中心，为区园林绿化局所属公益一类事业单位，核定事业编制7人，其中科级领导职数1正1副，承担落实防火巡护与视频监控、火源管控、防火设施建设与管理、防火宣传教育、火情早期处理等职责。

（杨生美）

【第八个"世界野生动植物日"主题宣传活动】 3月3日，以"推动绿色发展，促进人与自然和谐共生"为主题的第八个"世界野生动植物日"科普宣传活动在房山区牛口峪湿地公园举办。活动采用现场直播方式，放归国家一级重点保护野生动物黑鹳、北京市一级重点保护野生动物大斑啄木鸟、北京市二级重点保护野生动物翘鼻麻鸭3只野生鸟类，就野生动植物保护、管理、法律等相关问题与直播间观众进行答疑

3月3日，"世界野生动植物日"科普宣传活动在房山区牛口峪湿地公园举办，现场放归国家一级重点保护野生动物黑鹳（房山区园林绿化局 提供）

互动。市园林绿化局、市人民检察院、北京野生动物保护协会、市野生动物救护中心、房山区园林绿化局、房山区检察院等单位在现场参加活动。

（王嘉晨）

【野生动物保护专项联合执法】 3月29日，房山区园林绿化局联合市公安局房山分局、房山区农业农村局、房山区交通局、房山区市场监管局等部门，在长阳镇大宁隆盛花鸟鱼虫市场周边区域开展破坏野生动物资源违法犯罪行为专项执法检查。检查中未发现问题。

（王嘉晨）

【"首都全民义务植树日"活动】 4月6日，房山区园林绿化局在窦店镇北京高端制造业基地义务植树地块举办以"共建森林城市 共享生态文明"为主题的"首都全民义务植树日"活动。北京市委常委夏林茂，市园林绿化局二级巡视员王小平，房山区委、区政府、区人大常委会、区政协领导与700余名干部职工、市民种植白皮松、油松、白蜡、紫叶李等各类苗木2200余株。

（王思思）

【春季飞防】 4月13日，房山区园林绿化局完成春季林业有害生物飞机防治作业，飞防30架次，防治面积3000公顷，涉及11个乡镇（街道）及有林单位，主要防治春尺蠖。

（汪东仁）

【房山区生态林投保森林综合保险】 5月，房山区园林绿化局为103905.4公顷生态林投保森林保险，涉及15个乡（镇）、200个行政村和2个国有林场。

（刘颖）

【全面建立林长制】 5月，房山区园林绿化局印发《关于开展林长制巡林工作的通知》《房山区总林长令发布制度（试行）》等7项林长制配套制度，加快推进林长制体系建立，要求全面开展林长巡林，突出园林绿化资源保护，持续拓展绿色生态空间，督导推进新一轮百万亩造林、城市公园绿地等重点工作。

（王乔）

【新一轮百万亩造林绿化工程】 5月25日，房山区园林绿化局全面完成2021年新一轮百万亩造林栽植任务，年度计划任务指标1366.67公顷。

（王娜）

【成立"红绿蓝·生态眼"社会志愿者联盟】 5月28日，房山区园林绿化局成立北京房山"红绿蓝·生态眼"社会志愿者联盟，百名摄影志愿者参加成立仪式。联盟在未来将助力房山区生态环境建设及文明城区创建。

（郭晓燕）

【紫瑞公园建成开放】 6月，房山区紫瑞公园对外开放。公园位于紫瑞南路1号院北侧，八号路东侧，占地面积约1.6

公顷。园内设置林下活动广场、休息广场、400米健走环路、休息廊架、棋牌桌和儿童活动设施。种植五角枫、白蜡、栾树、金叶榆、红花碧桃、海棠、紫叶李、榆叶梅、紫丁香等乔灌木1100株。

（张爽）

【长兴公园建成开放】 6月，房山区长兴公园对外开放。公园位于首创新悦都南侧，长兴西街东侧，占地面积1.21公顷。园内设置300米慢跑健走环路。种植五角枫、白蜡、国槐、玉兰、海棠、碧桃、金银木、珍珠梅等乔灌木1000株。

（张爽）

【第三代美国白蛾防控工作】 9月，房山区园林绿化局成立防控工作专班，建立防控监测巡查档案，绘制美国白蛾发生分布图以及防治作业图，增援乡镇防治药剂4.90吨，三轮车式打药机、电动喷雾器等288台，高枝剪、手剪手锯等330套。出动高射程打药机50台次、出动人员120人次。

（周晓然）

【节日期间花卉布置】 9月，房山区园林绿化局在区内主要道路节点、公园景点进行花卉布置工作。花卉品种包括垂吊牵牛、国庆菊、凤仙等24个花卉品种，共计80万株，栽摆面积1.5万平方米。

（纪燕生）

【加州水郡森林公园建成开

放】 10月，房山区加州水郡森林公园对外开放。公园位于加州水郡西区，占地面积4.49公顷。园内设置水岸广场、儿童活动广场、老年门球场等。栽植银杏、白蜡、栾树、碧桃、海棠等观赏树种2000余株。

（高燕鹏）

【房山区建成首个园林绿化生态系统监测站】 10月，房山区园林绿化局建成首个园林绿化生态系统监测站。位于青龙湖镇中部，配置微气象监测、散射光传感监测、负氧离子监测系统等仪器设备，监测指标涉及土壤、大气、水文、环境、生物和生物多样性六大方面。

（刘颖）

【北京首批古树保护小区"落户"房山区】 11月，房山区园林绿化局以上方山国家森林公园为试点示范，开展古树保护小区建设。设置检测系统，实时监测古树群落小气候、土壤以及水文环境，及时了解古树生长环境动态变化，系统研究保护古树群。

（丁一凡）

【公园绿地500米服务半径建设项目竣工】 年内，房山区园林绿化局改建公园绿地15处，建设总面积88万平方米，惠及西潞街道、阎村镇、城关街道等7个乡镇（街道）。公园绿地500米服务半径覆盖率从81.96%提升至86%。

（高燕鹏）

房山区加州水郡森林公园景观（房山区园林绿化局 提供）

房山区"五一"国际劳动节主题花坛（房山区园林绿化局 提供）

房山区羊头岗造林地块景观（房山区园林绿化局 提供）

【领导班子成员】

党组书记　局长　区绿化办主任

张福志（2021年1月免党组书记，2月免区绿化办主任，3月免局长）

党组书记　局长　区绿化办主任

李军（2021年1月任党组书记，2月任区绿化办主任，3月任局长）

党组成员　一级调研员　朱凯

党组副书记　副局长　张雷

党组成员　工会主席　张凯军

党组成员　副局长　张文玉

副局长　梁丽芳（女）

（李晓鹏）

（房山区园林绿化局：李晓鹏
供稿）

通州区园林绿化局

【概　况】　北京市通州区园林绿化局（简称通州区园林绿化局），挂北京市通州区园林绿化委员会办公室（简称区绿化办）牌子，负责区园林绿化工作，设5个内设机构、1个行政执法单位以及11个局属事业单位。

2021年，通州区森林面积30280.58公顷，森林覆盖率33.43%，人均公园绿地面积18.11平方米，居住区公园绿地500米服务半径覆盖率87.33%，绿化覆盖率提升至50.47%。

绿化造林　年内，通州区完成9个乡镇重点区域造林工作，完成新一轮百万亩造林年度任务601.21公顷。完成潮白河森林生态景观带建设164.87公顷；完成"留白增绿"39公顷、"战略留白"149.07公顷。全区森林覆盖率33.43%。

绿色产业　年内，通州区无公害认证面积较上年增长6%；受污染耕地和污染地块安全利用率提高到90%以上，化肥利用率提高到40%以上，农药利用率提高到45%以上。林业产业总产值124799万元；花卉及其他观赏植物种植产值4057万元；水果种植面积2082公顷，产量3448万千克；干果种植面积145公顷，产量38.6万千克；花卉种植面积1617342平方米。

资源安全　年内，通州区严格园林绿化审批，全年执法检查及行政处罚7420件；做好全区140棵古树日常巡查、养护和修复；做好有害生物防控，全年测报准确率91%以上，无公害防治率95%以上、成灾率控制在1‰以下。办结野生动物行政处罚案件4起。

【国家森林城市创建】　年内，通州区高位推动"创森"工作。编制《通州区2021年创建国家森林城市工作方案》《城市副中心森林城市建设技术规范手册》，调整完善《通州区国家森林城市建设指标自查报告》，在首都绿化办预打分中获得97分，符合拿牌要求。结合副中心全程马拉松赛事，开展创森融合宣传，提高公众参与度。

【义务植树】　年内，通州区园林绿化局组织义务植树活动200余场，参加义务植树20万人次，完成（折合）植树100.1万株，全民义务植树尽责率90%以上。

4月3日，以"弘扬生态文明，共建森林城市"为主题的大型义务植树活动在通州区张家湾公园（一期）举办（通州区园林绿化局 提供）

【绿化工程建设】 年内，通州区抓好环球主题公园周边、文化旅游区范围内园林绿化工作，完成云景公园、运河生态公园绿化，推进运河西大街沿线漫春园等5个老旧公园的全龄友好化改造；建设村头微型公园17处，竣工10400平方米小微绿地；完成万亩森林斑块建设8处，环城游憩环逐渐实现闭环。

【城市绿化美化】 年内，通州区创建1个森林城镇、3个森林村庄、1个花园式社区、4个花园式单位、4个园艺驿站；新增广渠路东延、万盛南街、北运河东滨河路3条城市风景林荫路；打造新华大街、通胡大街、六环西辅路、万盛南街等道路精品绿化景观。

【重大活动服务保障】 年内，通州区园林绿化局高标准完成建党100周年景观环境服务保障任务，以"以花为媒，献党百年"为主题，栽植花卉12600平方米，摆放容器200组，摆放"砥砺前行"和"光辉前行"立体花坛2座，营造欢乐祥和的喜庆氛围。

【"十四五"规划等发布】 年内，通州区发布《北京城市副中心（通州区）"十四五"时期园林绿化发展规划》《通州区森林经营方案（2021—2030年）》；启动编制《通州区绿道系统规划》《北运河（通州段）沿线生态景观提升方案研究》；深化完善《通州区森林经营方案（2021—2030年）》《潮白河国家森林公园概念规划》前期工作。制定完成《通州区园艺驿站管理办法》《通州区园艺驿站考核办法》。

【绿地管理】 年内，通州区园林绿化局实现公共绿地专业

化、常态化和精细化养护，多次在全市养护评比中位列第一；开展十期园林绿化养护千人培训，培养千余名绿化养护专业人才；加强园林绿化工程质量监督和信用体系管理工作，重点巡检工地扬尘、工程建设等工作，确保工程建设高标准开展。

【全面建立林长制】 年内，通州区签发总林长1、2号令，推

通州区环球主题公园周边绿化景观（高雨禾 摄影）

通州区万盛南街南侧绿地景观（通州区园林绿化局 提供）

进《通州区关于推行林长制的工作方案》落地。开展区级总林长巡林2次，督导乡（镇）级林长巡林22次；完成林长制公示牌的制作和设立5处；结合"三长联动"，推进"一图三落"网格划分第一轮修正；与相关部门对接，建立完整的林长制工作监督考核体系。

【林业资源管理】 年内，通州区完成2020年湿地资源动态监测工作、林草湿数据与国土"三调"数据对接融合。实施生态林林分结构调整总面积1266.67公顷（占全市总任务量的19%），逐步实现平原生态林"苗林"变"森林"。

【集体林场】 年内，通州区园林绿化局完成9个乡镇集体林场组建任务，15733.33公顷生态林交集体林场规范养护。通州区全部生态林纳入集体林场经营管理区域，每年实现绿岗就业5000余个，其中北京市劳动力占比近九成。

【森林防火】 年内，通州区园林绿化局组织开展烟花爆竹禁放宣传、"防灾减灾日""安全生产月"等社会面宣传活动，在防火期内及重大节日期间检查基层单位及重点绿化施工单位120家次，出动护林员430余支队伍、119600余人次，巡逻890余次，出动车辆1050余车次、总里程49800余千米。针对杨柳飞絮出动洒水车、雾炮车相关作业430余次。

【林木有害生物防治】 年内，通州区对重点区域3500余个网格点持续开展美国白蛾、白蜡窄吉丁等林业有害生物日常监测，测报准确率91%。开展统防统治10次，用时48天，166架次小型直升机进行喷洒作业，累计预防控制面积16600公顷，完成地面防治作业任务11333.33公顷，全年无公害防治率95%以上，成灾率控制在1‰以下。

【野生动物保护】 年内，通州区园林绿化局开展野生动物保护专项执法检查1896件，出动执法人员372人次、车辆163车次，救护动物172只；建设完成27个生物多样性保育小区，在城市绿心森林公园保育核内搭建适合小动物和昆虫栖息的本杰士堆和昆虫旅社。

【公园管理】 年内，通州区园林绿化局加强公园规范管理，对全区51个公园进行分级分类，完成公园绿地无障碍设施建设；通过结对帮扶，精准提升公园管理服务短板；与公安机关、城管部门联合执法，强化文明游园；落实新冠肺炎疫情常态化防控措施，做好园区客流管控、秩序维护及值班值守工作。

【领导班子成员】
局长 党组副书记
区绿化办主任 胡克诚
党组书记
张军领（2021年10月免）
党组副书记
董本新（2021年7月免）
副局长
张宝常 王岩（女） 李扬
挂职副局长
李伟（2021年5月免）
副局长 高琼（2021年8月任）
挂职副局长
魏昀赟（女）（2021年9月任）
工会主席
董本新（2021年7月免）
张宝常（2021年9月任）
森林公安处处长
高秉权（2021年4月免）
（通州区园林绿化局：李影 供稿）

顺义区园林绿化局

【概 况】 北京市顺义区园林绿化局（简称顺义区园林绿化局），挂顺义区绿化委员会办公室（简称区绿化办）牌子，机构设置为6科1室1队，即办公室、党建工作科、规划发展科、绿化美化科、资源管理科（行政审批科）、产业发展科、公园和保护地管理科、园林绿化执法队；5个科级事业单位，即林业技术服务中心、林业植物检疫和保护工作站、北大沟林场、绿化美化服务中心、林长制管理事务中心。总人数126名，其中行政编制干部26人，执法编制2人，工勤3人，事业编制干部95人；由于机构改革转隶，有部分专业技术人员转出，截至2021年底，共有副高级职称7名、中级职称14名、初级职称5名。

绿化造林 年内，顺义区完成新一轮百万亩造林绿化建设任务1704.87公顷，涵盖全区19个镇。实施"留白增绿"、小微绿地、城市森林、休闲公园等建设工程，区公园绿地500米服务半径覆盖率提升到90.6%。全区参加义务植树人数30万人，义务植树新植4万株，各类抚育65万株。全区创建首都绿化美化花园式社区3个、首都绿化美化花园式单位2个、首都森林城镇1个、首都绿色村庄5个。

绿色产业 年内，顺义区果品产量3402.66万千克，产值1.7亿元，新植（更新）露天樱桃6.57公顷，建设樱桃设施24.2公顷，建设樱桃新优良品种繁育示范基地1.33公顷，开展技术培训1000人次。全区花卉种植面积911公顷，产值3.42亿元，生产鲜切花89万支，盆栽植物4999万盆，观赏苗木395万株。苗圃282个，育苗面积3554.67公顷，在圃苗木

1598.6万株，办理林木种子生产经营行政许可43件。

资源安全 年内，顺义区设立林木有害生物监测测报点114个，对美国白蛾、松褐天牛、春尺蠖、国槐尺蠖等25个顺义区主要虫种进行监测。全年完成山区生态林林木抚育总面积201.85公顷，连续21年无森林火灾。监测野生动物（鸟类）181085只，救助野生动物6只。

（高鹏）

【杨柳飞絮治理】 年内，顺义区园林绿化局完成杨柳飞絮治理工程项目，投资4862101.15元，治理飞絮杨柳树107967株。治理范围主要包括顺义域区及各镇居民区、学校、医院、重点道路等重点地区。

（王守信）

【大运河（潮白河）森林公园规划】 年内，顺义区园林绿化局落实《顺义区大运河（潮白河）森林公园规划（2019年—2035年）》，启动潮白河绿道（顺义段）建设工程，征询规自部门意见，申报多规合一初审，编制完成项目建议书报区发展改革委。

（王守信）

【代征绿地移交】 年内，顺义区园林绿化局签订2021年度代征绿地移交书22件，涉及马坡镇、仁和镇、高丽营镇、天竺镇、李桥镇、后沙峪镇等镇，移交面积46.52公顷。

（王守信）

【新型集体林场试点】 年内，顺义区园林绿化局成立16个新型集体林场试点，回收养护面积6173.33公顷。

（王守信）

【温榆河公园顺义一期工程建设】 年内，顺义区完成温榆河公园顺义一期主体工程建设。项目北至机场北线高速，东至白良路，南至龙道河，西至高白路，项目建设规划面积82公顷，项目总投资约4.79亿元（其中工程投资3.45亿元，征地拆迁费约1.34亿元）。建设内容包括绿化工程、庭院工程、景观给排水工程、景观电气工程、建筑工程、外电源工程等。

（单大超）

【义务植树林木养护】 年内，顺义区绿化办完成2块重点纪念林确定工作，南彩镇全国政协林和共青林场国家领导人植树林上报首都绿化办备案。

（庞丽）

【义务植树】 年内，顺义区完成林木抚育65万株，新植林木4万株，30万人直接参与义务植树。结合全民义务植树40周年，组织开展"走进纪念林，传承植树爱树好传统"主题系列活动10场，900余人参加。制作完成一本纪念全民义务植树40周年纪念画册。

（庞丽）

【义务植树登记考核试点】 年内，顺义区完成义务植树登记考核管理系统填报工作。604

家单位进行系统登记并通过考核，义务植树尽责率达到89.1%。

（庞丽）

【废弃矿山养护管理】 年内，顺义区园林绿化局完成矿山修复养护管理工作，涉及4个镇38.6公顷，其中牛栏山镇14.98公顷，北石槽镇11.06公顷，龙湾屯镇1.9公顷，大孙各庄镇10.67公顷。

（庞丽）

【生态文明宣传教育】 年内，顺义区园林绿化局在汉石桥湿地、北京国际鲜花港开展生态文明宣传教育活动。开展生态导览、自然笔记、生态环保主题演讲比赛等线上线下活动60场次，9万人参加，其中线上云直播课程20场，6.8万人观看直播。

（王宏青）

【园艺驿站试点工作】 年内，顺义区新建2家园艺驿站（空港街道吉祥花园社区园艺驿站、石园街道石园东区园艺驿站），区内11家园艺驿站共开展线上线下插花培训、生态宣传、义务植树、垃圾分类换绿植、多肉DIY盆栽种植、东方插花、非遗文化传承、自然笔记等各类特色园艺活动280场次，受益群众2.2万余人。

（王宏青）

【村庄绿化美化】 年内，顺义区完成13.33公顷村庄绿化主体建设任务，建立2021年顺义区美丽乡村绿化美化长效养护管理台账，常态化监督检查1066.67公顷长效管护地块，提升村庄绿化养护管理水平。

（王宏青）

【国家森林城市创建】 年内，顺义区印发《顺义区创建国家森林城市实施方案》。顺义区园林绿化局印发《顺义区创建国家森林城市2020—2022年度重点工作任务表》《顺义区国家森林城市规划建设重点工程明细表（2020—2035年）》，分解细化工程进度，明确责任分工，启动创森宣传工作，征集创森宣传标语1212条。

（葛立良）

【城镇绿地养护管理工作】 年内，顺义区制定印发《顺义区城镇绿地管理工作方案》《顺义区城镇绿地养护管理考核办法（试行）》《顺义区城镇绿地养护管理年度考评工作细则》《顺义区城镇绿地分级分类管理办法（试行）》，完善城镇绿地管理机制。组织完成城镇绿地日常养护、专项治理，完成建党百年、中国国际服务贸易交易会、北京2022年冬奥会和冬残奥会等重大活动绿化景观环境布置及保障工作。

（王宏青）

【城镇园林绿化动态管理考评系统】 年内，顺义区制订《顺义区园林绿化局关于北京市城镇园林绿化动态管理考评系统问题整改工作的实施方案》，建立行业监管调度机制，有效提升系统问题整改率。全年任务189件，按要求处理完成168件。

（王宏青）

【新一轮百万亩造林工程】 年内，顺义区完成新一轮百万亩造林绿化2021年建设任务1704.87公顷，涉及产业园休闲公园2.13公顷，城市森林建设工程10公顷，小微绿地建设工程3.27公顷，二十里长山生态景观带建设工程182.25公顷，张镇平原重点区域造林绿化工程28.65公顷，南彩银杏园景观建设工程54.46公顷，"舞彩浅山"建设工程1217.13公顷，乡村振兴景观绿化工程129.23公顷，平原重点区域造林绿化工程（二期）68公顷，"战略留白"临时绿化9.73公顷，涵盖全区19个镇。

（范中松）

【平原生态林管护】 年内，顺义区平原生态林养护面积16050.5公顷，完成林分结构调整733.33公顷，建设保育小区15处，村头片林2处；吸收当地农民4501人参与养护工作，积极发挥平原生态林生态效益和社会效益。

（范中松）

【果品质量安全】 年内，顺义区完成市级林产品抽样检测603份，区级林产品抽样检测1200份，完成区市场监督管理局检测任务560份，巩固区食品安全示范区创建成果。建设顺义区林产品标准化示范基地5个，协助6家基地完成无公害认证、20家基地复查换证工作；对10家果品生产基地进行食用林产品质量安全追溯试点，实现产品全程可追溯；选择100家果品生产基地实施果园土壤质量检测，对园区土壤健康状况进行取样检测；选择10家果品生产基地开展食用林产品产品合格证制度试点工作。

（李九仁）

【面源污染防治】 年内，顺义区配合市园林绿化局完成果园有机肥替代化肥试点项目，实施面积333.33公顷，施用有机肥1万吨；开展2021年果树产业面源污染防治项目，向全区果园发放有机肥及防控农药，持续降低化肥、化学农药的使用量，实现减量增效，共发放有机肥41665.61吨，甲氨基阿维菌素苯甲酸盐杀虫剂12499.68千克，戊唑异菌脲杀菌剂5833.19千克。

（李九仁）

【果树修剪金剪子大赛】 年内，顺义区组织17名果树从业人员参与2021年"职工技协杯"职业技能竞赛暨第三届金剪子大赛果树修剪比赛，3名选手获得"金剪子"称号。

（李九仁）

【北京市精品梨大赛】 年内，顺义区园林绿化局组织4家梨种植企业参加北京市精品梨大赛，荣获2个金奖、4个银奖，区园林绿化局荣获组织奖。

（李九仁）

【行政审批】 年内，顺义区办理林木采伐许可551件，涉及林木20万余株，办理林木移植许可95件，涉及林木8.3万余株。审批占用、临时占用林地16件，面积49.02公顷，收缴植被恢复费18264.88万元；办理修筑直接为林业生产经营服务的工程设施占用林地审批2件，面积4.42公顷。审核报市园林绿化局审批核准占用林地2件，面积19.81公顷。办理（城区）树木砍伐66件，涉及树木571株，办理树木移植许可11件，涉及树木159株；临时占用绿地许可3件，面积4367平方米；办理简易低风险项目1个，涉及砍伐树木19株。各类审批事项审批率100%。

（崔贤）

【野生动物保护】 年内，顺义区严格落实室内公共场所动物观赏展示活动联合检查执法专项行动、"清风行动"，出动执法人员200余人次，车辆50余车次，检查养殖单位、商场、酒楼、饭店等重点部位80余次。开展"爱护野生动物，促进人与自然和谐共生""禁食野生动物、倡导文明新风"等"野生动物保护宣传月"主题宣传活动，悬挂条幅5条，摆放展板11块、宣传牌40块，发放野生动物保护宣传材料、宣传品1650余份，接受现场咨询250余人次。

（崔贤）

【古树名木监管】 年内，顺义区编制完成《顺义区古树名木保护规划（2020—2035）》，开展古树名木体检工作，形成"一树一档"古树名木体检报告。顺义区现有古树61株，其中一级古树有22株，二级古树有39株，分布在11个镇、3个

6月15日，2021年北京市"职工技协杯"职业技能竞赛暨第三届金剪子大赛果树修剪决赛在顺义区双河果园举行（顺义区园林绿化局 提供）

顺义区新一轮百万亩造林工程——南彩银杏园建设景观（顺义区园林绿化局 提供）

街道内，29个责任单位和4个个人分别管护。现有名木225株，位于北京市共青林场内，由共青林场管护。

（崔贤）

【打击毁林专项行动】 年内，顺义区落实2021年打击毁林专项行动要求，下发疑似变化图斑565块，经过核实排查，确定违法图斑125块，已整改完成122块，持续整改类3块，整改率97.6%。

（崔贤）

【园林绿化资源年度监测评价】 年内，顺义区以北京市第三次全国国土调查成果为统一底版，对林地、绿地、湿地变化小班进行区划并更新小班属性数据，区划更新图斑7015个。

（崔贤）

【政务服务工作】 年内，顺义区园林绿化局完成政务服务工作任务57项，完成电话整改、自查整改、好差评及考评

细则等多项政务公开内容；完成电子印章、档案、证照等多项一网通办改革举措，完善体系建设。

（崔贤）

【多规合一平台验审工作】 年内，顺义区园林绿化局严格落实"让数据多跑路 让群众少跑腿"工作要求，在北京市工程建设项目多规协同会商系统内，会商办结项目73件。

（崔贤）

【森林火灾防控】 年内，顺义区逐级签订森林防火责任书1000余份，开展防火检查144次，出动检查人员333人次，发现并消除森林火灾隐患49处，清理林下可燃物2100余公顷。顺义区园林绿化局组建一支35人森林防火预警巡查队，每天分三组对全区43个防火点位进行24小时不间断巡查。顺义区连续21年无森林火灾。

（刘彪）

【检疫执法】 年内，顺义区园林绿化局对全区282家在册苗圃（2000公顷）企业实地踏查2次，检查苗木病虫害发生情况，开展产地检疫，杜绝带疫苗木运出辖区。签发产地检疫调查表327份，签发产地检疫合格证388份，发放电子标签10万个，签发植物检疫证书106份。在现场检疫检查中，发现2家苗圃白蜡窄吉丁为害较重，签发检疫处理通知单2份，对21株白蜡树进行销毁除害处理。

（刘猛）

【林木病虫害预测预报】 年内，顺义区园林绿化局设立林木有害生物监测测报点114个，其中国家级监测点1个，市级监测点38个，区级监测点75个，对美国白蛾、松褐天牛、春尺蠖、国槐尺蠖等25个顺义区主要虫种进行监测。根据监测结果向国家森防网上报虫情信息13条。

（刘猛）

【山区生态公益林抚育】 年内，顺义区园林绿化局生态林林木抚育总面积201.85公顷。其中北石槽镇45.83公顷、张镇156.02公顷。抚育措施包括割灌除草、修枝、定株、松土扩堰等。

（范中松）

【国家级标准化林业站建设】 年内，顺义区园林绿化局按照国家林草局建设标准，

完成北石槽、赵全营镇、北小营镇、李桥镇国家级标准化林业站申报工作，预计2022年开始实施建设。

（刘猛）

【无障碍设施改造工程】 年内，顺义区园林绿化局组织对顺义区和谐广场公园、顺义区花博会主题公园、顺义区东郊森林公园3处公园进行无障碍设施提升改造工程，改造内容包括无障碍停车位、无障碍卫生间、公园出入口、无障碍轮椅停车位、坡道扶手等，工程于2021年10月全部完工。

（赵亚男）

【建党100周年公园服务保障】 年内，顺义区园林绿化局用时令花卉对城区10个主要公园进行布置，内容包括立体花坛38组，花境面积510平方米，造型地摆花卉600余平方米，地栽花卉324平方米，容器花卉13组，花塔20组，使用各种应时花卉26.8万株。

（赵亚男）

【文明游园整治行动】 年内，顺义区园林绿化局印发《2021年顺义区文明游园整治行动实施方案》，累计发现不文明行为15936次，志愿者、文明引导员参与次数6686次。"12345"市民投诉233次，网络舆情、媒体曝光0次。在垃圾分类活动中，引导员人数1493人，垃圾分类指导次数7862次。

温榆河公园顺义一期主体工程建设中种植与栈桥安装（顺义区园林绿化局 提供）

（赵亚男）

【全面建立林长制】 年内，顺义区委办、区政府办印发《顺义区关于全面建立林长制实施方案》，区林长办印发《顺义区总林长令发布制度（试行）》《顺义区林长制调度制度》《顺义区林长制巡查制度》《顺义区林长制部门协作制度》《顺义区林长制督查制度》《顺义区林长制考核制度》《顺义区林长制信息共享和报送制度》7项配套制度，"一长两员"末端管护模式全面建立，全区划分网格1098个，选用护林员1098名；建立区、镇（街道）、村（社区）三级林长制责任体系，明确各级林长800余人，形成各级党委、政府保护园林绿化资源的长效机制。

（纪旭）

【签发林长制总林长令】 年内，顺义区委书记、区总林长高朋，区委副书记、区长、区

总林长龚宗元发布两道总林长令，分别要求开展巡林工作和加强秋冬季防灭火工作，27位区级林长落实林长职责，专门就园林绿化资源保护发展开展巡林调度，有效保护全区园林绿化资源。

（纪旭）

【林长制考核】 年内，顺义区印发《顺义区林长制2021年度督查考核方案》，将林长制责任体系建设、森林督查、新一轮百万亩造林、森林防火、林木有害生物防治、园林绿化综合执法等纳入林长制考核指标。19个镇、6个街道与共青林场考核结果均为满分。

（纪旭）

【领导班子成员】
局长　党组书记
区绿化办主任　二级巡视员
刘晨光
副局长（正处级）
张巍（2021年10月任）

副局长　三级调研员　唐波涛

副局长　郭启志

一级调研员

乔荣臣（2021年4月任）

二级调研员（正处级）

闫兆兵（2021年4月任）

办公室主任　四级调研员

李洋（女）

正处级领导干部

吴清绪（2021年4月任）

一级调研员

刘明忠（2021年4月任）

孙海江

二级调研员　郭振东

四级调研员　张雪梅（女）

（高鹏）

（顺义区园林绿化局：高鹏 供稿）

大兴区园林绿化局

【概　况】　北京市大兴区园林绿化局（简称大兴区园林绿化局），挂大兴区绿化委员会办公室（简称区绿化办）牌子，是区政府园林绿化行政主管部门，对本区城乡绿化美化具有行使组织、指导、监督及行政执法等职能，并承担本区绿化委员会具体工作。2021年，大兴区园林绿化局有机关科室9个，实有机关公务员19人、机关工勤2人；局属事业单位9个，实有事业编制人员162人。

绿化建设　年内，大兴区完成新一轮百万亩造林绿化607.9公顷，完成率100.36%。其中，实施平原造林386.29公顷、临时绿化171公顷、代征绿地50.61公顷。绿地改造提升160400平方米，屋顶绿化9802.44平方米，建设镇村绿地6万平方米。

绿色产业　年内，大兴区将4.9万余株老梨树、老桑树纳入保护体系，引进林果、花卉优新品种2400余株，建立名优品种示范基地4个。推广林下经济1020公顷，全年培训农民5000余人次，实现绿岗就业6598人。在梨花节等活动中宣传推介果品销售500万千克，增收1000余万元。月季、杜鹃等品种在国内展会中获奖20余项。为68户蜂户做好服务保障，实现蜂产品年产值200万元。

资源管护　年内，大兴区完成森林资源管理"一张图"年度变更。编制《北京市大兴区森林经营方案（2021—2030）》。开展平原生态林分级分类养护管理，涉及面积18866.67公顷，实施生态林林分结构调整1226.67公顷，改造村头片林景观12处，建设示范区1处。完成以美国白蛾为主林业有害生物防治3次，防治面积35333.33公顷次。创新苗木检疫办法，通过张贴检疫电子标签，实现源头追溯。

【国家森林城市创建】　年内，大兴区园林绿化局建设完成全国第一个森林城市主题公园——黄村镇孙村公园。公园在原有绿化基础上，通过增加植物种类、完善科普设施、新建室内展馆等举措，补齐公园宣教短板，打造创森亮点名片。

【林长制推进】　年内，大兴区建立区级、镇（街道）级、村（社区）级林长制责任体系，印发区级总林长令，制订印发林长制调度实施办法等6项配套制度。设置区级林长17名，镇级、村级林长1504名，实行制度化、网格化管理，全年巡林5000余次。建立"林长＋检察长"工作机制，增设检察长为区级林长，检察院为区林长制成员单位，通过建立信息共享、联动协作、联席会商等制度，形成工作合力。

【依法行政】　年内，大兴区依法依规办理审批事项。接待咨询1000余次，发放林木和树木采伐、移植许可证共755份，开具产地检疫证书230份。加强林业行政执法，开展野生动物保护类检查186件，救助野生动物46只。

【森林防火】　年内，大兴区园林绿化局制订《森林防火火源管控方案》《森林防火督查检查工作方案》，联合区应急局、市公安局大兴分局森林公安大队督导检查重点林区15次。3200名管护人员在岗在位，森林防火预警监测系统24小时不间断监测，提前发现火警240余起。在公园景区推广使用"防火码"，开展森林防火实战演练和技能培训35场。平安度过森林防火期，全区连续32年未发生森林火灾。

【全民义务植树】 年内，大兴区新建街乡级义务植树基地2家，全年参与植树尽责人数31.6万人次，新植树木10.5万株，通过"八类"尽责形式折合新植树木92万株，植绿、爱绿、护绿氛围浓厚。

【群众性绿化美化创建】 年内，大兴区创建7个花园式社区、6家花园式单位、6个森林村庄、1个森林城镇，200余人参与"自然笔记"等园艺驿站活动，为创城、创卫增色添彩。

【森林资源监测】 年内，大兴区园林绿化局以2020年数据为基础，全面收集造林、采伐、更新及占用林地资料，完成变化图斑内业核实和外业现地调查，填报完成全部监测成果。

【古树名木保护】 年内，大兴区园林绿化局按照"底数清、情况明、管到位"工作要求，核查完成11处市级重点纪念林。同时，有序推进古树名木体检、古树名木主题公园建设，组织专业力量对古树进行抢救复壮和养护，完成20株衰弱古树复壮。

【老果树资源保护】 年内，大兴区园林绿化局现场检查5万余棵老梨树、老桑树，摘牌死亡树。按照《北京市大兴区园林绿化局关于加强大兴区老梨树桑树保护工作的意见》《关于印发大兴区老梨树桑树资源管护工作实施细则的通知》《北京市大兴区园林绿化局关于加强大兴区老梨树老桑树保护工作的补充意见》文件要求，核实确认符合养护标准的新增递增老梨树、老桑树，完善信息平台。

【种苗产业】 年内，大兴区有规模化苗圃15家，面积753.45公顷，涉及采育、长子营、青云店、安定、礼贤、魏善庄、北臧村7个镇。15家规模化苗圃应用电子标签新技术，北京安海之弌园林古建工程有限公司建立4公顷容器苗基地及乡土树种资源圃，燕赵苗圃申请菊花良种2个品种，建立桧柏繁育基地，涉及70个品种，占地3.33公顷。

【果树产业】 年内，大兴区有规模果园65家，专业合作社29家。引进新品种400余株、试验品种2000余株。在果园、林地、绿地种植区域内，完成对60个点位土壤养分、重金属含量、微量元素等30余项指标检测与评估。以庞各庄梨花村为试点推广绿色防控技术"迷向丝"，有效防治梨树常见梨小食心虫危害。

【花卉产业】 年内，大兴区园林绿化局开展花卉技术交流5次。以庞各庄镇、榆垡镇、魏善庄镇为重点，进行野生花卉资源调查，了解区内野生花卉分布及生长特点。引种中国农业科学研究院自育绿野、哈雷彗星等月季品种6个，播种草花品种4个。做好火鹤种质资源圃维护，完成植株换盆工作。

【党组织建设】 年内，大兴区园林绿化局建立"书记讲给书记听，支部做给支部看"交流模式，开设党史教育知识问答专栏，组织理论中心组学习21次，开展交流研讨24次。严格执行"三会一课"，参加垃圾分类"桶前值守"705人次。

【干部队伍建设】 年内，大兴区园林绿化局抓好人才引进和培养。2021年共公招事业单位人员7名，机关干部职级晋升及调任6人次、交流轮岗5人次，事业单位干部选拔任用及交流轮岗14人次。组织素质提升、消防安全等专项培训8期次。选派人员赴疫情防控隔离观察点工作5批次，赴国内其他口岸入境人员接转专班2批次，赴农村地区疫情防控督导1批次，累计18人赴一线完成防疫任务。

【老干部工作】 年内，大兴区园林绿化局采取线上慰问形式，为66名退休人员将节日慰问品及慰问信邮寄到家。在大兴林场组织开展"追寻林场足迹 传承林场精神"退休老干部讲党课活动，邀请王珍同志为林场职工讲授党课。组织退休老干部参与区委老干部专题报告会、知识讲座、摄影及参观等系列活动，丰富退休老干部业余生活。

【工会组织】 年内，大兴区园林绿化局组织职工参加大兴区第四届龙舟赛、亲子运动会、"颂歌献给党 建功新时代"红歌比赛、工间操比赛、太极拳线上展示赛、冰壶、篮球、足球比赛等各项活动，展示园林职工精神风貌。

【纪检监察】 年内，大兴区园林绿化局开展"低级红、高级黑"、违规发放津贴福利等问题专项整治，严明纪律规矩。参观"廉洁奥运主题文化园"，观看《青山之殇》《被"腾退"的人生》等警示教育片，增强廉洁意识。配合纪检监察派驻组开展监督检查，促进从严治

党责任落到实处。

【领导班子成员】

局长 党组书记 区绿化办主任
王春晖（2021年12月免）
侯劲松（2021年12月任）

副局长 王琦（2021年9月免）

副局长 欧小平 张健
王海龙（2021年9月任）
亓丽萍（女）（2021年9月免）

三级调研员 潘宝明

（大兴区园林绿化局：闫鹤 供稿）

北京经济技术开发区城市运行局

【概况】 2019年10月，北京经济技术开发区行政机构改革，组建北京经济技术开发区城市运行局（简称经开区城市运行局）。将城市管理局、环境保护局、安全生产监督管理局的职责，管委会办公室的应急管理职责，以及交通运输、综合防灾减灾救灾职责进行整合。主要职责是，负责城市运行管理政策研究制定及规划编制工作，推进城市运行管理的规范化、标准化及信息化；负责组织建立市政基础设施管理体系，对市政基础设施进行管理、养护；市容环境卫生管理和城市环境综合治理工作；负责园林绿化工作，承担园林绿化生态保护修复养护和城市绿化美化工作；

负责交通基础设施、交通运输业的行业管理，及交通综合治理工作；负责水务管理，承担水土保持、河湖管理以及水资源开发、利用、管理、保护等工作；负责能源行业日常管理，指导协调水、热、电、气、网等驻区专业公司做好能源保障工作；负责生态文明建设和生态环境保护工作；承担区级应急管理部门相关职责；负责工矿商贸生产经营单位安全生产管理工作和安全生产综合管理，协调、督促有关部门安全生产工作，依法承担生产安全事故调查处理工作，监督事故查处和责任追究情况；负责统筹防灾减灾救灾、抗旱防汛等应急预案体系建设及应急救援力量建设工作，负责自然灾害、生产安全事故应急救援工作。

2021年，经开区城市运行局强化林长制工作统筹协调作用，推动城市绿化景观和水环境维护；加快推进公园城市建设，启动河西区6处口袋公园设计工作；完成重大节日景观布置，推进绿色城市建设。

【全面建立林长制】 年内，经开区城市运行局按照经开区60平方千米和南海子公园范围，编制印发《经开区关于全面建立林长制实施方案》及6项配套制度，构建市、区、街道、社区四级管理体系；召开区级林长调度会，专题部署美国白蛾防治，成立工作专班，落实

防控职责；部署杨柳飞絮治理工作，推动群防群治。同时，发布经开区林长令，明确林长公示牌、完善配套制度等8项工作任务。

【口袋公园建设】 年内，经开区城市运行局启动河西区6处绿地精品化提升工作，谋划建设口袋公园，以"十二花信"为主题，结合绿地基础情况，开展绿地提升方案编制，同时征求并吸纳周边居民意见，不断优化提升方案。截至2021年底，初步完成方案。

【杨柳飞絮治理】 年内，经开区城市运行局成立由土储建设中心、荣华街道办事处、博兴街道办事处、亦庄控股组成的杨柳飞絮综合防治工作组，排查40272株杨柳雌株，完善台账并进行位置标注和树木标记，标准化、精细化开展湿化作业，打孔注射"抑花一号"药剂，持续深化推进杨柳飞絮防治工作。

【重大节日绿化景观布置】 年内，经开区城市运行局开展重大节日绿化景观布置，以更新立体花坛、更换时令花卉、摆置花坛为主，兼顾营造节日氛围。其中，按照厉行节约原则，调整经开区京沪入口、荣华路迎宾广场、博大公园方广场、博大大厦南广场4处立体花坛装饰元素；将荣华路、荣京街、博大公园等区域花卉，更换为孔雀草等花期长的花卉品种，更新面积约21000平方米；筛选替换下的花卉，就近采取补植，实现花卉多次利用，补植面积5000平方米。

【领导班子成员】

局长 党支部书记

刘文庆（2021年1月免）

段青松（2021年1月任）

副局长

胡志山 翟乾 肖怡宁

姚静（2021年7月任）

（北京经济技术开发区城市运行局：张萌 供稿）

昌平区园林绿化局

【概　况】 北京市昌平区园林绿化局（简称昌平区园林绿化局），挂昌平区绿化委员会办公室（简称区绿化办）牌子，是区政府园林绿化行政主管部门。设9个内设机构：办公室（安全生产科）、义务植树科、生态建设管理科、产业发展科、综合管理科、城镇绿化管理科、森林资源管理科、政工科、园林绿化综合执法队。下属事业单位9个，编制人数270人，实有人数230人（其中初级工程师78人，中级工程师41人，高级工程师17人），研究生学历15人，本科学历117人，大专及以下学历98人。

截至2021年底，昌平区森林覆盖率48.68%，森林面积65354.52公顷。

绿化造林 年内，昌平区完成浅山区造林任务348公顷，全部为新增项目，栽植树木23.71万株；完成京津风沙源治理项目封山育林1333.3公顷；完成生态效益促进发展机制森林健康经营工程林木抚育2866.7公顷（含国家重点公益林抚育）。

绿色产业 年内，昌平区果品总产量989.8万千克，产值11401.4万元。完成老果园更新发展34公顷，其中更新发展矮化苹果、樱桃、京白梨等优势树种27.15公顷。花卉种植面积217.2公顷，总产值12191.55万元，销售额6942.26万元。

公园风景区 年内，昌平区公园接待游客1251万人。劝阻进园未佩戴口罩市民3.8万

5月25日，昌平区园林绿化局在元山广场开展林业植物检疫专项宣传行动（卢绪利 摄影）

余人次，劝阻游人聚集性活动860余次，张贴宣传通知425份。张贴《文明游园倡议书》《不文明游园清单》《文明游园守则》325余份。

【新一轮百万亩造林工程】 年内，昌平区园林绿化局完成浅山区造林任务348公顷（全部为新增项目），栽植树木23.71万株。完成平原地区造林任务248.93公顷，全部为新增造林，栽植树木16.8万株。

【未来城街区公园项目】 年内，昌平区完成未来城街区公园项目，总建设面积38317.4平方米。该项目为2021年城镇绿化为民办实事项目，建设内容包括绿化工程、庭院工程、给排水工程和电气工程。栽植乔木1554棵，灌木4919株，藤本植物608株，地被花卉23423平方米，绿地起坡造型4094.79立方米；铺装园路及广场4215平方米，配置廊架3座、成品垃圾桶16个、指示牌13个、车挡33个、成品座椅坐凳26个、灯具129套，搭建树上鸟巢及昆虫旅馆3处，铺设供电及供水管线4463.16米。

【森林健康经营】 年内，昌平区园林绿化局完成生态效益促进发展机制森林健康经营工程林木抚育2866.7公顷（含国家重点公益林抚育），其中，一级经营区林木抚育面积153.3公顷，二级经营区林木抚育面积1026.7公顷，三级经营区林木抚育面积1686.7公顷，建立市级山区林木抚育经营示范区1处。

【代征绿地收缴】 年内，昌平区园林绿化局完成代征绿地收缴7处，面积85132.24平方米。

【北京昌平苹果文化节】 年内，昌平区成功举办第十八届昌平区苹果文化节。针对全区冰雹强降水及新冠肺炎疫情双重不利影响，推出多项惠农助农措施，保障全区苹果采摘销售平稳有序；组织开展惠农助农果品销售、果品加工开发、宣传报道等多场次活动；开发苹果汁、苹果烘焙食品5款。

【苹果产业】 年内，昌平区苹果产量525.6万千克，产值5286.3万元。更新发展矮砧苹果2.83公顷，苗木保存率普遍在90%以上；累计完成苹果套袋9438.1万个。

【林木有害生物防控】 年内，昌平区完成产地检疫调查62圃次，办理产地检疫合格证255份，产地检疫率100%；开具植物检疫证书（出省）82份；完成1个国家级中心测报点，42个市级监测测报点，140个区级监测测报点监测测报任务；开展春尺蠖、美国白蛾等重点有害生物巡查29161千米；完成4233.33公顷松林春秋两季普查，未发现松材线虫病；林业生物发生面积3066.67公顷次，防治面积3066.67公顷次，防治率100%，其中无公害防治面积2906.67公顷次，无公害防治率95%，未发生林业有害生物灾害；开展果树农药补贴，销售农药540.63万元，政府补贴资金283.29万元；开展"6·25雹灾"救助，投入资金163.20万元，采购70%甲基硫菌灵40.80千克，无偿为果农提供每公顷30千克杀菌剂，支持果农开展灾后自救。

【林木伐移管理】 年内，昌平区园林绿化局发放林木采伐许可证522件，采伐林木623902株，蓄积量22267.39立方米。严格执行限额采伐管理，林木移植发证113件，涉及林木78440株，树木砍伐审批146件，涉及树木729株，树木移植20件，涉及树木444株。

【野生动物保护】 年内，昌平区园林绿化局累计监测野生鸟类30余万只，未发现野生动物传播疫源疫病异常现象。积极配合北京市野生动物救助中心科学开展野生动物紧急救助和临时收容工作30次。

【古树名木管理】 年内，昌平

区对全区 5020 株古树和 958 株名木进行全面体检，系统排查空腐及倒伏等高危风险，掌握分析古树名木的立地条件和生长状况；对十三陵特区、城南街道、东小口镇、延寿镇、沙河镇辖区 157 株古树实施抢救复壮工程，内容包括仿木支撑、仿木树池、封堵树洞、砌筑挡土墙、防腐处理、铁艺栏杆、换土施肥等，做到"一树一策"，科学修复。

【花农技术培训指导】 年内，昌平区园林绿化局利用微信平台开展花卉科普介绍 80 余次，克服疫情影响入户指导 300 余人次。

【林业执法】 年内，昌平区依法处理办结林业案件 6 件，处理违法人员 4 人，处理违法单位 2 个，行政处罚 119287.05 元。

【森林火灾防控】 年内，昌平区园林绿化局围绕春季森林防火专项检查、野外火源专项治理工作，促进各项防范及应急处置措施落实到位，在"森林防火宣传月"及清明节前夕，加强防火宣传，营造人人参与防火氛围。清理林下可燃物约 5700 公顷，开设防火隔离带约 3700 公顷，减少火灾发生概率。

【果品质量安全认证和管理】 年内，昌平区对 19 家单位进行无公害、绿色和有机果品认证及复查换证，其中，首次认证单位 8 家，复查换证单位 11 家；在全区范围内抽检樱桃、杏、桃、李、葡萄、枣、板栗、核桃、柿子、苹果等果品样品 668 份，按无公害果品标准检测农药残留，用于监测果品质量安全。

【果农技术培训指导】 年内，昌平区开展冬剪、花期管理、着色管理等培训指导、座谈研讨 45 余场次，培训果农 3800人次，发放技术资料 1200 多份，定期到 10 个镇、21 个示范果园开展关键期技术培训指导和示范。

【领导班子成员】
局长 党组副书记 区绿化办主任
茅江（2021 年 9 月免局长、区绿化办主任，2021 年 8 月免党组副书记）
局长 党组副书记 区绿化办主任
徐强（2021 年 9 月任局长、区绿化办主任，2021 年 8 月任党组副书记）
党组书记 马传亮
党组副书记 张树玲（女）
副局长
王家红（2021 年 9 月免）
徐晓春 王霞（女） 马军
辛欣（女）（2021 年 7 月任党组成员，2021 年 9 月任副局长）

（昌平区园林绿化局：王鑫 供稿）

平谷区园林绿化局

【概况】 北京市平谷区园林绿化局（简称平谷区园林绿化局），挂平谷区绿化委员会办公室（简称区绿化办）牌子，是区政府园林绿化职能管理部门。内设局机关办公室、绿化科、行政审批科、综合管理科、森林防火科 5 个科室；管理行政执法机构 1 个，区园林绿化综合执法队；所属全额事业单位 8 个，包括区林业综合管理中心、区林业资源管理中心、区自然保护地管理中心、区园林绿化建设管理事务中心、区森林防火应急指挥中心、区园林绿化局综合服务中心、区国有林场管理中心、区金海湖风景名胜区林场，其中，区国有林场管理中心、区金海湖风景名胜区林场为全额拨款独立核算事业单位。

2021 年，平谷区林地面积 70002.83 公顷，活立木总蓄积量 163.39 万立方米，森林覆盖率 67.30%，林木绿化率 72.74%。城镇园林资源绿化覆盖面积 1956.47 公顷，绿地面积 1763.76 公顷，公园绿地面积 951.39 公顷，公园绿地 500 米服务半径覆盖率82.24%，绿化覆盖率50.25%，人均绿地面积38.18平方米，人均公园绿地面积20.59平方米。

绿化造林 年内，平谷区完成新一轮百万亩造林612.79公顷，完成园林"留白增绿"5.3公顷，栽植绿化乔木31万株、灌木5.38万株，涉及全区16个乡（镇）52个村。完成森林健康经营林木抚育项目2000公顷。全民义务植树15.55万株，抚育69.64万株。创建首都森林村庄6个、首都绿化美化花园式单位5个、首都绿化美化花园式社区1个。

绿色产业 年内，平谷区有苗圃47个，育苗面积618.14公顷，苗木总产量237.9万株。办理林木种子生产经营许可证48家。发放苗木标签6000余张，标签使用率100%。有花卉企业2个，花农60户，花卉从业人员97人，有专业技术人员3人，种植面积17.41万平方米，花卉年产值504.95万元。有养蜂专业合作社4个，养蜂协会1个，在册登记蜂农310户，蜂群总规模3万群，年产蜂蜜18.6万千克，蜂王浆0.15万千克，巢蜜0.43万千克，蜂蜡0.11万千克，养蜂总收入667万元。

资源安全 年内，平谷区71座森林防火预警监测基站和150座防火检查站视频监控系统24小时监测，2459名生态林管护员、50名巡查员巡逻值守。种苗产地检疫率100%、无公害防治率达到95%、测报准确率97%、成灾率1‰以下。现地核查森林督查图斑870块，办理林业行政案件立案13起，其中中止调查2件，结案11件，处罚款213391元。

【所属事业单位分类改革】 2月，平谷区园林绿化局成立北京市平谷区园林绿化综合执法队，是平谷区园林绿化局管理的正科级行政执法机构；4月，平谷区园林绿化局所属全额事业单位经过组建、整合、保留等改革后形成7家单位；7月，北京市平谷区金海湖风景名胜区林场建制划转为平谷区园林绿化局所属全额事业单位。

【区领导检查森林防灭火工作】 2月7日，平谷区森林防火指挥部总指挥、副区长韩小波一行先后到王辛庄镇、山东庄镇检查森林防灭火工作，向春节期间坚守岗位的防火一线人员带去新春的问候和祝福。

【生态公益林保险衔接】 3月24日，平谷区园林绿化局完成生态公益林森林保险衔接，投保面积3.9万公顷，保费140.55万元，保额7.03亿元，与2020年有效衔接，为全区生态公益林持续绿色发展提供保障，保险期到2022年3月24日截止。

【可燃性祭品禁烧】 3月25日，平谷区印发《平谷区2021年"清明节""五一"期间森林防火工作方案》，贯彻"将预防摆在首位，保障生命安全第一"精神，坚决遏制重特大森林火灾发生。

【全民义务植树】 3—5月，平谷区绿化办组织区级义务植树活动7次，乡镇级活动45次，新植树木11.5万株，抚育树木68万株。夏秋季组织区直单位林木抚育活动16次，抚育面积达3.39公顷。完成新植树木15.55万株，抚育69.64万株。

【市领导调研林长制工作】 4月8日，市委常委、组织部部长、市级林长魏小东到平谷区调研林长制工作落实情况。要求加快建立林长制体系，一级抓一级，层层抓落实，压实保护发展园林绿化资源的主体责任，建立协调有序、运行高效的林长制责任体系，守好每一座山、护好每一片林、养好每一棵树。

【森林防火工作会议】 10月22日，平谷区以视频形式召开区2022年度森林防灭火工作动员部署会。通报平谷区2021年度森林防火工作，分析当前森林防火形势，安排部署2022年度森林防火工作。平谷区委副书记、区长吴小杰，副区长韩小波、李子腾参加会议。

【区领导调研森林防灭火工作】 11月3日，平谷区委书记唐海龙围绕森林防灭火工作进行专题调研。赴区森林防火指挥中心查看值班值守和预警监控平台运行情况；赴区森林消防应急救援大队查看体能训练、食宿环境、应急保障等情况；赴王辛庄镇东古登山口检查站、王辛庄镇森林消防中队查看进山值守及队伍建设情况；赴应急部森林消防局机动支队特勤大队二中队查看专业装备配备、救援物资储备、抢险能力建设等情况。

【市领导调研园林绿化工作】 11月26日，市委常委、统战部部长、市级林长游钧到平谷区峪口镇西樊各庄白道子山森林防火检查站、三白山村新一轮百万亩造林地块，详细了解森林防火、管护及新一轮百万亩造林情况。强调以林长制为抓手，压实各级党委和政府主体责任，扎实做好森林防火、病虫害防治和新一轮百万亩造林等各项工作；统筹推进生态保护和经济发展，合理开发利用林下空间，探索林业富民产业模式。

【区领导调研园林绿化工作】 12月10日，平谷区委书记唐海龙到区园林绿化局调研。强调

要担负起生态立区重要责任，保护好生态资源和生物多样性；要注重林业富民，统筹好苗木经济、林业经济和林下经济发展，与富民目标紧密结合，分类推进，充分发挥生态资源增值增收作用；要守好安全底线，扛牢工作责任，做好森林防火和林业病虫害防治工作，筑牢首都生态安全屏障。

【森林防火应急演练】 12月22日，平谷区副区长韩小波带队检查区森林消防综合应急救援大队及大队靠前驻防点建设情况，随机抽取山东庄中队、南独乐河中队、黄松峪中队、兴谷街道中队、王辛庄中队等队伍到山东庄镇林区开展乡镇森林队伍拉动演练活动，检验乡镇消防中队的应急响应能力，逐队指出演练中暴露的问题。

【生态林补偿资金发放】 年

内，平谷区园林绿化局经过区财政局惠民统发平台发放市、区两级补偿资金2539.18万元，资金由乡镇录入上报，通过三个批次直接拨付到集体经济组织成员手中。

【新一轮百万亩造林工程】 年内，平谷区园林绿化局完成新一轮百万亩造林612.79公顷，完成"留白增绿"5.3公顷，栽植绿化乔木31万株、灌木5.38万株，涉及全区16个乡镇52个村。完成森林健康经营林木抚育项目2000公顷。

【小微绿地建设】 年内，平谷区园林绿化局新建小微绿地5个，总面积2.13公顷，着力打造"出行300米见绿、500米见园"15分钟休闲生活圈，利用城市拆迁腾退地和边角地、废弃地、闲置地，实施"留白增绿""见缝插绿"。

11月4日，平谷区园林绿化局工作人员清理林区可燃物（张小楠 摄影）

【野生动物救助】 年内，平谷区园林绿化局救助野生动物80起，其中国家一级重点保护野生动物1只，国家二级重点保护野生动物19只，北京市一级重点保护野生动物5只，北京市二级重点保护野生动物28只，其余为三有及其他动物。全区3个监测站点监测到各种鸟类40余万只，对金海湖国家级监测站采集野生鸟类粪样240份，送检均无异常。全年未发生一起陆生野生动物感染新型冠状病毒及禽流感病例。

【野生动物巡查执法】 年内，平谷区园林绿化局坚持每日巡查区内公园、湿地等野生动物迁徙、栖息地场所，检查野生动物驯养繁殖场所、经营场所、集市，联合区农业农村局、市公安局平谷分局、区交通局等部门开展代号"清风行动"专项打击行动，对全区集贸市场、饭店、大集进行联合检查3次，出动30余人次。

【森林督察图斑处理】 年内，平谷区园林绿化局现地核查870块森林督查图斑，不属于平谷区行政区域2块，依法使用林地620块，未经（超）林业和草原主管部门审核图斑66块，直接为林业生产设施服务图斑35块，林木采伐未办理采伐证图斑77块，毁林开垦图斑

70块，已移交综合管理部门。

【森林病虫害防治】 年内，平谷区园林绿化局组织飞机防控美国白蛾40架次，防控面积4000公顷，防控区域包括东高村镇、马坊镇、马昌营镇、大兴庄镇、峪口镇等。释放周氏啮小蜂2500万头，生物防控美国白蛾。林木常规病虫害防治林业虫害9893.33公顷次，其中春尺蠖防治1360公顷次，栎粉舟蛾防控7333.33公顷次，白蜡窄吉丁1000公顷次，双条杉天牛防控200公顷次。林木病虫无公害防治率95%。完成8086.67公顷松林松材线虫病春秋两季普查任务。

【森林病虫害监测】 年内，平谷区有国家、市、区级测报点119个。林业有害生物监测以美国白蛾、春尺蠖为重点，在危险性林业有害生物发生危害期内，及时将调查结果填入监测统计表，测报准确率97%。结合全区林业有害生物发生实际，在京平高速、顺平路、密三路、大秦铁路、新老平蓟路等设置巡查路线11条，重点监测山区乡镇油松侧柏片林、橡栎林等区域，成灾率在1‰以下。

【种苗检疫】 年内，平谷区园林绿化局实施产地检疫573公顷，发放产地检疫合格证108份，发放标签绑定10200个，

检疫登记各类苗木110余万株。开具植物检疫要求书1862份，复检各类苗木665万株，外调苗木684万株。种苗产地检疫率100%。

【林木伐移管理】 年内，平谷区园林绿化局审批规划林地1213件、384727株、17734.72立方米。审批非规划林地12件、639株、128.64立方米。审批林木移植15件、1752株。征占用林地25件34144株、1972.04立方米。

【古树名木管理】 年内，平谷区园林绿化局完成58棵古树病虫害防治3次，复壮古树9棵，粉刷围栏支撑16处，修复围栏支撑3处，做好古树日常养护工作。

【区公园分类分级】 年内，平谷区园林绿化局贯彻执行《北京市公园分类分级管理办法》，对全区41个公园和1个市级风景区进行分类分级初步评定。其中按公园类别认定，综合公园1个，社区公园9个，游园14个，生态公园14个，自然公园及风景区4个。按公园级别认定，一级公园3个，二级公园7个，三级公园20个，四级公园8个，4个自然公园未定级。

【建党100周年花卉景观布置】 年内，平谷区园林绿化

局在区委西侧公园摆放"硕果累累"立体花坛一座，在府前街、府前西街等主要街道及环岛等重要节点进行花卉布置，摆放时令鲜花395517盆。

【杨柳飞絮治理】 年内，平谷区园林绿化局对12000株杨柳雌株进行适当疏枝修剪，对城区及周边45317株杨柳雌株注射花芽分化抑制剂，同时采取喷水、湿化、清扫等多种措施进行精准治理，降低飞絮对市民生活的影响。

【公园疫情防控】 年内，平谷区园林绿化局制发《平谷区公园绿地林地新型冠状病毒感染的肺炎预防控制工作导则》，要求各公园严格落实门区管控、通风消杀、扫码测温、"一米线"排队、科学佩戴口罩等防疫措施，严控人员聚集，适时关闭室内游览场所，不举办聚集性大型活动，筑牢疫情防控防线。

【领导班子成员】

局长　区绿化办主任
陈军胜（2021年9月免）
于清德（2021年9月任）
党组书记　孙静
副局长
刘福山（2021年10月新疆挂职）
王国全（2021年7月免）
王春青（女）（2021年7月免）
赵雪松（2021年7月任）

张辉（2021年7月任）
张玉芳（2021年9月任）

（平谷区园林绿化局：杜友 供稿）

怀柔区园林绿化局

【概　况】 北京市怀柔区园林绿化局（简称怀柔区园林绿化局），挂怀柔区绿化委员会办公室（简称区绿化办）牌子，是区政府园林绿化行政主管部门。机关行政编制27名，设办公室、机关党委、规划与发展科、生态修复科、绿化科、园林科、森林资源管理科、规划与财务管理中心、园林绿化综合执法队、党群服务中心、森林防火科、森林火险防治与旱期火情处置中心12个科室。区园林绿化局（区绿化办）有事业单位24个，事业编制309名。截至12月底，全局在职正式职工315人。

截至2021年底，怀柔区森林面积164242.20公顷、森林覆盖率77.38%、林木绿化率85.02%。城市绿化覆盖率62.05%，人均绿地57.77平方米，人均公园绿地29.54平方米。

绿化造林　年内，怀柔区完成新一轮百万亩造林工程建设任务350.24公顷，其中新增造林面积207.12公顷，纳统面积143.12公顷；完成京津风沙

源治理工程任务1800公顷；完成中幼龄林抚育10733.33公顷；完成"留白增绿"4.69公顷；全年累计参加义务植树19.43万人，完成植树42.23万余株，发放宣传材料5000份，制作展板12块，养护树木5万株，清扫绿地45000平方米。创建首都森林村庄3个（渤海镇铁矿峪村、喇叭沟门满族乡孙栅子村、桥梓镇北宅村）、花园式单位3个（中国石化销售股份有限公司技术培训中心、北京市怀源供水有限公司、北京罗麦科技有限公司）、花园式社区1个（庙城镇金山社区），园艺驿站2家（怀柔京林绿色园艺驿站和怀柔凡花小筑园艺驿站）。

绿色产业　年内，怀柔区干鲜果品产量16612吨。有林木种子生产经营企业122家，总面积766.72公顷。

资源安全　年内，怀柔区完成生物防治383.3公顷，物理防治313公顷，人工地面防治5000公顷，飞机防治18000公顷；全区生态公益林157385.8公顷，年保险费566.59万元；全区发生森林火情4起（其中燃放烟花爆竹1起，雷击火1起，野外用火2起），过火面积约330平方米，无人员伤亡情况。

【生态公益林投保】 3月，怀柔区园林绿化局与中国人民财产保险股份有限公司北京市

5月1日，怀柔区园林绿化工作人员开展高压喷水车防治杨柳飞絮工作（钟永富 摄影）

分公司怀柔支公司签约，为山区生态公益林投保，投保面积157385.8公顷，保险费283294.44万元。其中，山区集体生态林面积157040公顷，涉及14个乡镇223个行政村；山区国有生态林面积3458公顷，涉及2个国有林场。

【首都义务植树活动】 4月3日，怀柔区科学城公园开展以"同植科学林，共建科学城"为主题的全民义务植树活动。中国科学院副院长周琪，北京市副市长卢映川，中国科学院院士向涛、叶大年、翟明国、潘永信，首都绿化办二级巡视员刘强，区四套班子领导，51家单位350余人参加植树活动。怀柔区全年参加义务植树19.43万人，植树42.23万余株，发放宣传材料5000份，制作展板12块，养护树木5万株，清扫绿地4.5万平方米。

【林果主要食叶害虫越冬基数调查】 10月20日至11月20日，怀柔区园林绿化局开展主要林业有害生物越冬基数调查，预测全区2022年林业有害生物发生面积3106.67公顷。

【集体林场建设】 年内，怀柔区园林绿化局在前期试点基础上，组建6个镇级集体林场，促进农民参与生态林管护、森林健康经营等涉林工程，带动就业增收。利用林地空间发展林下经济1666.67公顷，实现产值3672万元，带动怀柔本地农民就业197人。

【国家森林城市创建】 年内，怀柔区园林绿化局积极推进创建国家森林城市。创建国家森林城市公众号推送信息127条，报送创建国家森林城市信息59篇、简报12期，发布创建国家森林城市手机短信26万条。围

绕创建国家森林城市积极开展春季义务植树、野生动植物保护、呵护自然人人有责等宣传活动。

【古树名木保护】 年内，怀柔区园林绿化局编制《怀柔区古树名木保护规划（2021—2035）》《怀柔区古树名木保护管理检查考核实施细则》；加强日常管护巡查，对乡镇、街道古树名木保护管理进行年度考核；开展古树名木抢救复壮项目，对衰弱、存在安全隐患的古树采取复壮措施，延长古树寿命；建立怀柔区古树智慧管理平台；悬挂新树牌1396个；新增申报古树名木2株。

【杨柳飞絮治理】 年内，怀柔区园林绿化局杨柳飞絮综合防治突出精准原则，针对重点区域30余万棵保护雌株，出动高压喷水车1645辆，雾炮车14辆，清扫车139辆，清扫人员1582人，火患巡查面积1745.43平方千米，杨柳树雌株修剪整形328棵，总作业人数22727人，湿化总面积45.72平方千米。同时，利用"北京飞絮防治"移动数据采集系统，完成杨柳雌株数据采集7万株，建立采集用户30个，完成杨柳雌株抽样调查。

【保护扩繁乡土梨品种】 年内，怀柔区园林绿化局在春季

搜集繁育部分果树乡土品种。主要繁殖品种以梨树品种为主，包括十八坝、金把儿、醋了罐儿、蜜梨、酸梨、结梨、沙果梨等11个品种，采集区域包括九渡河镇、雁栖镇、渤海镇、桥梓镇、琉璃庙镇、长哨营乡6个乡镇，采集品种接穗1600余支，嫁接树木144株，成活率98%以上，完成怀柔区乡土梨树品种保存，为乡土果树保护利用奠定基础。

5月11日，怀柔区园林绿化局在桥梓镇峪沟村组织村民学习核桃嫁接技术（钟永富 摄影）

【重大活动景观保障】 年内，怀柔区园林绿化局高效完成建党百年、第11届国际电影节花卉布置工作，摆放立体花坛7组，摆放各类花卉54万株，营造良好的节日氛围。

【怀柔新城绿色空间景观提升项目】 年内，怀柔区园林绿化局完成怀柔新城绿色空间景观提升项目。该项目总投资约7117.96万元，着重对城区内主要街道（青春路、红螺寺路、迎宾路、开放路、怀耿路、中高路、兴怀大街、富乐大街、北大街）、世妇会公园进行重点提升，改善植被生存环境，提升生态文化内涵。项目于3月初复工进场，7月完工并进行日常养护。

【绿色科学城建设工程】 年内，怀柔区园林绿化局在科学城中心区实施雁栖河生态廊道建设一期工程，打造2个主题公园、7个体育场、10千米健身步道。高标准编制雁栖河生态廊道二期及沙河、牤牛河景观绿化工程方案，配合科学城管委会做好起步区景观提升工程。

【雁栖河城市生态廊道一期启动区项目】 年内，怀柔区完成雁栖河城市生态廊道一期启动区绿化。该项目位于怀柔区雁栖镇，北至京加路，南至乐园大街，涉及河道长度约2.55千米，总建设面积约60.88公顷，其中，园林绿化面积31.86公顷、河道整治29.02公顷，总投资12445万元。此工程2021年12月30日前已完工。

【小微绿地建设】 年内，怀柔区园林绿化局在庙城镇高两河文体中心、庙城镇高两河中心、桥梓镇文体中心建设3处小微绿地，绿化面积1.7公顷。

【新一轮百万亩造林工程】 年内，怀柔区园林绿化局完成新一轮百万亩造林绿化建设工程350.24公顷。其中，新增造林面积207.12公顷，纳统面积143.12公顷，栽植乔木74000余株、灌木41000余株。总投资1.5亿元。

【京津风沙源治理工程】 年内，怀柔区园林绿化局宝山镇完成京津风沙源治理二期工程，封山育林面积1800公顷，封育区架设围栏1.89万米，建造封山牌14座。项目总投资270万元。

【"留白增绿"】 年内，怀柔区园林绿化局"留白增绿"4.69公顷，其中，新增面积2.31公顷，纳统面积2.38公顷，涉及北房、庙城、杨宋镇等。

【森林健康经营林木抚育】 年

内，怀柔区园林绿化局完成中幼龄林抚育10780.8公顷，涉及全区11个乡镇90个行政村。其中，森林健康经营林木抚育8400.2公顷，国家重点公益林管护工程2380.6公顷。

【全面建立林长制】 年内，怀柔区园林绿化局推进区、乡镇（街道）及区有关单位、村（社区）三级林长制责任落实，明确各级林长森林资源保护发展责任，12名区级林长，39名乡镇（街道）及区有关单位林长、319名村（社区）级林长已上岗。

【生态林管护监管】 年内，怀柔区园林绿化局对3866.67公顷生态林开展季度专项检查，重点检查林地卫生、修剪、涂白、病虫害防治、枯枝死树清理、浇水、落叶处理、森林防火等管护措施是否落实到位，向养护单位通报检查结果并限

期整改。怀柔区生态林管护人员2423人，其中本地农民2108人，占总人数的87%。

【生态补偿资金发放】 年内，怀柔区园林绿化局核定山区生态林补偿面积156406.7公顷，涉及14个乡镇223个行政村，约4.7万农户、10.6万农民。发放生态补偿金9853.62万元，

【纪念林工作】 年内，怀柔区园林绿化局申报市级重点纪念林1块，名称为亚太伙伴林，面积0.07公顷，位于雁栖岛雁栖酒店西侧路对面，由北京北控国际会都房地产开发有限责任公司雁栖岛分公司进行管护。怀柔区目前有14块纪念林，其中市级重点纪念林1块，区级一般纪念林13块。

【种苗生产】 年内，怀柔区园林绿化局有林木种子生产经营

企业122家，总面积766.72公顷，苗木总产量380万株，其中常绿乔木94.09万株、阔叶乔木142.35万株、花灌木45.55万株、其他树种98.10万株。

【森林防火】 年内，怀柔区森林防火指挥部办公室转发北京市森防办大风蓝色预警20次36天，大风黄色预警5次5天，高火险橙色预警1次2天；全区发生森林火情4起，分别发生在渤海镇景峪村、汤河口东帽湾村、琉璃庙孙胡沟村、琉璃庙后山铺村，其中燃放烟花爆竹1起，雷击火1起，野外用火2起，过火面积约330平方米，无人员伤亡情况。怀柔区森防办按照森林防灭火"四查"（区级督导组督查，森防办抽查，属地政府、有林单位自查，生态林管护员巡查）机制开展责任区督导检查工作，筑牢森林生态资源安全防线。提高应急队伍实战能力，防火期期间参与市级应急演练1次，开展区级演练2次，镇级演练14次。完善信息化工作体系，森防办为应急管理局、20个森防火分指挥部、森林公安1处3所、10支森林消防中队、1支森林消防机动支队配备107部通讯手台，完善森林防火工作横向、纵向链接，加强信息化森林防灭火工作体系。8月13日，怀柔区森防办职能由怀柔区园林绿化局移交至区应急管

怀柔新城绿色空间景观提升成果（张成江 摄影）

理局。

【野生动物保护与疫源疫病监测工作】 年内，怀柔区园林绿化局加密巡查怀柔水库等野生动物重要栖息地频次，严防严控非法狩猎野生动物违法犯罪行为。强化野生动物繁育场所监管，严格实行封闭管理，落实消毒防疫措施。做好野生动物疫源疫病监测与信息上报工作，出动监测人员1280人次，监测野生动物29.5万余只，报送野生动物疫情监测信息850余条。救助受伤受困野生动物42只。

【过境候鸟迁徙工作】 年内，怀柔区园林绿化局加强重点区域巡查，做好过境候鸟迁徙工作。落实野生动物保护、疫源疫病监测、栖息地巡护要求，强化执行各项防控措施；落实区、镇、村三级巡查网，严防严控非法狩猎野生动物违法犯罪行为；安排专人到怀沙河怀九河自然保护区、怀柔水库、白河湾等重点迁徙通道及自然保护地进行巡查，及时制止端树拍鸟、无人机追逐拍摄、随意放生等不文明和违法行为，建立巡查检查台账；坚持信息日报和应急值守制度，严防野生动物疫情发生，确保人民生命财产和野生动物种群安全。

【自然保护地管理建设】 年内，怀柔区园林绿化局开展"绿盾2021"自然保护地强化监督，整改销号2个自然保护区9个问题点位，整改完成率100%；落实第二轮中央生态环境保护督察整改任务，完成2个市级自然保护区总体规划编制报审；推进自然保护地遗留问题整改，申请转移支付资金715万元；开展自然保护区违法违规问题排查整治专项行动，核查线索点位34处，整改问题点位2处，全部完成销号工作；落实自然保护地整合优化"回头看"；定期开展自然保护区巡查检查。

【林业有害生物预测预报】 年内，怀柔区园林绿化局设置林业有害生物监测测报点362个，监测美国白蛾、红脂大小蠹、橘小实蝇等林果有害生物种类35种。收集监测报表1549份，发布林保信息13篇，科学指导林果生产。

【林业有害生物防治】 年内，怀柔区园林绿化局多项措施做好草履蚧、春尺蠖、美国白蛾、红脂大小蠹等林业有害生物防控工作。生物防治680公顷，物理防治633公顷，飞机防治1.67万公顷。

【植物检疫执法】 年内，怀柔区园林绿化局复检新一轮百万亩造林工程使用苗木15万余株；全年开具产地检疫合格证195份，使用苗木电子标签96978个。

【京津冀东北片区松材线虫病样本检测】 年内，怀柔区园林绿化局检测松材线虫病样本178个（怀柔区90个，其他区88个），均不含松材线虫。

【林政资源管理】 年内，怀柔区园林绿化局严格林业行政许可，受理林木伐移申请629件，其中批准采伐578件，批准移植26件，退件25件；征占用林地审核与审批30件，永久占用林地面积47.32公顷，临时占用林地面积3.61公顷，直接为林业生产服务占用林地面积5.25公顷。

【林果科技科普培训】 年内，怀柔区园林绿化局组织开展杨柳飞絮综合防治、成熟蜂蜜优质高产技术、核桃嫁接技术、基层林业站本底调查等5场次培训，参训人数160人次，直观感受现代科学技术在生产发展、经营创新中的高效模式，增强林果产业发展信心。

【领导班子成员】
局长　党组书记
魏海东（2021年1月免）
局长　党组书记　区绿化办主任
郭小卫（2021年1月任）
党组副书记、副局长
翟文岩（2021年5月免）
副局长　秦建国

王建国（2021年4月免）

刘国柱　张勇　崔尚武

汪俊梅（女）（2021年9月任）

二级调研员　陈志刚

四级调研员　景海燕（女）

（怀柔区园林绿化局：牛凤利
供稿）

密云区园林绿化局

【概　况】北京市密云区园林绿化局（简称密云区园林绿化局），挂密云区绿化委员会办公室（简称区绿化办）牌子，主要负责全区营林造林、推进林业产业发展、森林防火、林政资源管理、林业有害生物防控和城镇绿化美化管理等工作。内设办公室、机关党委、计财科、综合业务科、行政审批科、园林绿化综合执法队6个行政科室，设园林绿化工程事务中心，有害生物防治检疫中心、国有林场总场、蜂产业发展促进中心、森林防火中心、自然保护区管理与野生动植物保护中心、城镇绿化服务中心、生态林管护中心、园林改革事务中心、林业工作站、果树技术开发中心、潮白河林场、雾灵山自然保护区管理处、锥峰山林场、白龙潭林场、五座楼林场、云蒙山自然保护区管理处17个事业科室。在编187人（行政编制30人，

事业编制157人），高级工程师18人，中级职称47人。

2021年，密云区林木绿化率75.3%，森林覆盖率68.46%。

绿化造林　年内，密云区完成新一轮百万亩造林1400公顷、京津风沙源二期治理4666.6公顷、国家公益林管护2306.6公顷、森林健康经营6533.3公顷、"战略留白"和"留白增绿"28.6公顷，退耕还林5880公顷，完成义务植树113.4万株。

绿色产业　年内，密云区建设有机果品基地34个、3533.3公顷，绿色果品基地4个、53.3公顷，密植园4个、22公顷，精品果园5个、80公顷。成功举办"5·20"世界蜜蜂日、全国成熟蜜生产现场观摩会、割蜜节以及北京市首届蜜蜂文化节4场蜜蜂主题活动；新建规模化蜂场5个，发展养蜂3500群。

资源安全　年内，密云区依托79处森林火灾视频监控基站和5239名生态林管护员，全力抓好森林防火三级平台建设，防火监控覆盖率达85%以上，协助区森防办开展大型实战拉动2次，设置防火码使用场景190个，卡口防火码905个。清理可燃物面积6466.67公顷，开设防火隔离带126万延米；成立林长制办公室，完成人员配置；完成并向社会公布3个《北京市密云区陆生野生动物名录》（鸟类、兽类、

爬行类）；指导全区开展防治美国白蛾工作，累计使用药剂15.5吨，覆盖林地面积8460公顷，防治美国白蛾面积约19173.3公顷。

生态宜居　年内，密云区接收及移交代征绿地两块；城镇园林绿地季度养护管理生态涵养区排名第一；建立杨柳树雌株台账，有效治理杨柳飞絮18000株；完成创建首都绿化美化花园式单位6个、花园式社区2个、首都森林村庄7个。

（郭艳斌）

【"5·20"世界蜜蜂日】5月20日，密云区成功举办"5·20"世界蜜蜂日、全国成熟蜜生产现场观摩会、割蜜节以及北京市首届蜜蜂文化节4场蜜蜂主题活动。

（郭艳斌）

【新一轮百万亩造林工程】年内，密云区园林绿化局完成新一轮百万亩造林工程1400公顷，包括平原重点区域造林绿化、新城周边城市森林建设、古柏树周边绿化、101国道密云段两侧绿化、浅山台地、浅山荒山、山前平缓地、东邵渠长峪沟绿化、"战略留白"临时绿化、平原重点区域造林绿化（二期）、浅山台地造林（二期）十一大工程，涉及15个乡镇、1个林场，总投资3.4亿元。

（郭艳斌）

【京津风沙源治理二期工程】年内，密云区园林绿化

局完成京津风沙源治理二期工程4666.6公顷，全部为封山育林工程，涉及石城镇、北庄镇、冯家峪镇等7个镇，主要采取抚育、修建围网、牌示、看护等措施。

（郭艳斌）

【森林健康经营林木抚育项目】 年内，密云区园林绿化局完成森林健康经营林木抚育任务6533.3公顷，共计423个小班，项目总投资4146.73万元，涉及大城子、东邵渠、冯家峪、高岭等10个镇。一级经营作业区533.3公顷，37个小班；二级经营作业区2733.3公顷，197个小班；三级经营作业区3266.6公顷，189个小班。

（郭艳斌）

【国家级公益林管护工程建设】 年内，密云区园林绿化局完成国家级公益林管护工程2306.6公顷，157个小班，总资金1879.53万元。涉及古北口、不老屯、太师屯、北庄4个镇。一级经营作业区133.3公顷，二级经营作业区2173.3公顷。

（郭艳斌）

【"战略留白"临时绿化】 年内，密云区园林绿化局完成"战略留白"临时绿化28.6公顷，涉及太师屯镇、密云经济开发区水景街、巨各庄镇垃圾填埋场、王各庄污水处理厂、大辛庄污水处理厂5个地块。

（郭艳斌）

【退耕还林】 年内，密云区园林绿化局完成退耕还林后续政策支持5880公顷，其中，流转为生态公益林面积1646.7公顷，自主经营面积4233.3公顷，项目总资金8587.3877万元，土地流转金和自主经营补助费已兑现到户。

（郭艳斌）

【全民义务植树】 年内，密云区以"全民植树四十载，美丽密云谱新篇"为主题，在不老屯义务植树点、溪翁庄义务植树点、白河城市森林公园等地开展义务植树活动15批次，人数1036人，植树3100株。同时，乡镇（街道）完成春季义务植树株数1131621株。

（郭艳斌）

【国家森林城市创建】 年内，密云区园林绿化局完成《密云区创建国家森林城市指标自查报告》《密云区创建国家森林城市规划实施报告》初稿。坚持一事一案等举措，有效解决乡村绿化矢量上图、重要水源地绿化划分、矿山修复等问题。通过关注森林网、宜居密云、"密云360"公众号发布创森信息60余篇，发放宣传品2000余份。创森36项指标全部达到国家标准，指标自评分100分（满分100）。

（郭艳斌）

【果品产业】 年内，密云区园林绿化局建设有机果品基地34个、3533.3公顷，绿色果品基地4个、53.3公顷，密植园4个、22公顷，精品果园5个、80公顷。新植葡萄、梨、樱桃、板栗等果树77.7公顷、21.1万株；更新苹果、板栗45.6公顷、3.5万株；板栗、梨优良品种改接124.5公顷、8.8万株；板栗早熟品种改接40公顷；实施有机肥2333.3公顷；管灌、滴灌等节水灌溉1666.7公顷。实际施用面积333.3公顷，有机肥1万吨。集中连片板栗园放赤眼蜂

密云区园林绿化局在冯家峪镇西口外村放置京津风沙源项目牌示（李金宇 摄影）

60万袋；果实套袋1828万个；减少农药化肥使用量，实施有机肥2333.33公顷；通过网络培训、电话答疑、邀请专家等形式，完成果树技术培训1.8万人次。实现年果品产量51000吨，年产值近4亿元。

（郭艳斌）

【蜂产业】 年内，密云区园林绿化局新建规模化蜂场5个，发展养蜂3500群，有效扩大蜂群规模；组织蜂农参加专业技术培训3次，累计参学580人次；推动蜂业气象指数保险的建立和完善，全年完成参保蜂农441户，参保蜂群68690群，赔付171.73万元；4个依托技术合作的半托管成熟蜜蜂场共生产蜂蜜19吨，预计产值117万元，实现养蜂脱低目标。制作密云蜂业宣传片1个，发放密云蜂业宣传册200本，拍摄抖音小视频24条，发布官方微信公众号信息113条，官方网站更新信息255条、视频52条。制定《密云区成熟蜜生产技术规范》《密云区成熟蜜质量标准》，推动全区蜂农使用多箱体养蜂技术生产优质成熟蜜，对于检测合格且波美度达到42.5的蜂蜜，授予"密云蜂业"品牌标识，统一制作产品包装，建立价格保护机制，打造密云蜂业品牌形象。加强与中国农业科学院蜜蜂研究所合作，在密云区建立北京市蜂产业研究院，致力于研究蜜蜂病敌害、蜜蜂授粉与生态、蜜蜂种质资源等研究。全区现有蜂产品公司2家，蜂业专业合作组织28个，蜂农2145户，产业从业人员4000余人，蜂群12.35万群，密云蜂产业产值近1.3亿元。

（郭艳斌）

【种苗花卉产业】 年内，密云区园林绿化局开展苗木质量抽查30余苗批，迎接市级苗木质量监管成员单位抽查1次。1—10月对符合申办条件的生产经营者给予核发林木种子生产经营许可证4件，延续2件，变更5件。对在册苗圃企业和各镇集贸市场开展"双随机"执法检查114次，全区花卉育苗面积24.67公顷，销售额400万元；其中种苗育苗面积346.67公顷，总产值1.66亿元，共销售苗木9.6万株，销售额511万元。

（郭艳斌）

【集体林场】 年内，密云区17个镇全部成立镇级集体林场，有12个被列为全市试点林场。总用工人数2017人，本地用工1856人，占总用工人数92%，达到上级规定80%标准，人均月工资3800多元。

（郭艳斌）

【森林防火】 年内，密云区组建完成16支、383人专业森林扑火队，在136个重点村、单位成立1008人早期应急处置小分队，全区5239名生态林管护员实行专业培训和持证上岗。全力抓好森林防火三级平台建设，新建视频监控基站79处，防火监控覆盖率将达85%以上。在18个镇、6个林场累计设置190个防火码使用场景，形成卡口防火码数量累计905个。清理可燃物面积6466.67公顷；开设防火隔离带126万延米。防火期出动人员400余人次，检查单位、点位1500余处；协助区森防办开展大型实战拉动2次，各镇级森林防火队伍开展实战演练10余次。

（郭艳斌）

【全面建立林长制】 年内，密云区成立林长制办公室，完成人员配置等工作。制定印发《密云区林长制实施方案》，组织实施《密云区总林长令发布制度》等七项制度。认真做好石城镇林长制试点，完成镇域内18个网格划分，做到"网中有格、格中有人、人在格上、事在格中"，明确村级林长及林务员职责，并在镇域内设立15个林长制公示牌。同时，加强区职部门间的工作对接，为加快实现"林长制、河长制、田长制三长联动、一巡三查"工作目标夯实基础。

（郭艳斌）

【林政资源管理】 年内，密云区园林绿化局完成城市树木砍伐移植审批及备案30件，其中砍伐17件、移植11件、备案2件，涉及砍伐移植树木410余株。办理林地占用审批及备案

18件，涉及林地面积16.33公顷，应收取植被恢复费3506.75万元（实际收取植被恢复费155.91万元）。全面推进"零跑腿""一网通办"审批流程，注重与涉林企业和群众的线上互动反馈，为申报人提供主动服务，提高审批效率。

（郭艳斌）

【野生动植物保护】 年内，密云区园林绿化局完成并向社会公布3个《北京市密云区陆生野生动物名录（鸟类、兽类、爬行类）》。全区11个监测站及观鸟爱好者监测到鸟类等野生动物310余种，总数近22万只。开展野生动物救助活动82次，累计救助动物46种85只，其中国家一级重点保护野生动物1只（秃鹫），国家二级重点保护野生动物共计31只，包括貂、红隼、燕隼等野生动物。

（郭艳斌）

【密云区首次公布陆生野生动物名录鸟类篇】 年内，密云区首次公布陆生野生动物名录鸟类篇，是北京市首个区级野生动物资源名录。名录分为在密云全年栖息的留鸟、迁徙期路过的旅鸟、在北京地区越冬的冬候鸟、在北京地区繁殖的夏候鸟等6个类别。包括国家一级重点保护鸟类20种，列入国家二级重点保护鸟类65种。北京市一级重点保护鸟类28种、二级重点保护鸟类115种。

（唐波）

【林木有害生物防控】 年内，密云区园林绿化局开具调运检疫要求书785份，产地检疫合格证158份，植物调运检疫证书11份；针对以美国白蛾为主的林木病虫害，累计投入人工17302人次，出动车辆5302车次，动用防治机械531台（套），使用药剂15.5吨，使用灯诱、性诱及绑草把开展无公害防治，释放周氏啮小蜂1.2亿头，覆盖林地面积8460公顷，全区防治美国白蛾面积约19173.3公顷；在河南寨镇围环防治春尺蠖133.3公顷；在五座楼林场、溪翁庄镇围环防治油松毛虫13.7公顷；在穆家峪镇释放蠋蝽3万头。

（郭艳斌）

【涉林案件查处】 年内，密云区园林绿化局办理林业行政案件48件，罚款金额123.56万元。办结17件，申请法院强制执行3件，等待恢复补种1件，其余正在有序办理中。森林督查图斑726个，销账505个，未销账221个，销账率70%，正在督促属地加快整改进度。完成行政检查993次，行政处罚案件48件。做好行政许可和行政处罚双公示、行政检查双随机工作。拓展普法途径，丰富普法形式。

（郭艳斌）

【城镇绿化美化】 年内，密云区园林绿化局接收代征绿地两块，分别为北京中电加美环保设备有限公司代征绿地面积4873.68平方米、中国科学院大气物理研究所项目6624.27平方米，均已移交至经济开发区；城镇园林绿地季度养护管理生态涵养区排名第一；研究制订密云杨柳飞絮治理方案，建立杨柳树雌株台账，有效治理18000株。

（郭艳斌）

【绿化美化集体创建】 年内，

3月11日，密云区园林绿化局在冯家峪镇保峪岭村开展无公害果园管理技术培训（田瑞冬 摄影）

密云区创建首都绿化美化花园式单位6个、首都绿化美化花园式社区2个、首都森林村庄7个。全区57个村庄开展绿化美化建设工作，33个村庄完成绿化任务，占已开工村庄数量57.9%。

（郭艳斌）

【城市森林景观】 年内，密云区园林绿化局打造白河城市森林公园、潮河体育休闲公园、冶仙塔文化休闲公园、怀密线绿化景观提升等一批大规模、高水准、有特色的多功能城市森林景观，为助推密云全域旅游夯实绿色基础。

（郭艳斌）

【"接诉即办"】 年内，密云区园林绿化局受理"12345"市民服务热线投诉328件，涉及绿地认建认养、林业案件办理、公园建设等事项，回复响应率达100%。

（郭艳斌）

【领导班子成员】

局长 党组书记 区绿化办主任
一级调研员 田立文

党组副书记 副局长
马爱国（2021年3月免）

党组成员 二级调研员 佟犇
党组成员 副局长 三级调研员
张国田

党组成员 副局长
彭连兴（2021年9月免）
李志新（2021年9月任）
王春平（2021年9月任）

一级调研员 白明祥

贾志海（2021年11月免）
二级调研员 孙忠民
三级调研员 王国林 张金英

（郭艳斌）

（密云区园林绿化局：郭艳斌
供稿）

延庆区园林绿化局

【概　况】 北京市延庆区园林绿化局（简称延庆区园林绿化局），挂延庆区绿化委员会办公室（简称区绿化办）牌子，是负责全区园林绿化工作的政府部门。主要负责全区营林造林、推进林业产业发展、森林防火、林政资源管理、林业有害生物防控和城镇绿化美化管理等工作。内设办公室、绿化科、林业科、森林资源管理科（行政审批科）、自然保护地管理科、防火安全科和人事科7个科室，另设立园林绿化综合执法队（正科级）。下设园林管理中心、果品产业服务站（食用林产品质量安全管理事务中心）、种苗花卉产业服务站、林业工作站、林业保护站、林业产业促进中心、园林绿化事务服务中心、园林绿化监测中心、森林资源管护中心、国有林场管理中心、林长制工作中心、园林绿化宣传中心12个事业单位。全局核定行政编制27名，实有26人；行

政执法专项编制20人，实有18人；事业编制423名，实有375人，高级职称在聘16人，中级职称在聘67人。

2021年，延庆区以服务保障冬奥会和冬残奥会为重点，以推动高质量绿色发展为主题，高质量完成各项目标任务。区内林地面积16.28万公顷，活立木蓄积量407.28万立方米，森林覆盖率61.6%，林木绿化率达到72.98%，城市绿化覆盖率达到52.91%，人均公园绿地达到43.9平方米，公园绿地500米服务半径覆盖率增加到97.72%。

绿化造林 年内，延庆区完成新一轮百万亩造林绿化工程526.67公顷；实施森林健康经营工程7133.33公顷、国家级重点公益林管护工程1933.33公顷、京津风沙源治理二期工程6333.33公顷、彩色树种造林工程266.67公顷；完成松闫路景观提升工程和冬奥森林公园景观提升工程。完成平原生态林林分结构调整473.33公顷。完成义务植树任务51.2万株。

绿色产业 年内，延庆区完成中药材等林下经济种植1333.33公顷；监督完成2020授粉蜂项目；改造提升老旧葡萄园26.67公顷；提升国光苹果基地13.33公顷；繁育微型葡萄盆景、苹果大盆景、苹果微型盆景3000余盆；推进1500平方米智能温室建设；提升建设果品精品采摘园8个；完成

24栋日光温室葡萄的促早栽培工作，推广葡萄优新品种5个，推广面积4公顷，2项技术专利已获得国家知识产权局的授权，完成1项国家科技成果申报及登记。

资源安全 年内，延庆区加强冬奥赛区内部和外围生态修复，布设10条踏查线路、50个监测点，加强以松材线虫和美国白蛾为主的有害生物防控；与怀来县、赤城县联合开展监测、检疫检查和执法宣传；制订《冬奥会延庆赛区周边森林防火工作方案》。完成冬奥赛区核心区和周边森林防火视频监控预警系统建设，实施赛区外围防火通道建设，开展森林火灾风险普查；落实《延庆赛区核心区规划环评环境保护措施矩阵表》要求，对有保护价值的3.5万株植物实施保护。

【5家企业获"延庆国光苹果"地理标志证明商标】 10月10日，在第32届北京农民艺术节乡村大舞台延庆区专场展演活动中，北京市八达岭镇里炮果品专业合作社、北京张山营果树种植专业合作社、北京五福兴农种植农民专业合作社联合社、北京雄旺果树种植专业合作社、碧森园生物科技（北京）有限公司5家合作社和企业被授权使用"延庆国光苹果"地理标志证明商标。

【新一轮百万亩造林工程】 年内，延庆区园林绿化局完成新一轮百万亩造林工程任务526.95公顷，涉及千家店、旧县、井庄等13个乡镇，分为6个项目：小微绿地建设1.85公顷，山前平缓地造林74.24公顷，浅山区台地造林47.15公顷，"战略留白"临时绿化74.47公顷，单独立项实施"留白增绿"1.24公顷，北京2022年冬奥会和冬残奥会延庆赛区松山林场生态修复工程328公顷（本项目由市松山林场负责组织实施）。

【京津风沙源治理二期工程】 年内，延庆区园林绿化局完成京津风沙源治理二期工程林业项目6333.33公顷，其中封山育林工程5000公顷，完成封山育林标志牌37处，新建围栏7760米，林木抚育526.93公顷，补植66.67公顷；人工种草1333.33公顷，主要为苔草、板蓝根、蒲公英、曲麻菜、紫花苜蓿、地丁、石竹、射干、二月兰等地被植物。

【森林健康经营林木抚育项目】 年内，延庆区园林绿化局森林健康经营林木抚育项目完成抚育面积7139.93公顷，其中一级作业区林木抚育面积288.3公顷，二级作业区林木抚育面积3525.53公顷，三级作业区林木抚育面积3325.6公顷。涉及八达岭镇、大庄科乡、井庄镇、

刘斌堡乡、四海镇、永宁镇、千家店镇、大榆树镇、珍珠泉乡9个乡镇48个村（林班）683个小班。抚育主要措施为：疏伐、生长伐229.53公顷，松土扩堰980.27公顷，修枝630.6公顷，割灌除草719公顷，定株1259.4公顷，补植447.8公顷。作业道路建设51053米。

【国家级公益林管护工程】 年内，延庆区园林绿化局完成国家级公益林抚育1933.33公顷，完成作业道建设18121.5米。涉及八达岭镇、井庄镇、大庄科乡、四海镇、珍珠泉乡、千家店镇和延庆镇7个乡镇16个村121个小班。其中完成一级经营作业区林木抚育面积80.93公顷，完成二级作业区林木抚育面积1349.4公顷，完成三级经营作业区503公顷。建设内容包括抚育措施与附属工程，其中抚育措施包括疏伐、生长伐、扩堰、定株、割灌、修枝、补植以及人工促进天然更新，附属设施包括建设作业步道，设置工程牌匾、指示牌等。

【平原生态林养护工作】 年内，延庆区园林绿化局开展平原生态林管护工程10466.67公顷，涉及12个乡镇，主要位于京藏高速、京新高速、旧110国道、大秦铁路、妫河生态走廊、康庄风沙危害区、龙庆峡荒滩、延琉路、古龙

路、万亩滨河森林公园等平原重点区域。累计完成日常巡查46333.33公顷、林地保洁97333.33公顷、杂草清理25800公顷、修树盘及松土55266.67公顷、林地施肥106.67公顷、本杰士堆287个、人工鸟巢1065个、小微湿地93处、地被种植602.53公顷、补植各类苗木29万株、苗圃种植15.91公顷、林木修剪345.8万株、浇水4446.67公顷次、树木伐除3.5万株、树木移植0.34万株、树干涂白107万株、种子补种1.3万穴、自然更新抚育10.6万株、食蜜源植物3.47万株、绿化废弃物处理4万吨、新建和围栏维护9.8万米、新建和道路维护2.3万平方米、新增垃圾桶4处、修建防火带5.5万米、完成林下经济项目药材种植134公顷、播草盖沙项目种草800公顷。

【冬奥会和冬残奥会生态保障工作】 年内，延庆区园林绿化局完成北京2022年冬奥会和冬残奥会赛区生态修复任务。赛区生态修复214万平方米，栽植乔木6.12万株、灌木32.4万株；高标准实施京津风沙源治理、彩色树种造林、平原生态林管护、松闫路林木抚育、城市公园建设等9项赛区外围生态修复工程。推进24.35千米森林防火基础设施建设。完成18套新增森林防火视频监控系统建设。在核心区设置有害生物监测点20个，在赛区外围设置监测点20个，制订《2021年延庆冬奥赛区松材线虫病防控责任书》；持续加强野生动植物保护、食用林产品保障、生物多样性保护等工作，全力保障赛区周边森林资源安全。

【野生动植物保护】 年内，延庆区园林绿化局推进野鸭湖野生动物救助站改造提升，开展野生动物驯养繁殖户监督检查和野生动物损害赔偿，赔偿金额2619824元。救助野生动物110只（头），其中国家一级重点保护野生动物1只（黑鹳幼鸟），国家二级重点保护野生动物37只（头）。开展野生动物疫源疫病监测，形成护林员、巡查员约5000多人网格化监测网络。发布《北京市延庆区陆生野生脊椎动物名录》，收录的彩鹬和短嘴金丝燕两种鸟在《北京陆生野生动物名录——鸟类》（2021年4月发布）中无记录，填补北京市鸟类多样性记录空白。

【湿地保护】 年内，延庆区园林绿化局完成百康湿地生态修复工程前期准备工作，野鸭湖湿地纳入国家重要湿地申报，完成湿地规划初稿编制，按时开展湿地保护日常巡查工作。

【自然保护地管理】 年内，延庆区园林绿化局积极开展自然保护区日常巡护和监督检查，逐步解决历史遗留问题。起草印发《延庆区落实〈关于建立以国家公园为主体的自然保护地体系的实施意见〉实施方案》《关于建立自然保护地联合执法机制的实施方案》，完成金牛湖自然保护区总体规划和生态旅游规划编制。完成"全区各级自然保护区违规违法行为排查建立完善的自然保护区长效管理机制"任务整改销号，排查点位107个，制订整改方案2个（大滩自然保护区）。开展野鸭湖、玉渡山、太安山等自然保护区修筑设施行政许可3件。

【冬奥城建设】 年内，延庆区建设完成100个延海花园，推进美丽宜居乡村建设；全区13.6万人参加义务植树，植树51.2万株；创建首都森林村庄4个、首都花园式社区1个、花园式单位1个。建设6个城市公园、2个全龄友好公园。实施"留白增绿"2.48公顷，小微绿地建设工程1.85公顷，北京冰上项目训练基地南侧绿地绿化3.35公顷，有序推进龙庆峡下游万亩森林公园建设。高效完成建党100周年城区公园绿地环境景观布置和保障工作，摆放花卉60.5万盆。

【园林绿化行政执法】 年内，延庆区园林绿化局办理园林绿化行政执法案件29起，其中结案21起，中止调查5起，不予处罚1起，撤销立案2起。案件类型包括盗伐林木4起，滥伐林木4起，毁坏林木、林地8起，违法使用林地6起，违反野生动物保护法律法规2起，违反森林防火法规5起。案件损失涉及林地0.32公顷、林木22.64立方米、幼树227株，无证养殖野生动物16只。案件查处收缴行政罚款17.03万元，恢复林地0.01公顷、补种树木879株、没收野生动物16只。

【园林绿化资源监测】 年内，延庆区园林绿化局完成2021年度湿地资源动态监测及上年度监测数据核实工作；调整山区生态林图，对全区山区生态林进行重新界定，调出与退耕还林、百万亩造林、完善政策生态林重叠数据。建立森林督查数据库，对在林地范围内改变土地用途、地类发生变化的地块逐块登记、调查、审查、验证，顺利完成森林督查。完成差异图斑调查核实，确保全区林草湿园数据与国土"三调"对接融合。

【森林资源管理】 年内，延庆区园林绿化局审批占用林地项目32件，审批面积26.84公顷，收取森林植被恢复费4541.10万元。办理林木采伐审批778件，采伐林木25017.05立方米、

17.53万株；其中主伐1025.5立方米，更新采伐2631.07立方米，其他采伐10457.45立方米，低效林改造4299.68立方米，抚育间伐6603.35立方米。办理林木移植79件，移植林木10396株。审批北京市冰上项目训练基地道路开口树木砍伐等城区树木砍伐27件，批准砍伐树木174株；受理北京市延庆区第一中学篮球场扩建树木移植等城区树木移植8件，批准移植树木112株。

【生态林补偿】 年内，延庆区园林绿化局完成乡镇生态林管护员年度轮岗工作，对管护员进行资格核查及培训。申请生态补偿资金，生态林管护员5753人正常上岗履职。

【古树名木保护】 年内，延庆区园林绿化局完成古树名木第三次巡查，发现问题56处，下发整改通知书和移交线索函4份，聘请相关专家针对疑难杂症进行重点指导；对173株古树名木进行全面体检，精细化统计古树生长情况，形成"一树一报告"；完成20株古树复壮与修护工作。

【全面建立林长制】 年内，延庆成立延庆区林长制工作中心，编制完成延庆区林长制实施方案与工作细则。在张山营镇、四海镇开展林长制试点，

推动各级林长、乡镇（街道）林长制办公室人员和基层管护人员落实，现有巡查员170人、林管员354人、护林员5573人，全部到岗到位，责任体系正常运转，组织、管理体系基本建成。网格化责任体系区划完成。构建"林长制+检察"工作机制，开展"五治一禁"专项整治行动。

【林业有害生物测报】 年内，延庆区园林绿化局设置国家级测报点1个、市级测报点68个、区级测报点82个，在冬奥赛区、平原造林和五河十路管护地区设置监测点130个，设置巡查路线40条，悬挂诱捕器610套、胶带围环共800多株、粘板1730张，设置太阳能诱虫灯38台，对美国白蛾、松材线虫、红脂大小蠹、苹果蠹蛾、桃小食心虫、春尺蠖、纵坑切梢小蠹等30多种林业有害生物进行测报与监测巡查。开展越冬基数调查，发布林业有害生物预报趋势2次，上报市级测报信息35期，发布林保虫情信息50期1500份。

【林业有害生物检疫】 年内，延庆区园林绿化局产地检疫检查苗圃74家，检疫检查苗木2506.5万株；办理产地检疫341份，涉及花卉苗木87.1万株；开具植物检疫证书39份，涉及苗木8.3万株，开具要求书2876

份；枯死木鉴定83份，涉及苗木5479株。平原百万亩造林和北京冬奥会绿化建设工程检疫复检苗木871车、84.3万株。

【林业有害生物防治】 年内，延庆区园林绿化局做好林业有害生物防治工作。围裹胶带5000卷，防治春尺蠖300公顷；悬挂粘虫板1.24万张，防治蚜虫、粉虱等刺吸类害虫；释放花绒寄甲1万头、异色瓢虫246.68万头、肿腿蜂1100万头、赤眼蜂2400万头、蠋蝽3000头、周氏啮小蜂1.37亿头，防治蚜虫、白蜡窄吉丁、天牛类害虫；悬挂诱捕器1700套、粘板2.7万张，安装射灯10台，围裹麻袋片0.9万延米防治红脂大小蠹、延庆腮扁叶蜂、纵坑切梢小蠹等林业有害生物。同时继续做好松材线虫病与美国白蛾防控，鉴定20批次、200个样本，未发现松材线虫病和美国白蛾危害。

【京津冀协同防控】 年内，延庆区与河北省张家口、怀来、赤城、崇礼等市（县）开展联合监测、执法宣传、踏查调查等活动6次。在怀来县东花园镇、赤城县大海陀乡海陀小镇建立联合监测点。北京防控协会专家到赤城开展冬奥赛区周边林业有害生物调查。开展京津冀"5·25"林业植物检疫检查专项行动，发放宣传材料

600余份。支援河北张家口市崇礼、怀来、赤城、涿鹿、小五台、崇礼、宣化等区（县）及保护区防治药品6.6吨。

【葡萄及葡萄酒试验研究】 年内，延庆区园林绿化局推广5个温室葡萄优新品种，栽培面积3.33公顷。推广2项温室葡萄高效栽培技术，应用面积5.33公顷。完成3项葡萄栽培技术试验课题研究，分别为"温室葡萄病虫害绿色防控""富硒葡萄的研发与生产""冷棚葡萄抗寒栽培架式应用"。研究2种不同类型葡萄酒酿造工艺技术，丰富葡萄酒类型与特点。

【退耕还林】 年内，延庆区园林绿化局完成2020年度退耕还林资金兑现，兑现资金2426.68万元；完成2021年度地块核查及资金兑现，保存合格面积2810.1公顷，补贴资金兑现2965.49万元。

【果树技术培训】 年内，延庆区园林绿化局组织果农技术培训38次，参与讲课老师40人次，培训果农约300人次。培训内容主要围绕冬季苹果树修剪技术及树形培养、春季管理技术、春季核桃树管理技术、夏季苹果管理技术、葡萄管理及新品种推广等。接待果农关于果树管理技术咨询5次。接待怀来

宣化果农20余人参观学习1次。

【食用林产品工作】 年内，延庆区园林绿化局食用林产品严格履行"四有""两责"（"四有""两责"即：有责、有岗、有人、有手段，切实履行监管职责和检验职责），为北京2022年冬奥会和冬残奥会食用林产品供应提供保障。制订下发2021年《延庆区食用林产品质量安全工作实施方案》《延庆区食用林产品三品认证奖励实施方案》，保持奖励政策连续性，完成2020年食用林产品"三品"（无公害农产品、绿色食品、有机农产品）认证奖励兑现工作，涉及28家31.6万余元。完成延庆区食用林产品抽样检测158份，产品检测合格率100%。完成食用林产品无公害初次认证2家53.33公顷（面积同比递增6%以上）、复查换证2家。建立追溯试点基地4家、农产品合格证制度试点基地10家、安全技术试点基地1家。

【森林防火】 年内，切实履行监管职责和检验职责。完成三级防火区划分。防火区总面积164300.5公顷，其中一级防火区面积158062.6公顷，二级防火区面积4844.4公顷，三级防火区面积1393.5公顷。完成森林火灾风险普查，制止野外违章用火400余起、制止破坏森林资源事件45件，制止劝阻林

区野外放牧126起，纠正生态林管护员上岗360人次。建设瞭望塔蓄水池1处，埋设瞭望塔电缆标桩400个，改建森林防火物资储备库1处，购置防灭火装备和物资，安装维护防火宣传牌156块、硬质横幅68幅、语音宣传杆63个，维修护林站房600余个。

【出版植物保护用书】 年内，延庆区出版《延庆保护及入侵植物》，收录国家级、北京市级保护植物83种，延庆重点关注植物13种，延庆较为常见入侵植物4种。该书的出版为植物保护、防范外来物种入侵、保护延庆生物多样性提供有力技术支撑。

【领导班子成员】

局长　党组书记　区绿化办主任
徐志中

党组副书记　杨立宏

副局长　庞月龙

张延光（2021年3月免）

吴永平

史冬梅（2021年9月任）

（延庆区园林绿化局：刘艳萍供稿）

荣誉记载

2020年度首都绿化美化先进集体

（一）首都全民义务植树先进单位
（184个）

中直机关

中国纪检监察学院总务部

全国政协办公厅秘书局总值班室

中共中央办公厅老干部局行政处

中国外文局服务中心物业处

国家广播电视总局491台

中共中央直属机关事务管理局万寿路管理处

中直机关十三陵水库绿化基地

中央国家机关

外交部机关及驻外机构服务局楼宇管理及工程服务中心

工业和信息化部绿化委员会办公室

人力资源和社会保障部绿化委员会办公室

交通运输部绿化委员会办公室

水利部直属机关绿化委员会办公室

中国地震应急搜救中心总务部

国家税务总局机关服务局行政管理处

北京友谊宾馆管家部园林组

中央广播电视总台机关党委精神文明协调处

中国气象局绿化委员会办公室

国家能源局机关服务中心行政处

国家烟草专卖局北京金叶园会议中心

中国民用航空局北京新机场建设指挥部工程二部

中国运载火箭技术研究院北京市航天万源园林环境绿化工程有限公司

中国空间技术研究院北京神舟天辰物业服务有限公司

中国华油集团有限公司北京物业分公司

驻京解放军、武警部队

军委机关事务管理总局第三保障处保障三队

中国人民解放军66132部队

中国人民解放军66138部队

中国人民解放军66011部队保障部

中国人民解放军91395部队

中国人民解放军91054部队

中国人民解放军95865部队保障部

中国人民解放军95810部队

中国人民解放军96943部队

中国人民解放军96901部队供应保障处

中国人民解放军32032部队

中国人民解放军32047部队服务保障中心

解放军总医院第二医学中心保障部

武警北京市总队执勤第五支队保障部

武警北京市总队机动第一支队保障部

市人大

市人大常委会农村办公室综合处

市人大常委会研究中心

市政府

市政府办公厅秘书四处

市政府办公厅值班室

市政府办公厅会议处

市政协

市政协中山堂管理服务办公室

市委宣传部

中共北京市委网络安全和信息化委员会办公室网络新闻信息传播处

北京广播电视台新闻节目中心

新京报社深度报道部

香山革命纪念馆

市政法委

市高级法院机关后勤服务中心

北京市海淀区检察院第六检察部

市公安局警务保障部行政处

市司法局办公室

市发展和改革委

市发展和改革委基础设施处

市教委

北京服装学院后勤基建处

北京化工大学后勤服务集团

对外经济贸易大学后勤与基建处

北京市京源学校莲石湖分校

北京市顺义区西辛小学校

北京市燕山向阳小学

北京中医药大学基建处

市科委

北京高技术创业服务中心有限公司

市经济和信息化局

北京市工业和信息化产业发展服务中心

市财政局

市财政局预算处

市财政局自然资源和生态环境处

市财政局机关服务中心

市生态环境局

市生态环境局机关服务中心

市规划和自然资源委

北京市国土资源勘测规划中心

市住房和城乡建设委

市住房和城乡建设委员会征收拆迁管理处

市城市管理委

市城市管理委员会宣传教育中心

市交通委

市路政局道路建设工程项目管理中心

市交通委员会门头沟公路分局

市交通委员会石景山运输管理分局

市农业农村局

市农业农村局种植业管理处

市农业农村局农村土地承包管理处

市水务局

北京市北运河管理处

市商务局

市商务局应急储备保障中心

市文化和旅游局

北京市文化和旅游局办公室

市卫生健康委

北京老年医院

北京小汤山医院

北京疾病预防控制中心

市委社会工委、市民政局

北京市长青生命纪念园

市国资委系统

公交集团第六客运分公司

北京京投城市管廊投资有限公司

北京京能高安屯燃气热电有限责任公司

北京首汽（集团）股份有限公司办公室

北京毕捷电机股份有限公司

北京铜牛集团有限公司

北京金隅凤山温泉度假村有限公司

北京首开亿信置业股份有限公司

市税务局

国家税务总局北京市房山区税务局

国家税务总局北京市昌平区税务局

市市场监督管理局

市市场监督管理局机关后勤服务中心

市应急管理局

市应急管理局火灾防治管理处

应急管理部森林消防局机动支队特勤大队

市广播电视局

市广播电影电视局后勤服务中心

市广播电视监测中心

市文物局

市文物局机关服务中心

孔庙和国子监博物馆

北京石刻艺术博物馆

市体育局

北京市体育服务事业管理中心

市地方金融监督管理局

中国太平洋财产保险股份有限公司北京分公司

市总工会

首都医科大学附属北京康复医院

团市委

北京北投城市运营管理有限公司

共青团北京林业大学委员会

北京市延庆区志愿服务联合会

市妇联

北京市延庆区融媒体中心

北京市昌平区妇女联合会

北京市顺义区妇女联合会

市公园管理中心

北京市天坛公园管理处

北京市玉渊潭公园管理处

市投资促进服务中心

北京银达物业管理有限责任公司工会

首农食品集团

北京枫叶园林绿化有限公司

北京电力公司

国网北京市电力公司后勤工作部

市自来水集团

市自来水集团有限责任公司第九水厂

北控集团

北京北控京奥建设有限公司

北投集团

北京绿心园林有限公司

东城区

东城区光明幼儿园

东城区财政局

东城区生态环境局

东城区住房和城市建设委员会

西城区

西城区月坛公园管理处

西城区万寿公园管理处

西城区和平门绿化队

西城区德外绿化队

朝阳区

朝阳区园林绿化局

朝阳区太阳宫乡人民政府

朝阳区小红门乡人民政府

朝阳区平房乡人民政府

北京温榆河公园建设管理有限公司

海淀区

海淀公园

海淀区四季青镇人民政府

海淀区温泉镇人民政府

北京市西山试验林场

丰台区

北京丽泽金融商务区管理委员会

丰台区王佐镇人民政府

丰台区南苑乡人民政府

丰台区宛平城地区办事处

石景山区

石景山区融媒体中心

中国人民解放军93658部队运输营房科

石景山区八角街道八角北路特钢社区

门头沟区

共青团门头沟区委员会

门头沟区税务局

门头沟区发展和改革委员会

门头沟区军庄镇

房山区

北京电力设备总厂有限公司

北京金隅琉水环保科技有限公司

房山区窦店镇人民政府

房山区城关园林所

通州区

通州区城市管理委员会

通州区卫生健康委员会

通州区商务局

通州区中仓街道办事处

通州区玉桥小学

顺义区

顺义区东郊森林公园（顺义园）

北京鲜花港投资发展中心

顺义区南彩镇绿化委员会办公室

顺义区马坡镇绿化委员会办公室

顺义区空港街道办事处绿化委员会办公室

昌平区

昌平区公园管理中心

昌平区未来科技城园林管理中心

北京市美昌然园林工程有限责任公司

十三陵镇康陵村

大兴区

共青团大兴区委员会

大兴区融媒体中心

北京市交通委员会大兴公路分局

大兴区旧宫镇人民政府

大兴区西红门镇人民政府

平谷区

平谷区卫生健康委员会

平谷区工商业联合会

中共北京市平谷区纪律检查委员会（平谷区监察委员会）

中共北京市平谷区委员会组织部

怀柔区

北京国际度假区有限公司工程建设指挥部

国家税务总局北京市怀柔区税务局

怀柔区汤河口镇人民政府

怀柔区北房镇韦里村村委会

密云区

密云区溪翁庄镇人民政府

密云区西田各庄镇人民政府

密云区太师屯镇人民政府

北京市交通委员会密云公路分局

延庆区

延庆区融媒体中心

延庆区发展和改革委员会

北京大学第三医院延庆医院

共青团延庆区委员会

（二）首都绿化美化先进单位（共计62个）

东城区

东城区龙潭街道办事处

东城区天坛街道办事处

东城区绿化一队

东城区龙潭公园管理处

西城区

西城区广安门外街道办事处

西城区广安门内街道办事处

西城区展览路街道办事处

西城区西长安街街道办事处

朝阳区

朝阳区黑庄户乡人民政府

朝阳区来广营乡人民政府

朝阳区十八里店乡人民政府

朝阳区大屯街道办事处

海淀区

海淀区西三旗街道办事处

海淀区园林绿化服务中心

北京甲板智慧科技有限公司

丰台区

丰台区园林绿化局

丰台区卢沟桥乡人民政府

丰台区南苑街道办事处

石景山区

石景山区园林绿化局

石景山区广宁街道办事处

北京首钢园林绿化有限公司

门头沟区

门头沟区园林绿化局

门头沟区大峪街道办事处

门头沟区雁翅镇

房山区

房山区城关街道办事处

房山区佛子庄乡人民政府

房山区融媒体中心

通州区

通州区永乐店中学

通州区总工会

通州区梨园镇人民政府

顺义区

顺义区赵全营镇林业站

顺义区张镇林业站

顺义区北小营镇林业站

昌平区

昌平区园林绿化局城北林业工作站

昌平区园林绿化局百善林业工作站

昌平区园林绿化局回龙观林业工作站

大兴区

大兴区园林绿化局

大兴区黄村镇人民政府

北京安海之弋园林古建工程有限公司

平谷区

平谷区峪口镇人民政府

平谷区刘家店镇人民政府

平谷区兴谷街道办事处

怀柔区

怀柔区渤海镇人民政府

北京怀柔科学城建设发展有限公司

怀柔区平原造林管护中心

密云区

密云区鼓楼街道车站路社区居民委员会

密云区古北口镇人民政府

密云区溪翁庄镇尖岩村委会

延庆区

延庆区园林管理中心

延庆区农业农村局

延庆区百泉街道办事处

市交通委

市交通委员会顺义公路分局

市水务局

北京市南水北调团城湖管理处

市园林绿化局

市园林绿化局野生动植物和湿地保护处

市园林绿化局自然保护地处

北京市林业保护站

北京市园林绿化局信息中心

北京市永定河休闲森林公园管理处

市公园管理中心

北京市景山公园管理处

中国园林博物馆北京筹备办公室

园林绿化社会团体

北京花乡花木集团有限公司

首发集团

北京市首发天人生态景观有限公司

（三）首都绿化美化花园式单位（共计96个）

1.首都绿化美化花园式社区（共计36个）

东城区

东城区体育馆路街道办事处长青园社区

西城区

西城区广安门外街道办事处蝶翠华庭社区

朝阳区

朝阳区太阳宫乡十字口社区

朝阳区孙河乡康营家园一社区

朝阳区东湖街道大望京社区

朝阳区六里屯街道八里庄南里社区

朝阳区大屯街道金泉家园社区

朝阳区麦子店街道农展南路社区

朝阳区高碑店乡文化园社区

朝阳区劲松街道劲松北社区

海淀区

海淀区曙光街道晨月园社区

海淀区学院路街道逸成社区

丰台区

丰台区王佐镇山语城社区

丰台区王佐镇翡翠山社区

丰台区南苑乡大红门锦苑二社区

丰台区花乡三乐花园社区

丰台区花乡天伦锦城社区

石景山区

石景山区苹果园街道西山枫林第二社区

门头沟区

门头沟区大峪街道办事处承泽苑社区

门头沟区大台街道办事处千军台社区

房山区

房山区长阳镇悦都苑社区

房山区城关街道蓝城家园社区

通州区

通州区北苑街道长桥园社区

通州区潞邑街道通瑞嘉苑社区

顺义区

顺义区李桥镇苏活社区

顺义区双丰街道花溪渡社区

顺义区光明街道金港家园社区

昌平区

昌平区南邵镇廊桥水岸社区

昌平区城北街道玉虚观社区

大兴区

大兴区黄村地区办事处新兴家园社区

大兴区榆垡新城嘉园北里社区

平谷区

平谷区渔阳地区办事处洳河社区

怀柔区

怀柔区庙城镇庙城社区

密云区

密云区鼓楼街道亚澜湾社区

密云区鼓楼街道车站路社区

延庆区

延庆区沈家营镇天成家园北社区

2.首都绿化美化花园式单位（共计60个）

东城区

北京金隅物业管理有限责任公司金隅环贸分公司管理区

西城区

西城区财政局

朝阳区

北京通商汇才物业管理有限公司林奥嘉园分公司办公区

北京汇荣嘉和物业管理有限公司（汇鸿家园项目部）办公区

北京住总北宇物业服务有限责任公司翠成馨园E区项目部办公区

北京住总北宇物业服务有限责任公司翠成馨园D区项目部办公区

保利物业管理（北京）有限公司办公区

远洋万和公馆（中远酒店物业）

北京鼎奇龙华膳园文化传媒集团有限公司

办公区

　　长城物业集团有限公司北京管理分公司金泉家园管理处

　　北京华服物业管理有限责任公司朝阳分公司办公区

　　北京住总北宇物业服务有限责任公司香榭八号项目部办公区

　　海淀区

　　中国电力科学研究院有限公司

　　海淀区枫丹实验小学

　　北京金隅文化科技发展有限公司

　　北京万科物业服务有限公司如缘物业服务中心

　　丰台区

　　丰台区长辛店街道园博派小区

　　丰台区东铁营街道晶城秀府小区

　　丰台区新村街道三环新城六号院

　　丰台区丰台街道北大地三里16号院

　　丰台区长辛店街道中国人民解放军61001部队营区

　　丰台区南苑乡北京盛世开元物业管理有限公司第一分公司

　　石景山区

　　北京乐康物业管理有限责任公司西山汇A区

　　北京市自来水集团石景山区自来水有限公司五里坨水厂

　　门头沟区

　　北京市第八中学永定实验学校

　　门头沟区西峰寺林场

　　门头沟区王平林业工作站

　　房山区

　　北京周口店镇集中供水厂

　　北京京林园林集团有限公司

　　北京昊屹畜牧有限公司

　　首都师范大学后勤保障部

　　通州区

　　北京市北运河管理处榆林庄闸管理所

北京国润新通酒店管理有限责任公司阳光国润分公司

　　顺义区

　　顺义区第十一中学

　　顺义区北小营镇北小营中心小学校

　　北京前瞳农业技术开发中心

　　顺义区水务局张镇水务所

　　昌平区

　　昌平区回龙观街道蓝天嘉园小区

　　昌平区龙泽园街道天露园小区

　　昌平区园林绿化局城北林业工作站

　　大兴区

　　北京五和博澳药业有限公司

　　大兴区榆垡镇第二中心幼儿园

　　北京市南水北调东干渠管理处

　　北京市南水北调南干渠管理处

　　北京安海之弋园林古建工程有限公司

　　平谷区

　　平谷区东高村镇敬老院

　　北京渔阳国际滑雪有限公司

　　平谷区南独乐河中心小学

　　平谷区迎金康老年公寓

　　平谷区南独乐河幼儿园

　　怀柔区

　　中国科学院力学研究所办公区

　　北京市怀柔区消防救援支队雁栖消防救助站

　　渔唐（北京）酒店管理有限公司办公区

　　密云区

　　密云区高岭镇辛庄村民委员会

　　密云区新城子镇巴各庄村委会

　　密云区第五中学

　　北京大城小苑旅游开发有限公司

　　江苏新能源物业服务有限公司北京分公司

　　密云区大城子镇庄头村委会

　　延庆区

　　延庆区园林绿化局

（四）首都森林城镇（共计6个）

门头沟区

门头沟区雁翅镇

房山区

房山区张坊镇

顺义区

顺义区张镇

大兴区

大兴区庞各庄镇

平谷区

平谷区夏各庄镇

怀柔区

怀柔区渤海镇

（五）首都绿色村庄（共计50个）

门头沟区

门头沟区斋堂镇新兴村

门头沟区斋堂镇桑峪村

门头沟区雁翅镇高台村

门头沟区王平镇安家庄村

房山区

房山区周口店镇葫芦棚村

房山区霞云岭乡上石堡村

房山区大石窝镇岩上村

房山区石楼镇吉羊村

房山区城关街道北关村

通州区

通州区潞城镇太子府村

通州区潞城镇大东各庄村

通州区永乐店镇马合店村

通州区永乐店镇德仁务后街村

顺义区

顺义区南彩镇望渠村

顺义区南彩镇西江头村

顺义区张镇北营村

顺义区北小营镇前礼务村

顺义区大孙各庄镇后陆马村

顺义区赵全营镇小高丽营村

昌平区

昌平区十三陵镇王庄村

昌平区十三陵镇昭陵村

大兴区

大兴区长子营镇孙庄村

大兴区采育镇西辛庄村

大兴区魏善庄镇大刘各庄村

平谷区

平谷区王辛庄镇太后村

平谷区东高村镇南宅村

平谷区金海湖镇韩庄村

平谷区金海湖镇彰作村

平谷区大兴庄镇周庄子村

平谷区镇罗营镇清水湖村

怀柔区

怀柔区长哨营满族乡东南沟村

怀柔区渤海镇六渡河村

怀柔区宝山镇养鱼池村

怀柔区怀北镇龙各庄村

怀柔区汤河口镇黄花甸子村

怀柔区庙城镇高各庄村

密云区

密云区十里堡镇燕落寨村

密云区新城子镇苏家峪村

密云区新城子镇塔沟村

密云区大城子镇下栅子村

密云区大城子镇碰河寺村

密云区古北口镇北台村

密云区石城镇贾峪村

延庆区

延庆区八达岭镇南园村

延庆区沈家营镇下花园村

延庆区井庄镇果树园村

延庆区旧县镇白草洼村

延庆区四海镇永安堡村

延庆区大庄科乡西沙梁村

延庆区千家店镇红旗甸村

2020年度首都绿化美化先进个人

中直机关

王庆冬　王广勇　王　斌　鲁定华

贾明哲　赵立宁

要肖凯　乔振宇

中央国家机关

柴迪迪　杨　崛　王红涛　赵金学

金　卓　刘彤彤　刘东晖　夏天葆

张景元　李克华　李　菲　李　博

王　超　郑扬波　司军辉　郝晓飞

赵　元　王旭东

驻京解放军、武警部队

陈　城　张　伟　潘　琦　刘洪斌

张宇豪　魏嘉宾　刘晓兴　纪　方

管　鹏　辛加宝　赵公恒　王　强

毛细建　赵　波　张俊福　何建秋

尚佳伟　李　浩　苏建龙　王一菲

市人大

陈有利

市政府

王占月　黄　波

市政协

桑　飞

市委宣传部

邹冰冰　郭晋旭　张　璐　郑洪涛

市政法委

张　欣　尹益勤　王　南

市发展和改革委

张浣中　夏铭君

市教委

时中庆　张　英　杨　利　王立军

王祖瑞　杨建军　童卫东　张得宝

温维维　李冬梅　王　帅　孙福连

苏艳飞　吴家霖　王海微

市科委

李文军

市经济和信息化局

韦　岩　夏吉喆

市民委

德　禅

市财政局

常　程　冯君懿　潘恒义

市生态环境局

冯晓光　杨晓光

市规划和自然资源委

孙长宏　王满屯　尹　军

市住房和城乡建设委

张宝超　高永虎　王　璠

市城市管理委

王　冰　梁志坚　梅强伟

市交通委

高国林　邵天然　赵会申　吴　颖

市农业农村局

杜建平　武菊英

市水务局

杨丽颖　张武来

市商务局

张　鑫

市文化和旅游局

王跃胜

市卫生健康委

陈程 韩宇 韩锋

市审计局

傅欣

市委社会工委、市民政局

崔小梅

市国资委

胡珊珊 李宝强 陈虎 曲晨
王朋 马光磊 李腾 李彭彭
那和利 赵耀

市税务局

吕卓欣 付满

市市场监督管理局

徐坚 刘斌

市城管执法局

王跃

市应急管理局

李卓辉 姜有龙 王平 王鹏
梁尤锋

市广播电视局

孙双 杨巧文

市文物局

史宁 吴博文 石奕

市体育局

杨新峰

市统计局

束映川

国家统计局北京调查总队

丁柏然

市园林绿化局

叶向阳 孙树伟 王刚 杜万光
付丽 张玉宏 李宝春 李美霞
王超群 魏琦 钟翡 王翔宇
李利 张峰 才姝娟 张晓川
狄文彬 宋泽 闫琛玮 曹治锋

市地方金融监督管理局

李薇 郑晓筱

市人民防空办公室

李军良

市总工会

王修旗 张军

团市委

吴震 李春悦 范希峰 孟凡琪

市妇联

韩桂华 李楠 王军 潘颖

市残联

延景刚

市台联

裴芝荦

市公园管理中心

闫宝兴 金焘 杜红霞 唐硕
宋立洲 邓莲 牟宁宁 郝刚云
梁莹

市投资促进服务中心

王长虹

市气象局

甘璐

北京海关

田茵

市爱卫会

刘福森

首农食品集团

王鹏飞

北京昌力公司

郭长旺 王旭晨

首发集团

李强 朱立娟

市自来水集团

杨韬

北控集团

毛东岳

园林绿化社会团体

周长伟 李延明 李连龙 刘海鹏

张荣菊　陈　超　李　夺　张亚琼
王佳欢　付　涛　韩孟坤　余　敏

市园林绿化集团

卢松宇　商　岩　张宇鹏　王　晨

北投集团

党胤锴

新闻单位

贺　勇　尚文博　王海燕　李　莲
张伟泽　魏梦佳　朱艳婷

东城区

冯　丽　林志超　刘丽丽　刘　洋
张可柯　曹　静　严宏伟　张　晶
胡一翾　宋春午　曹伊斯　王亚楠
刘　畅　陈学文　关玲武　辛慧斌
孙文宇　陈耀东　杨　光　王　冷
宋　岩

西城区

钱　军　刘　雪　吴晓雷　李振东
范丽丽　王利峰　张　雷　张睿山
杨　勇　樊金和　黄万武　李树军
华　松　马　克　杜会东　陈胜龙
范银仓　武秀红　郭　宇　徐明明

朝阳区

杨东林　王　君　秦少芳　郑石城
栾　树　黄克难　汪　虎　孟　健
郭　菲　王永飞　张海歌　王翛然
徐志浩　高　洁　付　余　张　淼
郭淑嫒　朱晓明　布　克　刘宣炜
宋德宽　李翊轩　张雨松　钟荣波

海淀区

刘静维　魏玉玲　黄　斌　姚广彩
赵亚晗　冯景强　宗　波　刘瀚杰
任　艺　张学宁　李　金　牛晓庆
史一然　徐海生　张　强　朱　希
牛　栋　马晓慧　程　毅　刘晓艳
唐景山

丰台区

崔庆文　高雪松　洪　峰　李　霆
李　震　刘建民　马海慧　刘立国
刘　学　马勇刚　王庆猛　卫华固
魏贺岭　吴晋军　闫　松　张　萌
张　锐

石景山区

菅吉正　郭　超　徐林海　李海军
王国利　张　晶　毛亚静　曹文萍
王龙泉　郭　啸　李　伟　田　媛
纪晓峰　杨春生　成　保

门头沟区

刘　震　董国瑞　王进超　余　宾
刘淇帅　孙　璐　宋　乐　何依锋
李占文　连　舜　何　智　高文章
赵殿骐　曹振刚　张进奇

房山区

田长在　王　倩　王海娇　蔡金霞
陈　曦　李　巍　李月桥　李建山
仲金山　张进宝　韩艳玲　隗永华
孙化佳　杨　光　孔令宇　杨清雨
赵浩辰　陈大兴

通州区

葛　帅　商学辉　孔令琼　张诗正
李　明　张　雷　李昱莹　孔春晖
王得英　蔡文超　杨继君　郭立强
蔡德刚　刘　畅　卢子山　于秀红
张　赢　黄海朋

顺义区

马云龙　苏　杭　孙超琪　刘小江
赵雄飞　张　鑫　崔　贤　王伟琳
王　波　单大超　秦　琨　丰云鹏
刘家鹏　李　佳　张中雨　张金成
王　芳

昌平区

李秀清　孙华彬　赵晓红　何立琛
何佳亮　于　瀛　王玉龙　刘　哲
白玉明　丛永生　韩彦华　张菁宇

汤子峰　杨雯珺　张　健　郭子豪

大兴区

吴明城　高　山　安　苏　张　伟
何　强　彭京赣　钟震宇　张海松
樊海威　王　健　潘宝明　卢文锋
李　辉　李　颖　李　艳　赵建爽
张宇倩　杨　丹

平谷区

王春青　谢玉龙　胡惠杰　张　昊
朱明波　陈晓玉　陈军胜　张伟建
高永深　赵远方　贾书伶　贾春生
王洪亮　王冰心　徐长平　刘卫彬

怀柔区

隆亮华　王　剑　戴　烜　赵　爽

周　琴　马洪文　邢爱东　孙　怡
张　海　齐金良　任　鹏　齐大成
李亦宸　侯　建　曹　振　马　龙
韩亚城　史忠峰

密云区

孙　龙　芦全忠　王建敏　伊太郎
周庆军　杨明宇　高春立　王喜金
吴小刚　杨　骏　赵　鹏　丁秋德
张天宝　谢子龙　王海燕　宋　健

延庆区

王　新　陈伟嘉　昝景民　崔旭南
刘桂芬　夏红春　杨卫国　吴玉柱
吴有刚　霍立全　韩秀芹　王俊杰
张　兴　李建亮　赵红梅　赵大维

统计资料

2021年北京市森林资源情况统计表

指标名称	甲	一、林地和湿地面积		二、林木蓄积量			三、发展水平	
		（一）森林面积	（二）湿地面积	（一）活立木蓄积量	（二）乔木林蓄积量	（三）其他林木蓄积量	（一）森林覆盖率	（二）湿地保护率
计量单位	乙	公顷	公顷	万立方米	万立方米	万立方米	%	%
代码	丙	1	2	3	4	5	6	7
北京市	1	852720.86	62129.87	3829.96	3164.62	665.34	44.60	63.57
东城区	2	282.26		6.52	1.97	4.55	6.75	
西城区	3	150.82		19.04	2.26	16.78	3.00	
朝阳区	4	10881.86	1367.67	177.90	109.44	68.46	23.93	14.16
丰台区	5	8520.86	8520.86	78.55	39.46	39.09	27.89	11.00
石景山区	6	2656.92	175.37	21.85	13.34	8.51	31.49	91.82
海淀区	7	15285.04	1125.96	139.84	91.32	48.52	35.48	34.55
门头沟区	8	69876.68	1543.87	245.33	227.17	18.16	48.26	62.43
房山区	9	74283.11	5498.66	407.42	218.02	189.40	37.24	41.80
通州区	10	30280.58	6294.60	212.33	178.08	34.25	33.43	38.51
顺义区	11	33261.99	5545.70	297.65	237.70	59.95	32.63	41.82
昌平区	12	65354.52	3449.59	229.99	167.37	62.62	48.68	41.88
大兴区	13	35030.77	3211.97	243.47	197.07	46.40	33.80	78.41
怀柔区	14	163971.47	4876.85	499.61	487.53	12.08	77.24	57.76
平谷区	15	63838.26	3472.33	178.27	158.96	19.31	67.32	27.82
密云区	16	156106.11	19395.21	543.28	525.39	17.89	70.13	97.21
延庆区	17	122939.61	5072.57	528.91	509.54	19.37	61.63	81.51

2021年北京市城市绿化资源情况统计表

指标名称	甲	一、绿化覆盖面积	二、绿地面积					三、发展水平				
			（一）公园绿地	（二）防护绿地	（三）广场绿地	（四）附属绿地	（五）区域绿地	（一）绿化覆盖率	（二）绿地率	（三）公园绿地500米服务半径覆盖率	（四）人均绿地面积	（五）人均公园绿地面积
计量单位	乙	公顷	公顷	公顷	公顷	公顷	公顷	%	%	%	平方米	平方米
代码	丙	1	2	3	4	5	6	7	8	9	10	11	12
北京市	1	97847.27	93127.17	36397.12	13746.91	14.67	34376.29	8592.18	49.29	46.93	87.80	42.56	16.62
东城区	2	1484.78	1110.87	642.06		1.33	467.48		35.47	26.71	94.05	15.77	9.06
西城区	3	1608.05	1102.24	550.59			551.65		31.82	21.98	97.73	10.04	4.98
朝阳区	4	15991.49	16080.42	6399.80	2121.80	0.72	5751.17	1806.93	48.05	48.34	88.91	46.61	18.54
丰台区	5	9488.77	7744.40	2436.08	1003.08		3483.28	821.96	47.43	38.72	87.33	38.35	12.06
石景山区	6	4536.47	4423.81	1372.07	1859.58		911.59	280.57	53.80	52.48	99.32	77.90	24.16
海淀区	7	13949.23	13703.42	4584.43	1401.95		5783.96	1933.08	51.37	50.48	91.72	43.76	14.63
门头沟区	8	2153.98	2194.92	1033.17	587.56	0.08	516.77	57.34	50.70	51.68	92.85	55.87	26.29
房山区	9	8832.24	8366.17	1759.84	2666.31	3.40	3338.42	598.20	49.85	47.22	88.27	63.72	13.40
通州区	10	8814.85	7569.01	3331.35	1574.57	2.94	2626.54	33.61	50.47	43.35	87.33	41.14	18.11
顺义区	11	8207.74	7625.99	3058.30	584.68		3444.73	538.28	56.19	52.22	92.25	57.61	23.10
昌平区	12	5967.07	5880.95	3862.33	31.84		1846.38	140.40	49.06	48.35	93.09	25.92	17.02
大兴区	13	8971.70	9514.06	2786.50	1864.91	6.01	2949.38	1907.26	46.05	48.84	92.27	47.72	13.97
怀柔区	14	2323.34	2408.72	1250.00	35.80	0.19	941.43	181.30	52.50	54.44	91.97	54.63	28.34
平谷区	15	1959.08	1765.24	953.20	4.20		675.17	132.67	50.58	45.58	87.58	38.63	20.86
密云区	16	2024.92	1885.68	802.04	10.63		912.43	160.58	57.07	53.15	82.68	35.72	15.19
延庆区	17	1533.56	1751.27	1575.36			175.91		53.19	60.76	97.72	50.63	45.53

说明：人均公园绿地面积使用的人口数据为2020年市统计局发布的全市常住人口数据。

2021年北京市营造林生产情况统计表

指标名称 (甲)	代码 (丙)	一、人工造林 (公顷) [1]	二、飞播造林 (公顷) [2]	三、封山育林 (公顷) [3]	(一)无林地和疏林地封山育林 (公顷) [4]	(二)有林地和灌木林地封山育林 (公顷) [5]	(三)新造幼林地封山育林 (公顷) [6]	四、退化林修复 (公顷) [7]	五、人工更新 (公顷) [8]	六、森林抚育 (公顷) [9]	七、林木种苗 (一)林木种子产量 (吨) [10]	(二)苗木产量 株 [11]	(三)育苗面积 (公顷) [12]	八、木材产量 立方米 [13]	(一)原木产量 立方米 [14]	(二)薪材产量 立方米 [15]
北京市	1	10674.00		16667.00	2026.00	14641.00			990.00	86548.00		60880000.00	13232.67	170079.00	155171.00	14908.00
朝阳区	2	333.00								3017.00		128000000.00	197.40	2026.00	2026.00	
丰台区	3	200.00								5733.00		119000000.00	278.67	22.00	22.00	
石景山区	4	13.00														
海淀区	5	133.00								6760.00		1340000.00				
门头沟区	6	600.00		1867.00		1867.00						800000.00				
房山区	7	1500.00		2000.00		2000.00						850000.00		26584.00	26584.00	
通州区	8	867.00							610.00			376000000.00		60222.00	60222.00	
顺义区	9	1,667.00										1599000000.00		23743.00	23743.00	
昌平区	10	733.00		1333.00		1333.00				2866.00		369000000.00		12247.00	12247.00	
大兴区	11	600.00							61.00	20944.00		308000000.00		17741.00	17741.00	
怀柔区	12	347.00		1800.00	1800.00					10781.00		380000000.00		8810.00	8810.00	
平谷区	13	600.00							316.00	2000.00		237000000.00				
密云区	14	1400.00		4667.00		4667.00				8840.00		287000000.00		14489.00		14489.00
延庆区	15	193.00		5000.00	226.00	4774.00			3.00	19842.00		1221000000.00		4195.00	3776.00	419.00
市局直属单位	16	1488.00								5765.00						

附 录

北京市园林绿化局（首都绿化办）领导名录

（2021年）

邓乃平　党组书记　局长（主任）

张　勇　党组成员　市公园管理中心主任

戴明超　党组成员　副局长

洪　波　党组成员　市纪委市监委驻局纪检监察组组长　一级巡视员（2021年1~7月）

洪　波　党组成员　市纪委市监委一级巡视员（2021年7月）

高大伟　党组成员　副局长

朱国城　党组成员　副局长　一级巡视员

廉国钊　党组成员　副主任（首都绿化办）

蔡宝军　党组成员　副局长（2021年1~2月）

蔡宝军　一级巡视员（2021年2月）

沙海江　党组成员　副局长（2021年9月）

高士武　一级巡视员（2021年1~11月）

贲权民　二级巡视员

周庆生　二级巡视员

王小平　二级巡视员

刘　强　二级巡视员

（市园林绿化局领导名录：王超群 供稿）

北京市公园管理中心领导名录

（2021年）

张　勇　党委书记　主任

张亚红　党委常委　副主任

赖和慧　党委常委　总会计师

李　高　党委常委　副主任

李爱兵　副巡视员

　（市公园管理中心领导名录：姚硕 供稿）

北京市园林绿化局（首都绿化办）处室领导名录

（2021年）

姓　名	职务职级	任现职时间
袁士保	办公室主任、一级调研员	2017年11月—
彭　强	办公室副主任	2017年1月—2021年6月
施　海	法制处处长、一级调研员	2019年2月—
王　军	研究室主任、一级调研员	2009年8月—2021年6月
武　军	研究室主任	2021年6月—
杨志华	联络处处长、一级调研员	2020年3月—2021年6月
	二级巡视员	2021年2月—
陈长武	联络处处长	2021年6月—
李　勇	联络处副处长	2019年4月—
孟繁博	联络处副处长	2020年12月—
刘丽莉	义务植树处处长、一级调研员	2020年3月—
李　涛	义务植树处副处长	2019年4月—
方　芳	义务植树处副处长	2020年12月—
刘明星	规划发展处处长、一级调研员	2010年6月—2021年6月
姜浩野	规划发展处处长	2021年6月—
王建炜	规划发展处副处长	2017年1月—
王金增	生态保护修复处处长、一级调研员	2017年11月—
杨　浩	生态保护修复处副处长	2019年4月—
朱建刚	生态保护修复处副处长	2020年12月—
揭　俊	城镇绿化处处长、一级调研员	2016年12月—2021年6月
刘明星	城镇绿化处处长、一级调研员	2021年6月—
宋学民	城镇绿化处副处长	2017年1月—
高　然	城镇绿化处副处长	2019年4月—

续表

姓 名	职务职级	任现职时间
李 洪	森林资源管理处处长、一级调研员	2019年2月—2021年6月
孔令水	森林资源管理处处长、一级调研员	2021年6月—
张志明	野生动植物和湿地保护处处长、一级调研员	2019年2月—
黄三祥	野生动植物和湿地保护处副处长	2019年3月—2021年8月
纪建伟	野生动植物和湿地保护处副处长	2021年11月—
周彩贤	自然保护地处处长、一级调研员	2019年3月—
冯 达	自然保护地处副处长	2020年3月—
叶向阳	公园管理处处长、一级调研员	2019年2月—2021年6月
彭 强	公园管理处处长	2021年6月—
刘 静	公园管理处副处长	2020年12月—
姜国华	森林防火处处长	2020年9月—
高 杰	森林防火处副处长	2020年10月—
韩彦斌	森林防火处副处长	2020年9月—
曾小莉	国有林场和种苗管理处处长	2019年12月—
沙海峰	国有林场和种苗管理处副处长	2020年12月—
朱绍文	防治检疫处处长、一级调研员	2021年6月—
薛 洋	防治检疫处副处长	2019年3月—
孔令水	行政审批处处长、一级调研员	2019年2月—2021年6月
侯 智	行政审批处处长	2021年6月—
	行政审批处副处长	2019年2月—2021年6月
单宏臣	产业发展处处长	2020年3月—
解 莹	产业发展处副处长	2019年4月—
陈峻崎	林业改革发展处处长	2021年6月—
姜英淑	科技处处长	2019年12月—
吴海红	应急工作处处长、一级调研员	2016年12月—
王继兴	总工程师、一级调研员	2020年3月—
高春泉	计财（审计）处处长、一级调研员	2020年3月—
董印志	计财（审计）处副处长	2016年5月—
张 静	计财（审计）处副处长	2020年12月—

姓　名	职务职级	任现职时间
杨　博	人事处处长、一级调研员	2013年8月—
姚立新	人事处副处长	2020年3月—
李福厚	机关党委专职副书记（党建工作处处长）、一级调研员	2009年9月—2021年6月
	二级巡视员	2021年2月—
王　军	机关党委专职副书记（党建工作处处长）、一级调研员	2021年6月—
乔　妮	团委书记	2019年4月—
李宏伟	机关纪委书记、一级调研员	2019年5月—
李继磊	巡察办副主任	2020年12月—
侯雅芹	工会主席	2012年12月—2021年10月
	二级巡视员	2021年2月—
吕红文	工会专职副主席、一级调研员	2021年6月—
	离退休干部处处长、一级调研员	2014年1月—2021年6月
叶向阳	离退休干部处处长、一级调研员	2021年6月—
马金华	驻局纪检组副组长、二级巡视员	2020年6月—
金大勇	驻局纪检组一处副处长	2019年5月—
孙华胜	驻局纪检组副组长、二处处长	2019年12月—
花　蕊	驻局纪检组二处副处长	2019年12月—

（处室领导名录：王超群　供稿）

北京市园林绿化局（首都绿化办）
直属单位一览表

（2021年）

单位名称	地　址	电　话
北京市园林绿化综合执法大队	西城区裕民中路8号	84236161
北京市林业工作总站 （北京市林业科技推广站）	西城区裕民中路8号	84236007
北京市园林绿化资源保护中心 （北京市园林绿化局审批服务中心）	西城区裕民中路8号	84236486
北京市园林绿化大数据中心	东城区安外小黄庄北街1号	84236770
北京市园林绿化宣传中心	西城区裕民中路8号	84236251
北京市园林绿化局综合事务中心	东城区安外小黄庄北街1号	84236923
北京市园林绿化局财务核算中心	西城区裕民中路8号	84236391
北京市绿地养护管理事务中心	北京市昌平区小汤山镇沟流路95号	61711843
北京市园林绿化工程管理事务中心	海淀区西三环中路10号	88653909
北京市园林绿化产业促进中心 （北京市食用林产品质量安全中心）	西城区裕民中路8号	84236226
北京市野生动物救护中心	西城区裕民中路8号	89451195
北京市园林绿化局森林防火事务中心 （北京市航空护林站）	昌平区邓南路29号	89711863
北京市园林绿化规划和资源监测中心 （北京市林业碳汇与国际合作事务中心）	西城区裕民中路8号	84236334
北京市园林绿化科学研究院	朝阳区花家地甲7号	64717640
北京市八达岭林场管理处	八达岭林场路18号院	69135435
北京市十三陵林场管理处	昌平区北郝庄村南	89708203
北京市西山试验林场管理处	海淀区香山旱河路6号	62591354
北京市大安山林场管理处	房山区良乡拱辰北大街33号	89354583

续表

单位名称	地　址	电　话
北京市共青林场管理处	顺义区双河路路北	61496208
北京市京西林场管理处	门头沟区中门寺街7号	69858709
首都绿色文化碑林管理处	海淀区黑山扈北口19号	62870640
北京松山国家级自然保护区管理处（北京市松山林场管理处）	延庆区张山营镇松山管理处	69112804
北京市永定河休闲森林公园管理处	石景山区京原路55号	88957379

（直属单位一览表：陈朋、荣岩 供稿）

北京市园林绿化局（首都绿化办）
所属社会组织名单

序号	社会组织名称	监管方式	联系处室	联系人	联系电话
1	北京绿化基金会	业务主管	联络处	杨振君	13901135576
2	北京园林学会	业务主管	城镇绿化处	许 超	13811789176
3	北京屋顶绿化协会	业务主管		王仕豪	13681440715
4	北京野生动物保护协会	业务主管	野生动植物和湿地保护处	潘 红	13520428911
5	中华民族园管理处	业务主管	公园管理处	杨 岭	13801060435
6	北京林业有害生物防控协会	业务主管	防治检疫处	李喜华	18910398709
7	北京果树学会	业务主管	产业发展处	杨媛	13811854921
8	北京花卉协会	业务主管		郑奎茂	13683695433
9	北京酒庄葡萄酒发展促进会	业务主管		刘俐媛	13521281196
10	北京市盆景艺术研究会	业务主管		石 毅	13501339771
11	北京林学会	业务主管	科技处	夏 磊	13911365026
12	北京树木医学研究会	业务主管		张瑞国	13366995618
13	北京生态文化协会	业务主管	宣传中心	黄建华	18610583498

（社会组织名单：陈朋、荣岩 供稿）

北京市国家级重点公园名录

（2021年）

序号	公园名称	序号	公园名称
1	颐和园	6	香山公园
2	天坛公园	7	北京植物园
3	北海公园	8	北京动物园
4	景山公园	9	紫竹院公园
5	中山公园	10	陶然亭公园

北京市市级重点公园名录

（2021年）

序号	公园名称		序号	公园名称
	市公园管理中心（1）			**朝阳区（4）**
1	玉渊潭公园		18	日坛公园
			19	元大都城垣（土城）遗址公园（朝阳段）
	东城区（9）		20	奥林匹克森林公园
2	地坛公园		21	朝阳公园
3	柳荫公园			
4	皇城根遗址公园			**海淀区（3）**
5	菖蒲河公园		22	海淀公园
6	明城墙遗址公园		23	圆明园遗址公园
7	青年湖公园		24	元大都城垣（土城）遗址公园（海淀段）
8	劳动人民文化宫			
9	永定门公园（东城段）			**丰台区（3）**
10	龙潭公园		25	莲花池公园
			26	世界公园
	西城区（7）		27	世界花卉大观园
11	月坛公园			
12	人定湖公园			**石景山区（3）**
13	宣武艺园		28	八大处公园
14	永定门公园（西城段）		29	北京国际雕塑公园
15	北京滨河公园		30	石景山游乐园
16	大观园			
17	万寿公园			

序号	公园名称	序号	公园名称
	通州区（1）		**怀柔区（1）**
31	西海子公园	35	世妇会纪念公园
	顺义区（1）		
32	顺义公园		**密云区（1）**
		36	奥林匹克健身园
	昌平区（1）		
33	昌平公园		**延庆区（2）**
		37	夏都公园
	大兴区（1）	38	江水泉公园
34	康庄公园		

（社会组织名单：陈朋、荣岩 供稿）

北京第一道绿化隔离地区绿隔公园名录

（2021年）

序号	公园名称		序号	公园名称
	朝阳区（44）		24	奥林匹克森林公园
1	京城梨园		25	北京欢乐谷
2	兴隆公园		26	朝阳公园
3	将府公园		27	太阳宫公园
4	东坝郊野公园		28	仰山公园
5	常营公园		29	北小河公园
6	朝来森林公园		30	望湖公园
7	古塔公园		31	四得公园
8	老君堂公园		32	金隅南湖公园
9	杜仲公园		33	西会公园
10	东风公园		34	八里桥公园
11	金田郊野公园		35	望和公园
12	鸿博公园		36	马家湾湿地公园
13	太阳宫体育休闲公园		37	常营五里桥公园
14	海棠公园		38	横街子公园
15	白鹿公园		39	桃蹊公园
16	京城槐园		40	小武基公园
17	清河营郊野公园		41	王四营官庄公园
18	百花公园		42	平房公园
19	镇海寺郊野公园		43	朝南森林公园（一期）
20	黄草湾郊野公园		44	广渠路生态公园建设工程
21	勇士营郊野公园			**海淀区（17）**
22	京城体育休闲公园		45	两山公园（玉东郊野公园）
23	京城森林公园		46	丹青圃郊野公园

序号	公园名称	序号	公园名称
47	长春健身园	76	世界花卉大观园
48	东升八家郊野公园	77	绿茵体育公园
49	影湖楼公园（玉泉郊野公园）	78	丰益公园
50	平庄郊野公园	79	石榴庄公园
51	树村郊野公园	80	绿源公园
52	北坞公园	81	欢乐水魔方
53	圆明园遗址公园	82	西局玉璞园
54	颐和园	83	花乡公园
55	柳浪公园	84	北天堂森林公园
56	海淀公园	85	南苑森林湿地公园
57	西小口生态园	86	大瓦窑城市公园
58	西冉城市生态公园		**石景山区（4）**
59	中坞公园	87	老山城市休闲公园
60	船营公园	88	北京国际雕塑园
61	三山五园妙云片区（规划玉西）	89	八宝山公园（革命公墓）
	丰台区（25）	90	衙门口城市森林公园
62	万丰公园		**大兴区（7）**
63	御康公园	91	旺兴湖郊野公园
64	天元公园	92	亦新郊野（凉水河）公园
65	绿堤公园	93	宣颐公园
66	高鑫公园	94	饮鹿池公园（首农集团）
67	新发地海子公园	95	旧宫城市森林公园
68	晓月公园	96	大兴区聚贤公园建设工程*
69	槐新公园	97	大兴区五福堂公园建设工程*
70	桃苑公园		**昌平区（5）**
71	看丹公园	98	东小口森林公园
72	经仪公园	99	太平郊野公园
73	榆树庄公园	100	半塔郊野公园
74	和义公园	101	贺新公园
75	世界公园	102	霍营公园

北京市森林公园名录

序号	所在区	森林公园名称	级别	面积（公顷）	批建时间
1	海淀区	西山国家森林公园	国家级	5926.1	1992年
2	房山区	上方山国家森林公园	国家级	353.3	1992年
3	昌平区	十三陵国家森林公园	国家级	8581.53	1992年
4	密云区	云蒙山国家森林公园	国家级	2586.67	1995年
5	门头沟区	小龙门国家森林公园	国家级	1595	2000年
6	海淀区	鹫峰国家森林公园	国家级	775.12	2003年
7	大兴区	大兴古桑国家森林公园	国家级	1164.79	2004年
8	昌平区	大杨山国家森林公园	国家级	2106.5	2004年
9	延庆区	八达岭国家森林公园	国家级	2940	2005年
10	房山区	霞云岭国家森林公园	国家级	21487	2005年
11	丰台区	北宫国家森林公园	国家级	914	2005年
12	平谷区	黄松峪国家森林公园	国家级	4274	2005年
13	门头沟区	天门山国家森林公园	国家级	669	2006年
14	怀柔区	崎峰山国家森林公园	国家级	4290	2006年
15	怀柔区	喇叭沟门国家森林公园	国家级	11171.50	2007年
16	顺义区	北京市共青滨河森林公园	市级	634.86	1994年
17	密云区	五座楼森林公园	市级	1367	1996年
18	房山区	龙山森林公园	市级	140.45	1998年
19	门头沟区	马栏森林公园	市级	281	1999年
20	昌平区	白虎涧森林公园	市级	933	1999年
21	平谷区	丫吉山森林公园	市级	1144	1999年
22	门头沟区	西峰寺森林公园	市级	381	2007年

序号	所在区	森林公园名称	级别	面积（公顷）	批建时间
23	门头沟区	南石洋大峡谷森林公园	市级	2123.80	2008年
24	门头沟区	妙峰山森林公园	市级	2264.70	2008年
25	门头沟区	双龙峡东山森林公园	市级	790	2010年
26	怀柔区	银河谷森林公园	市级	8446.24	2011年
27	延庆区	莲花山森林公园	市级	2210	2011年
28	昌平区	静之湖森林公园	市级	351.20	2011年
29	门头沟区	二帝山森林公园	市级	408.70	2012年
30	怀柔区	龙门店森林公园	市级	5380.23	2013年
31	密云区	古北口森林公园	市级	933.30	2013年

2021年度发布北京市园林绿化地方标准目录

序号	标准号	标准名称	行业主管部门	备注
1	DB11/T 435—2021	杏生产技术规程	北京市园林绿化局	
2	DB11/T 436—2021	李生产技术规程	北京市园林绿化局	
3	DB11/T 476—2021	林木育苗技术规程	北京市园林绿化局	
4	DB11/T 1050—2021	梨小食心虫监测与防治技术规程	北京市园林绿化局	
5	DB11/T 1878—2021	鸟类生态廊道设计与建设规范	北京市园林绿化局	
6	DB11/T 1881—2021	大规格容器苗培育技术规程	北京市园林绿化局	
7	DB11/T 1928—2021	小微湿地修复技术规程	北京市园林绿化局	
8	DB11/T 1942—2021	银杏养护技术规程	北京市园林绿化局	

2021年城镇绿地养护管理工作年度检查考评成绩汇总表

单位 \ 区分	日常检查成绩	季度检查成绩	专项检查成绩	综合成绩
东城区	9.87	77.44	10	97.31
西城区	10	77.46	10	97.46
朝阳区	10	76.64	10	96.64
海淀区	9.81	76.64	10	96.45
丰台区	9.85	76.38	10	96.23
石景山区	9.62	75.94	10	95.56
门头沟区	10	74.9	10	94.9
房山区	9.39	75.52	10	94.91
通州区	10	76.3	10	96.3
顺义区	10	73.76	10	93.76
大兴区	8.6	74.1	10	92.7
昌平区	9.77	73.98	10	93.75
平谷区	10	74.04	10	94.04
怀柔区	10	75.36	10	95.36
密云区	9.53	75.46	10	94.99
延庆区	9.64	75	10	94.64
经开区	10	73.3	10	93.3
备注	综合成绩采取百分制，其中：日常检查占10%、季度检查占80%、专项检查占10%。			

2021年城镇绿地质量等级核定结果

单位	绿地名称	面积（平方米）	绿地类别	评定结果
东城区	柳荫公园	80119	公共绿地	特级
西城区	荷香园（广外大街北侧人口公园东南角）	2573	公共绿地	特级
	融乐园（广外大街南侧莲花河绿道西侧，老年公寓北侧）	1408.4	公共绿地	特级
	康乐苑（天宁寺前街24号楼西侧，天宁寺西里1号楼南侧）	1631.8	公共绿地	特级
	逸彩园（荣丰小区东门向东100左右，地下通道东侧）	523.2	公共绿地	特级
	保险公司绿地（阜成门地铁C口）	1173	公共绿地	特级
	新街口外大街	15698	公共绿地	特级
	新街口北大街	8058	公共绿地	特级
	益民巷（南横西街南侧牛街春风社区）	305.38	公共绿地	一级
海淀区	颐北绿地	37265.54	公共绿地	特级
	海淀古镇	19163.31	公共绿地	特级
	橡树湾外围绿地	36347.1	公共绿地	特级
	海淀路	7178.78	公共绿地	特级
	用友地块（16号线二期）	57775	公共绿地	特级
	梵香公园（门头村代征地）	25229	公共绿地	特级
	缘溪堂代征地	16921.35	公共绿地	特级
	水云居绿地	4384.18	居住区绿地	特级
	美丽经典小区	8150.9	居住区绿地	特级
	五路居回迁安置房周边绿地（五路居回迁安置房周边绿地建设工程）	27471	公共绿地	特级
	太舟坞安置房南侧绿地（太舟坞安置房南侧绿地绿化工程）	11897	公共绿地	特级
	香山路（重点地区景观建设工程）	93507.9	公共绿地	特级
	颐慧佳园代征地	12370.32	公共绿地	特级
	香山革命纪念馆周边绿地（重点地区绿化景观提升工程）	40499	公共绿地	特级

单位	绿地名称	面积（平方米）	绿地类别	评定结果
	荷清园二期（荷清园绿地提升工程二期）	48974.4	公共绿地	特级
	西小口公园	265000	公共绿地	特级
	丰贤中路	65449.35	公共绿地	特级
	永嘉北路	20446.13	公共绿地	特级
	永嘉南路	4296.59	公共绿地	特级
	永泽北路	5898.06	公共绿地	特级
	永泽南路	5761.62	公共绿地	特级
	北京双紫支渠	11079.89	公共绿地	一级
	中关村一号（16号线一期）	11610	公共绿地	一级
	双紫花园	5900	公共绿地	一级
	永丰路如园小区北侧、西侧绿地	28850	公共绿地	一级
	褐石小区南侧绿地	7866	公共绿地	一级
	浮青园（三元嘉业）	21710	公共绿地	一级
海淀区	温泉宝盛绿地（温泉宝盛代征地绿化工程）	14041	公共绿地	一级
	集成电路地块（16号线二期）	30824	公共绿地	一级
	中央电视塔公园二期（中央电视台南侧绿地改造工程二期）	21842	公共绿地	一级
	温泉体育中心绿地（温泉体育中心绿地景观工程）	30478	公共绿地	一级
	中国银行西侧绿地	19600	公共绿地	一级
	阜石路南侧带状绿地（阜石路南侧带状绿地改造工程）	38548	公共绿地	一级
	丰豪东路	19384.59	公共绿地	一级
	丰豪中路	5142.55	公共绿地	一级
	丰慧东路	2108.23	公共绿地	一级
	丰润东路	7191.46	公共绿地	一级
	丰润中路	9359.4	公共绿地	一级
	丰贤东路	24938.97	公共绿地	一级
	丰秀中路	10641.51	公共绿地	一级
	永澄北路	42007.10	公共绿地	一级
	永澄南路	33071.87	公共绿地	一级

单位	绿地名称	面积（平方米）	绿地类别	评定结果
海淀区	丰秀东路	5387.1	公共绿地	一级
	永翔北路	26912.3	公共绿地	一级
	开阳路	18930	公共绿地	特级
	中顶庙公园	8630	公共绿地	特级
	莲花池公园	300000	公共绿地	特级
	万芳亭公园	106000	公共绿地	特级
	丰台花园	93700	公共绿地	特级
	南苑公园	90000	公共绿地	特级
	长辛店二七公园	67280	公共绿地	特级
	长馨秀园	7673	公共绿地	一级
	流梦花园	7062	公共绿地	一级
	轨道公司景观绿地	20750	公共绿地	一级
	日月同辉景观绿地	40114.5	公共绿地	一级
	大观园区绿地	27650	公共绿地	一级
丰台区	产业园区绿化带	47471.5	公共绿地	一级
	京开辅路东侧绿化带	37208	公共绿地	一级
	大观园西区绿地	53704.5	公共绿地	一级
	京开辅路西侧绿化带	27291.5	公共绿地	一级
	镇国寺北街	9158.28	公共绿地	一级
	草桥西路	6514.25	公共绿地	一级
	康辛路东段	3058.88	公共绿地	一级
	机场路	28478	公共绿地	一级
	马家堡东路南段	17612	公共绿地	一级
	消防公园	5551	公共绿地	一级
	槐房西路	45786	公共绿地	一级
	亚林花园	2587	公共绿地	一级
	雕塑园周边绿地	16000	公共绿地	一级
	丰台区翡翠墅公园	22929	公共绿地	一级

单位	绿地名称	面积（平方米）	绿地类别	评定结果
丰台区	鸿业兴园代征地	5300	公共绿地	一级
	岳各庄花园	12540	公共绿地	一级
石景山区	石门路新增绿地	9726	公共绿地	特级
	南宫绿地	14986	公共绿地	特级
	西南门景观区、东南门景观区、环路游览景观区	131800	公共绿地	特级
	新安公园	233588	公共绿地	一级
	保东及神农南绿地	32923	公共绿地	一级
	永引渠西滨水绿廊二期	31300	公共绿地	一级
	京西商务中心（七色园）	23016	公共绿地	一级
	朗园	64662	公共绿地	一级
	浅山游览风景区、健身休闲区	263600	公共绿地	一级
	首钢厂东门广场绿地	25301	公共绿地	一级
	首钢石景山景观公园绿地	187459	公共绿地	一级
	首钢群明湖及周边绿地	51300	公共绿地	一级
通州区	怡乐北街	8554	公共绿地	特级
	京洲南街（含大方居500米见绿）	6553	公共绿地	特级
	土桥中街	4539	公共绿地	特级
	商务园	49631	公共绿地	特级
	休闲公园二期（富力蕙兰美居地块）	44447.56	公共绿地	特级
	京榆旧线新增（宋庄镇政府西侧）	2204	公共绿地	特级
	宋梁路绿化景观提升工程二标	7346.67	公共绿地	特级
	大运河森林公园双锦天成景区（新增）	461749.12	公共绿地	特级
	张家湾建设工程（一期）四标段	178193.98	公共绿地	特级
	东郊森林公园树木园北湖湖区	64884.9	公共绿地	特级
	义务植树活动联络线区域绿地（北运河桥至京津公路段）	33615	公共绿地	一级
	城市绿心S路（潞河湾街–小圣庙街）	23533	公共绿地	一级
	潞河湾街（城市绿心S路–宋梁路）	35024	公共绿地	一级
	张凤路（京津公路–潞河湾街）	2788	公共绿地	一级

单位	绿地名称	面积（平方米）	绿地类别	评定结果
	东侧内环路（剧院南侧路–潞河湾街）	22620	公共绿地	一级
	森林公园西路（东侧内环路–通怀路）	3276	公共绿地	一级
	张家湾建设工程（一期）三标段	15314.4	公共绿地	一级
	商务中心区路网绿化建设工程（二期）	4520	公共绿地	一级
	内环路（翠屏西路–云景南大街–梨园南街）绿化景观提升工程（碧水地块）	6466.67	公共绿地	一级
	休闲公园建设工程（四期）	55340	公共绿地	一级
	休闲公园建设工程（三期）	15473.33	公共绿地	一级
	通州区城市绿地建设工程（二期）九标段	24666.67	公共绿地	一级
	白师路（新增）	9314	公共绿地	一级
	政府路	18647	公共绿地	一级
	张凤路	28107	公共绿地	一级
	西马庄公园	66900.1	公共绿地	一级
	通燕高速公路二期（二标段）	158940	公共绿地	一级
通州区	宋庄文创公园	92154	公共绿地	一级
	文旅区绿地	212977	公共绿地	一级
	通惠河北岸	21578	公共绿地	一级
	朗清街（通济路–春明西路）道路工程	7520	公共绿地	一级
	大营东街（畅和东路–春明西路）道路工程	2798	公共绿地	一级
	畅和东路（云帆路–潞阳大街）道路工程	2705	公共绿地	一级
	畅和东路（潞阳大街–大营东街）道路工程	5853.95	公共绿地	一级
	大营南街（通济路–畅和东路）	3274	公共绿地	一级
	春明西路（运河东大街–云帆路）	22238.5	公共绿地	一级
	潞阳大街（通济路–减运路）	7974	公共绿地	一级
	畅和西路（运河东大街–朗清街）	14711	公共绿地	一级
	通燕高速公路一期	43126.67	公共绿地	一级
	通州区北运河东滨河路带状公园建设工程二标段（施工）	38915	公共绿地	一级
	碧水公园建设工程	61566	公共绿地	一级
	东郊森林公园创意园	410619.1	公共绿地	一级

单位	绿地名称	面积（平方米）	绿地类别	评定结果
通州区	东郊森林公园大地园	277565.7	公共绿地	一级
	张家湾公园建设工程（一期）五标	276046.67	公共绿地	一级
	张家湾公园建设工程（一期）六标	157840	公共绿地	一级
门头沟区	石龙广场	6700	公共绿地	特级
	龙山街	2112	公共绿地	一级
	增北路	2508	公共绿地	一级
	门头沟北路	2430	公共绿地	一级
	金安路	82679	公共绿地	一级
	石门营路	8309	公共绿地	一级
	苛园路	11854	公共绿地	一级
	紫金北路	5792	公共绿地	一级
	玉带东二街	2022	公共绿地	一级
	上园路	6188	公共绿地	一级
	华园路	3827	公共绿地	一级
	永安路	37802.3	公共绿地	一级
	河堤路路树	2267	公共绿地	一级
	大峪二小路（增峪路－新桥大街）	4586	公共绿地	一级
	大峪中路	2584	公共绿地	一级
大兴区	永兴河湿地公园	442118.78	公共绿地	特级
	康庄公园	165416	公共绿地	特级
	高米店公园	99478	公共绿地	特级
房山区	金隅公园	26972	公共绿地	特级
	公主坟回迁房项目北侧、南侧绿地	7040.85	公共绿地	一级
	阎村紫草坞城铁拐弯南侧绿地	2540.1	公共绿地	一级
	清水熙森林公园	38726.19	公共绿地	一级
	黄良铁路南侧绿地	10136.4	公共绿地	一级
	世茂维拉南侧绿地	4664.6	公共绿地	一级
	长阳5号地绿地（部长林）	7414.64	公共绿地	一级

单位	绿地名称	面积（平方米）	绿地类别	评定结果
房山区	广阳城回迁楼东侧绿地	4795.21	公共绿地	一级
	阜盛大街街旁绿地北侧	1390.39	公共绿地	一级
	武警医院西侧01、02、03绿地	13334.94	公共绿地	一级
	加州水郡麦当劳西侧、东侧绿地	11693.69	公共绿地	一级
	小清河公租房西侧绿地	8125.17	公共绿地	一级
	五矿北侧绿地	5466.98	公共绿地	一级
	合景领峰北侧路东绿地	2871.65	公共绿地	一级
	清雅小区南侧绿地	5576.29	公共绿地	一级
	伟业嘉园街边绿地	2428.32	公共绿地	一级
顺义区	顺安路（双兴桥–昌金路）	83349.81	公共绿地	特级
	双兴绿地	275400	公共绿地	特级
	航空产业园（双河路–南环）	103915.93	公共绿地	一级
	顺兴路（军营北街–双河路）	49522.5	公共绿地	一级
	杜杨北街（机场东路–顺强路）	59336.77	公共绿地	一级
	顺和路（顺平南线–南环路）	15238.39	公共绿地	一级
	顺仁路（顺平南线–南环路）	19246.23	公共绿地	一级
	林河大街（铁东路–顺泰路）	29122.64	公共绿地	一级
	林河南大街（铁东路–顺康路）	22875.35	公共绿地	一级
	纵一路（龙塘路–横四路）	5530.7	公共绿地	一级
	青年路（纵一路–杨燕路）	14967.19	公共绿地	一级
	横二路（纵一路–杨燕路）	5907.75	公共绿地	一级
	横三路（纵一路–杨燕路）	6701.94	公共绿地	一级
	开元街北侧微地形（恒兴西路–七干渠）	35539.08	公共绿地	一级
	军营北街（机场东路–顺白路）	18459.25	公共绿地	一级
	中心主路（龙塘路–横四路）	22463.48	公共绿地	一级
	复兴东街（通顺路–右堤路）	4826.19	公共绿地	一级
	站前北街延长线（顺兴街–牛山一中分校）	20246.6	公共绿地	一级
	右堤路（道路西侧法院外）	11962.4	公共绿地	一级

单位	绿地名称	面积（平方米）	绿地类别	评定结果
顺义区	会展誉景绿地	56000	居住区绿地	一级
昌平区	天通艺园中区	32471	公共绿地	特级
	天通艺园北区	34487	公共绿地	特级
	天通艺园南区	55542	公共绿地	特级
	回龙观TBD城市休闲公园	58459.17	公共绿地	一级
密云区	月季公园	23260	公共绿地	特级
	阳光绿地	6386	公共绿地	特级
北京经济技术开发区	X35公园	129400	公共绿地	特级
	科创三街（经海一路–经海路）	11455.71	公共绿地	特级
	核心区9号绿地	14700	公共绿地	特级
	博兴十一路（凉水河一街–凉水河路）道路绿化	3889	公共绿地	一级
	兴海三街（博兴路–博兴八路）	3855	公共绿地	一级
	科创十七街（经海路–经海九路）绿化带	38427	公共绿地	一级
	科创十六街（经海路–排干渠西路）道路绿化	2399	公共绿地	一级
	排干渠西路（科创十街–科创十七街）道路绿化	18941	公共绿地	一级
	区间路（E18、D9、G2、A、26、49、57、77-2、X13）	3417.45	公共绿地	一级
	南海子公园（五标段）	818230.4	公共绿地	一级
	南海子公园（六标段）	546114.8	公共绿地	一级
金都公司	东坝河绿地	14293	公共绿地	特级

索　引

后 记

　　《北京园林绿化年鉴》是由北京市园林绿化地方志编纂委员会主持编纂，北京市园林绿化地方志编纂委员会办公室承办编纂的年度性资料文献。

　　《北京园林绿化年鉴2022》的顺利编辑出版，是在市园林绿化局党组的正确领导下，在北京市园林绿化宣传中心大力协助下，全市园林绿化部门和有关单位各级领导、特约编辑、撰稿和编审人员辛勤劳动的成果。在此，我们谨对各位同仁长期不懈给予年鉴事业的关心、支持和奉献表示衷心的感谢！

　　《北京园林绿化年鉴2016》《北京园林绿化年鉴2018》分别荣获第二届、第三届北京市年鉴编校质量评比二等奖。

　　2022卷基本保持《北京园林绿化年鉴2021》的总体框架结构，插图264幅，总字数约60万字，并根据年鉴体例和业务情况作了局部调整和修改，但由于我们的编辑水平所限，仍有疏漏或欠妥之处，望各级领导和读者予以指正，以利改进。

北京园林绿化年鉴编纂委员会办公室

2022年10月20日